一级建造师

必刷题

建设工程项目管理

优路教育一级建造师考试研究中心◎编

东北师范大学出版社
NORTHEAST NORMAL UNIVERSITY PRESS

图书在版编目（CIP）数据

建设工程项目管理／优路教育一级建造师考试研究
中心编. — 长春：东北师范大学出版社，2023.5
一级建造师必刷题
ISBN 978 - 7 - 5771 - 0227 - 6

Ⅰ.①建… Ⅱ.①优… Ⅲ.①基本建设项目-工程项
目管理-资格考试-习题集 Ⅳ.①F284-44

中国国家版本馆 CIP 数据核字（2023）第 082624 号

□责任编辑：于天娇　　□封面设计：赵亚男
□责任校对：胡玲玲　　□责任印制：许　冰

东北师范大学出版社出版发行
长春净月经济开发区金宝街 118 号（邮政编码：130117）
电话：0431—84568025
传真：0431—85691969
网址：http：//www.nenup.com
电子函件：sdcbs@ mail. jl. cn
东北师范大学音像出版社制版
河南省诚和印制有限公司印装
郑州市金水区庙李乡琉璃寺村
2023 年 5 月第 1 版　　2023 年 5 月第 1 次印刷
幅面尺寸：185mm×260mm　印张：20　字数：530 千

定价：58.00 元

前言

注册建造师是以专业技术为依托,以工程项目管理为主业的注册执业人士。自2002年原人事部、建设部联合印发了《建造师执业资格制度暂行规定》以来,建造师执业资格证书便成为从事建设工程总承包和施工项目负责人的最低门槛。

建造师分为一级建造师和二级建造师。其中,一级建造师作为建设工程行业的一种执业资格,是担任大型工程项目经理的前提条件。正因如此,一级建造师受到广大从业人员的热烈追捧。

"工欲善其事,必先利其器",为帮助广大考生学习一级建造师考试的相关知识点,了解做题思路和解题技巧,以及掌握做题方法,优路教育整合自身优势资源,组织一线授课讲师在精研历年考情的基础上,编写了这套"一级建造师必刷题"。

刷题有两大好处:一是及时复习知识点;二是锻炼解题思维。"一级建造师必刷题"作为一级建造师考试的配套习题册,可以帮助您把学到的知识转化为解题的能力,再将解题的能力转化为考试的能力。做题是检验知识掌握程度的必要工具,好的题目能让您对知识点理解得更为透彻,也能将零散的知识串联起来形成体系,成为纲举目张的那根"准绳"。

本书有以下两大特点:

1.结构合理,科学复习

本书开篇设"应试指导",重点从题型角度对本科目考试做出解读和备考建议。本书为"章—专题"结构,"章"下设考情概述,分别从重要性、分值、复习建议三个角度,对本章内容进行了宏观分析,"专题"下设考向预测,重点对专题内细节点如何考及重要性做出介绍。

2.精选好题,力求突破

本书为"章—专题"结构,根据考题难易程度,将"专题"划分为"基础题""提升题"。"章"后设置"综合题"。其主要目的为:

- ·刷基础:清除知识盲区,简单题不丢分。 ·刷提升:突破知识瓶颈,实现能力提升。
- ·刷真题:明晰命题逻辑,解锁一建考法。 ·刷综合:理清考点脉络,打通知识体系。

本书的宗旨为精选好题,百里挑一;刷遍好题,助力通关。为了力求找到命题点,破解疑难点,本书根据试题题目对解析进行了精心编写。同时,对于重难知识,本书还特设了"核心总结"栏目,意在帮助考生理解记忆。

编　者

编者寄语：

我们很多人对"题海战术"很反感，然而对于这个量的把控可以根据自己对于知识的理解和能力来决定。从某种意义上讲，不盲目地"刷题"对于学习是有好处的。虽然考高分需要一定的刷题量来支撑，但绝不是搞题海战，也不是盲目地做题，而是有针对性地做题、做好题。正确地刷题能够帮助我们查缺补漏，找到知识盲点，不断地完善自身的知识框架。

最后，希望大家在"刷题"中了解、掌握、巩固知识点，"刷"出自信，"刷"出好成绩，并最终顺利通过考试。

目录
CONTENTS

建设工程项目管理·

用好点滴时间 破解每一个知识

建
设
工
程
项
目
管
理
·

用
好
点
滴
时
间

破
解
每
一
个
知
识

应试指导

🎯 考情概述

"建设工程项目管理"作为一级建造师考试的公共科目,涵盖了建设工程项目成本、进度、质量、安全与环境、合同、信息几个方面,以"三控三管一协调"为核心思路,尽管内容繁杂不容易记忆,但考试的重复性比较大,可以参照历年真题备考。第一章、第四章、第六章这三部分内容的分值占比较高;第二章、第五章、第七章这三部分内容常紧密结合实务案例出题,也要重点复习;第三章建设工程项目进度控制,讲述了如何确定进度目标、如何编制进度计划、最终如何纠偏等内容,其中最难的内容"网络计划图的计算"不仅在本科目考试中会考查,专业实务考试中也会有 20 分左右的案例题,请各位考生一定要重视。

📋 考试题型

考试科目	考试时间	题型题量	总分值	合格线
建设工程经济	2 小时 (9:00—11:00)	单选题(60×1 分) 多选题(20×2 分)	100	60 分
建设工程法规及相关知识	3 小时 (14:00—17:00)	单选题(70×1 分) 多选题(30×2 分)	130	78 分
建设工程项目管理	3 小时 (9:00—12:00)	单选题(70×1 分) 多选题(30×2 分)	130	78 分
专业工程管理与实务	4 小时 (14:00—18:00)	单选题(20×1 分) 多选题(10×2 分) 案例题(3×20 分+2×30 分)	160	96 分

📋 题型解读

根据问题的设问方法和考查角度,把本科目的考试题型划分为 4 大类:综合论述题、细节填空题、判断应用题、计算题。

1.综合论述题

这是近年来一级建造师考试公共课命题的热点及趋势,也是目前考试的主打题型。此类型题目最大的特点是考查的知识点多,涉及面广,要求考生能够系统而全面地掌握相关知识,进而提高考试通过的概率。

在复习备考的过程中,考生需要系统而全面地对每科知识进行全面复习,通过知识体系框架的建立及习题练习,来保障对考试范围内知识点的覆盖程度。注意,一级建造师考试最重要的是对知识面的考查。

2.细节填空题

细节填空题分为两类:第一类是重要的知识点细节,即重要的期限、数字、组成、主体等;另外一类是对一些易混淆、易忽视、含义深的知识点的考查,题中会根据考生平时的惯性思维、复习盲区等制造干扰选项来扰乱思维。

在复习备考的过程中,由于这类题具有比较强的规律性,考生应当通过历年真题的练习和老师的讲解,对这些知识点进行重点标注、归纳总结。

3.判断应用题

这种题型是考试的难点题型,需要考生对项目管理的专业概念、理论、规范有着深入而清醒的认识和理解,能够站在项目管理的角度,运用有关知识和工具对项目建设过程中出现的实际问题进行分析判断,进行合理有效的处理。

这部分知识点需要考生借助专业人士或辅导老师深入浅出的讲解,在理解的基础上系统掌握,而不是机械地背诵或记忆。这类题也是考试改革和命题趋势所向,同时对考生实际的建设工程项目管理工作有很强的规范和指导意义。

4.计算题

历年《建设工程项目管理》科目考试计算题的分值比重都在 15 分左右,很多考生认为是难点,但其实本科目考试的计算题并不复杂,计算本身是小学和初中数学知识的运用,重点在于管理模型的建立和相关知识的理解。这部分内容的特点在于一旦掌握,长期不忘,无须记忆,分数稳拿,因此这部分内容应当是所有考生必须掌握的内容。

本书内容中所有计算题的解析尽其可能地避免运用教材中繁杂的公式,而从最简单的角度用列式来解答,要求考生重在理解,反复练习掌握,同时注意解题速度。

⏱ 备考建议

(1)基础复习阶段。本阶段以夯实基础为主,熟悉整体教材结构,建立知识架构,明确各知识点之间的关系。酌情安排章节计划,整体看书不低于 2 遍。

(2)系统强化阶段。在全面学习的基础上,针对常考、必考知识点,重点学习,做到真正理解和掌握,达到举一反三,融会贯通,以不变应万变的效果。

(3)冲刺提升阶段。本阶段核心在于把书读薄,通过碎片化时间的控制、历年高频考点的把握、疑难考点练题突破等方式进行考点针对性的冲刺训练。

(4)临考强化阶段。调整状态,快速查漏补缺,巩固弱项、重难点。

第1章 建设工程项目的组织与管理

本章是全书的理论基础,一共包括 11 个专题,每个专题都是独立的内容,相互联系不大。本章是整个课程的核心,学习重点应放在各类概念的理解记忆上,同时应用关键词法及顺口溜记忆法,对一些核心知识进行理解记忆。近 6 年考试本章内容分值平均在 22 分左右。复习过程中,建议着重复习分值高的章节。

本章近 6 年分值分布表 (单位:分)

序号	专题名	2022	2021	2020	2019	2018	2017
1	建设工程管理的内涵和任务	1	1	1	1	1	1
2	建设工程项目管理的目标和任务	2	1	1	2	2	3
3	建设工程项目的组织	3	3	3	3	3	2
4	建设工程项目策划	2	2	2	2	2	1
5	建设工程项目采购的模式	2	3	3	3	4	4
6	建设工程项目管理规划的内容和编制方法	1	1	—	1	1	1
7	施工组织设计的内容和编制方法	1	3	1	1	1	1
8	建设工程项目目标的动态控制	2	1	1	3	3	2
9	施工企业项目经理的工作性质、任务和责任	2	2	1	1	3	3
10	建设工程项目的风险和风险管理的工作流程	1	1	1	2	1	5
11	建设工程监理的工作性质、工作任务和工作方法	1	1	1	3	3	3

专题1 建设工程管理的内涵和任务

考向预测

考点	考向预测	重要程度
建设工程管理的内涵	工程项目的全生命周期	★★
建设工程管理的任务	工程管理的增值	★★

刷基础 建议用时:10 分钟　　实际用时:_____分钟　　答案:193 页

一、单项选择题

1.建设工程项目决策阶段的管理主体是(　　)。(2022 真题)

A.投资方和设计方　　　　　　　　B.开发方和投资方

C.开发方和设计方　　　　　　　　D.开发方和供货方

2.根据国际设施管理协会对设施管理的定义,下列设施管理的内容中,属于物业运行管理的是( )。(2018真题)

A.空间管理　　　　　B.用户管理　　　　　C.维修管理　　　　　D.财务管理

3.建设工程项目的全寿命周期包括项目的( )。

A.决策阶段、实施阶段、使用阶段　　　　B.可行性研究阶段、施工阶段、使用阶段

C.决策阶段、实施阶段、保修阶段　　　　D.可行性研究阶段、设计阶段、施工阶段

4.下列关于建设工程管理的内涵和任务的说法,正确的是( )。

A.项目立项(立项批准)是项目决策的标志

B.决策阶段管理工作的主要任务是为工程的建设和使用提供价值

C.工程管理的核心任务是确定项目的定义

D.建设工程管理不涉及项目使用期的管理方的管理

二、多项选择题

1.建设工程项目全寿命周期中,决策阶段的工作包括( )。

A.编写和报批项目建议书　　　　　　B.项目招投标

C.编写和报批可行性研究　　　　　　D.编制设计任务书

E.项目工程初步设计

2.建设工程管理是一种增值服务,下列属于工程使用增值的是( )。

A.确保工程建设安全　　　　　　　　B.确保工程使用安全

C.满足最终用户的使用功能　　　　　　D.有利于投资控制

E.有利于节能

3.决策阶段管理工作的主要任务是确定项目的定义,其内容包括( )。

A.确定项目实施的组织

B.确定和落实建设地点

C.确定建设目的、任务和建设的指导思想及原则

D.确定和落实项目建设的资金

E.编制项目设计任务书

刷提升　　建议用时:15分钟　　实际用时:＿＿＿分钟　　答案:193页

一、单项选择题

1.建设工程管理工作是一种增值服务工作,下列属于工程建设增值的是( )。(2017真题)

A.确保工程使用安全　　　　　　　　B.提高工程质量

C.满足最终用户的使用功能　　　　　　D.有利于工程维护

2.下列关于建设工程管理内涵的说法,正确的是( )。

A.空间管理属于物业运行管理

B.建设工程管理是指项目决策期和实施期对工程的管理

C."项目策划"指的是目标控制前的一系列筹划和准备工作

D.实施阶段管理工作主要任务是确定项目的定义

3.下列关于工程管理内涵和任务的说法,正确的是(　　)。

A.工程项目全寿命周期包括 DM、PM、FM 三个阶段

B.项目立项是实施阶段完成的标志

C.使用阶段的任务是确定项目的定义

D.确定和落实项目建设的资金是实施阶段的工作任务

二、多项选择题

1.从工程项目全寿命周期的角度,建设工程管理可分为(　　)。

A.开发管理　　　　　　　　　　　　B.决策管理

C.项目管理　　　　　　　　　　　　D.建设管理

E.设施管理

2.建设工程管理工作是一种增值服务工作,其核心任务是为(　　)增值。

A.工程的开发　　　　　　　　　　　B.工程的建设

C.工程的运营　　　　　　　　　　　D.工程的使用

E.工程的运行

3.建设工程项目的实施阶段包括(　　)。

A.设计阶段　　　　　　　　　　　　B.设计前准备阶段

C.可行性研究阶段　　　　　　　　　D.施工阶段

E.动用前准备阶段

专题2　建设工程项目管理的目标和任务

考向预测

考点	考向预测	重要程度
建设工程项目管理	建设工程项目实施阶段的组成、项目管理的核心任务	★★
各方项目管理的目标和任务	业主方项目管理的特点、业主方项目管理的目标和任务、各参与方项目管理的目标	★★★
建设工程项目管理的背景和发展趋势	项目管理的发展趋势	★

刷基础　　**建议用时:20 分钟**　　**实际用时:＿＿＿分钟**　　**答案:194 页**

一、单项选择题

1.作为工程项目建设的参与方之一,供货方的项目管理工作主要是在(　　)进行。

A.设计阶段　　　　B.施工阶段　　　　C.保修阶段　　　　D.动用前准备阶段

2. 按照建设工程项目不同参与方的工作性质和组织特征划分的项目管理类型,施工方的项目管理不包括( )的项目管理。

　　A.施工总承包方　　　　　　　　　　B.建设项目总承包方

　　C.施工总承包管理方　　　　　　　　D.施工分包方

3. 下列任务中,属于设计阶段任务的是( )。

　　A.编制设计任务书　　　　　　　　　B.编制可行性研究报告

　　C.初步设计　　　　　　　　　　　　D.编制项目建议书

4. 根据建设工程项目的阶段划分,属于设计准备阶段工作的是( )。

　　A.编制技术设计　　　　　　　　　　B.编制初步设计

　　C.编制设计任务书　　　　　　　　　D.编制项目建议书

5. 建设工程项目管理的内涵是:自项目开始到项目完成,通过( )使项目的费用目标、进度目标和质量目标得以实现。

　　A.项目策划和项目组织　　　　　　　B.项目控制和项目协调

　　C.项目组织和项目控制　　　　　　　D.项目策划和项目控制

6. 建设工程项目管理的"费用目标",对业主而言是( )。

　　A.成本目标　　　　B.预算目标　　　　C.投资目标　　　　D.估算指标

7. 在建设工程项目管理的基本概念中,业主方的"进度目标"对业主而言是项目( )的时间目标。

　　A.竣工　　　　　　B.调试　　　　　　C.试生产　　　　　D.动用

8. 业主方项目管理的任务中最重要的是( )。

　　A.质量控制　　　　B.投资控制　　　　C.安全管理　　　　D.进度控制

9. 设计方的项目管理工作主要在( )进行。

　　A.设计前的准备阶段　　　　　　　　B.设计阶段

　　C.施工阶段　　　　　　　　　　　　D.决策阶段

10. 供货方的项目管理工作主要在( )进行。

　　A.设计阶段　　　　　　　　　　　　B.施工阶段

　　C.保修阶段　　　　　　　　　　　　D.动用前准备阶段

11. 为了实现特定的战略业务目标,对一个或多个项目组合进行的集中管理,包括识别、排序、管理等工作,被称为( )。

　　A.项目集管理　　　　　　　　　　　B.项目组合管理

　　C.项目综合管理　　　　　　　　　　D.项目变更管理

12. 建设工程项目总承包方项目管理工作涉及( )的全过程。

　　A.决策阶段　　　　B.实施阶段　　　　C.使用阶段　　　　D.全寿命阶段

13. 施工企业委托工程项目管理咨询公司对项目管理的某个方面提供的咨询服务属于(　　)项目管理的范畴。

    A.业主方　　　　　　B.设计方　　　　　　C.施工方　　　　　　D.供货方

二、多项选择题

1. 建设项目工程总承包方的项目管理目标包括(　　)。

    A.施工方的质量目标　　　　　　　　　B.工程建设的安全管理目标

    C.项目的总投资目标　　　　　　　　　D.工程总承包方的成本目标

    E.工程总承包方的进度目标

2. 下列关于业主方项目管理目标和任务的说法,正确的有(　　)。

    A.业主方的项目管理是建设工程项目管理的核心

    B.业主方的项目管理目标包括项目的投资目标、进度目标和质量目标

    C.业主方的项目管理工作涉及项目实施阶段的全过程

    D.业主方的项目管理工作不涉及施工阶段的安全管理工作

    E.业主方的项目管理质量目标不包括影响项目运行的环境质量

3. 下列关于施工方项目管理工作(任务)的说法,正确的有(　　)。

    A.施工方的项目管理工作不仅服务于施工方本身的利益,也必须服务于项目整体利益

    B.施工方的项目管理工作中的分包方的成本目标由施工总承包方确定

    C.施工方的项目管理只在施工阶段进行,不会涉及动用前准备阶段和保修期

    D.施工方的项目管理不能认为它只是施工企业对项目的管理

    E.施工企业委托项目管理咨询公司对项目管理的某个方面提供的服务也属于施工方项目管理的范畴

4. 项目的实施阶段包括(　　)。

    A.编制可行性研究报告　　　　　　　　B.编制设计任务书

    C.进行初步设计　　　　　　　　　　　D.编制项目建议书

    E.竣工验收

5. 建设工程项目的实施阶段包括(　　)。

    A.设计阶段　　　　　　　　　　　　　B.设计准备阶段

    C.可行性研究阶段　　　　　　　　　　D.施工阶段

    E.动用前准备阶段

6. 设计方作为项目建设的一个参与方,其项目管理的目标包括(　　)。

    A.设计的成本目标　　　　　　　　　　B.设计的进度目标

    C.设计的质量目标　　　　　　　　　　D.施工的成本目标

    E.项目的投资目标

刷提升　　建议用时:10分钟　　实际用时:＿＿＿分钟　　答案:196 页

一、单项选择题

1. 下列关于施工方项目管理的说法,正确的是(　　)。(2018 真题)

   A.可以采用工程施工总承包管理模式

   B.项目的整体利益和施工方本身的利益是对立关系

   C.施工方项目管理工作涉及项目实施阶段的全过程

   D.施工方项目管理的目标应根据其生产和经营的情况确定

2. 编制设计任务书是项目(　　)阶段的工作。(2017 真题)

   A.决策　　　　　　B.设计准备　　　　　　C.设计　　　　　　D.施工

3. 某建设工程项目实行项目总承包,则(　　)的项目管理是该项目的项目管理核心。

   A.项目总承包方　　　　　　　　　　B.监理方

   C.业主方　　　　　　　　　　　　　D.设计方

4. 下列关于建设工程项目管理的说法,正确的是(　　)。

   A.项目实施阶段管理的主要任务是项目的增值得以实现

   B.项目管理的核心任务是目标控制

   C.施工方的任务涉及项目全寿命周期

   D.费用目标对于业主而言就是成本目标

5. 下列关于《项目管理知识体系指南(PMBOK 指南)》中项目集和项目组合的说法,正确的是(　　)。

   A.项目集的管理包括识别、排序、管理和控制项目等

   B.项目组合中的项目一定彼此依赖或有直接关系

   C.项目集指的是为有效管理、实现战略业务目标而组合在一起的项目

   D.项目集中可能包括各单个项目范围之外的相关工作

6. 按照国际工程惯例,当采用指定分包商时,应对分包合同规定的工期目标和质量目标负责的是(　　)。

   A.业主　　　　　　　　　　　　　　B.监理方

   C.指定分包商　　　　　　　　　　　D.施工总承包管理方

二、多项选择题

1. 下列关于建设工程项目管理的说法,正确的有(　　)。(2016 真题)

   A.业主方是建设工程项目生产过程的总组织者

   B.建设工程项目各参与方的工作性质和工作任务不尽相同

   C.建设工程项目管理的核心任务是项目的费用控制

   D.施工方的项目管理是项目管理的核心

   E.实施建设工程项目管理需要有明确的投资、进度和质量目标

2. 下列关于项目各参建方管理目标和任务的说法,正确的有(　　)。

   A.施工方是建设工程项目生产的总组织者

   B.业主方的进度目标是项目动用的时间目标

C.项目总承包方的管理只服务于项目的整体利益

D.施工方的管理不仅要服务于自身利益,也必须服务于项目整体利益

E.供货方的管理工作涉及设计阶段

3.下列关于施工方项目管理目标和任务的说法,正确的有(　　　)。

A.施工方项目管理仅服务于施工方本身的利益

B.施工方项目管理涉及设计前准备阶段

C.施工方成本目标由施工企业根据其生产和经营情况自行确定

D.施工方需对业主方指定分包承担的目标和任务负责

E.施工方必须按工程合同规定的工期目标和质量目标完成建设任务

专题3　建设工程项目的组织

考向预测

考点	考向预测	重要程度
组织系统、组织论和组织工具	影响系统目标实现的因素、组织工具的定义和分类	★
项目结构分析在项目管理中的应用	项目结构图	★★
组织结构在项目管理中的应用	组织结构图、线性组织结构、矩阵组织结构	★★★
工作任务分工在项目管理中的应用	工作任务分工的特点	★★
管理职能分工在项目管理中的应用	管理职能分工的特点	★★
工作流程组织在项目管理中的应用	工作流程图	★
合同结构在项目管理中的应用	合同结构图	★

刷基础　　建议用时:35分钟　　实际用时:____分钟　　答案:197页

一、单项选择题

1.下列关于组织论及组织工具的说法,正确的是(　　　)。(2019真题)

A.管理职能分工反映的是一种动态组织关系

B.工作流程图是反映工作间静态逻辑关系的工具

C.组织结构模式和组织分工都是一种相对的静态组织关系

D.组织结构模式反映一个组织系统中的工作任务分工和管理职能分工

2.某住宅小区施工前,施工项目管理机构对项目分析后形成结果如下图,该图是(　　　)。(2017真题)

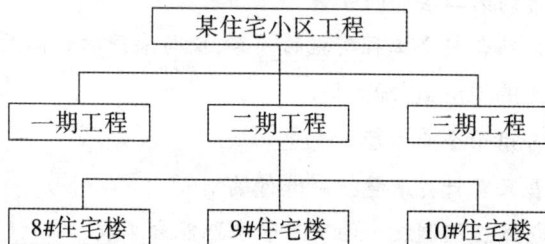

A.组织结构图　　　　B.项目结构图　　　　C.工作流程图　　　　D.合同结构图

3. 下图所示的组织工具是( )。

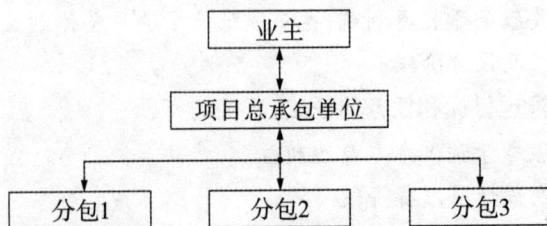

```
            ┌──────────┐
            │   业主    │
            └────┬─────┘
                 ↕
         ┌───────────────┐
         │  项目总承包单位  │
         └───────┬───────┘
         ┌───────┼───────┐
    ┌────┴──┐ ┌──┴───┐ ┌──┴───┐
    │ 分包1 │ │ 分包2 │ │ 分包3 │
    └───────┘ └──────┘ └──────┘
```

A.项目结构图　　　　B.组织结构图　　　　C.合同结构图　　　　D.线性组织结构图

4. 下列关于编制项目管理任务分工表的说法,正确的是( )。

A.业主方应对项目各参与方给予统一指导和管理

B.首先应对项目实施各阶段的具体管理任务做详细分解

C.首先要定义主管部门的工作任务

D.同一类别的项目可以集中编制通用的分工表

5. 下列关于组织结构的说法,正确的是( )。

A.组织结构图中矩形框用双向箭头连接

B.军事系统适用于矩阵组织结构

C.职能组织结构中,每个部门只有一个唯一指令源

D.线性组织结构的缺点是指令路径过长

6. 编制项目管理工作任务分工表,首先要做的工作是( )。

A.进行项目管理任务的详细分解　　　　B.绘制工作流程图

C.明确项目管理工作部门的工作任务　　D.确定项目组织结构

7. 下列关于管理职能分工表的说法,错误的是( )。

A.用表的形式反映项目管理班子内部项目经理、各工作部门和各工作岗位对各项工作任务的项目管理职能分工

B.管理职能分工表无法暴露仅用岗位描述书时所掩盖的矛盾

C.可辅以管理职能分工描述书来明确每个工作部门的管理职能

D.可以用管理职能分工表来区分业主方和代表业主利益的项目管理方和工程建设监理方等的管理职能

8. 下列关于项目结构分析的说法,正确的是( )。

A.同一个建设工程项目可以有不同的项目结构的分解方法

B.工业建设项目往往根据建成时间对项目结构进行分解

C.群体项目最多可进行到第二层次的分解

D.项目结构的分解无需结合整个工程实施的部署,仅与采用的合同结构相结合

9. 下列关于管理职能分工的说法,正确的是( )。

A.管理职能分工表不可用于企业管理

B.项目管理职能分工表只需针对质量控制进行编制

C.业主方和项目各参与方应编制统一的项目管理职能分工表

D.整个施工过程中管理工作就是不断发现问题和不断解决问题的过程

10. 下列关于工作流程组织的说法,正确的是( )。

    A.同一项目不同参与方都有工作流程组织任务

    B.工作流程组织不包括物质流程组织

    C.一个工作流程图只能有一个项目参与方

    D.一项管理工作只能有一个工作流程图

11. 建设工程施工方进度目标能否实现的决定性因素是( )。

    A.项目经理   B.施工方案   C.信息技术   D.组织体系

12. 下列组织工具中,能够反映组成项目的所有工作任务的是( )。

    A.项目结构图   B.工作任务分工表

    C.合同结构图   D.工作流程图

13. 编制项目投资项编码、进度项编码、合同编码和工程档案编码的基础是( )。

    A.项目结构图和项目结构的编码   B.组织结构图和组织结构的编码

    C.工作流程图和项目结构的编码   D.工作流程图和组织结构的编码

14. 反映企业中各工作部门之间的指令关系的组织工具应当是( )。

    A.工作流程图   B.工作任务分工表

    C.项目结构图   D.组织结构图

15. 某施工企业采用矩阵组织结构模式,其横向工作部门可以是( )。

    A.合同管理部   B.计划管理部

    C.财务管理部   D.项目部

16. 项目管理任务分工表是( )的一部分。

    A.项目组织设计文件   B.项目结构分解

    C.项目工作流程图   D.项目管理职能分工

17. 编制项目管理任务分工表,涉及的事项有:①确定工作部门或个人的工作任务;②项目管理任务分解;③编制工作任务分工表。正确的编制程序是( )。

    A.①→②→③   B.②→①→③   C.③→②→①   D.②→③→①

18. 下列关于工作任务分工表的说法,错误的是( )。

    A.任务分工表主要明确哪项任务由哪个工作部门负责主办

    B.主办、协办和配合在表中分别用三个不同的符号表示

    C.在任务分工表的每一行中,即每一个任务,都有至少一个主办工作部门

    D.运营部和物业开发部在工程竣工前才介入工作

19. 某施工项目技术负责人从项目技术部提出的两个土方开挖方案中选定了拟实施的方案,并要求技术部对该方案进行深化。该项目技术负责人在施工管理中履行的管理职能是( )。

    A.检查   B.执行   C.决策   D.筹划

20. 某项目部根据项目特点制定了投资控制、进度控制、合同管理、付款和设计变更等工作流程,这些工作流程属于(　　)。

    A.物质流程组织　　　　　　　　　　B.管理工作流程组织

    C.信息处理工作流程组织　　　　　　D.施工工作流程组织

21. 下列关于系统的说法,正确的是(　　)。

    A.建设项目作为一个系统,具有一次性的特点

    B.影响一个系统目标的实现最主要的因素是人

    C.系统的组织决定了系统的目标

    D.一个项目的任务由多个参建单位共同完成且其合作大多固定

二、多项选择题

1. 下列关于工作任务分工和管理职能分工的说法,正确的有(　　)。(2021真题)

    A.管理职能是由管理过程的多个工作环节组成

    B.在一个项目实施的全过程中,应视具体情况对工作任务分工进行调整

    C.管理职能分工表既可用于项目管理,也可用于企业管理

    D.项目各参与方应编制统一的工作任务分工表和管理职能分工表

    E.编制任务分工表前应对项目实施各阶段的具体管理工作进行详细分解

2. 下列关于项目管理组织结构模式的说法,正确的有(　　)。

    A.矩阵组织结构适用于大型组织系统

    B.矩阵组织系统中有横向和纵向两个指令源

    C.职能组织结构中每一个工作部门只有一个指令源

    D.大型线性组织系统中的指令路径太长

    E.线性组织结构中可以跨部门下达指令

3. 下列关于工作任务分工表的说法,正确的有(　　)。

    A.工作任务分工表应作为项目组织设计文件的一部分

    B.为使项目管理工作任务顺利实施,每一个任务只能有一个主办工作部门

    C.每一个任务只能有一个协办部门和配合部门

    D.运行部和物业开发部往往在工程竣工前才介入工作

    E.在项目进展过程中,应视需要对工作任务分工表进行调整

4. 下列关于合同结构图的说法,正确的有(　　)。

    A.在合同结构图中,有合同关系的两个单位之间用单向箭线联系

    B.反映业主方和项目各参与方之间,以及项目各参与方之间的合同关系

    C.可以非常清晰地了解一个项目有哪些,或将有哪些合同

    D.可以了解项目各参与方的合同组织关系

    E.可以反映出两个单位之间的管理指令关系

5.下列关于工作任务流程组织的说法,正确的有(　　)。

A.工作流程组织包括管理工作流程、信息处理工作流程、物质流程组织

B.弱电工程物资采购工作流程属于管理工作流程

C.工作流程图是一种相对静态的组织工具

D.箭线表示指令关系,菱形框表示判别条件

E.工作流程图反映组织系统中各工作之间的逻辑关系

6.下列关于组织结构模式、组织分工和工作流程组织的说法,正确的有(　　)。

A.组织结构模式反映指令关系

B.工作流程组织反映工作间逻辑关系

C.组织分工是指工作任务分工

D.组织分工和工作流程组织都是动态组织关系

E.组织结构模式和组织分工是一种相对静态的组织关系

7.下列关于施工管理职能分工的说法,正确的有(　　)。

A.管理职能的分工表和岗位责任描述的作用是完全相同的

B.不同的管理职能可由不同的职能部门承担

C.项目各参与方都应编制各自的管理职能分工表

D.管理职能分工表既可用于企业管理,也可用于项目管理

E.管理职能分工表只反映项目经理和项目技术负责人的工作任务

8.组织工具是组织论的应用手段,用图或表等形式表示各种组织关系,它包括(　　　　)。

A.项目结构图　　　　　　　　　　B.组织结构图

C.工作任务分工表　　　　　　　　D.工作流程图

E.时标网络图

9.下列关于建设工程项目结构分解的说法,正确的有(　　)。

A.项目结构分解应考虑项目进展的总体部署

B.项目结构分解应结合项目合同结构

C.每一个项目只能有一种项目结构分解方法

D.项目结构分解应结合项目管理的组织结构

E.单体项目也可进行项目结构分解

10.下列关于项目结构图、组织结构图和合同结构图的说法,正确的有(　　　　)。

A.项目结构图中的矩形框表示一个项目的组成部分

B.组织结构图的矩形框用直线连接

C.合同结构图的矩形框用双向箭线连接

D.项目结构图的矩形框用单向箭线连接

E.合同结构图中的矩形框表示一个建设项目的参与单位

刷提升　　建议用时:25分钟　　实际用时:____分钟　　答案:200 页

一、单项选择题

1. 下列关于项目管理职能分工表的说法,正确的是( )。(2020 真题)

　　A.业主方和项目各参与方应编制统一的项目管理职能分工表

　　B.管理职能分工表不适用于企业管理

　　C.可以用管理职能分工描述书代替管理职能分工表

　　D.管理职能分工表可以表示项目各参与方的管理职能分工

2. 下列关于影响系统目标实现因素的说法,正确的是( )。(2016 真题)

　　A.组织是影响系统目标实现的决定性因素

　　B.系统的组织决定了系统的目标

　　C.增加人员数量一定有助于系统目标的实现

　　D.生产方法与工具的选择与系统目标实现无关

3. 如果对一个建设工程的项目管理进行诊断,首先应分析其( )方面存在的问题。

　　A.管理　　　　　　　B.组织　　　　　　　C.技术　　　　　　　D.经济

4. 用于表示组织系统中各子系统或各元素间指令关系的工具是( )。

　　A.项目结构图　　　　　　　　　　　B.工程流程图

　　C.组织结构图　　　　　　　　　　　D.职能分工表

5. 下列组织工具中,能够反映组成项目所有工作任务的是( )。

　　A.项目结构图　　　　　　　　　　　B.工作任务分工

　　C.合同结构图　　　　　　　　　　　D.工作流程图

6. 管理是由多个环节组成的过程,为了说明组成管理的这些环节可以使用( )。

　　A.项目组织设计文件　　　　　　　　B.项目任务分期表

　　C.工作任务分工表　　　　　　　　　D.管理职能分工描述书

7. 为明确混凝土工程施工中钢筋制作安装、混凝土浇筑等工作之间的逻辑关系,施工项目部应当编制( )。

　　A.组织结构图　　　B.任务分工表　　　C.工作流程图　　　D.工作一览表

8. 业主确定的工程项目设计变更工作流程,属于工作流程组织中的( )。

　　A.管理工作流程　　　　　　　　　　B.物质流程

　　C.信息处理工作流程　　　　　　　　D.设计工作流程

9. 下列关于项目管理职能分工表的说法,正确的是( )。

　　A.管理职能分工表反映项目管理班子内部对各项工作任务的项目管理职能分工

　　B.业主方和项目各参与方应编制统一的项目管理职能分工表

　　C.管理职能分工表不适用于企业管理

　　D.项目管理职能分工表和岗位责任描述书表达的内容完全一样

二、多项选择题

1. 下列组织论基本内容中,属于相对静态的组织关系的有(　　)。(2016真题)

    A.组织分工　　　　　　　　　　　B.物质流程组织

    C.信息处理工作流程组织　　　　　D.管理工作流程组织

    E.组织结构模式

2. 组织论是与项目管理学相关的一门重要的基础理论学科,主要是研究系统的(　　)。

    A.工作流程组织　　　　　　　　　B.组织目标

    C.技术流程组织　　　　　　　　　D.组织分工

    E.组织结构模式

3. 某施工单位采用下图所示的组织结构模式,则关于该组织结构的说法,正确的有(　　)。

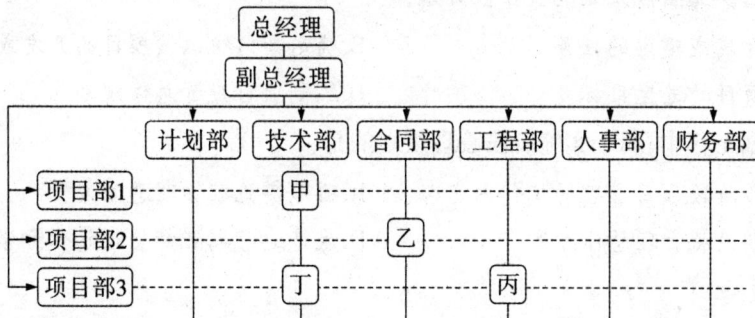

    A.技术部可以对甲、乙、丙、丁直接下达指令

    B.工程部不可以对甲、乙、丙、丁直接下达指令

    C.甲工作涉及的指令源有2个,即项目部1和技术部

    D.该组织结构属于矩阵式

    E.当乙工作来自项目部2和合同部的指令矛盾时,必须以合同部指令为主

4. 下列关于项目管理组织结构模式的说法,正确的有(　　)。

    A.矩阵组织适用于大型组织系统

    B.职能组织结构中每一个工作部门只有一个指令源

    C.线性组织结构中可以跨部门下达指令

    D.矩阵组织系统中有横向和纵向两个指令源

    E.大型线性组织系统中的指令路径太长

专题4　建设工程项目策划

考向预测

考点	考向预测	重要程度
建设工程项目策划的意义	项目策划的意义	★
项目决策阶段策划的工作内容	区分决策阶段策划的工作内容	★★
项目实施阶段策划的工作内容	区分实施阶段策划的工作内容	★★

刷基础　　建议用时：10分钟　　实际用时：＿＿＿分钟　　答案：202页

一、单项选择题

1. 下列建设工程项目决策阶段的工程内容中,属于组织策划的是(　　)。

A.业主方项目管理的组织结构　　　　B.生产运营期经营管理总体方案

C.编码体系的建立　　　　　　　　　D.实施期组织总体方案

2. 下列属于项目决策阶段合同策划的工作内容的是(　　)。

A.实施期合同结构总体方案　　　　　B.实施阶段的合同文本

C.方案设计竞赛的组织　　　　　　　D.项目管理委托的合同结构方案

3. 建设工程项目实施阶段策划的主要任务是(　　)。

A.定义项目开发或建设的任务　　　　B.确定如何组织该项目的开发或建设

C.确定建设项目的进度目标　　　　　D.编制项目投资总体规划

4. 下列项目策划工作中,属于实施阶段管理策划的是(　　)。

A.项目实施各阶段项目管理的工作内容　　B.项目实施期管理总体方案

C.生产运营期设施管理总体方案　　　　　D.生产运营期经营管理总体方案

二、多项选择题

1. 下列工作属于项目实施期组织策划的有(　　)。

A.实施期组织总体方案　　　　　　　B.项目编码体系分析

C.业主方项目管理的组织结构　　　　D.项目管理工作流程

E.建立编码体系

2. 在建设工程项目决策阶段策划工作中,对项目目标的定义和论证的主要工作内容包括(　　)。

A.项目的功能分解　　　　　　　　　B.项目总投资规划和论证

C.编制项目建设总进度规划　　　　　D.建立编码体系

E.建设周期规划和论证

刷提升　　建议用时：15分钟　　实际用时：＿＿＿分钟　　答案：202页

一、单项选择题

1. 下列工程项目策划工作中,属于决策阶段经济策划的是(　　)。(2019真题)

A.项目总投资规划　　　　　　　　　B.项目总投资目标的分解

C.项目建设成本分析　　　　　　　　D.技术方案分析和论证

2. 下列项目策划的工作内容中属于项目决策阶段合同策划的是(　　)。(2018真题)

A.项目管理委托的合同结构方案　　　B.方案设计竞赛的组织

C.实施期合同结构总体方案　　　　　D.项目物资采购的合同结构方案

3. 下列关于建设工程项目策划的说法,正确的是(　　)。

A.工程项目策划只针对建设工程项目的决策和实施

B.旨在为项目建设的决策和实施增值

C.工程项目策划是一个封闭性的工作过程

D.其实质就是知识组合的过程

4.下列建设工程项目决策阶段的工作内容中,属于组织策划的是(   )。

A.业主方项目管理的组织结构

B.实施期组织总体方案

C.运营期的经营管理总体方案

D.项目编码体系的建立

二、多项选择题

1.下列建设工程项目实施阶段策划的工作中,属于项目目标分析和再论证工作内容的有(   )。

A.编制项目投资总体规划

B.编制项目建设总进度规划

C.项目实施环境调查

D.项目功能分解

E.建筑面积分配

2.下列关于工程项目策划的说法,正确的有(   )。

A.需整合多方面专家的知识

B.是一个封闭性的工作过程

C.旨在为项目建设的决策和实施增值

D.其过程实质是知识组合的过程

E.其过程的实质是知识管理的过程

专题5 建设工程项目采购的模式

考向预测

考点	考向预测	重要程度
项目管理委托的模式	国际上业主方项目管理的方式	★
设计任务委托的模式	无考点	★
项目总承包的模式	项目总承包的基本出发点、项目总承包的工作程序	★★
施工任务委托的模式	施工总承包和施工总承包管理模式的区别与特点	★★★
物资采购的模式	物资采购的工作程序、国际上物资采购的模式	★★

刷基础 建议用时:30分钟　　实际用时:＿＿＿分钟　　答案:203页

一、单项选择题

1.与施工总承包模式相比,施工总承包管理模式在合同价格方面的特点是(   )。(2020真题)

A.合同总价一次性确定,对业主投资控制有利

B.施工总承包管理合同中确定总承包管理费和建安工程造价

C.所有分包工程都需要再次进行发包,不利于业主节约投资

D.分包合同价对业主是透明的

2.施工单位任命项目经理在(   )完成。(2019真题)

A.项目计划阶段

B.项目启动阶段

C.项目实施阶段

D.项目收尾阶段

3. 下列关于施工总承包模式特点的说法,正确的是(　　)。(2017真题)

　　A.招标和合同管理工作量大　　　　　　B.业主组织与协调的工作量大

　　C.分包合同价对业主是透明的　　　　　　D.开工前就有较明确的合同价

4. 根据物资采购管理程序,物资采购首先应(　　)。

　　A.进行采购策划,编制采购计划　　　　　B.明确采购产品或服务的基本要求

　　C.进行市场调查,选择合格的产品供应单位　　D.采用招标或协商等方式确定供应单位

5. 按照国际惯例,对工业与民用建筑工程的设计任务委托而言,下列专业设计事务所中,通常起主导作用的是(　　)。

　　A.测量师事务所　　　　　　　　　　　　B.结构工程师事务所

　　C.建筑师事务所　　　　　　　　　　　　D.水电工程师事务所

6. 下列关于建设工程项目施工总承包管理模式的说法,正确的是(　　)。

　　A.施工总承包管理单位应参与全部具体工程的施工

　　B.业主进行施工总承包管理单位招标时,应先确定工程总造价

　　C.施工总承包管理单位负责所有分包合同的招标投标工作

　　D.业主不需要等待施工图设计完成后再进行施工总承包管理单位的招标

7. 下列关于项目总承包模式的说法,正确的是(　　)。

　　A.建设项目工程总承包均采用固定总价包干

　　B.建设项目工程总承包的方式只有"DB模式"和"EPC模式"

　　C.建设项目工程总承包的核心是总价包干和"交钥匙"

　　D.项目总承包的基本出发点是借鉴工业生产的经验,实现建设的组织集成化

8. 业主方委托一个施工单位或由多个施工单位组成的施工联合体或施工合作体作为施工总承包单位,经业主同意,施工总承包单位可以根据需要将施工任务的一部分分包给其他符合资质的分包人。这种施工任务委托模式是(　　)。

　　A.施工总承包　　　　　　　　　　　　　B.施工总承包管理

　　C.平行承发包　　　　　　　　　　　　　D.建设工程项目总承包

9. 下列关于施工总承包和施工总承包管理模式的说法,正确的是(　　)。

　　A.施工总承包模式如果采用费率招标,对投资控制有利

　　B.施工总承包管理模式,业主方招标和合同管理的工作量较小

　　C.施工总承包管理模式一般要等到施工图全部设计完成才能进行招标

　　D.施工总承包管理模式有利于压缩工期

10. 下列关于施工总承包模式特点的说法,正确的是(　　)。

　　A.开工日期不可能太早,建设周期会较长

　　B.业主组织与协调的工作量大

　　C.分包合同价对业主是透明的

　　D.所有分包通过招标获得有竞争力的报价,对业主节约投资有利

11. 国际上,(　　)可以接受业主方、设计方、施工方、供货方和建设项目工程总承包方的委托,提供代表委托方利益的项目管理服务。

A.项目管理咨询公司　　　　　　　　B.建设单位

C.设计单位　　　　　　　　　　　　D.房地产公司

12. 项目总承包的基本出发点是借鉴工业生产组织的经验,实现建设生产过程的(　　)。

A.管理现代化　　　　　　　　　　　B.施工机械化

C.生产高效化　　　　　　　　　　　D.组织集成化

13. 建设项目工程总承包的核心是通过设计与施工过程的组织集成,促进设计与施工的紧密结合,以达到(　　)的目的。

A.为项目建设增值　　　　　　　　　B.实行固定总价包干

C.设计与施工的责任明确　　　　　　D.降低项目投资风险

14. 根据《建设项目工程总承包管理规范》(GB/T 50358—2017),工程总承包企业可以受业主委托,按合同约定对工程建设项目的(　　)等实行全过程或若干阶段的承包。

A.勘察、设计、施工、采购、试运行　　B.决策、设计、施工

C.决策、设计、施工、采购　　　　　　D.设计、施工、采购、试运行、运行管理

15. 根据《建设项目工程总承包管理规范》(GB/T 50358—2017),在项目施工阶段,建设工程总承包方的工作内容是(　　)。

A.办理项目资料归档　　　　　　　　B.进行竣工决算

C.对项目部人员进行考核评价　　　　D.任命项目经理

16. 施工总承包模式的最大缺点是(　　),限制了其在建设周期紧迫的建设工程项目上的应用。

A.投资较大　　　　　　　　　　　　B.建设周期较长

C.业主组织协调工作量较大　　　　　D.合同管理工作量较大

17. 采用施工总承包管理模式时,对分包人的质量控制由(　　)进行。

A.施工总承包单位　　　　　　　　　B.施工总承包管理单位

C.业主方　　　　　　　　　　　　　D.监理方

18. 下列关于施工总承包模式与施工总承包管理模式相同之处的说法,正确的是(　　)。

A.与分包单位的合同关系相同　　　　B.对分包单位的付款方式相同

C.业主对分包单位的选择和认可权限相同　　D.对分包单位的管理责任和服务相同

19. 物资采购管理程序中,确定供应单位后下一步应进行的工作是(　　)。

A.运输、验证、移交采购产品或服务

B.进行采购策划,编制采购计划

C.进行市场调查,选择合格的产品供应单位并建立名录

D.签订采购合同

二、多项选择题

1. 下列关于施工总承包管理模式的说法,正确的有( )。(2022 真题)

A.业主合同管理量大

B.对分包人质量的控制由施工总承包管理单位进行

C.有利于总投资控制

D.项目质量的优劣取决于施工总承包管理单位

E.施工过程发生设计变更,可能引发索赔

2. 下列关于施工总承包管理模式的说法,正确的有( )。(2019 真题)

A.施工总承包管理模式下,分包合同价对业主是透明的

B.施工总承包管理单位的招标可以不依赖完整的施工图

C.施工总承包管理单位负责对分包单位的质量、进度进行控制

D.施工总承包管理单位应自行完成主体结构工程的施工

E.一般情况下,由施工总承包管理单位与分包单位签订分包合同

3. 下列关于建设工程物资采购管理的说法,正确的有( )。(2016 真题)

A.物资采购结束后应将采购资料归档

B.物资采购应符合工程进度、安全和成本管理等要求

C.工程建设物资由工程承包单位采购的,发包单位可以指定生产厂或供应商

D.物资采购应明确采购产品或服务的基本要求、采购分工及有关责任

E.物资采购应符合有关合同和设计文件规定的数量、技术要求和质量标准

4. 国际上,业主方工程建设物资采购的模式主要有( )。

A.业主自行采购   B.与承包商约定某些物资为指定供应商

C.承包商采购   D.业主规定价格,由承包商采购

E.承包商询价,由业主采购

5. 下列关于建设项目工程总承包的说法,正确的有( )。

A.工程总承包企业应向项目业主负责

B.总承包企业可依法将所承包工程中的部分工作发包给具有相应资质的分包企业

C.工程总承包企业受业主委托,按照合同约定对项目勘察、设计、采购、施工、运行等实行全过程或若干阶段的承包

D.工程分包企业应向总承包企业和业主负责

E.建设项目工程总承包的主要意义在于总价包干和"交钥匙"

6. 根据《建设项目工程总承包管理规范》(GB/T 50358—2017),在项目管理收尾阶段,建设工程项目总承包方的工作内容有( )。

A.办理项目资料归档   B.进行竣工决算

C.对项目部人员进行考核评价   D.办理决算手续

E.解散项目部

7.在施工总承包管理模式下,对分包单位管理的特点有(　　)。

A.一般情况下,分包合同由施工总承包管理单位与分包单位签订

B.分包工程款可以通过施工总承包管理单位,也可以由业主直接支付

C.分包合同价对业主是透明的,有利于业主方控制投资

D.施工总承包管理单位有责任对分包人的质量和进度进行控制

E.施工总承包管理单位有义务免费向分包人提供脚手架等设施

8.国际上,业主方项目管理的方式主要有(　　)。

A.业主方自行进行项目管理

B.业主方委托施工方承担全部业主方项目管理的任务

C.业主方委托项目管理咨询公司承担全部业主方项目管理的任务

D.业主方委托项目管理咨询公司与业主方人员共同进行项目管理

E.业主方委托施工方与业主方人员共同进行项目管理

9.下列关于工程总承包的说法,正确的是(　　)。

A.通过项目"交钥匙"方式建设,实施建设生产过程中组织高效化

B.建设项目工程总承包的核心是降低项目成本

C.建设项目工程总承包多数采用变动总价合同模式

D.建设项目工程总承包单位可同时承接设计、采购、施工等多项工作任务

E.工程总承包企业应按照合同约定对工程项目的质量、工期、造价等向业主负责

刷提升

建议用时:20分钟　　　**实际用时:_____分钟**　　　**答案:206页**

一、单项选择题

1.施工总承包管理模式与施工总承包模式相比在合同价方面的特点是(　　)。(2018真题)

A.合同总价可以一次确定　　　　　　B.分包合同价对业主相对透明

C.不利于业主节约投资　　　　　　　D.确定建设项目合同总额的依据不足

2.物资采购管理程序中,完成编制采购计划后下一步应进行的工作是(　　)。(2017真题)

A.进行采购合同谈判,签订采购合同

B.选择材料设备的采购单位

C.进行市场调查,选择合格的产品供应单位并建立名录

D.明确采购产品的基本要求、采购分工和有关责任

3.下列关于施工总承包管理模式的说法,错误的是(　　)。

A.施工总承包管理模式的招标可在设计阶段进行

B.施工总承包管理企业负责整个项目的施工协调和管理

C.建设单位可与多个单位组成的联合体签订施工总承包管理协议

D.施工总承包管理企业可不经过投标,直接承担部分工程的施工

4.根据《建设项目工程总承包管理规范》(GB/T 50358—2017),工程总承包单位可以受业主委托,按合同规定对工程建设项目的( )等实行全过程或若干阶段的承包。

A.决策、设计、施工

B.勘察、设计、施工、采购、试运行

C.决策、设计、施工、采购

D.设计、施工、采购、试运行、运行管理

5.下列关于施工总承包和施工总承包管理的说法,正确的是( )。

A.施工总承包招标和施工总承包管理招标均可以不依赖完整的施工图

B.施工总承包管理模式下,分包合同价对业主是透明的

C.业主在施工总承包和施工总承包管理模式下,对分包单位的选择和认可权限是相同的

D.施工总承包管理单位负责施工现场的总体管理和协调,对项目目标控制不承担责任

二、多项选择题

1.下列关于项目施工总承包模式特点的说法,正确的有( )。(2018真题)

A.项目质量好坏取决于总承包单位的管理水平和技术水平

B.开工日期不可能太早,建设周期会较长

C.有利于业主方的总投资控制

D.与平行承发包模式相比,业主组织与管理的工作量大大减少

E.业主择优选择承包方范围小

2.根据《建设项目工程总承包管理规范》(GB/T 50358—2017)规定,工程总承包项目管理主要内容有( )。(2017真题)

A.任命项目经理,组建项目部

B.编制和报批项目可行性研究报告

C.落实项目建设资金

D.进行项目策划,编制项目计划

E.实施项目运行管理

3.下列关于施工总承包管理模式特点的说法,正确的有( )。

A.业主方的招标及合同管理工作量较大

B.分包工程任务符合质量控制的"他人控制"原则,对质量控制有利

C.各分包之间的关系可由施工总承包管理单位负责协调,这样就可减轻业主方管理的工作量

D.在开工前有较明确的合同价,有利于业主的总投资控制

E.多数情况下,由业主方与分包人直接签约,这样有可能减少业主方的风险

4.下列关于项目施工总承包模式特点的说法,正确的有( )。

A.项目质量的好坏在很大程度上取决于施工总承包单位的管理水平和技术水平

B.不利于投资控制

C.开工日期不可能太早,建设周期会较长

D.与平行发包模式相比,组织协调工作量大

E.业主选择承包方范围小

专题6　建设工程项目管理规划的内容和编制方法

考向预测

考点	考向预测	重要程度
建设工程项目管理规划的意义	项目管理规划的编制和实施范畴	★
项目管理规划的内容	项目管理规划大纲和项目管理实施规划的内容	★★
项目管理规划的编制方法	项目管理规划大纲和项目管理实施规划的编制依据和程序	★★

刷基础

建议用时:10分钟　　**实际用时:＿＿分钟**　　**答案:208页**

一、单项选择题

1.建设工程项目管理规划是指导项目管理工作的(　　)文件。

　A.操作性　　　　　　B.实施性　　　　　　C.纲领性　　　　　　D.作业性

2.下列不属于项目管理实施规划的编制依据的是(　　)。

　A.项目管理规划大纲　　　　　　　B.技术经济指标

　C.项目设计文件　　　　　　　　　D.项目团队的能力和水平

3.项目管理实施规划的编制工作程序包括:①分析项目具体特点和环境条件;②熟悉相关的法规和文件;③履行报批手续;④实施编制活动。正确的编制程序是(　　)。

　A.①②④③　　　　B.①②③④　　　　C.①④②③　　　　D.②①③④

二、多项选择题

1.下列关于建设工程项目管理规划的说法,正确的有(　　)。

　A.建设工程项目管理规划仅涉及项目的施工阶段和保修期

　B.建设工程项目管理规划完成以后不需要调整

　C.除业主方以外,建设项目的其他参与单位也需要编制项目管理规划

　D.如采用工程总包模式,业主方可以委托总承包方编著建设项目管理规划

　E.建设工程项目管理规划内容涉及的范围和深度,应视项目的特点而定

2.根据《建设工程项目管理规范》(GB/T 50326—2017),项目管理规划大纲应包括(　　)。

　A.进度计划　　　　　　　　　　　B.项目成本管理

　C.项目资源管理　　　　　　　　　D.项目沟通与相关方管理

　E.设计与技术措施

3.根据《建设工程项目管理规范》(GB/T 50326—2017),项目管理实施规划应包括(　　)。

　A.项目管理目标　　　　　　　　　B.项目信息管理

　C.项目现场平面布置图　　　　　　D.资源需求与采购计划

　E.项目收尾计划

4.建设工程项目管理规划的内容一般包括（　　　）。

A.项目可行性研究报告　　　　　　B.项目的评估论证

C.项目管理的组织　　　　　　　　D.信息管理的方法和手段

E.项目的目标分析和论证

刷提升　　建议用时:10分钟　　实际用时:＿＿＿分钟　　答案:209页

一、单项选择题

1.根据《建设工程项目管理规范》（GB/T 50326—2017），项目管理规划大纲的编制工作包括:①收集项目的有关资料和信息;②明确项目目标;③确定项目管理组织模式;④明确项目管理内容;⑤编制项目目标计划;⑥报送审批;⑦分析项目环境和条件。正确的编制程序是（　　　）。（2017真题）

A.①→②→⑦→④→③→⑤→⑥　　　　B.⑦→①→②→⑤→③→④→⑥

C.②→⑦→①→③→④→⑤→⑥　　　　D.①→⑦→④→⑤→③→⑥→②

2.建设工程项目管理规划内容涉及的范围与深度要求是（　　　）。

A.一经编制则不得改变

B.必须随着项目进展过程中情况的变化而进行动态调整

C.不会因项目而变化

D.可按《建设工程项目管理规范》标准化

二、多项选择题

1.根据《建设工程项目管理规范》（GB/T 50326—2017），项目管理规划大纲的编制依据包括（　　　）。

A.建设工程项目建议书　　　　　　B.项目文件、相关法律法规和标准

C.类似项目经验资料　　　　　　　D.实施条件调查资料

E.项目进度计划

2.下列关于建设工程项目管理规划的说法,正确的有（　　　）。

A.建设工程项目管理规划属于施工方项目管理的范畴

B.建设工程项目管理规划涉及项目整个实施阶段

C.建设工程项目管理规划需要对"项目的总投资"进行分析和描述

D.建设项目工程总承包的工作涉及项目的整个实施阶段

E.建设项目的其他参与单位,如设计单位,不需要编制项目管理规划

专题7　施工组织设计的内容和编制方法

考向预测

考点	考向预测	重要程度
施工组织设计的内容	三层次施工组织设计的内容	★★
施工组织设计的编制方法	施工组织设计的编制和审批	★★★

刷基础

建议用时：40分钟　　实际用时：＿＿＿分钟　　答案：209页

一、单项选择题

1. 根据施工组织设计的管理要求，重点、难点分部(分项)工程施工方案的批准人是(　　)。(2016真题)

   A.项目负责人　　　　　　　　　　B.项目技术负责人

   C.施工单位技术负责人　　　　　　D.总监理工程师

2. 某施工企业承接了某住宅小区中10#楼的土建施工任务，项目经理部针对该10#楼编制的施工组织设计属于(　　)。

   A.施工组织总设计　　　　　　　　B.单项工程施工组织设计

   C.单位工程施工组织设计　　　　　D.分部工程施工组织设计

3. 下列施工组织设计的内容中，属于施工部署及施工方案的是(　　)。

   A.人力和时间安排计划　　　　　　B.施工材料、构件等资源供应情况

   C.投入材料的堆场设计　　　　　　D.施工机械的分析选择

4. 根据《建筑施工组织设计规范》(GB/T 50502—2009)，施工组织设计应由(　　)主持编制。

   A.施工单位技术负责人　　　　　　B.项目负责人

   C.项目技术负责人　　　　　　　　D.项目质量负责人

5. 施工组织设计的基本内容中，(　　)包括本项目的性质、结构特点和合同条件。

   A.工程概况　　　　　　　　　　　B.施工平面图

   C.施工方案　　　　　　　　　　　D.施工进度计划

6. 工程项目施工组织设计中，一般将施工顺序的安排写入(　　)。

   A.工程概况　　　　　　　　　　　B.施工部署及施工方案

   C.施工进度计划　　　　　　　　　D.施工平面图

7. 资源需求计划和施工准备计划应当包括在施工组织设计的(　　)的内容中。

   A.施工部署　　　　　　　　　　　B.施工方案

   C.施工进度计划　　　　　　　　　D.施工总平面布置

8. 某施工企业负责某小区的整体建设,包括 13 栋单元楼,其中针对 3 号楼编制的施工组织设计属于( )。

    A.施工组织总设计   B.单位工程施工组织设计

    C.分部工程施工组织设计   D.分项工程施工组织设计

9. 根据《建筑施工组织设计规范》(GB/T 50502—2009),下列属于施工组织总设计的主要内容的是( )。

    A.主要施工方案   B.施工总进度计划

    C.施工安排   D.施工方法及工艺要求

10. 下列关于施工组织设计的编制原则的说法,错误的是( )。

    A.符合施工合同中有关工程进度、质量、安全等方面的要求

    B.科学配置资源,合理布置现场

    C.与质量、环境和职业健康安全三个管理体系有效结合

    D.必须使用新技术

11. 单位工程施工组织设计应由( )或技术负责人授权的技术人员审批。

    A.项目负责人   B.项目技术负责人

    C.施工单位技术负责人   D.施工单位负责人

二、多项选择题

1. 项目施工过程中,对施工组织设计进行修改或补充的情形有( )。(2017 真题)

    A.设计单位应业主要求对楼梯部分进行局部修改

    B.某桥梁工程由于新规范的实施而需要重新调整施工工艺

    C.由于自然灾害导致施工资源的配置有重大变更

    D.施工单位发现设计图纸存在重大错误而需要修改工程设计

    E.某钢结构工程施工期间,钢材价格上涨

2. 根据《建设工程安全生产管理条例》,施工单位应当组织专家进行论证、审查的专项施工方案有( )。

    A.深基坑工程   B.起重吊装工程

    C.地下暗挖工程   D.拆除、爆破工程

    E.高大模板工程

3. 下列关于施工组织设计中施工平面图的说法,正确的有( )。

    A.反映了最佳施工方案在时间上的安排

    B.反映了施工环境及施工条件

    C.反映了施工方案在空间上的全面安排

    D.反映了施工进度计划在空间上的全面安排

    E.使整个现场能有组织地进行文明施工

4. 单位工程施工组织设计和施工方案均应包括的内容有( )。

    A.施工现场平面布置   B.工程概况

C.施工进度计划   D.施工总平面布置

E.施工方法及工艺要求

5.下列施工组织设计的内容中,属于施工方案的内容有(　　)。

A.施工安排   B.施工进度计划

C.施工现场平面布置   D.施工方法及工艺要求

E.资源配置计划

6.根据《建筑施工组织设计规范》(GB/T 50502—2009),以分部(分项)工程或专项工程为主要对象编制的施工方案,其主要内容包括(　　)。

A.工程概况   B.施工部署

C.主要施工方法   D.施工准备与资源配置计划

E.施工现场平面布置

7.需要组织专家论证的专项施工方案包括(　　)。

A.深基坑   B.脚手架拆除

C.地下暗挖工程   D.起重吊装工程

E.土方开挖工程

刷 提升   建议用时:15分钟   实际用时:____分钟   答案:211页

一、单项选择题

1.根据《建筑施工组织设计规范》(GB/T 50502—2009),关于施工组织设计审批的说法,正确的是(　　)。(2020真题)

A.专项施工方案应由项目技术负责人审批

B.施工方案应由项目总监理工程师审批

C.施工组织总设计应由建设单位技术负责人审批

D.单位工程施工组织设计应由承包单位技术负责人审批

2.某施工企业针对建筑主体钢结构工程编制专项施工方案,该施工方案应由(　　)进行审批。(2018真题)

A.总包单位项目技术负责人   B.专业分包单位技术负责人

C.专业分包单位项目技术负责人   D.总包单位技术负责人

3.编制施工组织总设计时,在施工总进度计划确定之后,才可以进行的工作是(　　)。

A.拟定施工方案   B.确定施工的总体部署

C.编制资源需求量计划   D.计算主要工种工程的工程量

二、多项选择题

1.根据《建筑施工组织设计规范》(GB/T 50502—2009),施工管理计划包括(　　)。(2019真题)

A.进度管理计划   B.质量管理计划

C.安全管理计划   D.运营管理计划

E.环境管理计划

2.下列施工组织设计内容中,属于专项施工方案的有(　　)。(2016真题)

　　A.施工安排　　　　　　　　　　　B.施工进度计划

　　C.施工现场平面布置　　　　　　　D.施工方法及工艺要求

　　E.资源配置计划

3.下列关于施工组织设计编制和审批的说法,正确的有(　　)。

　　A.施工组织总设计应由总承包单位技术负责人审批

　　B.施工方案应由项目技术负责人审批

　　C.重点分部工程施工方案需要由项目技术负责人审批

　　D.规模大的分项工程施工方案需要由项目技术负责人审批

　　E.单位工程施工组织设计应由施工单位技术负责人或技术负责人授权的技术人员审批

4.下列关于施工组织设计的动态管理的说法,错误的有(　　)。

　　A.地基基础或主体结构的形式发生变化,需要对施工组织设计进行修改

　　B.有关法律、法规、规范和标准发生变更,施工组织设计需要进行修改

　　C.工程设计图纸的细微修改或更正,施工组织设计需要调整

　　D.经修改或补充的施工组织设计应重新审批后实施

　　E.项目施工过程中应进行施工组织设计逐级交底

专题8　建设工程项目目标的动态控制

考向预测

考点	考向预测	重要程度
项目目标动态控制的方法及应用	项目目标动态控制的工作程序	★
动态控制在进度控制中的应用	项目目标动态控制的纠偏措施	★★★
动态控制在投资控制中的应用	投资的计划值与实际值之间的比较	★★

刷基础　建议用时:10分钟　实际用时:＿＿＿分钟　答案:212页

一、单项选择题

1.下列关于项目实施过程中对工程进度目标进行动态跟踪和控制的说法,错误的是(　　)。

　　A.按照进度控制的要求,收集工程进度实际值

　　B.定期对工程进度的计划值和实际值进行比较

　　C.通过工程进度计划值和实际值的比较,如发现进度的偏差,则必须调整工程进度目标

　　D.一般的项目控制周期为一个月

2.施工项目经理检查施工进度时,发现施工进度滞后是由于其自身材料采购的原因造成的,则为纠正进度偏差可以采取的组织措施是(　　)。

　　A.调整采购部门管理人员　　　　　B.调整材料采购价格

　　C.强化合同管理　　　　　　　　　D.改进施工方法

3.下列关于项目目标动态控制的流程,正确的是( )。

 A.收集项目目标的实际值→计划值和实际值比较→找出偏差→采取纠偏措施

 B.收集项目目标的实际值→计划值和实际值比较→找出偏差→进行目标调整

 C.收集项目目标的实际值→计划值和实际值比较→采取控制措施→进行目标调整

 D.计划值和实际值比较→找出偏差→采取控制措施→收集项目目标的实际值

4.某项目部针对施工进度滞后问题,提出了落实管理人员责任、优化工作流程、改进施工方法、强化奖惩机制等措施。其中属于技术措施的是( )。

 A.落实管理人员责任   B.优化工作流程

 C.改进施工方法   D.强化奖惩机制

5.下列纠偏措施中,属于组织措施的是( )。

 A.编制工程网络进度计划   B.编制资源需求计划

 C.编制先进完整的施工方案   D.编制进度控制的工作流程

6.项目投资的动态控制中,相对于工程合同价,可作为投资计划值的是( )。

 A.工程预算   B.预付款   C.工程款   D.项目估算

7.建设工程项目目标事前的主动控制是指( )。

 A.事前分析可能导致偏差产生的原因,并在产生偏差时采取纠偏措施

 B.事前分析可能导致项目目标偏离的各种影响因素,并针对这些影响因素采取有效的预防措施

 C.定期进行计划值和实际值的比较

 D.发现项目目标偏离时及时采取纠偏措施

二、多项选择题

1.下列项目目标动态控制的纠偏措施中,属于管理措施的有( )。

 A.调整组织结构   B.强化合同管理

 C.落实加快进度所需资金   D.改进施工方法

 E.调整进度管理的方法

2.下列项目目标动态控制纠偏措施中,属于管理措施的有( )。

 A.调整管理的方法和手段   B.强化合同管理

 C.改变施工管理   D.调整设计

 E.改进施工方法

3.应用动态控制原理进行目标控制时,用于纠偏的组织措施包括( )等。

 A.调整进度管理的方法   B.调整招标工作的管理职能分工

 C.调整投资控制工作流程   D.更换不同的软件编制施工进度计划

 E.调整合同管理任务分工

4.进度的计划值和实际值的比较应是定量的数据比较,可以成为比较成果的有( )。

 A.总进度规划   B.工程总进度计划

 C.旬进度跟踪报告   D.月进度控制报告

 E.年度进度跟踪报告

5.运用动态控制原理控制施工进度时,一般的项目控制周期为一个月,对于重要的项目,控制周期可定为(   )。

A.一周
B.一旬
C.一季
D.一年
E.一个项目期

刷提升   建议用时:10分钟   实际用时:＿＿＿分钟   答案:213页

一、单项选择题

1.应用动态控制原理控制项目投资时,属于设计过程中投资的计划值与实际值比较的是(   )。(2018真题)

A.工程概算与工程合同价
B.工程预算与工程合同价
C.工程预算与工程概算
D.工程概算与工程决算

2.根据动态控制原理,项目目标动态控制的第一步工作是(   )。(2016真题)

A.调整项目目标
B.制定纠偏措施
C.收集项目目标实际值
D.分解项目目标

3.下列建设工程项目目标动态控制的工作程序中,属于准备工作的是(   )。

A.收集项目目标的实际值
B.将项目目标进行分解
C.将项目目标的计划值和实际值相比较
D.对产生的偏差采取纠偏措施

二、多项选择题

1.下列项目目标动态控制的纠偏措施中,属于技术措施的有(   )。

A.调整工作流程组织
B.调整进度管理的方法和手段
C.改变施工机具
D.改变施工方法
E.调整项目管理职能分工

2.运用动态控制原理控制建设工程项目投资,可以采取的纠偏措施有(   )。

A.调整施工进度计划
B.调整投资控制的方法和手段
C.应用价值工程的方法
D.制定节约投资的奖励措施
E.优化施工方法

专题9　施工企业项目经理的工作性质、任务和责任

考向预测

考点	考向预测	重要程度
施工企业项目经理的工作性质	项目经理的工作性质	★★
施工企业项目经理的任务	项目经理的工作任务	★★
施工企业项目经理的责任	项目经理的职责和权限	★★★
项目各参与方之间的沟通方法	沟通障碍	★
施工企业人力资源管理的任务	劳动用工管理	★

刷基础 建议用时:20分钟　　实际用时:＿＿＿分钟　　答案:214页

一、单项选择题

1. 沟通的两个层面是指( )。(2016真题)

　　A.思维交流和语言交流　　　　　　　B.信息发送者和接受者

　　C.沟通内容和沟通方法　　　　　　　D.信息传递和交换

2. 施工项目经理在承担工程项目施工的管理过程中,是以( )身份处理与所承担的工程项目有关的外部关系。

　　A.施工企业决策者　　　　　　　　　B.施工企业法定代表人

　　C.建设单位项目管理者　　　　　　　D.施工企业法定代表人的代表

3. 某建设工程项目在施工中发生了紧急性的安全事故,若短时间内无法与发包人代表和总监理工程师取得联系,则项目经理有权采取措施保证与工程有关的人身和财产安全,但应( )。

　　A.立即向建设主管部门报告

　　B.在48h内向发包人代表和总监理工程师提交书面报告

　　C.在48h内向承包人的企业负责人提交书面报告

　　D.在24h内向发包人代表进行口头报告

4. 下列关于建造师和项目经理的说法,正确的是( )。

　　A.取得建造师注册证书的人员即可成为施工项目经理

　　B.项目经理岗位是保证工程项目建设质量、安全、工期的重要岗位

　　C.建造师是管理岗位,项目经理是技术岗位

　　D.取得建造师注册证书的人员只能担任施工项目经理

5. 根据《建设工程项目管理规范》(GB/T 50326—2017),建设工程实施前由组织法定代表人或其授权人与项目管理机构负责人协商制定的文件是( )。

　　A.施工组织设计　　　　　　　　　　B.施工总体规划

　　C.工程承包合同　　　　　　　　　　D.项目管理目标责任书

6. 根据《建设工程项目管理规范》(GB/T 50326—2017),项目管理实施规划应由( )组织编制。

　　A.项目技术负责人　　　　　　　　　B.企业技术负责人

　　C.企业生产负责人　　　　　　　　　D.项目管理机构负责人

7. 根据《建设工程项目管理规范》(GB/T 50326—2017),下列属于项目管理机构负责人的权限是( )。

　　A.主持项目的投标工作　　　　　　　B.组建项目管理机构

　　C.主持项目管理机构工作　　　　　　D.选择具有相应资质的分包人

8. 沟通过程的五个要素包括( )。

　　A.沟通主体、沟通客体、沟通介体、沟通环境和沟通渠道

　　B.沟通主体、沟通客体、沟通介体、沟通内容和沟通渠道

　　C.沟通主体、沟通客体、沟通介体、沟通环境和沟通方法

　　D.沟通主体、沟通客体、沟通介体、沟通内容和沟通方法

9. 下列沟通过程的诸要素中,处于主导地位的是(   )。

A.沟通主体　　　　　B.沟通客体　　　　　C.沟通环境　　　　　D.沟通渠道

10. 一般来说,沟通者的沟通能力包括(   )。

A.表达能力、争辩能力、倾听能力和设计能力

B.思维能力、表达能力、倾听能力和说服能力

C.思维能力、表达能力、把控能力和说服能力

D.想象能力、表达能力、说服能力和设计能力

11. 下列项目各参与方的沟通障碍中,属于组织的沟通障碍的是(   )。

A.知识、经验水平的差距导致的障碍　　　B.对信息的看法不同造成的障碍

C.下属对上级的恐惧心理而形成的障碍　　D.组织机构庞大,中间层次太多构成的障碍

二、多项选择题

1. 根据《建设工程施工合同(示范文本)》(GF—2017—0201),除在专用合同条款中明确的事项外,承包人必须向发包人提交(   ),项目经理才能履行职责。(2016真题)

A.项目经理与承包人之间的劳动合同

B.项目经理工作履历

C.项目经理持有的建造师执业资格证书

D.承包人为项目经理缴纳社会保险的有效证明

E.项目经理的专业技术职称证书

2. 根据《建设工程施工合同(示范文本)》(GF—2017—0201),下列关于项目经理的说法,正确的有(   )。

A.项目经理应是承包人正式聘用的员工

B.项目经理不得同时担任其他项目的项目经理

C.项目经理每月在施工现场时间不得少于合同协议书中约定的天数

D.项目经理按合同约定组织工程实施

E.项目经理因特殊情况授权其下属人员履行其某项工作职责的,应提前14天将人员的姓名和授权范围书面通知监理人

3. 根据《建设工程施工合同(示范文本)》(GF—2017—0201),关于施工企业项目经理的说法,正确的有(   )。

A.承包人需要更换项目经理的,应提前14天书面通知发包人和监理人,并征得发包人书面同意

B.承包人应在接到发包人更换项目经理的14天内向发包人提出书面改进报告

C.发包人收到承包人书面改进报告后仍要求更换项目经理的,承包人应在接到第二次更换通知的28天内进行更换

D.紧急情况下为确保施工安全,项目经理在采取必要措施后,应在48h内向专业监理工程师提交书面报告

E.项目经理因特殊情况授权给下属人员时,应提前14天将授权人员的相关信息通知监理人

4. 根据《建设工程施工合同(示范文本)》(GF—2017—0201),施工合同签订后,承包人应向发包人提交的有关项目经理的有效证明文件包括( )。

A.劳动合同 　　　　　　　　 B.缴纳社保证明

C.身份证 　　　　　　　　　 D.职称证书

E.注册执业证书

5. 在建设工程施工管理过程中,项目经理在企业法定代表人授权范围内可以行使的管理权力有( )。

A.对外进行纳税申报 　　　　 B.制定企业经营目标

C.选择施工作业队伍 　　　　 D.组织项目管理班子

E.指挥工程项目建设的生产经营活动

6. 项目经理在项目管理方面的主要任务有( )。

A.施工安全管理 　　　　　　 B.施工投资控制

C.施工质量控制 　　　　　　 D.工程合同管理

E.工程信息管理

7. 施工企业法定代表人与项目管理机构负责人协商制定项目管理目标责任书的依据有( )。

A.项目合同文件 　　　　　　 B.组织经营方针

C.项目实施条件与环境 　　　 D.组织管理制度

E.项目管理实施规划

8. 根据《建设工程项目管理规范》(GB/T 50326—2017),项目管理机构负责人应具有的权限包括( )。

A.对各类资源进行质量监控和动态管理 　　 B.主持项目管理机构工作

C.组织工程预验收 　　　　　　　　　　　 D.制定项目管理机构的管理制度

E.参与选择大宗资源的供应单位

刷提升　建议用时:15分钟　　实际用时:____分钟　　答案:216页

一、单项选择题

1. 下列关于施工企业劳动用工和工资支付管理的说法,正确的是( )。

A.建筑施工企业应当至少每季度向劳动者支付一次工资

B.目前我国施工企业劳动用工大致有三种情况

C.在某些特定情况下,建筑施工企业可以使用数量不多的零散工

D.施工总承包企业无权干涉劳务分包企业的用工情况

2. 根据《建设工程施工合同(示范文本)》(GF—2017—0201),承包人应在首次收到发包人要求更换项目经理的书面通知后( )天内向发包人提出书面改进报告。

A.28 　　　　　　 B.21 　　　　　　 C.14 　　　　　　 D.7

3. 根据《中华人民共和国劳动法》,施工企业应按规定向劳动者支付工资,但是当企业因暂时生产经营困难无法按规定支付工资时可以延期支付,但最长不得超过( )日。

A.30 B.45 C.60 D.90

二、多项选择题

1. 项目经理在承担项目施工管理过程中,需履行的职责有( )。

A.贯彻执行国家和工程所在地政府的有关法律法规和政策

B.确定项目部和企业之间的利益分配

C.对工程项目施工进行有效控制

D.严格财务制度,加强财经管理

E.确保工程质量和工期,实现安全、文明生产

2. 根据《建设工程项目管理规范》(GB/T 50326—2017),项目管理机构负责人的权限有( )。

A.签订工程施工承包合同 B.进行授权范围内的任务分解和利益分配

C.参与组建项目管理机构 D.参与选择资源的供应单位

E.参与工程竣工验收

3. 下列关于沟通障碍的说法,正确的有( )。

A.从信息发送者的角度看,影响信息沟通的因素可能是信息译码不准确

B.沟通障碍来自发送者的障碍、接受者的障碍和沟通通道的障碍

C.沟通障碍包括组织的沟通障碍和能力的沟通障碍两种形式

D.从信息接受者的角度看,影响信息沟通的因素可能是心理上的障碍

E.选择沟通媒介不当是沟通通道障碍的一个方面

4. 下列关于建造师和项目经理的说法,正确的有( )。

A.大、中型工程项目施工的项目经理必须由取得建造师注册证书的人员担任

B.取得建造师注册证书的人员均可成为施工项目经理

C.建造师是管理岗位,项目经理是技术岗位

D.项目经理是受业主委托,是建筑施工企业法定代表人在工程项目上的代表人

E.建造师经注册后,方有资格以建造师名义担任建设工程项目的项目经理

5. 下列关于施工企业劳动用工管理的说法,正确的有( )。

A.作业人员变更后的7个工作日内,在当地建筑业企业信息管理系统中变更

B.施工企业与劳动者按相关规定可以订立口头劳动合同

C.劳动合同一式两份,双方当事人各持一份

D.施工企业不得允许未与企业签订劳动合同的劳动者从事施工活动

E.在特殊情况下,施工企业延期支付工资最长不得超过60日

专题 10　建设工程项目的风险和风险管理的工作流程

考向预测

考点	考向预测	重要程度
项目的风险类型	风险等级的确定、风险的类型	★★
项目风险管理的工作流程	风险管理的工作流程	★★★

刷基础　　建议用时:10分钟　　实际用时:_____分钟　　答案:217 页

一、单项选择题

1. 某施工企业承接了"一带一路"的国际项目,但缺乏具备国际工程施工经验的管理人员和施工人员,这类风险属于建设工程风险类型中的(　　)。(2018 真题)
   A.经济与管理风险
   B.组织风险
   C.工程环境风险
   D.技术风险

2. 某企业承接了一大型水坝施工任务,但企业有该类项目施工经验的人员较少,大部分管理人员缺乏经验,这类属于建设工程风险类型中的(　　)。
   A.组织风险
   B.经济与管理风险
   C.工程环境风险
   D.技术风险

3. 建设工程项目风险可分为组织风险、经济与管理风险、工程环境风险和技术风险等,下列风险因素中属于技术风险的是(　　)。
   A.事故防范措施和计划
   B.现场与公用防火设施的可用性及其数量
   C.工程设计文件
   D.承包方一般技工的能力

4. 根据构成风险的因素分类,建设工程施工现场因防火设施数量不足而产生的风险属于(　　)风险。
   A.经济与管理
   B.组织
   C.工程环境
   D.技术

5. 建设工程项目风险管理的工作流程中,项目风险应对的下一步工作是(　　)。
   A.项目风险评估
   B.项目风险监控
   C.项目风险识别
   D.项目风险预测

6. 在项目风险管理过程中,属于项目风险识别工作的是(　　)。
   A.分析风险发生的概率
   B.制定风险管理目标
   C.确定风险因素
   D.预测风险成本

二、多项选择题

1. 下列建设工程项目风险中,属于经济与管理风险的有(　　)。
   A.事故防范措施和计划
   B.工程施工方案

C.现场与公用防火设施的可用性　　　　D.承包方管理人员的能力

E.信息安全控制计划

2.若某事件经过风险评估,位于事件风险量区域图中的风险区A,则应采取的措施有(　　)。

A.降低其发生概率,使它移位至风险区 D

B.降低其损失量,使它移位至风险区 C

C.降低其发生概率,使它移位至风险区 C

D.降低其损失量,使它移位至风险区 B

E.降低其发生概率,使它移位至风险区 B

3.下列建设工程项目的风险类型中,属于组织风险的有(　　)。

A.人身安全控制计划　　　　　　　　B.工作流程组织

C.引起火灾和爆炸的因素　　　　　　D.任务分工和管理职能分工

E.设计人员和监理工程师的能力

4.下列建设工程项目的风险类型中,属于技术风险的有(　　)。

A.承包方管理人员的能力　　　　　　B.工程设计文件

C.工程施工方案　　　　　　　　　　D.合同风险

E.工程机械

5.项目风险管理过程中,项目风险评估包括(　　)。

A.分析各种风险的损失量　　　　　　B.确定风险因素

C.确定风险管理范围　　　　　　　　D.分析各种风险因素发生的概率

E.确定各种风险的风险量和风险等级

刷提升　　建议用时:10 分钟　　实际用时:____分钟　　答案:218 页

一、单项选择题

1.某投标人在内部投标评审会中发现招标人公布的招标控制价不合理,因此决定放弃此次投标,该风险应对策略为(　　)。(2018 真题)

A.风险减轻　　　　　　　　　　　　B.风险规避

C.风险自留　　　　　　　　　　　　D.风险转移

2.下列风险因素中,属于组织风险的是(　　)。

A.工程资金供应的条件　　　　　　　B.现场防火设施的可用性

C.工程施工方案　　　　　　　　　　D.业主方人员的能力

3.下列项目风险管理工作中,属于风险监控的是(　　)。

A.收集与项目风险有关的信息　　　　B.监控可能发生的风险并提出预警

C.确定各种风险的风险量和风险等级　D.向保险公司投保难以控制的风险

二、多项选择题

1.项目风险管理的工作流程包括(　　)。

A.项目风险识别

B.对难以控制的风险,向保险公司投保

C.项目风险应对

D.项目风险评估

E.项目风险监控

2.下列工程项目风险管理工作中,属于风险识别阶段的工作有(　　)。

A.分析各种风险的损失量

B.分析各种风险因素发生的概率

C.确定风险因素

D.对风险进行监控

E.编制项目风险识别报告

专题11　建设工程监理的工作性质、工作任务和工作方法

考向预测

考点	考向预测	重要程度
监理的工作性质	监理的四个工作性质	★
监理的工作任务	监理各阶段的工作任务	★★
监理的工作方法	监理规划及监理实施细则的内容和依据	★★★

刷基础　建议用时:15 分钟　　实际用时:＿＿＿分钟　　答案:218 页

一、单项选择题

1.我国的建设工程监理属于国际上(　　)项目管理的范畴。

A.总包方　　　　　B.监理方　　　　　C.咨询方　　　　　D.业主方

2.根据《建设工程质量管理条例》,未经(　　)签字的建筑材料不得在工程上使用。

A.监理员

B.监理工程师

C.总监理工程师代表

D.总监理工程师

3.根据《建设工程质量管理条例》,监理工程师对建设工程实施监理的形式包括(　　)。

A.旁站、巡视和班组自检

B.巡视、平行检验和班组自检

C.平行检验、班组互检和旁站

D.旁站、巡视和平行检验

4.根据《建设工程安全生产管理条例》,工程监理单位应当审查施工组织设计中的安全技术措施或

者专项施工方案是否符合(　　)。

A.工程建设设计文件

B.工程建设施工合同

C.工程建设技术规程

D.工程建设强制性标准

5. 工程监理人员实施监理过程中,发现工程设计不符合工程质量标准或合同约定的质量要求时,应当采取的措施是( )。

  A.要求施工单位报告设计单位改正   B.报告建设单位要求设计单位改正

  C.直接与设计单位确认修改工程计划   D.要求施工单位改正并报告设计单位

6. 工程建设监理规划编制完成后,必须经( )审核批准。

  A.业主   B.总监理工程师

  C.监理单位技术负责人   D.专业监理工程师

7. 根据《建设工程监理规范》(GB/T 50319—2013),工程建设监理规划应在( )前报送业主。

  A.签订委托监理合同   B.召开第一次工地会议

  C.签发工程开工令   D.业主组织施工招标

8. 根据《建设工程监理规范》(GB/T 50319—2013),工程建设监理实施细则应在工程施工开始前编制完成,并必须经( )批准。

  A.专业监理工程师   B.发包人代表

  C.总监理工程师   D.监理单位技术负责人

二、多项选择题

1. 根据《建设工程安全生产管理条例》,下列关于工程监理单位安全责任的说法,错误的有( )。

  A.在实施监理过程中发现情况严重的安全事故隐患,应要求施工单位整改

  B.在实施监理过程中发现情况严重的安全事故隐患,应及时向有关主管部门报告

  C.对于情节严重的安全事故隐患,施工单位拒不整改时应向建设单位报告

  D.应当审查专项施工方案是否符合工程建设强制性标准

  E.工程监理单位和监理工程师应当按照法律、法规和工程建设强制性标准实施监理,并对建设工程安全生产承担所有的责任

2. 下列属于竣工验收阶段建设监理工作的主要任务的有( )。

  A.督促和检查施工单位及时整理竣工文件和验收资料

  B.审查施工单位提交的竣工验收申请

  C.编写工程质量评估报告

  D.编写工程质量检查报告

  E.组织工程验收

3. 根据《中华人民共和国建筑法》的规定,实施建筑工程监理前,建设单位应当将委托的( ),书面通知被监理的建筑施工企业。

  A.工程监理单位   B.监理单位项目负责人姓名

  C.监理的内容   D.监理期限

  E.监理权限

4. 根据《建设工程监理规范》(GB/T 50319—2013),编制工程建设监理实施细则的依据有( )。

A.专业工程的标准

B.监理大纲

C.监理委托合同

D.施工组织设计

E.工程设计文件

5. 根据《建设工程监理规范》(GB/T 50319—2013),工程建设监理实施细则除反映专业工程的特点外,还应包括的内容有( )。

A.监理工作的流程

B.项目监理机构的组织形式

C.监理工作的方法和措施

D.监理工作依据

E.监理工作的控制要点及目标值

刷提升 建议用时:10分钟 实际用时:____分钟 答案:219页

一、单项选择题

1. 下列关于工程监理单位工作性质的说法,正确的是( )。

A.工程监理单位接受业主的委托必须保证项目目标的实现

B.工程监理单位在组织上不能依附于监理工作的对象

C.工程监理单位从事监理工作的人员均应是注册监理工程师

D.工程监理单位以独立的第三方身份处理业主和承包商的冲突

2. 根据《建设工程监理规范》(GB/T 50319—2013),属于施工阶段建设监理工作任务的是( )。

A.检查施工单位专职安全生产管理人员的配备情况

B.检查施工单位的测量、检测仪器设备、度量衡定期检验的证明文件

C.审核分包单位资质条件

D.查验施工单位的施工测量放线成果

二、多项选择题

1. 下列工作任务中,属于工程施工阶段监理人员工作任务的有( )。(2019真题)

A.核验施工测量放线

B.验收隐蔽工程

C.参与编写施工招标文件

D.检查施工单位试验室

E.审查施工进度计划

2. 下列关于监理规划及实施细则的说法,正确的有( )。

A.监理规划应该在第一次工地会议前报送业主

B.监理实施细则应由总监理工程师编制

C.监理规划完成后由监理单位技术负责人审批

D.专业工程的特点描述属于监理规划的内容

E.监理实施细则应依据批准的监理规划编制

3. 在工程项目施工阶段,建设监理工作的主要工作任务有(　　)。

A. 参与设计交底

B. 签署单位工程质量评定表

C. 审核分包单位资质条件

D. 审查施工单位提交的竣工结算申请

E. 检查施工单位的测量、检测仪器设备、度量衡定期检验的证明文件

刷综合

建议用时:25分钟　　实际用时:＿＿＿分钟　　答案:220页

一、单项选择题

1. 下列关于建设工程管理内涵的说法,正确的是(　　)。

A. 建设工程项目管理和设施管理即为建设工程管理

B. 建设工程管理不涉及项目使用期的管理方对工程的管理

C. 建设工程管理是对建设工程的行政事务管理

D. 建设工程管理工作是一种增值服务工作

2. 下列关于建设工程管理的内涵和任务的说法,错误的是(　　)。

A. 立项批准是项目决策的标志

B. 建设工程管理包括项目前期的开发管理、项目管理、设施管理

C. 提高工程质量属于工程使用增值的内容

D. 建设工程管理的核心任务是为工程的建设和使用增值

3. 下列关于建设工程总承包方的说法,正确的是(　　)。

A. 建设项目工程总承包方服务于项目总承包方本身利益即可

B. 建设项目工程总承包方的项目管理工作也涉及项目设计准备阶段

C. 建设项目工程总承包方项目管理的目标仅包括总承包方的成本目标、项目的进度和质量目标

D. 建设项目工程总承包方是建设工程项目生产过程的总组织者

4. 下列关于工作任务分工的说法,错误的是(　　)。

A. 每一个建设项目都应编制项目管理任务分工表

B. 组织论中的组织分工指的是工作任务分工

C. 项目各参与方有各自的项目管理的任务

D. 工作任务分工表应随着项目进展而不断深化与细化

5. 下列关于项目实施阶段策划的说法,正确的是(　　)。

A. 策划是一个封闭性、专业性较强的工作过程

B. 项目目标的分析和再论证是其基本内容之一

C.实施阶段策划的范围和深度有明确的统一规定

D.项目实施阶段策划的主要任务是进行项目实施的管理策划

6.下列策划内容中,属于建设工程项目实施阶段策划的是(　　)。

A.编制项目实施合同期合同结构总体方案　　B.确立项目实施期管理总体方案

C.确定关键技术分析和论证　　D.进行项目目标的分析和再论证

二、多项选择题

1.下列关于建设工程管理任务的说法,正确的有(　　)。

A.建设工程管理的工作仅限于在项目实施期的工作

B.建设工程管理的核心任务是为工程的建设和使用增值

C.DM 表示项目实施阶段的管理

D.决策阶段管理工作的内容包括开展施工、设计的招投标工作

E.项目立项是项目决策的标志

2.在建设工程项目各参与单位中,需对项目总投资或总造价进行目标管理的单位有(　　)。

A.业主方　　B.设计方

C.施工方　　D.供货方

E.项目总承包方

3.下列关于建设工程项目管理的说法,正确的有(　　)。

A.建设工程管理工作的核心任务是为了工程的建设和使用增值

B.业主方的项目管理工作涉及项目实施阶段的全过程

C.项目决策阶段项目管理工作的主要任务是确定项目定义

D.建造师的业务范围只限于项目实施阶段的项目管理工作

E.只有施工企业对项目的管理,才能称为施工方的项目管理

4.下列关于组织和组织工具的说法,正确的有(　　)。

A.组织分工一般包含工作任务分工和管理职能分工

B.工作流程图反映一个组织系统中各项工作之间的逻辑关系

C.组织是目标能否实现的决定性因素

D.组织结构模式和组织分工是一种动态的组织关系

E.矩阵组织结构模式,当纵向和横向工作部门的指令发生矛盾,由横向工作部门的指令为主

第2章 建设工程项目成本管理

本章共包括5个专题,其中"赢得值"法相关题目的计算是本章的重难点,其余为逻辑性较强的文字性内容。近6年考试分值平均在20分左右。考生在学习时应先理解再记忆,对于计算题应反复做题练习。

本章近6年分值分布表 （单位:分）

序号	专题名	2022	2021	2020	2019	2018	2017
1	成本管理的任务、程序和措施	3	4	4	2	4	3
2	成本计划	4	4	4	4	4	4
3	成本控制	4	4	4	4	4	6
4	成本核算	5	2	4	6	4	5
5	成本分析和成本考核	4	6	4	4	3	5

专题1 成本管理的任务、程序和措施

考向预测

考点	考向预测	重要程度
成本管理的任务和程序	成本管理的意义、成本核算的两个环节	★★
成本管理的措施	成本管理四大措施的区分	★★★

刷基础 建议用时:15分钟　　实际用时:_____分钟　　答案:222页

一、单项选择题

1.项目管理机构进行成本核算,核算周期按(　　)确定。(2020真题)

　A.业主方的具体指示　　　　　　　B.合同约定的核算周期

　C.规定的会计周期　　　　　　　　D.项目实际施工周期

2.根据建设工程项目施工成本的组成,属于直接成本的是(　　)。

　A.工具用具使用费　　　　　　　　B.职工教育经费

　C.机械使用费　　　　　　　　　　D.管理人员工资

3.下列施工成本管理的措施中,属于组织措施的是(　　)。

　A.选用合适的分包项目合同结构

　B.确定合理的施工成本控制工作流程

C.确定合适的施工机械、设备使用方案

D.对施工成本管理目标进行风险分析,并制定防范性对策

4.下列关于施工成本的说法,正确的是(　　)。

A.施工成本是指在建设工程项目的施工过程中发生的工程实体的费用

B.直接成本包括管理人员的工资、办公费及差旅交通费

C.间接成本包括人工费、材料费和施工机具使用费

D.成本管理责任体系的建立是成本管理中最根本最重要的基础工作

5.下列关于施工成本的说法,正确的是(　　)。

A.施工成本是整个项目建设中所发生的全部生产费用

B.直接成本包括人工费、材料费和生产工具用具使用费

C.间接成本包括管理人员工资、办公费和差旅交通费

D.周转材料的摊销费不属于施工成本

6.成本管理的目的是在(　　)的情况下,采取相关措施,把成本控制在计划范围内。

A.保证成本和确保质量优良　　　　　　B.降低成本和确保质量优良

C.保证工期和满足质量要求　　　　　　D.缩短工期和满足质量要求

7.按照规定的成本开支范围对施工成本进行归集和分配,计算出施工成本的实际发生额,并根据成本核算对象,采用适当的方法,计算出该施工项目的总成本和单位成本的是(　　)。

A.成本分析　　　　　B.成本计划　　　　　C.成本核算　　　　　D.成本考核

8.建设工程项目施工成本控制应贯穿于(　　)的全过程。

A.全寿命周期　　　　　　　　　　　　B.投标阶段开始至竣工结算

C.投标阶段开始至保证金返还　　　　　D.项目决策至保修期结束

9.在成本管理的各类措施中,一般不需要增加费用,而且是其他各类措施的前提和保障的是(　　)。

A.技术措施　　　　　B.经济措施　　　　　C.组织措施　　　　　D.过程控制措施

10.下列成本管理的措施中,属于经济措施的是(　　)。

A.结合施工方法,进行材料使用的比选　　B.实行项目经理责任制

C.对各种变更,及时落实业主签证　　　　D.选用合适的合同结构

二、多项选择题

1.下列施工成本管理措施中,属于经济措施的有(　　)。

A.编制资金使用计划

B.及时准确记录、收集、整理、核算实际发生的成本

C.选用最合适的施工机械

D.编制施工成本控制工作计划

E.使用先进、高效的机械设备

2.下列关于建设工程项目成本分析的说法,正确的有(　　)。

　　A.在成本计划编制阶段对施工成本的估算和分解

　　B.在成本核算的基础上,对成本的形成过程和影响成本升降的因素进行分析,以寻求进一步降低成本的途径

　　C.在项目完成后对成本进行的对比评价和总结

　　D.成本偏差的控制,分析是核心,纠偏是关键

　　E.成本分析贯穿于成本管理的全过程

3.下列施工成本管理的措施中,属于技术措施的有(　　)。

　　A.明确各级施工成本管理人员的任务和职能分工、权力和责任

　　B.进行技术经济分析,确定最佳的施工方案

　　C.编制资金使用计划,确定、分解施工成本管理目标

　　D.结合项目的施工组织设计及自然地理条件,降低材料的库存成本和运输成本

　　E.防止被分包商索赔

4.下列施工成本管理的措施中,属于经济措施的有(　　)。

　　A.编制施工成本控制工作计划

　　B.进行技术经济分析,确定最佳的施工方案

　　C.及时准确记录、收集、整理、核算实际发生的成本

　　D.对成本目标进行风险分析,并制定防范性对策

　　E.做好资金使用计划,严格控制各项开支

5.下列施工成本管理的措施中,属于合同措施的有(　　)。

　　A.确定合理详细的工作流程

　　B.在合同条款中应仔细考虑一切影响成本和效益的因素

　　C.通过代用、改变配合比、使用外加剂等方法降低材料消耗的费用

　　D.对于各种变更,做好增减账,落实业主签证并结算工程款

　　E.识别和分析引起成本变动的风险因素,采取必要的风险对策

6.间接成本是指准备施工、组织和管理施工生产的全部费用支出,是非直接用于也无法直接计入工程对象,但为进行工程施工所必须发生的费用,包括(　　)。

　　A.办公费　　　　　　　　　　　　B.材料费

　　C.施工机具使用费　　　　　　　　D.管理人员工资

　　E.差旅交通费

7.下列成本管理的措施中,属于组织措施的有(　　)。

　　A.优化配置生产要素　　　　　　　B.落实业主签证

　　C.加强施工调度　　　　　　　　　D.控制活劳动和物化劳动的消耗

　　E.结合施工方法,进行材料使用的比选

刷提升　　建议用时:20 分钟　　实际用时:_____分钟　　答案:223 页

一、单项选择题

1. 施工成本管理的程序包括:①确定项目合同价;②进行成本控制;③编制项目成本报告;④进行项目过程成本分析;⑤进行项目过程成本考核;⑥项目成本管理资料归档;⑦编制成本计划,确定成本实施目标;⑧掌握生产要素的价格信息。正确的编制程序是(　　)。

   A.⑧→①→②→⑦→④→③→⑤→⑥　　　　B.⑧→①→②→⑦→⑤→①→④→⑥
   C.⑧→①→⑦→②→④→⑤→③→⑥　　　　D.⑧→②→①→⑦→④→⑤→③→⑥

2. 下列施工成本管理的措施中,属于技术措施的是(　　)。

   A.加强施工定额的管理

   B.编制施工成本管理工作计划

   C.在满足功能要求的前提下,通过代用、改变配合比、使用外加剂等方法降低材料消耗的费用

   D.寻求施工过程中的索赔机会

3. 某施工项目进行成本管理,采取了多项措施,其中实行项目经理责任制、编制工作流程图等措施属于施工成本管理的(　　)。

   A.组织措施　　　　B.技术措施　　　　C.经济措施　　　　D.合同措施

4. 下列关于建设工程项目成本管理责任体系的说法,错误的是(　　)。

   A.组织管理层应负责项目成本管理的决策

   B.项目管理机构应负责项目成本管理

   C.竣工工程完全成本核算的目的是考核项目管理绩效

   D.竣工工程完全成本核算应由企业财务部门进行

5. 下列关于施工成本的说法,正确的是(　　)。

   A.施工成本由直接成本和间接成本组成

   B.直接成本包括人工费、材料费和生产工具用具使用费

   C.管理人员工资属于直接成本

   D.间接成本就是管理施工生产的费用支出

6. 成本管理中最根本最重要的基础工作是(　　)。

   A.建立内部施工定额　　　　　　　　　B.建立成本管理责任体系
   C.科学的账册体系、业务台账　　　　　D.完善的生产资料价格收集网络

二、多项选择题

1. 施工成本分析是在成本形成过程中,将施工项目的成本核算资料与(　　)进行比较,以了解成本变动情况。(2016 真题)

   A.类似施工项目的预算成本　　　　　　B.本施工项目的实际成本

   C.本施工项目的目标成本　　　　　　　D.本施工项目的预算成本

   E.类似施工项目的实际成本

2.下列关于施工成本管理任务的说法,正确的有(　　)。

　　A.建设工程项目施工成本控制应贯穿项目从投标阶段开始直至保证金返还全过程

　　B.施工成本考核是指对成本的形成过程和影响成本的因素进行分析

　　C.成本计划是成本决策所确定目标的具体化

　　D.成本考核是对成本计划是否实现的最后检验

　　E.建设工程项目施工成本控制是企业全面成本管理的重要环节

3.下列施工成本管理的措施中,属于组织措施的有(　　)。

　　A.加强施工任务单的管理

　　B.加强施工调度

　　C.编制施工成本控制工作计划

　　D.通过合理方式增加承担风险的个体数量以降低损失发生的比例

　　E.分析各种合同结构模式

4.施工成本核算的基本环节包括(　　)。

　　A.衡量成本降低的实际成果,对成本指标完成情况进行总结和评价

　　B.计算出施工成本的实际发生额

　　C.计算出该施工项目的总成本和单位成本

　　D.按照规定的成本开支范围对施工成本进行归集和分配

　　E.以货币形式编制成本计划

5.下列成本管理的措施中,属于合同措施的有(　　)。

　　A.选用合适的合同结构

　　B.确定合适的施工成本控制工作流程

　　C.确定最合适的施工机械、设备使用方案

　　D.对成本管理目标进行风险分析,并制定防范性对策

　　E.密切注视对方合同执行的情况

专题 2　成本计划

考向预测

考点	考向预测	重要程度
成本计划的类型	三种成本计划的区分、"两算"对比	★★
成本计划的编制依据和编制程序	成本计划的编制依据	★★★
按成本组成编制成本计划的方法	成本构成要素的划分	★
按项目结构编制成本计划的方法	项目结构分解成本	★★
按工程实施阶段编制成本计划的方法	时间—成本累积曲线的分析	★★★

刷基础　　建议用时:15 分钟　　实际用时:_____分钟　　答案:225 页

一、单项选择题

1. 绘制时间—成本累积曲线的环节有:①计算单位时间成本;②确定工程项目进度计划;③计算计划累计支出的成本额;④绘制 S 形曲线。正确的绘制步骤是(　　)。(2017 真题)

A.①→②→③→④　　　　　　　　　　B.②→①→③→④

C.①→③→②→④　　　　　　　　　　D.②→③→④→①

2. 施工企业在工程投标及签订合同阶段编制的估算成本计划,属于(　　)成本计划。(2016 真题)

A.指导性　　　　　B.实施性　　　　　C.作业性　　　　　D.竞争性

3. 下列关于施工预算、施工图预算,"两算"对比的说法,正确的是(　　)。

A.施工预算的编制以预算定额为依据,施工图预算的编制以施工定额为依据

B."两算"对比的方法包括实物对比法

C.一般情况下,施工图预算的人工数量及人工费比施工预算低

D.一般情况下,施工图预算的材料消耗量及材料费比施工预算低

4. 某项目按施工进度编制的施工成本计划如下图所示,则 4 月份计划成本是(　　)万元。

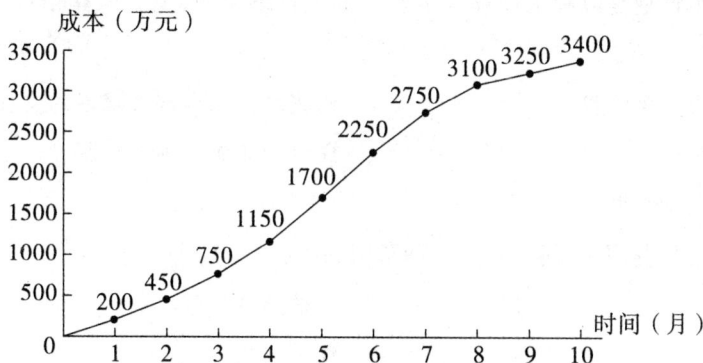

A.300　　　　　B.400　　　　　C.750　　　　　D.1150

5. 对本企业完成投标工作所需要支出的全部费用进行估算的成本计划是(　　)成本计划。

A.竞争性　　　　　B.指导性　　　　　C.控制性　　　　　D.实施性

6. 施工企业在选派项目经理阶段,需要编制(　　),以作为项目经理的责任总成本目标。

A.竞争性成本计划　　B.指导性成本计划　　C.实施性成本计划　　D.考核性成本计划

7. 实施性成本计划是在项目施工准备阶段,采用(　　)编制的成本计划。

A.估算指标　　　　B.概算定额　　　　C.预算定额　　　　D.施工定额

8. 项目成本计划编制的步骤有:①确定项目总体成本目标;②预测项目成本;③针对成本计划制定相应的控制措施;④编制项目总体成本计划;⑤审批相应的成本计划;⑥项目管理机构与组织的职能部门分别编制相应的成本计划。下列排序正确的是(　　)。

A.①②③④⑤⑥　　B.②①④⑥③⑤　　C.②①③⑥⑤④　　D.①②③④⑥⑤

9. 按照成本构成要素划分,(　　)包含在分部分项工程费、措施项目费、其他项目费中。

　　A.人工费、企业管理费和利润　　　　　　B.材料费、企业管理费和税费

　　C.人工费、材料费和各种规费　　　　　　D.人工费、利润和工伤保险费

10. 施工成本按成本构成可以分解为(　　)。

　　A.分部分项工程费、措施项目费、其他项目费

　　B.人工费、材料费、机械费等

　　C.人工费、材料费、施工机具使用费和措施项目费等

　　D.人工费、材料费、施工机具使用费和企业管理费等

11. 按照项目组成编制施工成本计划,宜将项目按(　　)的顺序依次进行分解后,再具体地分配成本,编制成本支出计划。

　　A.单项工程→单位工程→分部工程→分项工程

　　B.单项工程→分部工程→单位工程→分项工程

　　C.单位工程→单项工程→分部工程→分项工程

　　D.单位工程→单项工程→分项工程→分部工程

二、多项选择题

1. 实施性施工成本计划是以施工预算为主要依据进行编制的,施工预算相对于施工图预算,其区别主要体现在(　　)。

　　A.以预算定额为主要依据　　　　　　　　B.施工企业内部管理用的文件

　　C.适用于建设单位　　　　　　　　　　　D.编制施工计划的依据

　　E.投标报价的主要依据

2. 下列建筑安装工程费用中,属于企业管理费用的有(　　)。

　　A.检验试验费　　　　　　　　　　　　　B.劳动保护费

　　C.城市维护建设税　　　　　　　　　　　D.增值税

　　E.教育费附加

3. 下列关于按项目结构编制成本计划的说法,正确的有(　　)。

　　A.在编制成本支出计划时,只需要在项目总的方面考虑总的预备费

　　B.首先要把项目总施工成本分解到单项工程和单位工程中,再进一步分解到分部工程和分项工程中

　　C.首先要把项目总施工成本分解到分项工程和分部工程中,再进一步分解到单位工程和单项工程中

　　D.按项目结构编制成本计划的第二步是具体地分配成本,编制分项工程的成本支出计划

　　E.工程项目通常是由若干单项工程构成的

4. 下列关于按工程实施阶段编制施工成本计划的说法,正确的有(　　)。

　　A.可在网络图的基础上进一步扩充得到

B.可以用成本计划直方图的方式表示

C.可以用时间—成本累积曲线表示

D.可根据资金筹措情况在"香蕉图"内调整S形曲线

E.按最早时间安排工作可节约资金贷款利息

5.下列关于施工预算的说法,正确的有(　　　)。

A.施工预算的内容是以单项工程为对象,进行人工、材料、机械台班数量及其费用总和的计算

B.施工预算由编制说明和预算表格两部分组成

C.施工预算是编制实施性成本计划的主要依据

D.施工预算是进行成本分析和班组经济核算的依据

E.施工预算应包括"三算"对比表

6.项目实施过程中,绘制了如下图所示的时间—成本累积曲线,该图反映的项目进度正确的信息有(　　　)。

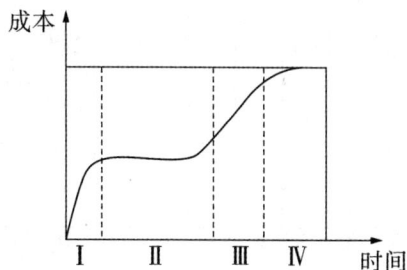

A.Ⅰ阶段进度慢　　　　　　　　　　B.Ⅲ阶段进度慢

C.Ⅱ阶段进度慢　　　　　　　　　　D.Ⅳ阶段进度慢

E.工程施工连续

7.下列属于成本计划编制依据的有(　　　)。

A.合同文件　　　　　　　　　　　　B.设计概算

C.项目管理实施规划　　　　　　　　D.相关定额

E.价格信息

8.成本计划的编制方式有(　　　)。

A.成本组成　　　　　　　　　　　　B.人力资源需求

C.项目结构　　　　　　　　　　　　D.工程实施阶段

E.交通费

9.S形曲线必然包络在由(　　　)的曲线所组成的"香蕉图"内。

A.全部工作都按最早开始时间开始　　B.全部工作都按最早结束时间开始

C.全部工作都按最迟必须开始时间开始　D.全部工作都按最迟必须完成时间开始

E.关键工作都按最早开始时间开始

刷提升 　建议用时:25分钟　　实际用时:＿＿＿分钟　　答案:227页

一、单项选择题

1. 将已汇总的人工、材料、机械台班消耗数量分别乘以所在地区的人工工资标准、材料预算价格、机械台班单价,计算出人料机费的表格是( )。(2018真题)

　A.施工预算表　　　　　　　　　　B.工程量计算汇总表

　C.施工预算工料分析表　　　　　　D.项目造价取费表

2. 某项目按照施工进度编制了施工成本计划,如下图所示,下列关于该图的说法,错误的是( )。

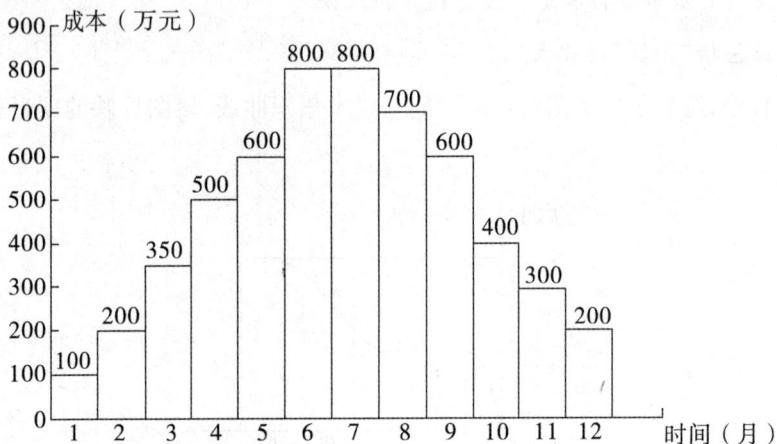

　A.该项目前五个月的累计支出为1750万元

　B.该项目本年度的成本计划支出总额为5550万元

　C.该项目本年度平均每月的计划支出是462.5万元

　D.该项目前半年平均每月的计划支出是420万元

3. 已知某施工项目的计划数据资料如下表所示。则第4周的施工成本计划值是( )万元。

项目名称	时间（周）	费用强度（万元/周）	工程进度（周）									
			1	2	3	4	5	6	7	8	9	10
场地平整	1	10	▬									
土方开挖	3	15	▬▬▬									
混凝土垫层	3	15		▬▬▬								
混凝土基础	6	60				▬▬▬▬▬▬						
土方回填	3	15								▬▬▬		

　A.30　　　　　　　B.60　　　　　　　C.90　　　　　　　D.75

4. 下列关于施工图预算与施工预算的说法,错误的是( )。

　A.施工预算的编制以施工定额为主要依据

　B.施工图预算既适用于发包人,又适用于承包人

C.施工预算是施工企业内部管理用的一种文件,与发包人无直接关系

D.施工图预算是经济核算的主要依据

5.施工成本计划编制的依据不包括(　　)。

A.合同文件

B.项目管理实施规划

C.价格信息

D.项目总概算

6.下列关于编制施工项目成本计划时考虑预备费的说法,正确的是(　　)。

A.只针对整个项目考虑总的预备费,以便灵活调用

B.在分析各分项工程风险的基础上,只针对部分分项工程考虑预备费

C.既要针对整个项目考虑总的预备费,也要在主要的分项工程中安排适当的不可预见费

D.不考虑整个项目预备费,由施工企业统一考虑

7.某项目施工成本计划如下表所示,则5月末计划累计成本支出为(　　)万元。

项目名称	成本	工程进度(月)				
	(万元/月)	1	2	3	4	5
A	10	━━━━━━━━━━━━━━━				
B	20		━━━━━━━━━━━━━━━━━━			
C	15			━━━━━━━━━━━━		
D	30			━━━━━━━━━━━━		
E	25					━━━━

A.325　　　　　　　B.270　　　　　　　C.180　　　　　　　D.75

二、多项选择题

1.按成本构成要素对建筑安装工程费用项目组成进行划分时,下列说法正确的有(　　)。

A.工伤保险费属于社会保险费的组成内容

B.检验试验费包含于企业管理费中

C.建筑安装工程费包括人工费、材料费、施工机具使用费、利润、规费和增值税

D.住房公积金包含于措施费中

E.材料费包括材料原价、运杂费、运输损耗费、采购及保管费

2.下列关于施工成本计划的说法,正确的有(　　)。

A.竞争性成本计划是项目经理的责任成本目标

B.指导性成本计划是签订合同阶段的估算成本计划

C.实施性成本计划采用企业的施工定额通过施工预算的编制而形成

D.施工成本计划按其作用可分为竞争性成本计划、指导性成本计划、实施性成本计划三类

E.指导性成本计划系按照企业的预算定额标准制定的设计预算成本计划

3. 下列关于施工预算、施工图预算"两算"对比的说法,正确的有(   )。

    A.施工预算的编制以预算定额为依据,施工图预算的编制以施工定额为依据

    B.金额对比法和因素分析法是进行"两算"对比的方法

    C.一般情况下,施工图预算的人工数量及人工费比施工预算高

    D.施工图预算中的脚手架是根据施工方案确定的搭设方式和材料计算的

    E.施工图预算适用于发包人和承包人,施工预算适用于施工企业的内部管理

4. 下列不属于成本计划项目编制程序的有(   )。

    A.预测项目成本   B.确定项目总体成本目标

    C.目标考核,定期检查   D.确定成本管理分层次目标

    E.编制项目总体成本计划

5. 下列关于按工程实施阶段编制成本计划的方法的说法,错误的有(   )。

    A.可以按月、季、年等实施进度进行编制

    B.不可用成本计划直方图的方式表示

    C.可以用时间—成本累积曲线表示

    D.可根据资金筹措情况在"香蕉图"内调整 S 形曲线

    E.按最早时间安排工作可节约资金贷款利息

6. 按工程实施阶段编制成本计划时,若所有工作均按照最早开始时间开始安排,则对项目目标控制的影响有(   )。

    A.项目按期竣工的保证率较高   B.项目质量会更好

    C.有利于节约资金贷款利息   D.不利于节约资金贷款利息

    E.不能保证项目质量

专题 3　成本控制

考向预测

考点	考向预测	重要程度
成本控制的依据和程序	管理行为控制程序、指标控制程序	★
成本控制的方法	材料费的控制,赢得值法及分析,横道图法、表格法、曲线法的区分	★★★

刷基础　　建议用时:20 分钟　　实际用时:____分钟　　答案:228 页

一、单项选择题

1. 某工程第三个月末时已完工作实际费用($ACWP$)为 1200 万元、已完工作预算费用($BCWP$)为 1000 万元、计划工作预算费用($BCWS$)为 1500 万元,根据赢得值法判断分析应采取的措施是(   )。(2020 真题)

    A.迅速增加人员投入

    B.增加高效人员投入

C.抽出部分人员,增加少量骨干人员

D.用工作效率高的人员更换一批工作效率低的人员

2. 某分项工程月计划完成工程量为 3200m²,计划单价为 15 元/m²,月底承包商实际完成工程量为 2800m²,实际单价为 20 元/m²,则该工程当月的计划工作预算费用($BCWS$)为(　　)元。(2019 真题)

A.42000　　　　　　B.48000　　　　　　C.56000　　　　　　D.64000

3. 项目成本指标控制的工作包括:①采集成本数据、监测成本形成过程;②制定对策,纠正偏差;③找出偏差,分析原因;④确定成本管理分层次目标。其正确的工作程序是(　　)。(2018 真题)

A.④→①→③→②　　　　　　　　　　　B.①→②→③→④

C.①→③→②→④　　　　　　　　　　　D.②→④→③→①

4. 某工程项目截至 8 月末的有关费用数据为:$BCWP$ 为 980 万元,$BCWS$ 为 820 万元,$ACWP$ 为 1050 万元,则其 SV 为(　　)万元。(2017 真题)

A.-160　　　　　　B.160　　　　　　C.70　　　　　　D.-70

5. 某分项工程某月计划工程量为 3200m²,计划单价为 15 元/m²;月底核定承包商实际完成工程量为 2800m²,实际单价为 20 元/m²,则该工程的已完工作实际费用($ACWP$)为(　　)元。(2016 真题)

A.56000　　　　　　B.42000　　　　　　C.48000　　　　　　D.64000

6. 下列关于施工成本控制的说法,正确的是(　　)。

A.施工成本管理体系由社会有关组织进行评审和认证

B.要做好施工成本的过程控制,必须制定规范化的过程控制程序

C.管理行为控制程序是进行成本过程控制的重点

D.管理行为控制程序和指标控制程序是相互独立的

7. 某施工企业进行土方开挖工程,按合同约定 3 月份的计划工作量为 2400m³,计划单价是 12 元/m³;到月底检查时,确认承包商完成的工程量为 2000m³,实际单价为 15 元/m³。则该工程的进度偏差(SV)和进度绩效指数(SPI)分别为(　　)。

A.-0.60 万元;0.83　　　　　　　　　B.0.60 万元;0.80

C.-0.48 万元;0.83　　　　　　　　　D.0.48 万元;0.80

8. 下图所示为拟完工程和已完工程计划施工成本的比较,图中△表示 t 时刻的(　　)。

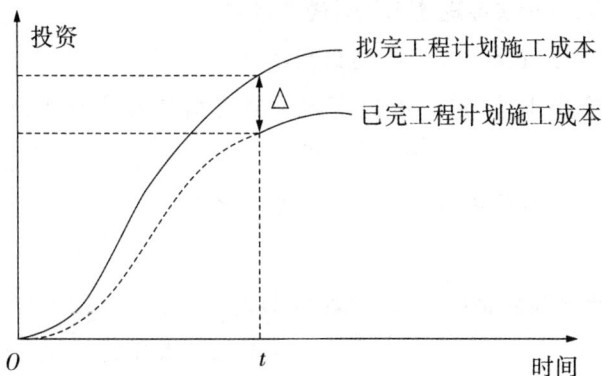

A.施工成本节约值　　　　　　　　　　B.施工成本增加值

C.施工进度滞后量　　　　　　　　　　D.施工进度提前量

9. 某分部工程计划工程量 5000m³，计划成本 380 元/m³；实际完成工程量 4500m³，实际成本 400 元/m³。用赢得值法分析该分部工程的施工成本偏差为(   )元。

    A.-90000   B.-100000   C.-190000   D.-200000

10. 对总量 1000 万元的工程项目进行期中检查，截止检查时已完成工作预算费用 410 万元，计划工作预算费用为 400 万元，已完工作实际费用为 430 万元，则其进度绩效指数为(   )。

    A.0.430   B.0.930   C.0.953   D.1.025

11. 成本控制需要进行实际成本情况与成本计划的比较，其中，实际成本情况是通过(   )反映的。

    A.工程变更文件   B.进度报告

    C.施工组织设计   D.分包合同

12. 成本控制要以合同为依据，围绕(   )这个目标，从预算收入和实际成本两方面，研究节约成本、增加收益的有效途径，以求获得最大的经济效益。

    A.节约工程投资   B.提高工程质量

    C.降低工程成本   D.加快工程进度

13. 成本控制的指导文件是(   )。

    A.工程承包合同   B.成本计划

    C.进度报告   D.工程变更

14. 某分部分项工程预算单价为 300 元/m³，计划一个月完成工程量 100m³，实际施工中用两个月(匀速)完成工程量 160m³，由于材料费上涨导致实际单价为 330 元/m³。该分部分项工程的费用偏差为(   )元。

    A.4800   B.-4800   C.18000   D.-18000

15. 某土方工程，月计划工程量为 2800m³，预算单价为 25 元/m³，到月末时已完工程量为 3000m³，实际单价为 26 元/m³。关于该项工作采用赢得值法进行偏差分析的说法，错误的是(   )。

    A.已完工作实际费用为 78000 元

    B.费用绩效指数<1，表示项目运行超出预算费用

    C.进度绩效指数>1，表示实际进度比计划进度提前

    D.费用偏差为 3000 元，表示项目运行超出预算费用

16. 某工程基坑开挖恰逢雨季，造成承包商雨季施工增加费用超支，产生此费用偏差的原因是(   )。

    A.业主原因   B.设计原因   C.施工原因   D.客观原因

二、多项选择题

1. 施工成本控制的主要依据包括(   )。(2017 真题)

    A.工程承包合同   B.施工成本计划

    C.施工图预算   D.进度报告

    E.工程变更与索赔资料

2. 采用过程控制的方法控制成本时,控制的要点有(　　)。

A.人工费、材料费按"量价分离"原则进行控制

B.材料价格主要由项目经理负责控制

C.零星材料均采用指标控制方法进行控制

D.合理安排施工生产,加强内部调配提高机械设备的利用率

E.对分包费用的控制,主要是要做好分包工程的询价、订立平等互利的分包合同、建立稳定的分包关系网络、加强施工验收和分包结算等工作

3. 成本控制要以合同为依据,围绕降低工程成本这个目标,从(　　)方面,研究节约成本、增加收益的有效途径,以求获得最大的经济效益。

A.工程变更 　　　　　　　　　　B.会计核算

C.预算收入 　　　　　　　　　　D.成本计划

E.实际成本

4. 成本的过程控制方法中,主要是通过(　　)等方式控制材料价格。

A.量价分离 　　　　　　　　　　B.定额控制

C.包干控制 　　　　　　　　　　D.掌握市场信息

E.应用招标和询价

5. 表格法是进行偏差分析最常用的一种方法,下列属于表格法优点的有(　　)。

A.表格法反映的信息量少 　　　　B.灵活、适用性强

C.一般在项目的较高管理层应用 　　D.信息量大

E.表格处理可借助于计算机,大大提高速度

刷提升

建议用时:25分钟　　　实际用时:＿＿＿分钟　　　答案:230页

一、单项选择题

1. 某混凝土工程施工情况如下图所示,清单综合单价为1000元/m³,按月结算,根据赢得值法,该工程6月末进度偏差(*SV*)是(　　)万元。(2020真题)

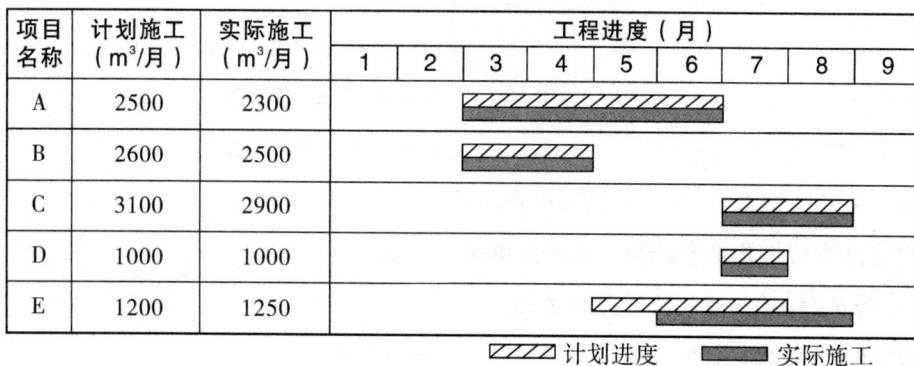

项目名称	计划施工 （m³/月）	实际施工 （m³/月）	工程进度（月）								
			1	2	3	4	5	6	7	8	9
A	2500	2300									
B	2600	2500									
C	3100	2900									
D	1000	1000									
E	1200	1250									

计划进度　　　实际施工

A.−215 　　　　　　B.−200 　　　　　　C.−125 　　　　　　D.60

2. 应用曲线法进行施工成本偏差分析时,已完工作实际成本曲线与已完工作预算成本曲线的竖向距离表示(　　)。(2019真题)

A.成本累计偏差　　　　　　　　　　　B.进度累计偏差

C.进度局部偏差　　　　　　　　　　　D.成本局部偏差

3. 某工程项目的赢得值曲线如下图所示,下列关于项目偏差原因分析与纠偏措施的说法,正确的是(　　)。(2017真题)

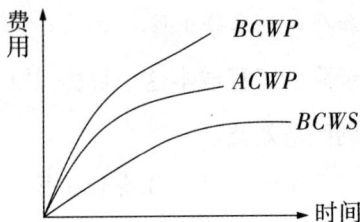

A.效率高,进度较慢,投入延后　　　　B.效率较低,进度较快,投入超前

C.抽出部分人员,放慢进度　　　　　　D.增加人员投入,加快速度

4. 某工程每月所需混凝土量相同,混凝土用量为3200m³,计划4个月完成,混凝土综合价格为1000元/m³;实际混凝土用量为5000m³,用时5个月,从第1个月至第5个月各月混凝土价格指数(%)为100、115、110、105、115。则根据赢得值法,前3个月的费用偏差为(　　)万元。

A.−30　　　　　　B.−25　　　　　　C.−22　　　　　　D.−20

5. 某工程的偏差分析曲线图如下图所示(图中时间均表示月底),从图可知,该工程预测完工时间与计划完工的时间间隔△H和预测的该工程完工时的费用偏差(CV)分别为(　　)。

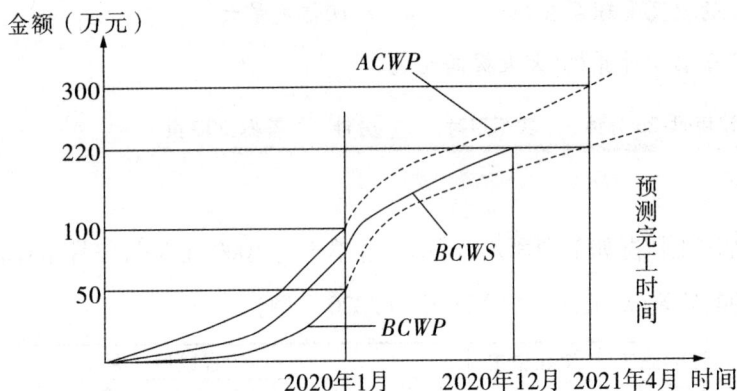

A.1个月;−50万元　　　　　　　　　　B.4个月;80万元

C.4个月;−80万元　　　　　　　　　　D.5个月;250万元

6. 下列关于赢得值法及其应用的说法,正确的是(　　)。

A.赢得值法有四个基本参数和三个评价指标

B.费用(进度)绩效指数反映的是相对偏差

C.费用(进度)绩效指数仅适合对同一项目作偏差分析

D.进度偏差为正值,表示进度延误

7.在项目成本的形成过程中,成本控制主要是对生产经营(　　)进行指导、监督、检查和调整。

A.所消耗的人力资源、物资资源和费用开支

B.所消耗的人力资源、物资资源和成本计划

C.已经发生的偏差

D.将要发生的偏差

8.某施工企业进行土方开挖工程,按合同约定5月份的计划工作量为2400m³,计划单价是12元/m³;到月底检查时,确认承包商实际完成的工程量为2000m³,实际单价为16元/m³。该工程的费用偏差(CV)和费用绩效指数(CPI)分别为(　　)。

A.0.8万元;1.33

B.-0.8万元;0.75

C.-0.8万元;0.875

D.0.8万元;0.80

二、多项选择题

1.下列关于成本控制程序的说法,错误的有(　　)。

A.管理行为控制程序是成本全过程控制的重点

B.指标控制程序是对成本进行过程控制的基础

C.管理行为控制程序是项目施工成本结果控制的主要内容

D.管理行为控制程序和指标控制程序在实施过程中相互制约

E.成本管理体系由社会有关组织进行评审和认证

2.下列关于成本的过程控制方法中人工费控制的说法,正确的有(　　)。

A.人工费的控制实行"量价分离"的方法,通过分包合同进行控制

B.政府推行的社会保障和福利政策不会影响人工单价的变动

C.建筑安装工人人工单价必须和社会平均工资水平趋同

D.劳动力市场如果供不应求,人工单价就会提高;供过于求,人工单价就会下降

E.经会审的施工图,施工定额、施工组织设计等决定人工的消耗量

3.下列产生费用偏差的原因中,属于施工原因的有(　　)。

A.未及时提供场地

B.组织不落实

C.施工方案不当

D.建设手续不全

E.材料代用

专题4 成本核算

考向预测

考点	考向预测	重要程度
成本核算的原则、依据、范围和程序	成本核算的"三同步"原则	★★
成本核算的方法	会计核算法的特点	★★★

刷基础 建议用时:10分钟 实际用时:____分钟 答案:232页

一、单项选择题

1. 某施工单位为订立某工程项目建造合同共发生差旅费、投标费50万元。该项目工程完工时共发生人工费600万元,差旅费5万元,管理人员工资98万元,材料采购及保管费15万元,根据《企业会计准则第15号——建造合同》,间接费用是(   )万元。(2019真题)

   A.50 B.103 C.55 D.70

2. 下列不属于成本核算的依据是(   )。

   A.财产物资的转移 B.有关工程量统计资料

   C.收集信息 D.劳务内部结算指导价

3. 工程成本应当包括(   )所发生的、与执行合同有关的直接费用和间接费用。

   A.从工程投标开始至工程验收为止 B.从场地移交开始至项目移交为止

   C.从建造合同签订开始至合同完成为止 D.从项目设计开始至投入使用为止

4. 施工企业在核算产品成本时,需按照(   )来归集在施工生产经营过程中所发生的各项费用。

   A.概算项目 B.预算项目 C.结算项目 D.成本项目

二、多项选择题

1. 下列关于成本核算方法的说法,正确的有(   )。(2019真题)

   A.项目财务部门一般采用表格法进行成本核算

   B.表格核算法的基础是施工项目内部各环节的成本核算

   C.会计核算科学严密,覆盖面积大

   D.会计核算法适用于工程项目内各岗位成本的责任核算

   E.表格核算法精度不高,覆盖面较小

2. 工程项目成本核算的依据主要有(   )。

   A.各种财产物资的收发、领退、转移、报废、清查、盘点资料

   B.工程量统计与工程结算资料

   C.与成本核算有关的各项原始记录

   D.材料、结构件、作业、劳务的市场指导价

   E.工时、材料、费用等各项内部消耗定额

3. 成本核算应按照企业会计准则的要求,结合工程成本核算的特点进行。应遵循的主要原则有(　　)。

A. 一贯性原则

B. 统一领导,分级管理原则

C. 权责发生制原则

D. 实际成本核算原则

E. 采用先进的技术经济定额原则

4. 直接费用是指为完成合同所发生的、可以直接计入合同成本核算对象的各项费用支出。下列不属于直接费用的有(　　)。

A. 人工费

B. 工程定位复测费

C. 机械的租赁费

D. 管理人员工资

E. 办公费

5. 下列关于施工项目成本核算方法的说法,错误的有(　　)。

A. 施工项目成本核算的方法主要有表格核算法和统计核算法

B. 会计核算法的优点是简便易懂,方便操作,实用性较好

C. 项目财务部门一般采用会计核算法

D. 成本核算的方法须单独使用,不允许交叉使用

E. 表格核算法的缺点是难以实现较为科学严密的审核制度,精度不高,覆盖面较小

刷提升　建议用时:10 分钟　实际用时:＿＿＿分钟　答案:232 页

一、单项选择题

1. 根据《财政部关于印发〈企业产品成本核算制度〉(试行)的通知》,下列工程成本费用中,属于其他直接费用的是(　　)。(2020 真题)

A. 有助于工程形成的其他材料费

B. 为管理工程施工所发生的费用

C. 工程定位复测费

D. 企业管理人员的差旅交通费

2. 在市场经济条件下,在成本、会计核算中应当对可能发生的损失和费用作出合理预计,以增强抵御风险的能力,体现了成本核算的(　　)原则。

A. 相关性

B. 谨慎

C. 权责发生制

D. 及时性

3. 施工项目成本核算的程序中,对未完工程进行盘点,以确定本期已完工程实际成本之前的工作是(　　)。

A. 在各个成本对象之间进行分配和归集,计算各工程成本

B. 对所发生的费用进行审核,确定应计入成本的费用和期间费用

C. 将应计入工程成本的各项费用,区分计入本月或其他月份的工程成本

D. 核算竣工工程实际成本

二、多项选择题

1. 下列关于成本核算的说法,正确的有(　　)。

A. 施工项目成本核算的方法主要有表格核算法和会计核算法

B.用表格核算法进行工程项目成本核算

C.表格核算法的优点是简便易懂,方便操作,实用性较好

D.表格核算法的精度不高

E.项目财务部门一般采用表格核算法

2.下列关于施工项目成本核算方法的说法,错误的有(　　)。

A.表格核算法能够实现较为科学严密的审核制度

B.会计核算法科学严密,覆盖面较大

C.项目财务部门一般采用表格核算法进行成本核算

D.会计核算法适用于工程项目内各岗位成本的责任核算

E.表格核算法精度不高,覆盖面较小

专题5　成本分析和成本考核

考向预测

考点	考向预测	重要程度
成本分析的依据、内容和步骤	会计核算、业务核算、统计核算的特点	★★
成本分析的方法	比较法的计算、因素分析法的计算、动态比率法的计算、成本支出率的计算	★★★
成本考核的依据和方法	区分成本计划的三类指标、项目管理机构的考核指标	★★

刷基础　　建议用时:25分钟　　实际用时:____分钟　　答案:234 页

一、单项选择题

1.下列项目成本分析所依据的资料中,可以计算项目当前实际成本,并可以确定变动速度和预测成本发展趋势的是(　　)。(2020 真题)

　　A.统计核算　　　　B.表格核算　　　　C.会计核算　　　　D.业务核算

2.某工程各门窗安装班组的相关经济指标如下表所示,按照成本分析的比率法,人均效益最好的班组是(　　)。(2018 真题)

项目	班组甲	班组乙	班组丙	班组丁
工程量(m^3)	5400	5000	4800	5200
班组人数(人)	50	45	42	43
班组人工费(元)	150000	126000	147000	429000

　　A.甲　　　　　　　B.乙　　　　　　　C.丙　　　　　　　D.丁

3.下列施工成本材料费的控制中,可以影响材料价格的因素是(　　)。

　　A.材料领用的指标　　　　　　　　　　B.材料的投料计量

　　C.材料消耗量的大小　　　　　　　　　D.材料的采购运输

4.某项目施工成本数据如下表所示,根据差额计算法,成本降低率提高对成本降低额的影响程度为( )万元。

项目	单位	计划	实际	差额
成本	万元	220	240	20
成本降低率	%	3	3.5	0.5
成本降低额	万元	6.6	8.4	1.8

A.0.6　　　　　B.0.7　　　　　C.1.1　　　　　D.1.2

5.某商品混凝土的目标产量为500m³,单价为660元,损耗率为5%,实际产量为520m³,单价为680元,损耗率为3%。运用因素分析法分析损耗率下降使成本减少了( )元。

A.3848　　　　　B.6864　　　　　C.7072　　　　　D.1778

6.某施工项目某月的成本数据如下表所示,应用差额计算法得到预算成本增加对成本的影响是( )万元。

项目	单位	计划	实际
预算成本	万元	600	640
成本降低率	%	4	5

A.12.0　　　　　B.8.0　　　　　C.6.4　　　　　D.1.6

7.下列施工成本计划的指标中,属于效益指标的是( )。

A.责任目标成本计划降低率　　　　　B.设计预算成本计划降低率

C.责任目标总成本计划降低额　　　　　D.按子项汇总的计划总成本指标

8.下列关于统计核算的说法,错误的是( )。

A.统计核算是各业务部门根据业务工作的需要建立的核算制度

B.统计核算可以确定变动速度以预测发展的趋势

C.统计核算一般是对已经发生的经济活动进行核算

D.统计核算的范围没有业务核算广

9.既可对已发生的,又可对尚未发生或正在发生的经济活动进行核算的是( )核算,它包括原始记录和计算登记表。

A.会计　　　　　B.成本　　　　　C.统计　　　　　D.业务

10.在项目成本分析的依据中,核算范围最广的核算方式是( )。

A.会计核算　　　　B.成本核算　　　　C.业务核算　　　　D.统计核算

11.下列关于施工成本分析依据的说法,正确的是( )。

A.统计核算不可以用劳动量计量

B.会计核算主要是价值核算

C.统计核算的计量尺度比会计核算窄

D.会计核算可以对尚未发生的经济活动进行核算

12. 下列关于成本分析的依据的说法,正确的是( )。

A.会计核算能够预测成本变化发展的趋势

B.统计核算的目的在于迅速取得资料,及时采取措施调整经济活动

C.会计核算可以计算当前的实际成本水平

D.会计核算可以记录企业的一切生产经营活动

13. 下列不属于成本分析的内容的是( )。

A.时间节点成本分析
B.工作任务分解单元成本分析

C.组织单元成本分析
D.单位指标成本分析

14. 施工成本分析的基本方法中,为了分析影响目标完成的积极因素和消极因素可通过( )的方法来实现。

A.将实际指标与目标指标对比

B.本期实际指标与上期实际指标对比

C.与本行业平均水平对比

D.将两个性质不同而且相关的指标进行对比

15. 某施工项目的商品混凝土目标成本是 420000 元(目标产量 500m³,目标单价 800 元/m³,预计损耗率为 5%),实际成本是 511680 元(实际产量 600m³,实际单价 820 元/m³,实际损耗率为 4%)。若采用因素分析法进行成本分析(因素的排列顺序是:产量、单价、损耗率),则由于损耗率降低,减少的成本是( )元。

A.4920
B.12600

C.84000
D.91280

16. 某工程项目进行月(季)度成本分析时,发现人工费大幅超支,则应采取的措施是( )。

A.从控制支出着手,把超支额压缩到最低限度

B.对收支配比关系进行研究,并采取应对措施

C.将下一月(季)度成本压缩

D.停止施工,并报告业主方

17. 成本计划的效益指标,可以用( )来表示。

A.设计预算成本计划降低率
B.责任目标成本计划降低率

C.设计预算总成本计划降低额
D.设计实际总成本计划降低额

18. 施工项目总成本降低率计算公式为:设计预算成本计划降低率=设计预算总成本计划降低额/设计预算总成本,它属于成本计划的( )。

A.数量指标
B.质量指标

C.工期指标
D.效益指标

二、多项选择题

1. 某项目成本及成本构成比例数据如下表所示,正确的有(　　)。

成本项目	预算成本		实际成本		降低成本		
	金额	比重	金额	比重	金额	占本项	占总量
一、直接成本	1263.79	93.20%	1200.31	92.38%	63.48	5.02%	4.68%
1.人工费	113.36	8.36%	119.28	9.18%	−5.92	−5.22%	−0.44%
2.材料费	1006.56	74.23%	939.67	72.32%	66.89	6.65%	4.93%
3.机械费	87.6	6.46%	89.65	6.90%	−2.05	−2.34%	−0.15%
4.措施费	56.27	4.15%	51.71	3.98%	4.56	8.10%	0.34%
二、间接成本	92.21	6.80%	99.01	7.62%	−6.8	−7.37%	−0.50%
总成本	1356	100.00%	1299.32	100.00%	56.68	4.18%	4.18%
比例	100%	—	95.82%	—	4.18%	—	—

A.成本增加比例最大的是间接成本　　　B.成本降低最多的项目是机械费

C.成本节约效益最大的是材料费　　　　D.成本节约做得好的是措施费

E.直接成本增加比例最大的是人工费

2. 施工成本分析常用的方法包括(　　)。

A.比较法　　　　　　　　　　　　　B.比率法

C.差额计算法　　　　　　　　　　　D.连环置换法

E.实际费用法

3. 下列关于分部分项工程成本分析的说法,正确的有(　　)。

A.分部分项成本分析是施工项目成本分析的基础

B.必须对施工项目所有的分部分项进行成本分析

C.分部分项成本分析的方法是进行实际成本与目标成本比较

D.分部分项成本分析的对象为已完成分部分项工程

E.对主要的分部分项工程要做到从开工到竣工进行系统的成本分析

4. 业务核算是各业务部门根据业务工作的需要建立的核算制度,下列属于业务核算的内容的有(　　)。

A.质量登记　　　　　　　　　　　　B.物资消耗定额记录

C.审核凭证　　　　　　　　　　　　D.测试记录

E.进度等级

5. 在材料成本分析中,材料的储备资金是根据(　　)计算的。

A.材料单价　　　　　　　　　　　　B.日平均用量

C.储备天数　　　　　　　　　　　　D.材料整理及零星运费

E.材料物资的盘亏及毁损

6."三同步"检查是提高项目经济核算水平的有效手段,下列属于"三同步"内容的有(　　)。

A.产值与施工任务单的实际工程量和形象进度是否同步

B.实际成本与资源消耗是否同步

C.预算成本与实际支付是否同步

D.超高费的产值统计与实际支付是否同步

E.预算成本与资源消耗是否同步

7.下列指标中,属于项目管理机构成本考核的有(　　)。

A.项目成本降低额　　　　　　　　B.项目成本降低率

C.施工生产总成本　　　　　　　　D.劳动力不均衡系数

E.生产能力利用率

刷提升　　建议用时:20分钟　　　实际用时:_____分钟　　　答案:236页

一、单项选择题

1.某分项工程的混凝土成本数据如下表所示,应用因素分析法分析各因素对成本的影响程度,可得到的正确结论是(　　)。

项目	单位	目标	实际
产量	m³	800	850
单价	元	600	640
损耗率	%	5	3

A.由于产量增加50m³,成本增加21300元　　B.实际成本与目标成本的差额为56320元

C.由于单价提高40元,成本增加35020元　　D.由于损耗下降2%,成本减少9600元

2.下列关于成本分析依据的说法,正确的是(　　)。

A.统计核算可以用货币计算

B.业务核算主要是价值核算

C.统计核算的计量尺度比会计核算窄

D.会计核算可以对尚未发生的经济活动进行核算

3.下列关于综合成本分析方法的说法,正确的是(　　)。

A.项目年度成本分析的重点是针对下一年度施工进展情况,制定成本计划

B.月度成本分析的依据是当月的成本报表

C.企业年度成本要求一年结算一次,可将部分成本转入下一个年度

D.单位工程竣工成本分析是对预算成本、目标成本、实际成本的比较

4.业务核算是成本分析的依据之一,其目的是(　　)。

A.预测成本变化发展的趋势

B.迅速取得资料,及时采取措施调整经济活动

C.计算当前的实际成本水平

D.记录企业的一切生产经营活动

5. 下列关于成本分析的依据的说法,错误的是(　　)。

    A.会计核算主要是价值核算

    B.业务核算是施工成本分析的重要依据

    C.业务核算的范围比会计、统计核算要广

    D.业务核算不但可以核算已经完成的项目是否达到原定的目的、取得预期的效果,而且可以对尚未发生或正在发生的经济活动进行核算

6. 某工程项目由于单价、工程量、损耗率等因素的影响导致成本大大超支,若使用因素分析法对各种影响因素进行分析时,其因素置换的先后顺序是(　　)。

    A.先工程量、再单价、后损耗率　　　　　B.先损耗率、再工程量、后单价

    C.先单价、再工程量、后损耗率　　　　　D.先单价、再损耗率、后工程量

7. 下列关于分部分项工程成本分析的说法,正确的是(　　)。

    A.分部分项工程成本分析的对象是未完成分部分项工程

    B.分部分项工程成本分析的方法是进行实际与目标成本比较

    C.主要分部分项工程必须进行成本分析

    D.分部分项工程成本分析的资料来源中,目标成本来自投标报价成本

二、多项选择题

1. 下列关于施工成本分析方法的说法,正确的有(　　)。

    A.施工成本分析的基本方法包括比较法、因素分析法、差额计算法、比率法等

    B.差额计算法可用来分析各种因素对成本的影响程度

    C.构成比率法通常采用基期指数和环比指数两种方法

    D.比率法的特点是先把对比分析的数值变成相对数,再观察其相互之间的关系

    E.因素分析法通俗易懂、简单易行、便于掌握,因而得到了广泛的应用

2. 下列关于专项成本分析方法的说法,正确的有(　　)。

    A.项目经济核算的基本规律是:在完成多少产值、消耗多少资源、发生多少成本之间,有着必然的同步关系

    B.工期成本分析是计划工期成本与实际工期成本的比较分析

    C."三同步"检查不适用于成本盈亏异常的检查

    D."三同步"检查仅适用于月度成本的检查

    E.进行资金成本分析通常应用"成本支出率"指标来表示

3. 下列关于成本分析的说法,错误的有(　　)。

    A.会计核算主要是成本核算

    B.业务核算是对个别的经济业务进行单项核算

    C.统计核算必须对企业的全部经济活动作出完整、全面、持续的反应

    D.会计核算具有连续性、系统性、综合性的特点

    E.业务核算的范围比会计、统计核算要广

4. 下列成本计划指标中,属于数量指标的有( )。

A. 责任目标成本计划降低额 B. 设计预算成本计划降低率

C. 责任目标成本计划降低率 D. 按主要生产要素划分的计划成本指标

E. 各单位工程计划成本指标

刷综合

建议用时:35 分钟   **实际用时:____分钟**   **答案:237 页**

一、单项选择题

1. 下列关于施工成本及其管理的说法,正确的是( )。(2017 真题)

A. 施工成本是指施工过程中消耗的构成工程实体的各项费用支出

B. 施工成本管理就是在保证工期和满足质量要求的情况下,采取相应措施把成本控制在计划范围内,并最大限度地节约成本

C. 施工成本预测是以货币形式编制施工项目在计划期内的生产费用、成本水平、成本降低率及降低成本措施的书面方案

D. 施工成本考核是在施工成本核算的基础上,对成本形成过程和影响成本升降的因素进行分析,以寻求进一步降低成本的途径

2. 下列关于建设工程项目施工成本管理的说法,正确的是( )。(2016 真题)

A. 施工成本计划是对未来的成本水平及发展趋势做出估计

B. 施工成本核算是通过实际成本与计划的对比,评定成本计划的完成情况

C. 施工成本考核是通过成本的归集和分配,计算施工项目的实际成本

D. 施工成本管理是通过采取措施,把成本控制在计划范围内,并最大限度地节约成本

3. 下列关于编制成本计划方法的说法,错误的是( )。

A. 施工成本可以按成本构成分解为人工费、材料费、施工机具使用费和企业管理费等

B. 在编制成本支出计划时,要在项目总体层面上考虑总的预备费,也要在主要的分项工程中安排适当的不可预见费

C. 根据时间—成本累积曲线,所有工作都按最早开始时间开始,对节约资金贷款利息是有利的

D. 根据时间—成本累积曲线,项目经理可通过调整非关键路线上的工序项目的最早或最迟开工时间,力争将实际的成本支出控制在计划的范围内

4. 下列关于建设工程项目成本的说法,正确的是( )。

A. 施工成本是指施工过程中耗费的构成工程实体的各项费用支出

B. 成本控制是在成本核算的基础上,对成本形成过程和影响成本升降的因素进行分析,以寻求进一步降低成本的途径

C. 成本考核是通过成本的归集和分配,计算施工项目的实际成本

D. 建设工程项目成本控制涉及的时间范围是从工程投标阶段开始至项目保证金返还为止

5. 对于施工项目而言,不同阶段会形成深度和作用不同的成本计划,下列关于成本计划类型的说法,正确的是(　　)。

    A.指导性成本计划是以招标文件中的合同文件、投标者须知、技术规范、设计图纸和工程量清单为依据进行编制的

    B.竞争性成本计划是选派项目经理阶段的预算成本计划

    C.指导性成本计划是按照企业的预算定额标准制定的设计预算成本计划

    D.实施性成本计划采用企业的施工定额通过施工图预算的编制而形成

6. 下列关于编制成本计划方法的说法,正确的是(　　)。

    A.施工成本计划的编制以成本预测为基础,关键是确定目标成本

    B.按目标编制施工成本计划属于成本计划的编制方式

    C.施工成本可以按成本构成分解为人工费、材料费、施工机具使用费和规费

    D.一般情况下,成本预算总额应控制在目标成本的范围内,并建立在切实可行的基础上

7. 偏差分析可以采用不同的表达方法,常用的是(　　)。

    A.网络图法、表格法和曲线法   B.网络图法、横道图法和表格法

    C.比较法、因素分析法和差额计算法   D.横道图法、表格法和曲线法

8. 下列关于施工项目成本核算方法的说法,正确的是(　　)。

    A.施工项目成本核算的方法主要有表格核算法和会计核算法

    B.会计核算法的优点是简便易懂,方便操作,实用性较好

    C.项目财务部门一般采用表格核算法

    D.会计核算法的缺点是难以实现较为科学严密的审核制度,精度不高,覆盖面较小

9. 可以考察成本总量的构成情况及各成本项目占总成本的比重,同时也可以看出预算成本、实际成本和降低成本的比例关系,从而寻求降低成本途径的施工成本分析的基本方法是(　　)。

    A.指标对比分析法   B.结构对比分析法

    C.相关比率分析法   D.动态比率分析法

二、多项选择题

1. 下列关于施工成本偏差分析表达方法的说法,正确的有(　　)。(2021真题)

    A.横道图法形象、直观,一目了然   B.表格法反映的信息量大

    C.横道图法是最常用的一种方法   D.表格法具有灵活、适用性强的优点

    E.曲线法能够直接用于定量分析

2. 下列关于施工成本管理措施的说法,正确的有(　　)。

    A.组织措施是其他各类措施的前提和保障

    B.运用技术纠偏措施的关键,一是要能提出多个不同的技术方案;二是要对不同的技术方案进行技术经济分析

    C.采用合同措施控制施工成本,首先在合同的条款中应仔细考虑一切影响成本和效益的因素,特别是潜在的风险因素

D."对各种变更,及时做好增减账,及时落实业主签证,及时结算工程款"属于合同措施

E.一般情况下,经济措施的运用仅仅是财务人员的事情

3.下列关于成本管理任务的说法,正确的有(　　)。

A.成本计划是建立项目成本管理责任制、开展成本控制和核算的基础

B.成本控制主要涉及项目过程控制

C.施工成本核算只能以单位工程为对象

D.成本分析中,分析是核心,纠偏是关键

E.成本考核是实现成本目标责任制的保证和实现决策目标的重要手段

4.下列关于成本管理的任务的说法,正确的有(　　)。

A.项目成本计划由建设单位编制

B.成本计划是成本控制和核算的基础,是降低成本的指导文件,是设立目标成本的依据

C.成本控制应从投标阶段开始至竣工验收结束

D.成本分析是在成本核算的基础上,对成本的形成过程和影响成本升降的因素进行分析,以寻求进一步降低成本的途径

E.成本考核是衡量成本降低的实际成果,也是对成本指标完成情况的总结和评价

5.下列关于成本管理各环节的说法,正确的有(　　)。

A.成本管理的每一个环节都是独立运行的

B.成本分析是在成本计划的基础上,对影响成本升降的因素进行分析

C.成本计划是设立目标成本的依据

D.成本考核是实现成本决策目标的重要手段

E.成本核算是实现成本目标责任制的保证

6.下列关于成本计划类型的说法,错误的有(　　)。

A.竞争性成本计划是施工项目投标及签订合同阶段的估算成本计划

B.指导性成本计划是选派项目经理阶段的预算成本计划,是项目经理的责任成本目标

C.竞争性成本计划带有成本战略的性质,是对战略性成本计划的战术安排

D.指导性成本计划和实施性成本计划奠定了施工成本的基本框架和水平

E.实施性成本计划以落实项目经理责任目标为出发点,采用企业的施工定额通过施工预算的编制而形成的实施性成本计划

7.下列关于施工成本计划编制方法的说法,错误的有(　　)。

A.按成本构成可以将施工成本分解为人工费、材料费、施工机具使用费、利润和税金

B.按项目组成编制成本计划时,首先要将项目总成本分解到单项工程和单位工程中

C.按项目组成编制成本计划时,要在项目总体层面上考虑总的预备费,也要在主要的分部工程中安排适当的不可预见费

D.按照工程进度编制成本计划,应该在横道图的基础上编制施工成本计划

E."香蕉图"是由所有工作按最早开始时间开始和按最迟必须开始时间开始的 S 形曲线组成的

第3章　建设工程项目进度控制

　　本章一共包括4个专题,其中涉及到的计算型题目较多,网络计划参数的计算往往是学习的难关,这部分内容在管理科目、不同的实务科目都会考查,而且考查的分值很高,要求大家理解并掌握每一个公式的应用。近6年考试分值平均在20分左右。建议考生把学习重点放在计算及应用方面,反复做题练习。

本章近6年分值分布表 （单位:分）

序号	专题名	2022	2021	2020	2019	2018	2017
1	建设工程项目进度控制与进度计划系统	3	1	3	3	2	1
2	建设工程项目总进度目标的论证	4	3	3	3	4	3
3	建设工程项目进度计划的编制和调整方法	12	15	12	11	13	13
4	建设工程项目进度控制的措施	2	3	3	2	2	3

专题1　建设工程项目进度控制与进度计划系统

考向预测

考点	考向预测	重要程度
项目进度控制的目的	进度控制的基本原则	★
项目进度控制的任务	设计方进度控制的依据	★★★
项目进度计划系统的建立	各种进度计划系统的区分	★★
计算机辅助建设工程项目进度控制	无考点	★

刷基础

建议用时:15分钟　　　实际用时:_____分钟　　　答案:239页

一、单项选择题

1. 项目设计方进度控制的任务是依据(　　　)对设计工作进度的要求,控制设计工作进度。

　　A.可行性研究报告　　　　　　　　B.设计大纲

　　C.设计总进度纲要　　　　　　　　D.设计任务委托合同

2. 建设工程项目在施工时盲目赶工,会导致(　　　)。

　　A.安全事故发生的概率减小　　　　B.施工成本增加的概率减小

　　C.文明施工实现的概率增加　　　　D.质量事故发生的概率增加

3. 建设工程项目的业主和参与方都有进度控制的任务,各方(　　　)。

　　A.控制的目标相同但控制的时间范畴不同

B.控制的目标不同但控制的时间范畴相同

C.控制的目标和时间范畴均相同

D.控制的目标和时间范畴各不相同

4.下列关于建设工程项目进度控制的说法,正确的是(　　)。

　　A.业主方的任务是控制整个项目决策阶段和实施阶段的进度

　　B.建设项目设计方进度控制的任务是依据设计大纲对设计工作进度的要求,控制设计工作进度

　　C.在项目实施过程中,设计方编制的设计工作进度与招标、施工和采购等工作进度无关

　　D.建设工程项目进度计划系统是建设工程项目进度控制的依据

5.在工程施工实践中,必须树立和坚持一个最基本的工程管理原则,即在确保工程(　　)的前提下,控制工程的进度。

　　A.安全　　　　　　B.质量　　　　　　C.投资　　　　　　D.成本

6.建设工程项目进度计划的跟踪检查与调整的内容不包括(　　)。

　　A.进度目标的分析和论证

　　B.如果执行存在偏差,则采取纠偏措施

　　C.如有必要调整进度计划

　　D.定期跟踪检查所编制进度计划的执行情况

7.建设项目供货进度计划应包括的供货环节是(　　)。

　　A.采购、制造、运输　　　　　　　　B.采购、制造、安装

　　C.选型、制造、运输　　　　　　　　D.选型、供货、存储

8.下列属于建设项目进度控制的依据的是(　　)。

　　A.单项工程进度计划　　　　　　　　B.项目子系统进度规划

　　C.施工任务委托合同　　　　　　　　D.建设工程项目进度计划系统

9.一个建设项目的进度计划系统按照不同的周期,可包括(　　)。

　　A.10年建设进度计划　　　　　　　　B.设计进度计划

　　C.年度、季度、月度和旬计划　　　　D.总进度计划

10.在建设工程项目进度计划系统中,由业主方、设计方、施工和设备安装方编制的进度计划应与(　　)编制的进度计划相互协调。

　　A.监理方　　　　　　　　　　　　　B.政府行政主管部门

　　C.投资方　　　　　　　　　　　　　D.采购和供货方

二、多项选择题

1.下列建设工程项目计划中,存在关联关系的进度计划有(　　)。(2020真题)

　　A.施工总进度计划和主体工程进度计划

　　B.主体钢结构施工进度计划和设备安装进度计划

　　C.设计进度计划和维修进度计划

D.项目月度计划和周计划

E.土建施工进度计划和主材供货进度计划

2.建设工程项目进度控制的主要工作环节包括(　　)等。

A.进度目标的分析和论证　　　　　　　B.进度控制工作职能分工

C.定期跟踪进度计划的执行情况　　　　D.采取纠偏措施及调整进度计划

E.进度控制工作流程的编制

刷提升

建议用时:15分钟　　实际用时:_____分钟　　答案:240页

一、单项选择题

1.下列关于项目进度计划和进度计划系统的说法,正确的是(　　)。(2019真题)

A.进度计划系统由多个进度计划组成,是逐步形成的

B.进度计划是实施性的,进度计划系统是控制性的

C.业主方编制的进度计划是控制性的,施工方编制的进度计划是实施性的

D.进度计划是项目参与方编制的,进度计划系统是业主方编制的

2.项目设计方编制的设计工作进度应尽可能与招标、施工和(　　)等工作进度相协调。

A.项目地址　　　　B.可行性研究　　　　C.竣工验收　　　　D.物资采购

3.下列关于建设工程项目进度计划系统的说法,正确的是(　　)。

A.项目进度计划系统包括文字说明、计划表格和可采取的保证措施三部分

B.为协调项目各参与方的进度,一个项目的进度计划系统应只有一个

C.由不同深度构成的进度计划系统包括总进度计划、项目子系统进度计划和子系统中的单项工程进度计划

D.项目的进度计划系统应该在项目的决策阶段建立完成

4.施工方进度控制的任务是依据施工任务委托合同对施工进度的要求控制施工进度,这是施工方履行合同的义务。在进度计划编制方面,施工方应视项目的特点和施工进度控制的需要,编制(　　)施工的进度计划,以及按不同计划周期(年度、季度、月度和旬)的施工计划等。

A.总进度规划(计划)、项目子系统进度规划(计划)、项目子系统中的单项工程

B.不同项目参与方的

C.不同计划深度的

D.深度不同的控制性、指导性和实施性

5.根据项目进度控制不同的需要和不同的用途,业主方和项目各参与方可以构建多个不同的建设工程项目进度计划系统,下列不属于由不同功能的进度计划构成的计划系统的是(　　)。

A.总进度规划　　　　B.指导性规划　　　　C.控制性规划　　　　D.实施性规划

二、多项选择题

1.下列关于建设工程项目进度控制的说法,正确的有(　　)。

A.业主方的任务是控制整个项目施工阶段的进度

B.施工进度控制直接关系到工程的质量和成本

C.施工方进度控制的目标就是尽量缩短工期

D.项目各参与方进度控制的目标和时间范畴是相同的

E.进度控制的目的是通过控制以实现工程的进度目标

2.下列关于建设工程项目进度计划系统的说法,正确的有(　　　)。

A.建设工程项目进度计划系统是项目进度控制的依据

B.进度计划系统可由不同计划深度、不同计划功能、不同项目参与方和不同计划周期的计划组成

C.由不同深度的进度计划构成的计划系统包括总进度规划、项目子系统进度规划和单位工程进度计划

D.由不同功能的进度计划构成的计划系统包括控制性进度计划、指导性进度计划和操作性进度计划

E.施工方进度控制的任务是依据施工任务委托合同对施工进度的要求控制施工进度

专题2　建设工程项目总进度目标的论证

考向预测

考点	考向预测	重要程度
项目总进度目标论证的工作内容	总进度纲要的主要内容	★★
项目总进度目标论证的工作步骤	总进度目标论证的工作步骤	★★★

刷基础　　建议用时:10分钟　　实际用时:_____分钟　　答案:241页

一、单项选择题

1.根据项目总进度目标论证的工作步骤,进度计划系统结构分析的紧后工作是(　　　)。(2019真题)

A.项目结构分析　　　　　　　　　　B.编制各层进度计划

C.项目的工作编码　　　　　　　　　D.编制总进度计划

2.下列关于建设工程项目总进度目标论证的说法,正确的是(　　　)。

A.建设工程项目总进度目标指的是整个工程项目的进度目标

B.建设工程项目总进度目标的论证应分析项目施工阶段各项工作的进度和关系

C.大型建设工程项目总进度目标论证的核心工作是编制项目进度计划

D.建设工程项目总进度纲要应包含各子系统中的单项工程进度规划

3.建设工程项目的总进度目标是在项目(　　　)阶段项目定义时确定的。

A.决策　　　　　　　　　　　　　　B.设计任务书编制

C.实施策划　　　　　　　　　　　　D.设计

4.在进行建设工程项目总进度目标控制前,首先应分析和论证(　　)。

A.进度计划系统的完整性　　　　　　　B.进度计划方法的适用性

C.进度控制方法的合理性　　　　　　　D.进度目标实现的可能性

5.建设工程项目总进度目标论证的工作步骤包括:①调查研究和收集资料;②进度计划系统的结构分析;③项目的工作编码;④项目结构分析。正确的顺序为(　　)。

A.③①②④　　　　　B.①②④③　　　　　C.①④②③　　　　　D.④①②③

6.下列关于大型建设工程项目的结构分析的说法,正确的是(　　)。

A.项目结构分析是将整个项目逐层分解,并确立工作目录

B.项目结构分析是将整个项目逐层分解,并确立工作编码

C.项目结构分析是将项目计划逐层分解,并确立工作目录

D.项目结构分析是将项目计划逐层分解,并确立工作编码

7.大型建设工程项目的三级工作任务目录通常将整个项目划分成若干个(　　)。

A.子项目　　　　　B.子系统　　　　　C.工作项　　　　　D.工作单元

8.下列关于建设工程项目总进度目标论证的说法,正确的是(　　)。

A.建设工程项目总进度目标指的是施工阶段的施工进度目标

B.建设工程项目总进度目标的控制是业主方项目管理的任务

C.进行建设工程总进度目标控制中,应分析和论证进度目标实现的可能性

D.建设工程项目总进度目标是在设计阶段时确定的

二、多项选择题

1.在项目的实施阶段,项目总进度包括(　　)。(2019真题)

A.设计工作进度　　　　　　　　　　　B.可行性研究工作进度

C.招标工作进度　　　　　　　　　　　D.物资采购工作进度

E.用户管理工作进度

2.在建设工程项目总进度目标论证过程中,项目的工作编码应考虑对不同的(　　)进行标识。

A.计划形式　　　　　　　　　　　　　B.计划层

C.计划对象　　　　　　　　　　　　　D.计划方法

E.资源类别

3.建设工程项目总进度纲要的主要内容包括(　　)。

A.项目实施的总体部署　　　　　　　　B.总进度规划

C.项目结构分析　　　　　　　　　　　D.确定里程碑事件的计划进度目标

E.总进度目标实现的条件

刷**提升** 建议用时:10分钟 实际用时:＿＿分钟 答案:242页

一、单项选择题

1. 下列关于建设工程项目总进度目标论证的说法,正确的是( )。(2021真题)

   A.已编制总进度规划的项目,可以不进行总进度目标论证

   B.总进度目标论证应涉及工程实施的条件分析及工程实施策划

   C.总进度目标论证时,应论证项目动用后的工作进度

   D.总进度目标论证就是论证施工进度目标实现的可能性

2. 下列关于大型建设工程项目总进度目标论证的说法,正确的是( )。(2016真题)

   A.大型建设工程项目总进度目标论证的核心工作是编制总进度纲要

   B.大型建设工程项目总进度目标论证首先开展的工作是调查研究和收集资料

   C.大型建设工程项目总进度目标的确定应在项目的实施阶段进行

   D.若编制的总进度计划不符合项目的总进度目标,应调整总进度目标

3. 在进行建设工程项目总进度目标控制前,首先应分析和论证进度目标实现的可能性。若项目总进度目标不可能实现,则项目管理者应( )。

   A.调整项目总进度目标

   B.调整进度控制计划

   C.提出调整项目总进度目标的建议,并提请项目决策者审议

   D.与建设单位协商调整工期

4. 下列关于大型建设工程项目总进度目标论证的说法,正确的是( )。

   A.项目的工作编码应考虑对不同的计划层、不同计划对象和不同计划形式进行标识

   B.先进行项目结构分析,然后进行进度计划系统的结构分析,再进行项目的工作编码

   C.在项目的实施阶段,项目总进度应包括保修期的进度

   D.若所编制的总进度计划不符合项目的进度目标,应调整总进度目标

二、多项选择题

1. 下列关于建设工程项目总进度目标论证的说法,正确的有( )。(2020真题)

   A.总进度目标的论证涉及工程实施条件分析

   B.总进度目标的论证是项目决策阶段的策划工作

   C.总进度目标的论证应分析实施阶段各项工作之间的逻辑关系

   D.论证前宜收集类似项目的进度资料

   E.分析论证总进度目标实现的可能性应在项目实施过程中进行

2. 项目总进度目标论证时应调研和收集的资料包括( )。(2018真题)

   A.项目决策阶段有关项目进度目标确定的情况和资料

   B.与进度有关的该项目组织、管理、经济和技术资料

C.类似项目的进度资料

D.该项目施工总承包单位的信用等级

E.该项目的总体部署

专题3 建设工程项目进度计划的编制和调整方法

考向预测

考点	考向预测	重要程度
横道图进度计划的编制方法	横道图存在的问题	★★
工程网络计划的编制方法	双代号网络计划的特点	★★
工程网络计划有关时间参数的计算	时距的表示方法、总时差的计算	★★★
关键工作、关键线路和时差的确定	关键线路的判定	★★★
进度计划调整的方法	网络计划调整的内容	★★

刷基础 建议用时:70分钟　　实际用时:_____分钟　　答案:243页

一、单项选择题

1.某工作网络计划中,工作 N 的持续时间是 1 天,最早第 14 天上班时刻开始,工作 N 的紧前工作 A、B、C 最早完成时间分别是第 9 天、第 11 天、第 13 天下班时刻,则工作 B 与工作 N 的时间间隔是(　　)天。(2022 真题)

A.0　　　　　　　B.2　　　　　　　C.1　　　　　　　D.4

2.某项目施工横道图进度计划如下表,如果第二层支设模板需要在第一层浇筑混凝土完成 1 天后才能开始,则有 1 天的层间技术间歇,正确的层间间歇是(　　)。(2020 真题)

工作名称	施工队伍	时间（天）															
		1	2	3	4	5	6	7	8	9	10	11	12	13	14	15	16
支模	A	I-①		I-③		I-⑤		II-①		II-③		II-⑤					
	B		I-②		I-④		I-⑥		II-②		II-④		II-⑥				
扎钢筋	C			I-①		I-③		I-⑤		II-①		II-③		II-⑤			
	D				I-②		I-④		I-⑥		II-②		II-④		II-⑥		
浇混凝土	E					I-①	I-②	I-③	I-④	I-⑤	I-⑥	II-①	II-②	II-③	II-④	II-⑤	II-⑥

Z_1 （2~3天处）　Z_2 （4~5天处）　Z_3 （5~6天处）　Z_4 （11~12天处）

注:Ⅰ、Ⅱ—表示楼层;①②③④⑤⑥—表示工段。

A.Z_1　　　　　　　B.Z_3　　　　　　　C.Z_2　　　　　　　D.Z_4

3.某双代号网络计划如下图,关键线路有(　　)条。(2020真题)

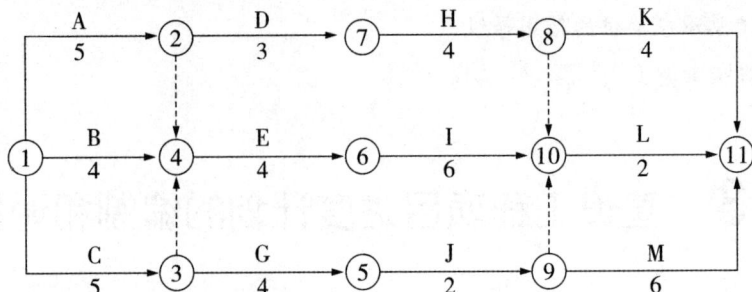

A.1 　　　　　　B.3 　　　　　　C.2 　　　　　　D.4

4.下列关于横道图进度计划特点的说法,正确的是(　　)。(2020真题)

A.可以识别计划的关键工作 　　　　　　B.不能表达工作逻辑关系

C.调整计划的工作量较大 　　　　　　D.可以计算工作时差

5.某工程持续时间2天,有两项紧前工作和三项紧后工作,紧前工作的最早开始时间分别是第3天、第6天(计算坐标系),对应的持续时间分别是5天、1天;紧后工作的最早开始时间分别是第15天、第17天、第19天,对应的总时差分别是3天、2天、0天。该工作的总时差是(　　)天。(2019真题)

A.9 　　　　　　B.10 　　　　　　C.8 　　　　　　D.13

6.某双代号网络图如下图所示,正确的是(　　)。

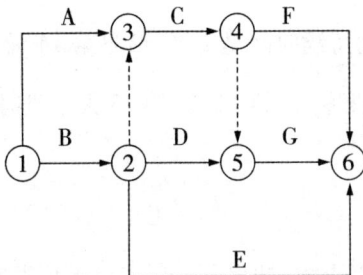

A.工作C、D应同时完成 　　　　　　B.工作B的紧后工作只有工作C、D

C.工作C、D完成后即可进行工作G 　　　　　　D.工作D完成后即可进行工作F

7.某双代号网络计划中(以天为时间单位),工作K的最早开始时间为6,工作持续时间为4;工作M的最迟完成时间为22,工作持续时间为10;工作N的最迟完成时间为20,工作持续时间为5。已知工作K只有M、N两项紧后工作,则工作K的总时差为(　　)天。

A.2 　　　　　　B.3 　　　　　　C.5 　　　　　　D.6

8.当关键线路的实际速度比计划进度拖后时,应在尚未完成的关键工作中,选择(　　)的工作,压缩其作业持续时间。

A.资源强度小或费用低 　　　　　　B.资源强度小且持续时间短

C.资源强度大或持续时间短 　　　　　　D.资源强度大且费用高

9.关于单代号网络计划绘图规则的说法,正确的是(　　)。

A.不允许出现虚工作

B.箭线不能交叉

C.不能出现双向箭头的连线

D.只能有一个起点节点,但可以有多个终点节点

10. 某双代号网络图如下图所示,存在的错误是( )。

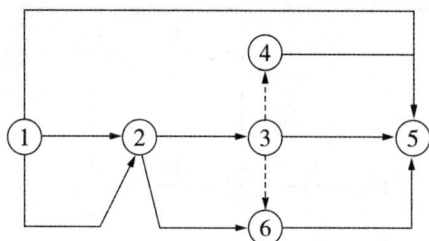

A.工作代号相同　　　　　　　　　　　B.出现无箭头连接

C.出现无箭头节点箭线　　　　　　　　D.出现多个起点节点

11. 某装饰工程共有墙纸裱糊、墙面软包两项相互独立的施工过程,每项施工过程包括备料、运输、现场施工三项工作,墙纸裱糊各项工作的持续时间分别为 2、1、6 天,墙面软包各项工作的时间分别是 4、2、4 天;由于运输工具的限制,每天只能运输一项施工过程的材料,该装饰工程的最短施工工期是( )天。

A.9　　　　　　　　B.10　　　　　　　　C.11　　　　　　　　D.12

12. 下列关于横道图进度计划的说法,正确的是( )。

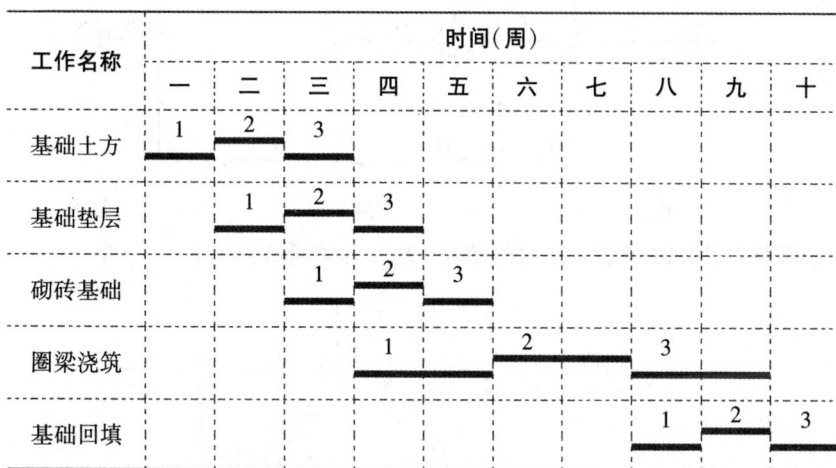

A.如果不要求工程连续,工期可压缩 1 周　　B.圈梁浇筑和基础回填间的流水步距是 2 周

C.所有工作都没有机动时间　　　　　　　　D.圈梁浇筑工作的流水节拍是 2 周

13. 某工作间逻辑关系如下图所示,则正确的是( )。

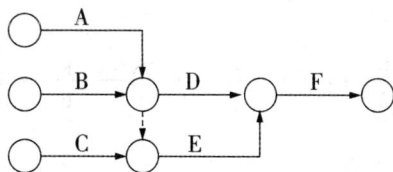

A.A、B 均完成后同时进行 C、D　　　　　　B.A、B 均完成后进行 D

C.A、B、C 均完成后同时进行 D、E　　　　　D.B、C 完成后进行 E

14. 根据下表逻辑关系绘制的双代号网络图如下图所示,图中存在的绘图错误是(   )。

工作名称	A	B	C	D	E	G	H
紧前工作	—	—	A	A	A、B	C	E

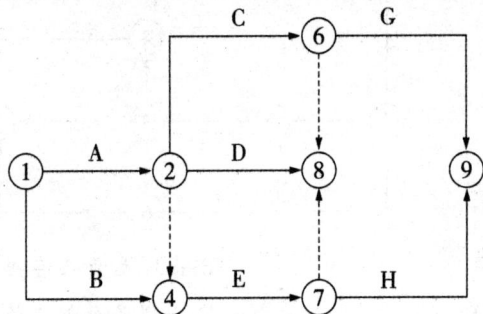

A.节点编号不对

B.逻辑关系不对

C.有多个终点节点

D.有多个起点节点

15. 下列双代号网络计划中,关键线路有(   )条。

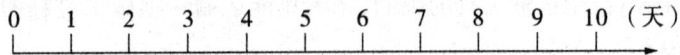

A.2　　　　　　B.3　　　　　　　　C.4　　　　　　D.5

16. 某双代号网络计划如下图所示(时间单位:天),其关键线路有(   )条。

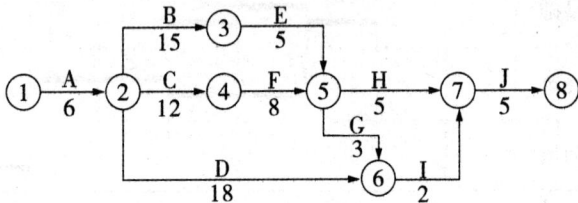

A.2　　　　　　B.3　　　　　　　　C.5　　　　　　D.4

17. 某双代号网络图如下图所示(时间单位:天),其计算工期为(   )天。

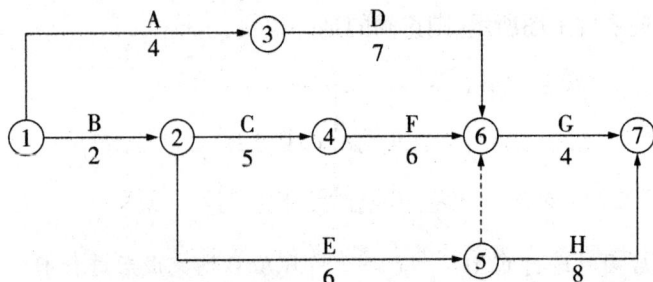

A.15　　　　　　B.17　　　　　　　C.16　　　　　　D.21

18.某双代号网络计划如下图所示(时间单位:天),则工作 E 的自由时差为(　　)天。

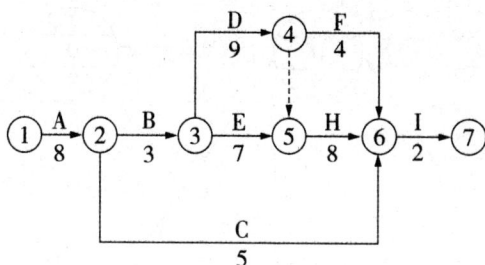

A.3　　　　　　B.2　　　　　　C.4　　　　　　D.0

19.已知下列双代号网络图,由于设计图纸的变更,造成工作 D 延误 6 天,则总工期将延长(　　)天。

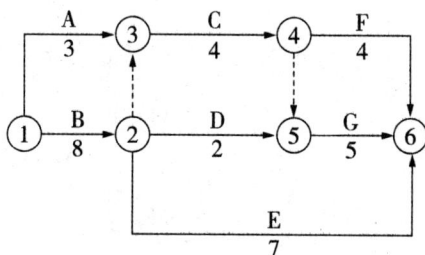

A.2　　　　　　B.3　　　　　　C.4　　　　　　D.5

20.某单代号网络计划如下图(单位:天),计算工期是(　　)天。

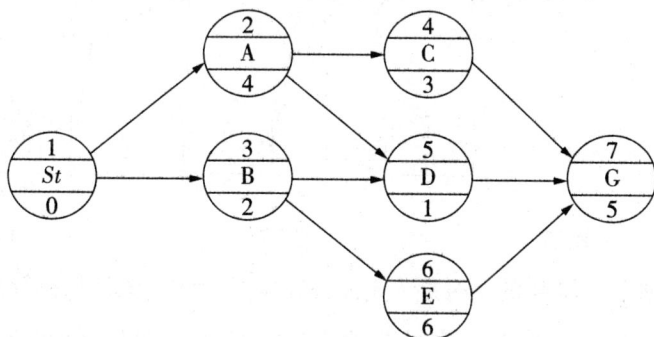

A.8　　　　　　B.13　　　　　　C.12　　　　　　D.10

21.某工程网络计划中,工作 M 的自由时差为 2 天,总时差为 5 天。进度检查时发现该工作的持续时间延长了 4 天,则工作 M 的实际进度(　　)。

A.不影响总工期但其紧后工作的最早开始时间推迟 2 天

B.既不影响总工期,也不影响其紧后工作的正常进行

C.将使其紧后工作的开始时间推迟 4 天,并使总工期延长 2 天

D.将使总工期延长 4 天,但不影响其紧后工作的正常进行

22. 某分部工程单代号网络计划如下图所示,其对应的双代号网络计划是(　　)。

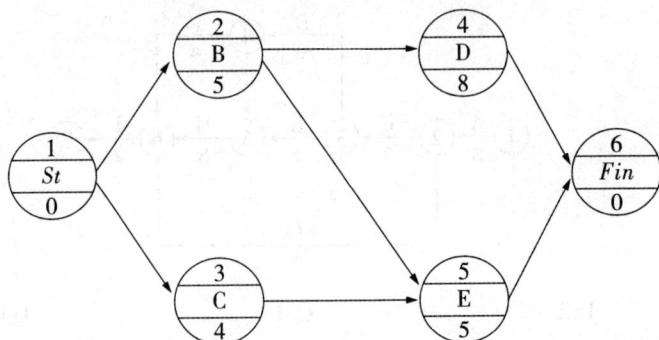

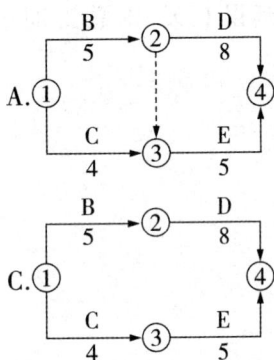

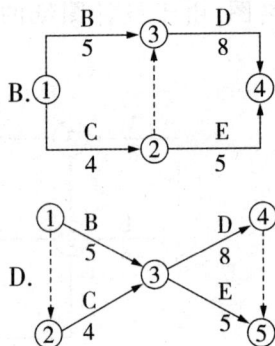

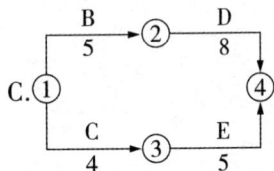

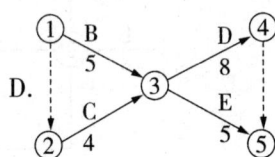

23. 下图中单代号网络图的总工期为(　　)。

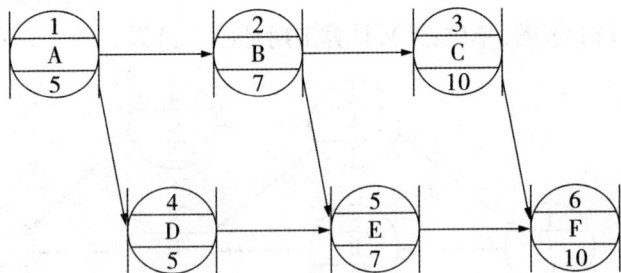

　A.24　　　　　　　B.27　　　　　　　C.32　　　　　　　D.44

24. 某工程网络计划中工作 M 的总时差为 3 天,自由时差为 0。该计划执行过程中,只有工作 M 的实际进度拖后 4 天,则工作 M 的实际进度将其紧后工作的最早开始时间推迟和使总工期延长的时间分别为(　　)。

　A.3 天和 0 天　　　B.3 天和 1 天　　　C.4 天和 0 天　　　D.4 天和 1 天

25. 某工程网络计划如下图所示,工作 D 的最迟开始时间是第(　　)天。

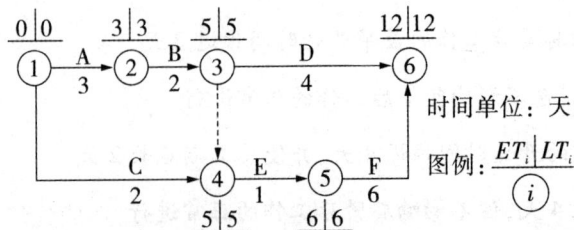

　A.3　　　　　　　B.5　　　　　　　　C.6　　　　　　　　D.8

26. 已知工作 F 有且仅有两项并行的紧后工作 G 和 H,工作 G 的最迟开始时间为第 12 天,最早开始时间为第 8 天;工作 H 的最迟完成时间为第 14 天,最早完成时间为第 12 天;工作 F 与 G、H 的时间间隔分别为 4 天和 5 天。则工作 F 的总时差为( )天。

　　A.0　　　　　　　B.5　　　　　　　C.7　　　　　　　D.9

27. 下列关于虚工作的说法,正确的是( )。

　　A.虚工作只在双代号网络计划中存在

　　B.虚工作一般不消耗资源但占用时间

　　C.虚工作可以正确表达工作间逻辑关系

　　D.虚工作用实箭线表示

28. 下列关于关键工作和关键线路的说法,正确的是( )。

　　A.关键线路上的工作全部是关键工作　　　　B.关键工作不能在非关键线路上

　　C.关键线路上不允许出现虚工作　　　　　　D.关键线路上的工作总时差均为零

29. 如果将所有逻辑关系均标注在图上,则横道图( )的最大优点将丧失。

　　A.灵活性　　　　B.严谨性　　　　　C.准确性　　　　　D.简洁性

30. 下列关于横道图的说法,错误的是( )。

　　A.横道图上所能表达的信息量较少,不能表示活动的重要性

　　B.横道图不能确定计划的关键工作、关键路线与时差

　　C.横道图适用于手工编制计划

　　D.横道图能清楚表达工序(工作)之间的逻辑关系

31. 横道图不适用于( )。

　　A.小型项目　　　　　　　　　　　　B.计算资源需要量和概要预示进度

　　C.大型、复杂的项目　　　　　　　　D.其他计划技术的表示结果

32. 网络图中工作之间相互制约或相互依赖的关系称为逻辑关系,其中非生产性工作之间的工艺关系由( )决定先后顺序。

　　A.工艺过程　　　B.工作程序　　　　C.资源需求　　　　D.组织关系

33. 按照工作持续时间的特点划分的网络计划图,不包括( )。

　　A.肯定型问题的网络计划　　　　　　B.随机网络计划

　　C.非肯定型问题的网络计划　　　　　D.分级网络计划

34. 某工程网络计划中,工作 M 的总时差和自由时差分别为 5 天和 3 天,该计划执行过程中经检查发现只有工作 M 的实际进度拖后 4 天,则工作 M 的实际进度( )。

　　A.既不影响总工期,也不影响其后续工作的正常进行

　　B.将其紧后工作的最早开始时间推迟 1 天,并使总工期延长 1 天

　　C.不影响其后续工作的正常进行,但使总工期延长 1 天

　　D.不影响总工期,但将其紧后工作的最早开始时间推迟 1 天

35. 某双代号网络计划中,工作 K 的最早开始时间为第 6 天,工作持续时间为 3 天;工作 M 的最迟完成时间为第 20 天,工作持续时间为 10 天;工作 N 的最迟完成时间为第 20 天,工作持续时间

5天。已知工作 K 只有工作 M、N 两项紧后工作,工作 K 的总时差为( )天。

A.1   B.3   C.5   D.6

36. 某工程网络计划中,工作 N 最早完成时间为第 17 天,持续时间为 5 天,该工作有三项紧后工作,它们的最早开始时间分别为第 25 天、第 27 天和第 30 天,则工作 N 的自由时差为( )天。

A.7   B.2   C.3   D.8

37. 在下图所示的双代号网络计划中,工作 C 的最早开始时间为( )。

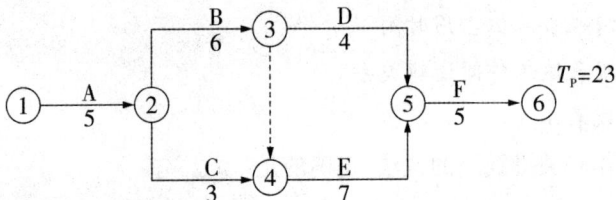

A.0   B.3   C.5   D.8

38. 在工程网络计划中,工作 M 的最迟完成时间为第 25 天,其持续时间为 5 天。如果工作 M 最早开始时间为第 13 天,则工作 M 的总时差为( )天。

A.8   B.6   C.7   D.12

39. 某工程网络计划中,工作 W 的最早开始时间和最迟开始时间分别为第 12 天和第 15 天,其持续时间为 6 天,工作 W 有三项紧后工作,它们的最早开始时间分别为第 21 天、第 24 天和第 28 天,则工作 W 的自由时差为( )天。

A.4   B.7   C.3   D.6

40. 关于网络计划中箭线的说法,正确的是( )。

A.箭线在网络计划中只表示工作   B.箭线都要占用时间,多数要消耗资源

C.箭线的长度表示工作的持续时间   D.箭线的水平投影方向不能从右往左

41. 关于网络计划中节点的说法,正确的是( )。

A.节点内可以用工作名称代替编号

B.节点在网络计划中只表示事件,即前后工作的交接点

C.所有节点均既有向内又有向外的箭线

D.所有节点编号不能重复

42. 某单代号网络图如下图所示,存在的错误是( )。

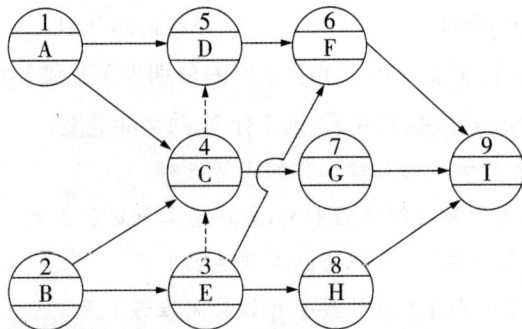

A.多个起点节点和多余虚箭线   B.出现循环回路

C.出现交叉箭线   D.没有终点节点

43. 某工程单代号网络计划如下图所示(时间单位:天),则下列说法正确的是(　　)。

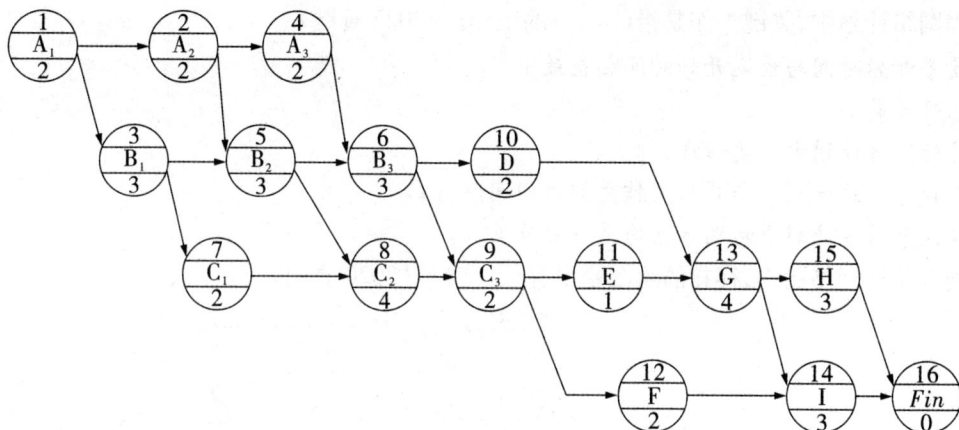

A.只有一条关键线路
B.总工期为 21 天
C.工作 B_2 的最早开始时间为第 5 天
D.工作 C_2 的最早完成时间为第 11 天

44. 某工程单代号网络计划如下图所示,下列说法正确的是(　　)。

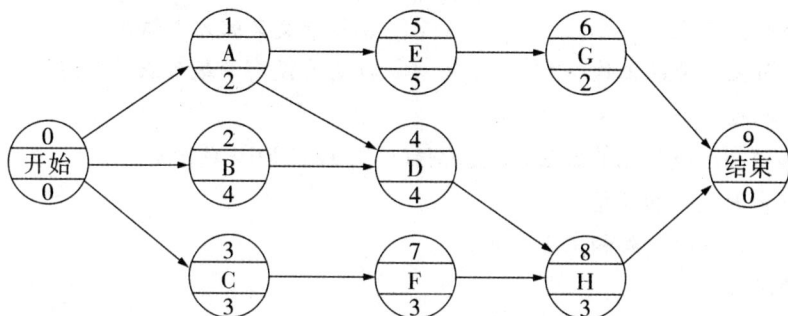

A.工作 D 的 ES 为 2
B.工作 F 的 FF 为 1
C.工作 G 的 FF 为 2
D.工作 H 的 FF 为 1

45. 下列关于单代号搭接网络计划时距的说法,正确的是(　　)。

A.时距是某工作具有的特殊时间参数
B.相邻工作间只能有一种时距的限制
C.时距一般标注在箭线的上方
D.时距是时间间隔的特殊形式

46. 修一条堤坝的护坡时,一定要等土堤自然沉降后才能修护坡,这种等待的时间就是(　　)时距。

A.STS
B.FTF
C.STF
D.FTS

47. 在工程网络计划中,当计划工期等于计算工期时,关键工作的判定条件是(　　)。

A.该工作的持续时间最长

B.该工作与其紧后工作之间的时间间隔为零

C.该工作的最早开始时间与最迟开始时间相等

D.该工作的自由时差最小

48. 网络计划检查的主要内容不包括(　　)。

A.实际进度对各项工作之间逻辑关系的影响
B.增、减工作项目
C.资源状况
D.成本状况

二、多项选择题

1. 工程网络计划中,关键工作是指( )的工作。(2022 真题)

A.最早开始时间与最迟开始时间相差最小

B.总时差最小

C.时标网络计划中无波形线

D.单代号网络计划中与紧后工作之间时间间隔为零

E.双代号网络计划中两端节点均为关键节点

2. 下列双代号网络图中,存在的绘图错误有( )。(2020 真题)

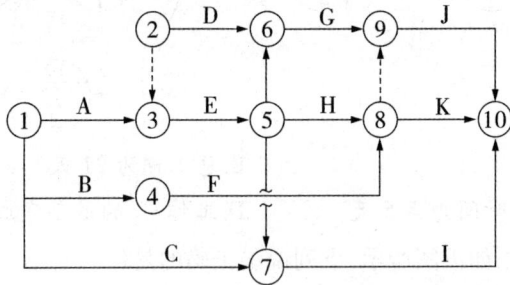

A.存在多个起点节点   B.箭线交叉的方式错误

C.存在相同节点编号的工作   D.存在没有箭尾节点的箭线

E.存在多余的虚工作

3. 下列关于横道图进度计划的说法,正确的有( )。(2019 真题)

A.便于进行资源优化和调整

B.能直接显示工作的开始和完成时间

C.计划调整工作量大

D.可将工作简要说明直接放在横道上

E.有严谨的时间参数计算,可使用电脑自动编制

4. 下列关于判别网络计划关键线路的说法,正确的有( )。(2016 真题)

A.相邻两工作间的间隔时间均为零的线路   B.双代号网络计划中无虚箭线的线路

C.总持续时间最长的线路   D.双代号网络计划中由关键节点组成的线路

E.时标网络计划中无波形线的线路

5. 某工程时标网络计划执行到第3周末和第9周末时,检查其实际进度前锋线如下图所示,检查结果表明( )。

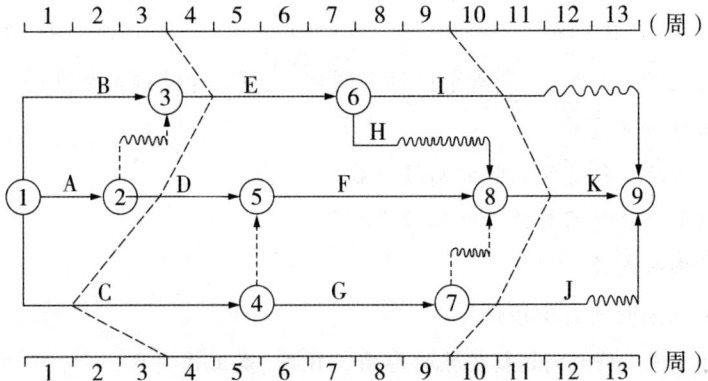

A.第3周末检查时,工作E拖后1周,但不影响工期

B.第3周末检查时,工作C拖后2周,将影响工期2周

C.第3周末检查时,工作D进度正常,不影响工期

D.第9周末检查时,工作J拖后1周,但不影响工期

E.第9周末检查时,工作K提前2周,但不影响工期

6.下列关于关键线路和关键工作的说法,正确的有(　　)。

　A.关键线路上相邻工作的时间间隔为零　　　B.关键线路上各工作持续时间之和最长

　C.关键线路可能有多条　　　D.关键工作的总时差一定为零

　E.关键工作的最早开始时间等于最迟开始时间

7.某工程时标网络计划,在第5天末进行检查得到的实际进度前锋线如下图所示,正确的有(　　)。

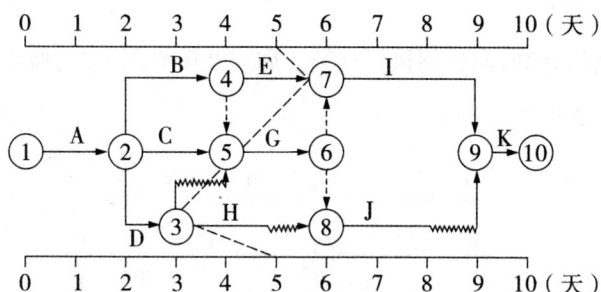

　A.工作H还剩1天机动时间　　　B.总工期缩短1天

　C.工作H影响总工期1天　　　D.工作E提前1天完成

　E.工作G进度落后1天

8.下列关于双代号网络计划中线路的说法,正确的有(　　)。

　A.长度最短的线路称为非关键线路

　B.一个网络图中可能有一条或多条关键线路

　C.线路中各项工作持续时间之和就是该线路的长度

　D.线路中各节点应从小到大连续编号

　E.没有虚工作的线路称为关键线路

9.在工程网络计划中,关键线路不包括(　　)的线路。

　A.全部为关键工作且相邻工作之间时间间隔全部为零

　B.双代号网络计划中由关键节点组成

　C.双代号网络计划中无虚箭线

　D.时标网络计划中无虚箭线

　E.单代号搭接网络计划中相邻工作之间时距之和最大

10.下列关于双代号网络要素的说法,正确的有(　　)。

　A.双代号网络图中,每一条箭线表示一项工作

　B.箭线不允许画成折线

C.双代号网络图中,一条箭线可以是一个分项工程

D.虚箭线不占用时间,但要消耗资源

E.节点又称为结点、事件

11.下列关于双代号工程网络计划的说法,正确的有(   )。

A.总时差最小的工作为关键工作

B.时标网络计划关键线路上允许有虚箭线和波形线的存在

C.当计算工期等于计划工期时,网络计划中以终点节点为完成节点的工作,其自由时差与总时差相等

D.某项工作的自由时差为零时,其总时差必为零

E.除了以网络计划终点为完成节点的工作,其他工作的最迟完成时间应等于其所有紧后工作最迟开始时间的最小值

12.某分部工程时标网络计划,当计划执行到第3周末及第6周末时,检查得到的实际进度前锋线如下图所示。该图表明(   )。

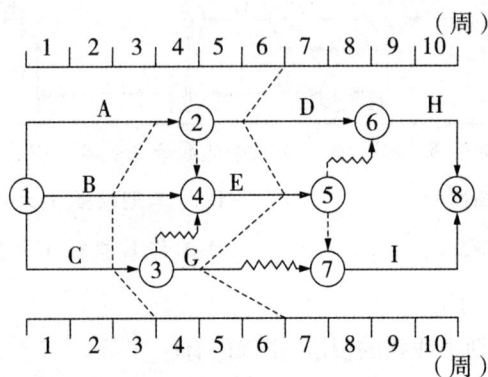

A.工作A和工作D在第3周末至第6周末内实际进度正常

B.第3周末检查时预计工期拖后1周

C.第6周末检查时预计工期拖后1周

D.工作B和工作E在第3周末至第6周末实际进度正常

E.第6周末检查时工作G实际进度拖后1周

13.下列关于进度计划调整的说法,正确的有(   )。

A.根据计划检查的结果在必要时进行计划的调整

B.网络计划中某项工作进度超前,不需要进行计划的调整

C.非关键线路上的工作不需进行调整

D.当某项工作实际进度拖延的时间超过其总时差时,只需考虑总工期的限制条件

E.当实际进度计划拖后时,可缩短关键工作持续时间

14.下列关于双代号网络计划的说法,正确的有(   )。

A.可能没有关键线路

B.至少有一条关键线路

C.在计划工期等于计算工期时,关键工作为总时差为零的工作

D.在网络计划执行过程中,关键线路不能转移

E.关键工作可能在非关键线路上

15.下图为一个双代号网络图,其中互为平行的工作有( )。

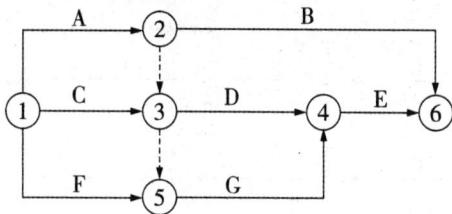

A.工作 A 和工作 C

B.工作 A 和工作 B

C.工作 D 和工作 E

D.工作 C 和工作 D

E.工作 C 和工作 F

16.单代号网络图与双代号网络图相比,其特点有( )。

A.它能够清楚地表明计划的时间进程,使用方便

B.工作之间的逻辑关系容易表达,绘图较简单

C.单代号网络图是以箭线及其两端节点的编号表示工作的网络图

D.网络图便于检查和修改

E.表示工作之间逻辑关系的箭线可能产生较多的纵横交叉现象

17.下列属于进度计划的检查方法的有( )。

A.计划执行中的跟踪检查

B.关键工作进度

C.收集数据的加工处理

D.实际进度对各项工作之间逻辑关系的影响

E.实际进度检查记录的方式

刷提升 建议用时:40分钟 实际用时:____分钟 答案:249页

一、单项选择题

1.下列关于双代号网络计划的说法,正确的是( )。(2019真题)

A.能在图上直接显示各项工作的最迟开始与完成时间

B.工作间的逻辑关系可以设法表达,但不易表达清楚

C.没有虚箭线,绘图比较简单

D.工作的自由时差可以通过比较与其紧后工作间隔时间(取最小值)获得

2.已知工作 F 有且仅有两项后续工作 G 和 H,工作 G 的最迟开始时间为第12天,最早开始时间为第8天;工作 H 的最迟完成时间为第14天,最早完成时间为第12天;工作 F 与 G、H 的时间间隔分别为4天和5天,则工作 F 的总时差为( )天。

A.0 B.5 C.7 D.9

3.某双代号网络计划如下图所示,如工作 B、D、I 共用一台施工机械且按 B→D→I 顺序施工,则对网络计划可能造成的影响是(   )。

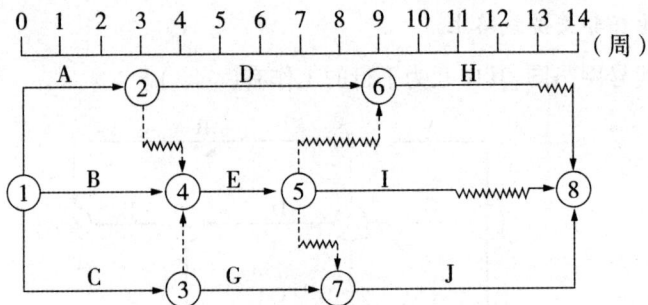

A.总工期不会延长,但施工机械会在现场闲置 1 周

B.总工期不会延长,且施工机械在现场不会闲置

C.总工期会延长 1 周,但施工机械在现场不会闲置

D.总工期会延长 1 周,且施工机械会在现场闲置 1 周

4.根据双代号网络图绘图规则,下列网络图中的绘图错误有(   )处。

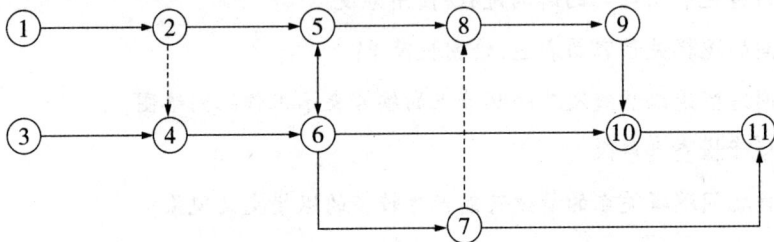

A.5   B.4   C.3   D.2

5.某工程双代号网络计划如下图所示(时间单位:天),该网络计划中有(   )条关键线路。

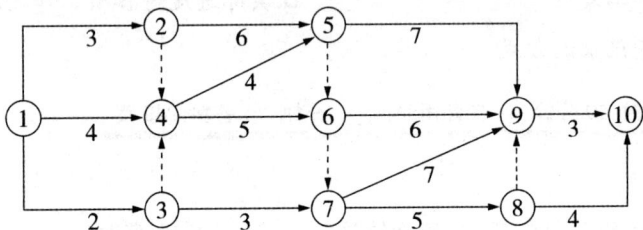

A.1   B.2   C.3   D.5

6.某工程双代号网络计划如下图所示(时间单位:天),其关键线路有(   )条。

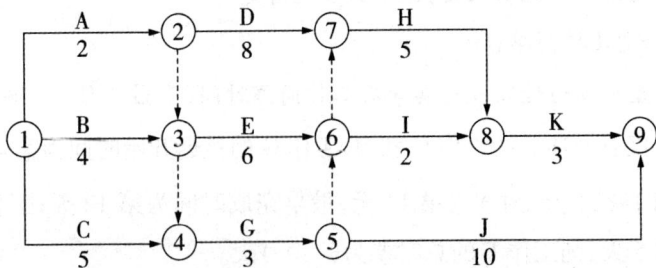

A.1   B.2   C.3   D.4

7. 某建设工程网络计划如下图(时间单位:天),工作 C 的自由时差是(　　)天。

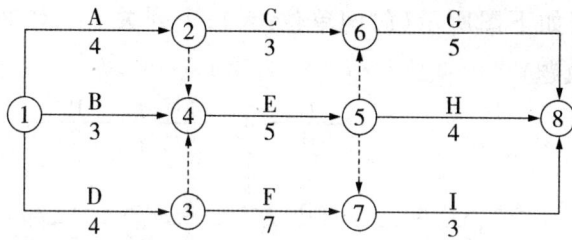

   A.2   B.0   C.1   D.3

8. 某单代号网络计划如下图所示,工作 A、D 之间的时间间隔是(　　)天。

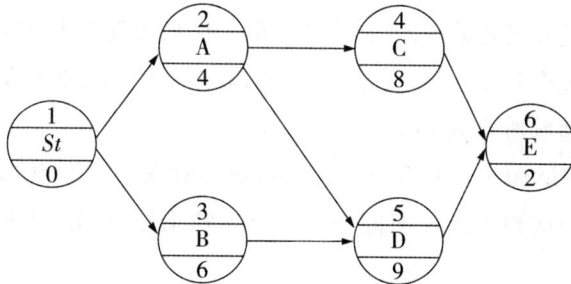

   A.0   B.1   C.2   D.3

9. 如果 A、B 两项工作的最早开始时间分别为第 6 天和第 7 天,它们的持续时间分别为 4 天和 5 天,则它们共同紧后工作 C 的最早开始时间为第(　　)天。

   A.10   B.11   C.12   D.13

10. 某工程网络计划中,工作 F 的最早开始时间为第 11 天,持续时间为 5 天,工作 F 有三项紧后工作,它们的最早开始时间分别为第 20 天、第 22 天和第 23 天,最迟开始时间分别为第 21 天、第 24 天和第 27 天,则工作 F 的总时差和自由时差分别为(　　)。

   A.5 天和 4 天   B.11 天和 7 天

   C.5 天和 5 天   D.4 天和 4 天

11. 下列关于最迟完成时间的说法,正确的是(　　)。

   A.在不影响整个任务按期完成的前提下,工作 $i-j$ 必须完成的最早时刻

   B.在不影响整个任务按期完成的前提下,工作 $i-j$ 必须完成的最迟时刻

   C.在不影响紧后工作的前提下,工作 $i-j$ 必须完成的最迟时刻

   D.在不影响紧后工作的前提下,工作 $i-j$ 必须完成的最早时刻

12. 已知工作 A 的紧后工作是工作 B 和工作 C,工作 B 的最迟开始时间为第 14 天,最早开始时间为第 10 天;工作 C 的最迟完成时间为第 16 天,最早完成时间为第 14 天;工作 A 的自由时差为 5 天。则工作 A 的总时差为(　　)天。

   A.5   B.9   C.7   D.11

13. 已知某工作的持续时间为 4 天,最早开始时间为第 7 天,总时差 3 天,则该工作的最迟完成的时间为第(　　)天。

   A.14   B.12   C.11   D.13

二、多项选择题

1. 某双代号网络计划如下图所示（时间单位：天），下列关于工作时间参数的说法，正确的有（　　）。（2020真题）

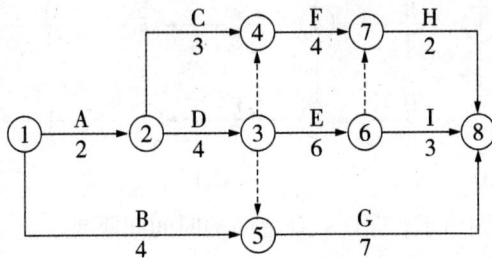

A.工作B的最迟完成时间是第8天　　　　B.工作C的最迟开始时间是第7天

C.工作F的自由时差是1天　　　　D.工作G的总时差是2天

E.工作H的最早开始时间是第13天

2. 按最早开始时间编制的施工计划及各工作每月成本强度（单位：万元/月）如下图所示，工作D可以按最早开始时间或最迟开始时间进行安排。则4月份的施工成本计划值可以是（　　）万元。

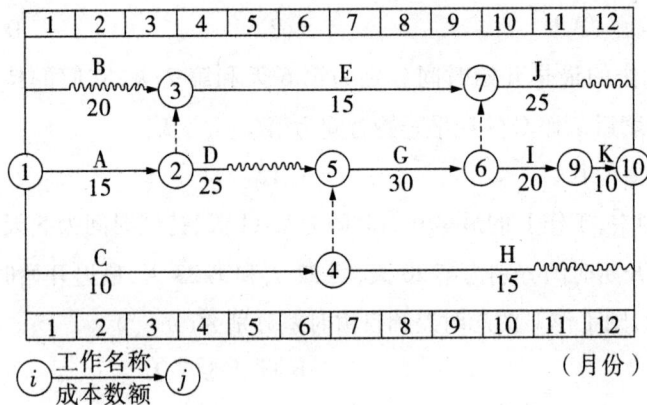

A.60　　　　B.50

C.25　　　　D.15

E.10

3. 某分部工程双代号网络计划如下图所示，其存在的绘图错误有（　　）。

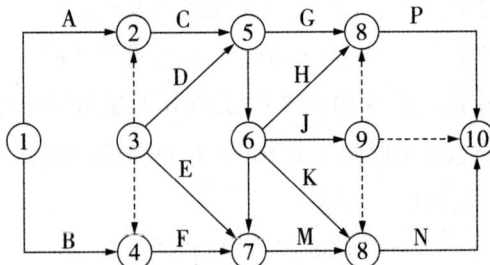

A.多个终点节点　　　　B.存在循环回路

C.多个起点节点　　　　D.节点编号有误

E.有多余虚工作

4. 某工程项目的时标网络计划,当计划执行到第4周末及第10周末时,检查得出实际进度前锋线如下图所示,检查结果表明( )。

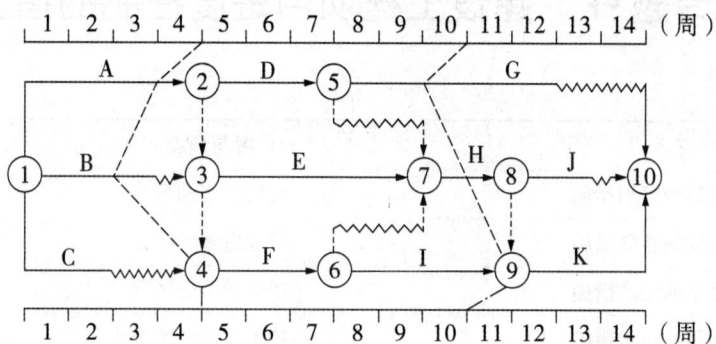

A. 第4周末检查时工作B拖后1周,但不影响总工期

B. 第4周末检查时工作A拖后1周,影响总工期1周

C. 第10周末检查时工作I提前1周,可使总工期提前1周

D. 第10周末检查时工作G拖后1周,但不影响总工期

E. 在第5周到第10周内,工作F和工作I的实际进度正常

5. 在工程网络计划中,关键工作是指( )的工作。

A. 双代号网络计划中持续时间最长

B. 单代号网络计划中与紧后工作之间时间间隔为零

C. 最迟完成时间与最早完成时间的差值最小

D. 最迟开始时间与最早开始时间的差值最小

E. 双代号网络计划中无虚箭线的工作

6. 某分部工程中,各项工作间逻辑关系和相应的双代号网络计划如下表和图所示,图中错误之处有( )。

工作	A	B	C	D	E	F	G	H	I	J
紧后工作	C	F、G	H	H	H、I、J	H、I、J	I、J	—	—	—

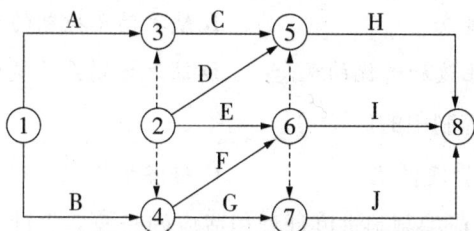

A. 多个起点节点　　　　　　　　　B. 多个终点节点

C. 工作代号重复　　　　　　　　　D. 不符合给定逻辑关系

E. 节点编号有误

专题4 建设工程项目进度控制的措施

考向预测

考点	考向预测	重要程度
项目进度控制的组织措施	组织措施的区分	★★
项目进度控制的管理措施	管理措施的区分	★★
项目进度控制的经济措施	经济措施的区分	★★
项目进度控制的技术措施	技术措施的区分	★★

刷基础

建议用时：15分钟　　　实际用时：＿＿＿分钟　　　答案：252页

一、单项选择题

1. 运用建设工程的项目信息门户辅助施工项目进度控制,属于进度控制的(　　)措施。

A.技术　　　　　　　B.管理　　　　　　　C.经济　　　　　　　D.组织

2. 下列各项属于建设工程项目进度控制的技术措施的是(　　)。

A.优选项目设计、施工方案　　　　　　B.选择合理的合同结构

C.编制计划调整程序　　　　　　　　　D.编写与进度计划相适应的资源需求计划

3. 下列各项措施中,属于建设工程项目进度控制的组织措施的是(　　)。

A.用工程网络计划的方法编制进度计划　　B.进行有关进度控制会议的组织设计

C.优选项目设计、施工方案　　　　　　　D.选择合理的合同结构

4. 下列属于建设工程项目进度控制的主要工作环节的是(　　)。

A.评审设计方案　　　　　　　　　　　B.调整成本目标

C.采取纠偏措施　　　　　　　　　　　D.编制项目进度控制工作流程

5. 下列不属于建设工程项目进度控制在管理观念方面存在的主要问题的是(　　)。

A.缺乏进度计划系统的观念　　　　　　B.缺乏动态控制的观念

C.缺乏进度计划多方案比较和选优的观念　D.缺乏计划系统集成控制的观念

6. 重视信息技术属于进度控制中的(　　)。

A.组织措施　　　　B.管理措施　　　　C.经济措施　　　　D.技术措施

7. 为确保进度目标的实现,应编制与进度计划相适应的资源需求计划(资源进度计划),属于项目进度控制措施中的(　　)。

A.组织措施　　　　B.管理措施　　　　C.经济措施　　　　D.技术措施

二、多项选择题

1. 下列建设工程项目进度控制措施中,属于技术措施的有(　　)。(2020真题)

A.分析装配式混凝土结构和现浇混凝土结构对施工进度的影响

B.采用网络计划技术优化工程施工工期

C.分析无黏结预应力混凝土结构的技术风险

D.通过比较钢网架高空散装法和高空滑移法的优缺点选择施工方案

E.通过变更落地钢管脚手架为外爬式脚手架缩短工期

2.下列进度控制措施中,属于经济措施的有(　　)。

A.编制进度控制工作流程　　　　　　B.选用恰当的承发包形式

C.按时支付工程款项　　　　　　　　D.设立提前完工奖

E.拖延完工予以处罚

3.下列建设工程项目进度控制措施中,属于管理措施的有(　　)。

A.建立管理组织体系　　　　　　　　B.明确管理职能

C.选择合同结构　　　　　　　　　　D.分析工程风险

E.确定物资采购模式

4.项目进度控制时,进度控制会议组织设计的内容有(　　)。

A.会议的具体流程　　　　　　　　　B.会议的类型

C.会议的主持人　　　　　　　　　　D.会议的召开时间

E.会议文件的整理

5.为顺利地实施建设工程项目的进度控制,项目管理者应当强化(　　)的管理观念。

A.系统方法　　　　　　　　　　　　B.动态控制

C.与供方互利　　　　　　　　　　　D.多方案比选

E.以顾客为关注焦点

6.下列建设工程项目进度控制的措施中,属于经济措施的有(　　)。

A.重视信息技术在进度控制中的应用

B.分析设计方案对工程进度的影响,优化设计方案

C.编制与进度计划相适应的资源需求计划

D.分析影响工程进度的风险,减少进度失控的风险量

E.拖延完工予以处罚

刷提升

建议用时:15分钟　　　实际用时:＿＿＿分钟　　　答案:253页

一、单项选择题

1.下列为加快进度而采取的各项措施中,属于技术措施的是(　　)。

A.编制进度控制工作流程　　　　　　B.实行班组内部承包制

C.用大模板代替小钢模　　　　　　　D.重视计算机软件的应用

2.下列建设工程项目进度计划的控制措施中,属于组织措施的是(　　)。

A.定义项目进度计划系统的组成　　　B.分析影响工程进度的风险

C.树立动态控制的观念　　　　　　　D.编制相应的资源需求计划

3.为实现项目的进度目标,应充分重视(   )。

A.尽早确定总进度目标

B.健全项目管理的组织体系

C.工程质量目标的论证

D.大量采用计算机辅助进度计划

二、多项选择题

1.下列项目进度控制的措施中,属于经济措施的有(   )。(2019 真题)

A.编制工程网络计划

B.编制资源需求计划

C.分析影响进度的资源风险

D.采取激励措施

E.分析资金供应条件

2.下列建设工程项目进度控制措施中,属于技术措施的有(   )。(2018 真题)

A.深化设计、选用对实现目标有力的设计方案

B.建立图纸审查、工程变更管理制度

C.编制与进度计划相适应的资金保证计划

D.优化施工方案,合理选用机械设备

E.优化工作之间的逻辑关系,缩短持续时间

3.下列进度控制的措施中,属于组织措施的有(   )。

A.选择承发包模式

B.分析影响工程进度的风险

C.编制项目进度控制的工作流程

D.定义项目进度计划系统的组成

E.进行有关进度控制会议的组织设计

刷综合

建议用时:35 分钟   实际用时:_____分钟   答案:253 页

一、单项选择题

1.某双代号网络计划中,工作 A 有两项紧后工作 B 和 C,工作 B 和工作 C 的最早开始时间分别为第 13 天和第 15 天,最迟开始时间分别为第 19 天和第 21 天;工作 A 与工作 B 和工作 C 的间隔时间分别为 0 天和 2 天。如果工作 A 实际进度拖延 7 天,则(   )。(2016 真题)

A.对工期没有影响

B.总工期延长 2 天

C.总工期延长 3 天

D.总工期延长 1 天

2.下列关于项目进度控制的说法,正确的是(   )。

A.进度控制必须要保证工程质量和成本

B.进度目标的分析和论证是进度控制的主要工作

C.进度控制的依据是实施性进度计划

D.进度计划软件是基于横道图原理开发的

3.下列关于项目进度控制的说法,正确的是(   )。

A.施工进度控制与工程的质量、成本目标无关

B.业主方进度控制任务包括设计进度、施工进度以及保修进度

C.项目进度计划须在项目决策阶段编制,不再调整

D.施工方进度控制的依据是施工任务委托合同

4.某工程采用建设项目工程总承包的模式,则项目总进度目标的控制是(　　)的任务。

A.业主方与监理方　　　　　　　　B.业主方与工程总承包方

C.监理方与工程总承包方　　　　　　D.工程总承包方与设计方

5.下列建设工程项目进度控制措施中,属于经济措施的是(　　)。

A.增加进度控制的岗位和人员

B.编制资源需求计划

C.比较分析工程物资的采购模式

D.分析施工技术的先进性和经济合理性

6.某工程时标网络计划执行到第5周和第11周时,检查其实际进度前锋线如下图所示,下列由图得出的结论,错误的是(　　)。

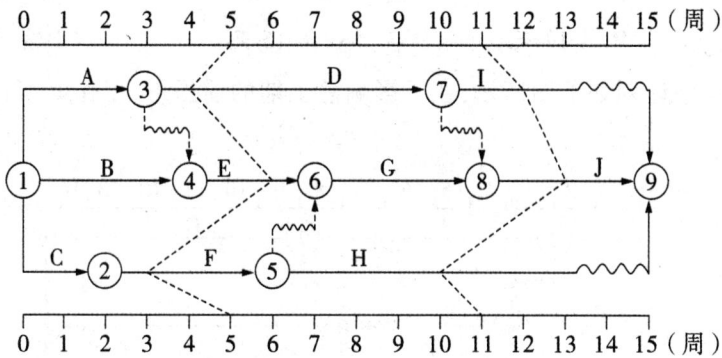

A.第5周检查时,工作D拖后1周,不影响总工期

B.第5周检查时,工作F拖后2周,影响总工期1周

C.第11周检查时,工作J拖后2周,不影响总工期

D.第11周检查时,工作H拖后1周,不影响总工期

7.一般情况下,横道图能反映出工作的(　　)。

A.总时差　　　　　　　　　　　　B.最迟开始时间

C.持续时间　　　　　　　　　　　D.自由时差

8.某工程网络计划中,工作M总时差为3天,自由时差为0天,该计划执行过程中,只有工作M的实际进度延后4天,则工作M的实际进度将其紧后工作的最早开始时间推迟和使总工期延长的时间分别是(　　)。

A.3天和0天　　　　　　　　　　　B.3天和1天

C.4天和0天　　　　　　　　　　　D.4天和1天

9.某工作间逻辑关系如下图所示,图中描述错误的是(　　)。

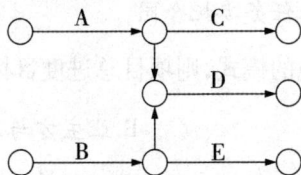

A.工作 A 完成后进行工作 C、D

B.工作 B 完成后进行工作 D、E

C.工作 A、B 均完成后进行工作 C、D、E

D.工作 A、B 均完成后进行工作 D

10.某工程双代号网络图如下图所示(时间单位:天),按照计划安排,工作 F 的最早开始时间为(　　)。

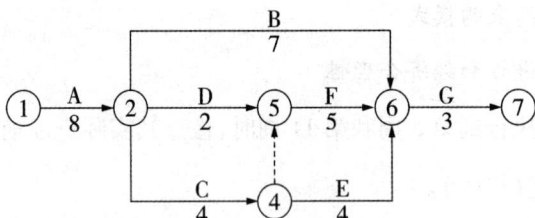

A.第 14 天　　　　B.第 17 天　　　　C.第 15 天　　　　D.第 12 天

11.某工程时标网络计划如下图所示,在不影响总工期的前提下,工作 B 可以利用的机动时间为(　　)周。

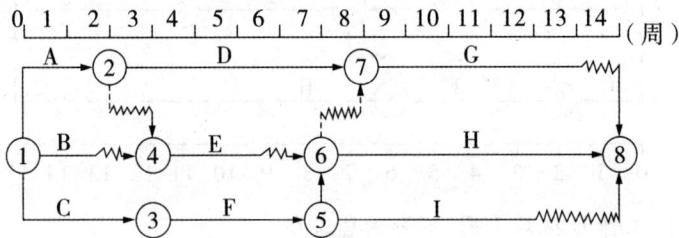

A.1　　　　　　　B.2　　　　　　　C.3　　　　　　　D.4

12.某单代号网络计划如下图所示(时间单位:周),其计算工期是(　　)周。

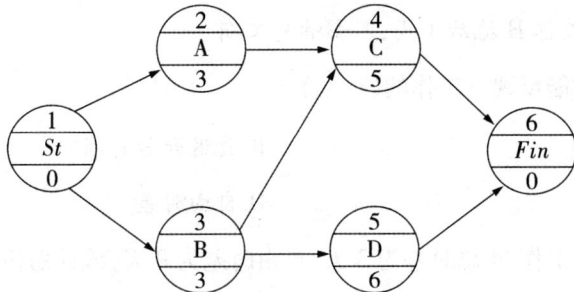

A.11　　　　　　　B.9　　　　　　　C.8　　　　　　　D.6

13.建设工程项目进度控制的组织措施包括(　　)。

A.优化项目设计方案

B.分析和论证项目进度目标

C.编制资金需求计划

D.选择项目承发包模式

14.下列为加快进度而采取的各项措施中,属于技术措施的是( )。

 A.重视计算机软件的应用 B.编制进度控制工作流程

 C.实行班组内部承包制 D.改变施工方法

二、多项选择题

1.下列关于建设工程项目进度控制措施的说法,正确的有( )。(2016 真题)

 A.对于工程项目的进度开展风险管理属于经济措施

 B.各类进度计划的编制、审批程序属于组织措施

 C.进度控制会议的组织设计属于技术措施

 D.进度控制的管理措施涉及管理的思想、方法和手段、承发包模式等

 E.应用信息技术进行进度控制属于管理措施

2.下列关于工作总时差、自由时差及相邻两工作间间隔时间关系的说法,正确的有( )。

 A.工作的自由时差一定不超过其紧后工作的总时差

 B.工作的自由时差一定不超过其相应的总时差

 C.工作的总时差一定不超过其紧后工作的自由时差

 D.工作的自由时差一定不超过其紧后工作之间的间隔时间

 E.工作的总时差一定不超过其紧后工作之间的间隔时间

3.下列各项措施中,( )是建设工程项目进度控制的技术措施。

 A.确定各类进度计划的审批程序 B.选择工程承发包模式

 C.优选项目设计、施工方案 D.选择合理的合同结构

 E.用大模板代替小钢模

第4章 建设工程项目质量控制

本章共包括7个专题。本章知识点与实际工作联系紧密,记忆量大,知识点容易混淆,因此学习时应先搭建学习框架、梳理学习思路,采取对比记忆等方法进行学习,如质量的验收、事故的预防和处理等。近6年考试分值平均在23分左右。建议在学习的过程中,先理解再记忆,重点掌握高频考点。

本章近6年分值分布表 (单位:分)

序号	专题名	2022	2021	2020	2019	2018	2017
1	建设工程项目质量控制的内涵	2	2	3	2	2	4
2	建设工程项目质量控制体系	4	4	4	4	4	5
3	建设工程项目施工质量控制	5	6	5	5	4	4
4	建设工程项目施工质量验收	2	2	4	4	4	4
5	施工质量不合格的处理	4	4	4	4	4	4
6	数理统计方法在工程质量管理中的应用	2	3	2	3	3	—
7	建设工程项目质量的政府监督	1	2	1	1	1	—

专题1 建设工程项目质量控制的内涵

考向预测

考点	考向预测	重要程度
项目质量控制的目标、任务与责任	质量终身责任制	★
项目质量的形成过程和影响因素分析	影响质量的环境因素	★★
项目质量风险分析和控制	质量风险的分类识别、质量风险的应对策略	★★★

刷基础

建议用时:20分钟　　实际用时:_____分钟　　答案:255页

一、单项选择题

1.质量控制活动包括:①设定目标;②纠正偏差;③测量检查;④评价分析。正确的顺序是(　　)。(2020真题)

A.①→②→③→④

B.①→③→④→②

C.③→①→②→④

D.③→④→①→②

2.下列项目质量风险中,属于管理风险的是(　　)。(2020真题)

A.项目采用了不够成熟的新材料

B.项目组织结构不合理

C.项目场地周边发生滑坡

D.项目现场存在严重的水污染

3. 下列质量风险应对策略中,属于风险转移策略的是(　　)。(2019 真题)

A.施工单位合理安排工期,避开可能发生的自然灾害对质量的影响

B.施工单位在施工中有针对性地制定质量事故应急预案

C.建设单位在工程发包时,要求承包单位提供履约担保

D.建设单位在工程预算价格中预留一定比例的不可预见费

4. 我国实行建筑企业资质管理制度、建造师执业资格注册制度、管理人员持证上岗制度,都是对建筑工程项目质量影响因素中(　　)的控制。(2018 真题)

A.人的因素　　　　　　　　　　　B.管理因素

C.环境因素　　　　　　　　　　　D.技术因素

5. 下列质量风险对策中,属"减轻"对策的是(　　)。(2017 真题)

A.设立质量事故风险基金　　　　　B.正确进行项目规划选址

C.依法实行联合体承包　　　　　　D.制定并落实施工质量保证措施

6. 根据《中华人民共和国建筑法》和《建设工程质量管理条例》,设计单位的质量责任和义务是(　　)。(2017 真题)

A.按设计要求检验商品混凝土质量　　　B.将施工图设计文件上报有关部门审查

C.向施工单位提供设计原始资料　　　　D.参与建设工程质量事故分析

7. 建设工程项目的质量要求是由(　　)提出的。

A.承包方　　　　B.业主方　　　　C.设计方　　　　D.发包方

8. 道路交通工程的路面等级、通行能力等体现的是有关(　　)的基本质量特性。

A.安全可靠　　　　B.艺术文化　　　　C.使用功能　　　　D.建筑环境

9. 下列影响项目质量的环境因素中,属于管理环境因素的是(　　)。

A.项目现场施工组织系统　　　　　B.项目所在地建筑市场规范程度

C.项目所在地政府的工程质量监督　　　D.项目咨询公司的服务水平

10. 某施工总承包单位依法将自己没有足够把握实施的防水工程分包给有经验的分包单位,属于质量风险应对的(　　)策略。

A.规避　　　　B.减轻　　　　C.转移　　　　D.自留

11. 项目质量风险识别首先需要做的是(　　)。

A.分析风险发生的概率　　　　　　B.分析风险的促发因素

C.绘制质量风险结构层次图　　　　D.编制质量风险识别报告

12. 项目各参建单位健全质量管理体系,保证施工顺利进行,是对建筑工程项目质量影响因素中(　　)的控制。

A.人的因素　　　　　　　　　　　B.社会环境因素

C.管理环境的因素　　　　　　　　D.方法的因素

二、多项选择题

1. 项目质量控制的目标是实现由项目决策所决定的项目质量目标,使项目的(　　)及与环境的协调性等方面满足建设单位需要并符合国家法律、行政法规和技术标准、规范的要求。

   A.适用性   B.安全性

   C.耐久性   D.科学性

   E.可靠性

2. 根据《建设工程质量管理条例》,下列关于施工单位的质量责任和义务的说法,正确的有(　　)。

   A.施工单位依法取得相应等级的资质证书,在其资质等级许可范围内承揽工程

   B.总承包单位与分包单位对分包工程的质量承担连带责任

   C.施工单位在施工过程中发现设计文件和图纸有差错的,应及时要求设计单位改正

   D.施工单位对建筑材料、设备进行检验,须有书面记录并经项目经理或技术负责人签字

   E.施工单位对施工中出现质量问题的建设工程或竣工验收不合格的工程,应负责返修

3. 下列关于建筑工程五方责任主体项目负责人的说法,正确的有(　　)。

   A.建筑工程五方责任主体之一包括试验单位

   B.工程质量终身责任实行书面承诺和竣工后永久性标牌等制度

   C.发生工程质量事故,应当依法追究项目负责人的质量终身责任

   D.发生举报并造成恶劣社会影响的工程缺陷,应当依法追究项目负责人的质量终身责任

   E.由于勘察、设计或施工原因造成尚在设计使用年限内的建筑工程不能正常使用的,需要追究勘察、设计单位的责任

4. 从风险产生的原因分析,下列属于管理风险的有(　　)。

   A.组织结构不合理   B.现有技术水平的局限

   C.恶劣的水文、气象条件   D.工作流程组织不科学

   E.任务分工和职能划分不恰当

5. 下列属于施工单位质量风险控制的有(　　)。

   A.严格进行施工图审查和现场地质核对

   B.将施工图审查工作纳入风险管理体系

   C.加强对建筑构件、材料的质量控制

   D.制定施工阶段质量风险控制计划和工作实施细则

   E.组织并参与质量风险源调查与识别、风险分析与评估等工作

6. 质量控制是质量管理的一部分,是致力于满足质量要求的一系列相关活动,这些活动主要包括(　　)。

   A.设定目标   B.工作保证

   C.测量检查   D.评价分析

   E.纠正偏差

7.确定质量方针和目标,并在管理体系中通过(　　)等手段实施管理职能,从而实现质量目标。

A.质量策划　　　　　　　　　　B.质量会议

C.质量记录　　　　　　　　　　D.质量保证

E.质量控制

8.根据《建设工程质量管理条例》,施工单位应承担的质量责任包括(　　)。

A.不得因赶工而任意压缩合理工期

B.不得擅自修改工程设计

C.不得转包或者违法分包

D.应当对承包的工程以及采购设备质量负责

E.应当组织竣工验收,向建设单位移交建设项目档案

刷提升

建议用时:15 分钟　　实际用时:＿＿＿分钟　　答案:256 页

一、单项选择题

1.下列影响项目质量的环境因素中,属于管理环境因素的是(　　)。(2016 真题)

A.项目现场施工组织系统　　　　B.项目所在地建筑市场规范程度

C.项目咨询公司的服务水平　　　D.项目所在地政府的工程质量监督

2.“建设工程项目法人决策的理性化程度以及建筑企业经营者的经营管理理念”属于影响建设工程质量的(　　)。

A.社会环境因素　　　　　　　　B.管理环境因素

C.人的因素　　　　　　　　　　D.方法的因素

3.下列项目质量风险中,属于环境风险的是(　　)。

A.项目实施人员对工程技术的应用不当　　B.社会上的腐败现象和违法行为

C.采用不够成熟的新结构、新技术、新工艺　　D.工程质量责任单位的质量管理体系存在缺陷

4.下列关于建设工程项目质量的影响因素的说法,错误的是(　　)。

A.项目质量控制应以控制“人的因素”为基本出发点

B.施工机械设备是保证工程质量的基础

C.技术方案和工艺水平的高低决定了项目质量的优劣

D.材料的好坏,直接影响到工程使用功能

二、多项选择题

1.下列关于风险对策的说法,正确的有(　　)。

A.编制生产安全事故应急预案是生产者安全风险规避策略

B.招标人要求中标人提交履约担保是招标人合同风险减轻策略

C.承包商设立质量缺陷风险基金是承包商的质量风险自留策略

D.承包商合理安排施工工期、进度计划,避开可能发生的自然灾害是承包商质量风险规避策略

E.依法组成联合体承接大型工程项目是承包商的风险转移策略

2. 下列关于项目质量的影响因素的说法,正确的有(　　)。

A. 人的因素起决定性因素

B. 合理选择和正确使用施工机械设备是保证项目质量和安全的重要条件

C. 材料设备的质量控制是保证工程质量的基础

D. 方法的因素指的是技术因素,也就是施工所采用的技术和方法

E. 廉政管理及行风建设状况指的是管理环境因素

3. 根据《建筑工程五方责任主体项目负责人质量终身责任追究暂行办法》,下列关于项目负责人质量终身责任的说法,正确的有(　　)。

A. 在工程施工年限内对工程质量承担相应责任

B. 五方责任主体包括建设单位项目负责人、勘察单位项目负责人

C. 发生工程质量事故追究项目技术负责人的质量终身责任

D. 由于勘察、设计或施工原因造成尚在设计使用年限的建筑工程不能正常使用,追究项目负责人的质量终身责任

E. 工程质量终身责任实行书面承诺和竣工后永久性标牌制度

专题2　建设工程项目质量控制体系

考向预测

考点	考向预测	重要程度
全面质量管理思想和方法的应用	"三全"管理的内容	★
项目质量控制体系的建立和运行	项目质量体系的特点、项目质量体系建立的程序、企业质量体系的特点	★★
施工企业质量管理体系的建立与认证	企业质量管理体系文件的构成	★★

刷基础　　建议用时:30分钟　　实际用时:＿＿＿分钟　　答案:257页

一、单项选择题

1. 下列关于工程项目质量控制体系的说法,正确的是(　　)。(2018真题)

A. 涉及工程项目实施中所有的质量责任主体

B. 目的是用于建筑业企业的质量管理

C. 其控制目标是建筑业企业的质量管理目标

D. 体系有效性进行第三方审核认证

2. 下列项目质量控制体系中,属于质量控制体系第二层次的是(　　)。(2016真题)

A. 建设单位项目管理机构建立的项目质量控制体系

B. 交钥匙工程总承包企业项目管理机构建立的项目质量控制体系

C. 项目设计总负责单位建立的项目质量控制体系

D. 施工设备安装单位建立的现场质量控制体系

3. 建立项目质量控制体系的过程包括：①分析质量控制界面；②确立系统质量控制网络；③制定质量控制制度；④编制质量控制计划。其正确的工作步骤是(　　)。(2016真题)

 A.②→③→①→④   B.①→②→③→④

 C.②→①→③→④   D.①→③→②→④

4. 某企业通过质量管理体系认证后，由于管理不善，经认证机构调查做出了撤销认证的决定，则该企业(　　)。

 A.可以提出申诉，并在一年后可重新提出认证申请

 B.不能提出申诉，不能再重新提出认证申请

 C.不能提出申诉，但在一年后可以重新提出认证申请

 D.可以提出申诉，并在半年后可重新提出认证申请

5. 建立工程项目质量控制系统时，确定质量责任静态界面的依据是法律法规、合同条件和(　　)。

 A.质量控制协调制度   B.质量管理的资源配置

 C.组织内部职能分工   D.设计与施工责任划分

6. 根据全面质量管理的思想，建设工程项目的全面质量管理是指对(　　)的全面管理。

 A.工程质量形成过程   B.工程建设各参与方

 C.工程质量和工作质量   D.工程建设所需的材料、设备

7. 在质量管理的PDCA循环中，P阶段的职能包括(　　)等。

 A.确定质量改进目标和措施

 B.确定质量目标和制定实现质量目标的行动方案

 C.采取有效措施，解决当前的质量偏差

 D.将质量目标值通过投入产出活动转化为实际值

8. 质量管理的PDCA循环中，A阶段的职能是(　　)。

 A.根据质量管理计划进行行动方案的部署和交底

 B.对质量检查中的质量问题或质量不合格及时采取措施纠正

 C.确定质量目标和制定实现质量目标的行动方案

 D.对计划执行情况和结果进行检查

9. 按照质量管理体系七项原则，以顾客为关注焦点的含义是(　　)。

 A.组织需要管理与有关相关方(如供方)的关系

 B.满足顾客要求并努力超越顾客期望

 C.成功的组织持续关注改进

 D.基于数据和信息的分析和评价的决策，更有可能产生期望的结果

10. 获得ISO 9000质量管理体系认证的企业，若质量管理体系存在严重不符合规定，认证机构作出(　　)的决定。

 A.认证注销   B.认证暂停   C.撤销认证   D.重新换证

11. 认证合格的企业质量管理体系在运行中出现较大变化时,需向认证机构通报。认证机构接到通报后,视情况采取必要的监督检查措施,属于( )。

    A.认证注销　　　　B.认证暂停　　　　C.撤销认证　　　　D.企业通报

12. 下列关于"全面质量管理(TQC)"的说法,错误的是( )。

    A.TQC 是以顾客满意为宗旨

    B.全面质量管理指的是业主方负责全面全方位的管理

    C.全过程管理包括项目策划和决策过程

    D.全员参与指的是每个部门和工作岗位都承担相应的管理职能

13. 建设工程项目质量管理的PDCA循环中,质量处置(A)阶段的主要任务是( )。

    A.明确质量目标并制定实现目标的行动方案

    B.将质量计划落实到工程项目的施工作业技术活动中

    C.对计划实施过程进行科学管理

    D.对质量问题进行原因分析,采取措施予以纠正

14. 建立项目质量控制体系时,首先开展的工作是( )。

    A.分析质量控制界面　　　　　　　　B.编制质量控制计划

    C.制定质量控制制度　　　　　　　　D.确立系统质量控制网络

15. 对质量控制系统的能力和运行效果进行评价,并为及时作出处置提供决策依据的是( )。

    A.动力机制　　　　B.约束机制　　　　C.反馈机制　　　　D.持续改进机制

16. 项目质量控制体系运行的核心机制是( )。

    A.约束机制　　　　B.反馈机制　　　　C.动力机制　　　　D.持续改进机制

17. 项目质量控制体系有序运行的基本保证是( )。

    A.项目质量管理制度和程序性文件　　　B.项目资源的合理配置

    C.项目合理的合同结构　　　　　　　　D.项目合理的约束机制

18. 组织内部的每个部门和工作岗位都承担着相应的质量职能,这属于( )质量管理思想。

    A.全面　　　　B.全过程　　　　C.全员参与　　　　D.全范围

二、多项选择题

1. 施工质量管理的PDCA循环中,检查 C(check)包括( )。(2019 真题)

    A.监理单位的平行检查　　　　　　　B.作业者的自检

    C.作业者的互检　　　　　　　　　　D.政府部门的监督检查

    E.专职管理者的专检

2. 在企业质量管理体系的运行中,开展内部质量审核活动的主要目的有( )。(2017 真题)

    A.检查质量体系运行的信息　　　　　B.评价质量管理程序的完善性

    C.为质量改进提供证据　　　　　　　D.减少社会重复检验费用

    E.向外部审核单位提供体系有效的证据

3. 根据建设工程全过程质量管理的要求,要控制的主要过程包括(　　)。

A.项目策划与决策过程　　　　　　　　B.检测设施控制与计量过程

C.勘察设计过程　　　　　　　　　　　D.项目运行与更新过程

E.施工生产的检验试验过程

4. 根据《质量管理体系　基础和术语》(GB/T 19000—2016),企业质量管理体系文件由(　　)
构成。

A.质量计划　　　　　　　　　　　　　B.质量记录

C.质量规划　　　　　　　　　　　　　D.质量手册

E.程序文件

5. 项目质量控制体系建立的原则有(　　)。

A.分层次规划原则　　　　　　　　　　B.全员参与原则

C.目标分解原则　　　　　　　　　　　D.全过程管理原则

E.质量责任制原则

6. 企业质量管理体系的程序文件中,通用管理程序包括(　　)。

A.文件控制程序　　　　　　　　　　　B.内部审核程序

C.预防措施控制程序　　　　　　　　　D.生产过程控制程序

E.服务过程控制程序

7. 第三方质量认证制度对供方、需方、社会和国家的利益具有(　　)的重要意义。

A.提高供方企业的质量信誉　　　　　　B.促进企业完善质量体系

C.增强国际市场竞争能力　　　　　　　D.落实质量管理体系内容审核程序

E.有利于保护消费者利益

8. 为了保证质量控制体系的科学性和有效性,必须明确体系建立的原则有(　　)。

A.分层次规划原则　　　　　　　　　　B.质量控制原则

C.坚持质量标准的原则　　　　　　　　D.目标分解原则

E.质量责任制原则

9. 质量控制系统有序运行的基本保证有(　　)。

A.人员和资源配置　　　　　　　　　　B.项目的合同结构

C.内部的管理制度　　　　　　　　　　D.程序性文件

E.质量控制计划

10. 质量手册是质量管理体系的规范,是质量体系过程中的纲领文件,其主要内容包括(　　)。

A.质量职责　　　　　　　　　　　　　B.作业指导书

C.质量目标　　　　　　　　　　　　　D.质量计划

E.质量方针

刷提升 建议用时:15分钟 实际用时:＿＿分钟 答案:259页

一、单项选择题

1. 下列质量管理体系程序性文件中,可视企业质量控制需要而制定,不作统一规定的是( )。
（2018真题）

　A.内部审核程序 　　　　　B.质量记录管理程序

　C.纠正措施控制程序 　　　D.生产过程管理程序

2. 阐明一个企业的质量政策、质量体系和质量实践的文件,实施和保持质量体系过程中长期遵循的纲领性文件是( )。

　A.程序文件　　　B.质量手册　　　C.质量记录　　　D.管理标准

3. 下列关于项目质量控制体系的说法,正确的是( )。

　A.项目质量控制必须由项目实施的总负责单位建立和运行

　B.项目质量控制体系服务的是施工企业

　C.项目质量控制体系由第三方认证

　D.项目质量控制体系的控制目标就是施工单位的质量管理目标

4. 根据质量管理体系认证制度,当在认证证书有效期内出现体系认证范围变更时,企业可采取的行动是( )。

　A.申请复评　　　B.重新换证　　　C.认证暂停　　　D.认证撤销

二、多项选择题

1. 建筑施工企业进行质量管理体系认证的程序包括( )。（2020真题）

　A.培训 　　　　　　　　　B.申请和受理

　C.定期监督检查 　　　　　D.审核

　E.审批与注册发证

2. 下列关于质量管理体系七项原则的说法,正确的有( )。

　A.成功的组织持续关注改进

　B.各级领导建立统一的宗旨和方向,并创造全员积极参与实现组织的质量目标的条件

　C.为了持续成功,组织需要管理与有关相关方的关系

　D.基于数据和信息的分析和评价的决策

　E.以质量为关注焦点

3. 在大型群体工程项目中,第一层次质量控制体系可由( )的项目管理机构负责建立。

　A.建设单位 　　　　　　　B.代建单位

　C.工程总承包企业 　　　　D.设计总负责单位

　E.施工总承包单位

4. 下列关于企业质量管理体系的认证与监督的说法,正确的有( )。

　A.质量认证制度由第三方认证机构作出可靠评价

B.企业质量管理体系获准认证有效期为 5 年

C.定期检查通常是每年一次

D.证书的注销由认证机构提出

E.证书撤销后,企业可根据需要随时重新申请认证

专题3　建设工程项目施工质量控制

考向预测

考点	考向预测	重要程度
施工质量控制的依据与基本环节	施工质量控制的依据	★
施工质量计划的内容与编制方法	质量控制点的重点控制对象	★★
施工生产要素的质量控制	施工环境要素的控制	★
施工准备的质量控制	施工技术准备和现场施工准备的区分	★
施工过程的质量控制	无考点	★
施工质量与设计质量的协调	现场质量检查的方法	★

刷基础　建议用时:40 分钟　　实际用时:＿＿分钟　　答案:260 页

一、单项选择题

1. 根据施工质量控制点的要求,混凝土冬期施工应重点控制的技术参数是(　　)。(2018 真题)

A.受冻临界强度　　　　　　　　B.养护标准

C.内外温差　　　　　　　　　　D.保温系数

2. 施工单位在工程开工前编制的测量控制方案,需经(　　)批准后方可实施。(2017 真题)

A.项目技术负责人　　　　　　　B.项目经理

C.总监理工程师　　　　　　　　D.项目质量工程师

3. 下列施工质量控制依据中,属于专用性依据的是(　　)。(2016 真题)

A.工程建设项目质量检验评定标准　　B.设计交底及图纸会审记录

C.《建设工程质量管理条例》　　　　D.材料验收的技术标准

4. 下列质量管理的内容中,属于施工质量计划基本内容的是(　　)。

A.项目部的组织机构设置　　　　B.质量控制点的控制要求

C.质量手册的编制　　　　　　　D.施工质量体系的认证

5. 施工质量计划的审批包括施工企业内部的审批和(　　)的审查。

A.建设行政主管部门　　　　　　B.项目经理部

C.业主方　　　　　　　　　　　D.项目监理机构

6. 在施工准备阶段,绘制模板配板图属于(　　)的质量控制工作。

　　A.计量控制准备　　　　　　　　　　B.测量控制准备

　　C.施工技术准备　　　　　　　　　　D.施工平面控制

7. 下列现场质量检查方法中,属于无损检测方法的是(　　)。

　　A.拖线板挂锤吊线检查　　　　　　　B.铁锤敲击检查

　　C.留置试块试验检查　　　　　　　　D.超声波探伤检查

8. 下列关于施工质量计划的说法,错误的是(　　)。

　　A.施工质量计划是以施工项目为对象由建设单位编制的计划

　　B.施工质量计划应包括施工组织方案

　　C.施工质量计划可以包含在施工组织设计中

　　D.施工质量计划可以以一个独立文件的形式出现

9. 按现行施工管理制度规定,工地现场安装的危险性较大的起重机械设备安装完毕,必须

　　经(　　)验收合格方能使用。

　　A.建设单位　　　　　　　　　　　　B.设备供应部门

　　C.安全管理部门　　　　　　　　　　D.相关管理部门

10. 企业应建立装配式建筑部品部件生产和施工安装全过程质量控制体系,对装配式建筑部品部

　　件实行(　　)制度。

　　A.抽样检测　　　　　　　　　　　　B.定点监控

　　C.设置质量控制点　　　　　　　　　D.驻厂监造

11. 环境因素对工程质量的影响,具有复杂多变和不确定性的特点,下列因素中,属于施工作业环

　　境因素控制的是(　　)。

　　A.分析工程岩土地质资料,预测不利因素

　　B.建立统一的现场施工组织系统和质量管理的综合运行机制

　　C.对天气气象方面的影响因素,应在施工方案中制定专项紧急预案

　　D.制定应对停水、停电、火灾、食物中毒等方面的应急预案

12. 下列质量控制工作中,属于施工技术准备工作的是(　　)。

　　A.做好施工作业的质量检查记录　　　B.复核测量控制点线

　　C.按规定维修和校验计量器具　　　　D.复核审查各种施工详图

13. 按《建筑工程施工质量验收统一标准》(GB 50300—2013)的规定,依据专业性质、工程部位来

　　划分的工程属于(　　)。

　　A.单位工程　　　　　　　　　　　　B.分部工程

　　C.分项工程　　　　　　　　　　　　D.子分部工程

14. 对锚杆、锚索支护施工过程质量进行检测试验的主要参数是(　　)。

　　A.抗拔力　　　　B.完整性　　　　　C.抗渗性　　　　　D.锁定力

15. 在建设工程项目施工作业实施过程中,监理机构应根据(　　)对施工作业质量进行监督检查。

A.项目管理实施规划　　　　　　　　B.施工质量计划

C.监理规划与实施细则　　　　　　　D.施工组织设计

16. 对于重要的或对工程质量有重大影响的工序,应严格执行(　　)的"三检"制度。

A.事前检查、事中检查、事后检查　　　B.自检、互检、专检

C.工序检查、分项检查、分部检查　　　D.操作者自检、质量员检查、监理工程师检查

17. 下列施工企业作业质量控制点中,不属于"见证点"的是(　　)。

A.隐蔽工程　　　B.重要部位　　　C.特种作业　　　D.专门工艺

18. 装配式建筑的混凝土预制构件出厂时,其混凝土强度不宜低于混凝土设计强度等级值的(　　)。

A.60%　　　　　B.75%　　　　　C.65%　　　　　D.70%

19. 预制柱的吊点数量、位置应经计算确定,吊索水平夹角不宜小于(　　),不应小于(　　)。

A.30°;45°　　　　　　　　　　　B.30°;60°

C.60°;45°　　　　　　　　　　　D.45°;60°

20. 施工技术准备工作的质量控制包括(　　)。

A.计量控制　　　　　　　　　　　B.测量控制

C.施工平面图控制　　　　　　　　D.明确质量控制方法

21. 下列质量控制点的重点控制对象中,属于施工技术间歇的是(　　)。

A.水泥的安定性　　　　　　　　　B.预应力钢筋的张拉

C.砌体砂浆的饱满度　　　　　　　D.混凝土浇筑后的拆模时间

22. 下列现场质量检查的方法中,属于目测法的是(　　)。

A.利用全站仪复查轴线偏差　　　　B.利用酚酞液体观察混凝土表面碳化

C.利用磁场磁粉探查焊缝缺陷　　　D.利用小锤检查面砖铺贴质量

二、多项选择题

1. 施工质量计划的基本内容包括(　　)。(2016真题)

A.质量总目标及分解目标　　　　　B.工序质量偏差的纠正

C.质量管理组织机构和职责　　　　D.施工质量控制点及跟踪控制的方式

E.质量记录的要求

2. 建设工程施工质量的事后控制是指(　　)。

A.质量活动结果的评价和认定　　　B.质量活动的检查和监控

C.质量活动的行为约束　　　　　　D.质量偏差的纠正

E.已完施工的成品保护

3. 依据法律和合同,对施工单位的施工质量行为和效果实施监督控制的相关主体有( )。

　　A.建设单位　　　　　　　　　　　　B.政府的工程质量监督部门

　　C.设计单位　　　　　　　　　　　　D.材料设备供应商

　　E.监理单位

4. 下列施工质量控制点的管理工作中,属于事中质量控制的有( )。

　　A.明确质量控制目标　　　　　　　　B.确定质量抽样数量

　　C.质量控制人员在现场进行指导　　　D.向施工作业班组认真交底

　　E.动态跟踪管理质量控制点

5. 下列各施工生产要素的质量控制手段中,属于对施工人员质量控制的有( )。

　　A.合理布置施工总平面图

　　B.坚持作业人员持证上岗制度

　　C.合理选用施工机械设备和设置施工临时设施

　　D.对分包单位进行严格的资质考核

　　E.对所选派的施工项目领导者、组织者进行教育和培训

6. 下列施工生产要素的质量控制手段中,属于施工工艺技术方案的质量控制内容有( )。

　　A.合理划分施工区段　　　　　　　　B.制定材料进场验收程序

　　C.编制新材料专项技术方案　　　　　D.明确质量验收标准

　　E.合理选用施工机械设备

7. 施工过程中,针对土方回填质量主要检测试验参数包括( )。

　　A.最大干密度　　　　　　　　　　　B.承载力

　　C.最优含水量　　　　　　　　　　　D.抗拉强度

　　E.桩身完整性

8. 下列施工现场质量检查中,属于目测法检查的有( )。

　　A.通过触摸手感检查油漆的光滑度　　B.检查清水墙面是否洁净

　　C.用测量工具检查断面尺寸　　　　　D.进行混凝土坍落度的检测

　　E.用方尺检查阴阳角的方正

9. 建设单位和监理单位应组织设计单位向所有的施工实施单位进行详细的设计交底,设计交底的

　　主要目的是( )。

　　A.深入发现和解决各专业设计之间可能存在的矛盾

　　B.充分理解设计意图

　　C.了解设计内容和技术要求

　　D.明确质量控制的重点和难点

　　E.消除施工图的差错

10. 下列施工质量控制的依据中,属于共同性依据的有( )。

    A.《中华人民共和国建筑法》　　　　B.《建设工程质量管理条例》

    C.项目工程建设合同　　　　D.设计交底

    E.《建筑工程施工质量验收统一标准》

11. 下列施工质量控制点的管理工作中,属于事前质量预控的有( )。

    A.明确质量控制目标　　　　B.确定质量抽样数量

    C.编制作业指导书和质量控制措施　　　　D.质量控制人员在现场进行指导

    E.动态跟踪管理质量控制点

12. 根据对装配式混凝土结构预制构件质量控制点的要求,需要设置的质量控制点包括( )。

    A.预制构件出厂强度　　　　B.预制构件混凝土养护

    C.预制构件吊装位置　　　　D.预制构件运输

    E.预制构件预留孔洞

13. 下列应作为质量控制点的有( )。

    A.工作量比较大的工序

    B.采用新技术的部位或环节

    C.用户反馈指出的和过去有过返工的不良工序

    D.对下道工序有较大影响的上道工序

    E.工艺比较复杂的工序

14. 当分部工程较大或较复杂时,可按( )等划分为若干子分部工程。

    A.材料种类　　　　B.主要工种

    C.施工特点　　　　D.施工程序

    E.施工工艺

15. 下列施工质量控制的依据中,属于项目专用性依据的有( )。

    A.《中华人民共和国建筑法》　　　　B.设计交底

    C.勘察设计文件　　　　D.混凝土工程验收规范

    E.《建设工程质量管理条例》

16. 下列施工质量控制管理工作中,属于事后质量控制的有( )。

    A.质量活动结果的评价和认定　　　　B.不合格产品的整改和处理

    C.确保工序质量合格　　　　D.设置质量管理点

    E.对工序质量偏差的纠正

17. 根据《建筑工程施工质量验收统一标准》(GB 50300—2013)的规定,建筑工程施工质量验收中分部工程的划分原则有( )。

    A.专业性质　　　　B.设备类别

    C.施工工艺　　　　D.工程部位

    E.主要工种

18. 项目设计质量控制的核心包括(   )。

    A.项目施工可行性控制   B.项目经济性控制

    C.项目可靠性控制   D.项目使用功能性控制

    E.项目观感性控制

刷提升   建议用时:20分钟   实际用时:_____分钟   答案:263页

一、单项选择题

1. 下列质量控制工作中,属于施工作业环境因素控制的工作是(   )。(2019真题)

    A.建立统一的现场施工组织系统

    B.严格落实施工组织设计,保证现场施工条件

    C.制定应对极端天气的专项紧急预案

    D.根据工程岩土地质资料采取基坑加固方案

2. 下列关于施工质量计划的说法,正确的是(   )。

    A.施工质量计划是以施工项目为对象由建设单位编制的计划

    B.施工质量计划应包括施工组织方案

    C.施工质量计划一经审核批准后不得修改

    D.施工总承包单位不对分包单位的施工质量计划进行审核

3. 下列关于施工过程的作业质量控制的说法,正确的是(   )。

    A.工序施工效果的控制属于事前质量控制

    B.在施工阶段,施工承包方和监理方都是质量自控主体

    C.工序质量控制包括作业者的自我控制和作业者外部的检查、监督

    D.工序施工质量控制主要包括工序施工效果控制和纠正质量偏差

4. 施工过程中,钢结构中网架结构焊接球节点、螺栓球节点主要检测试验参数为(   )。

    A.弯曲试验   B.焊缝探伤

    C.抗拔承载力   D.承载力

5. 下列关于施工质量形成过程中事中质量控制的说法,错误的是(   )。

    A.在作业活动过程质量控制中,自我控制处于首要地位

    B.“他人监控”是对作业者的质量活动过程和结果,由来自企业内部管理者和企业外部有关方面
      进行监督检查

    C.工序施工质量控制属于事中质量控制

    D.落实质量责任,针对施工质量方面的缺陷,提出改进措施是事中质量控制的重点

二、多项选择题

1. 下列各施工生产要素的质量控制手段中,属于对劳动主体质量控制的有(   )。

    A.组织项目管理者培训学习   B.禁止使用明令淘汰的施工方法

    C.坚持分包商资质考核制度   D.坚持特殊工种持证上岗制度

    E.合理布置施工总平面图

2. 某建设工程项目采用施工总承包方式,其中幕墙工程和设备安装工程分别进行了专业分包,对幕墙工程施工质量实施监督控制的主体有(　　)等。

A.政府的工程质量监督部门　　　　　　B.幕墙设计单位

C.设备安装单位　　　　　　　　　　　D.建设单位

E.幕墙玻璃供应商

3. 对于特殊施工过程的质量控制,除按一般过程质量控制的规定执行外,还应由专业技术人员编制专项施工方案或作业指导书,经(　　)和建设单位项目负责人审阅签字后执行。

A.项目技术负责人　　　　　　　　　　B.施工单位技术负责人

C.项目安全负责人　　　　　　　　　　D.总监理工程师

E.项目经理

4. 施工质量控制点是施工控制的重点对象,一般选择(　　)作为质量控制点。

A.对下道工序有较小影响的上道工序

B.采用新技术、新工艺、新材料的部位

C.施工过程中的薄弱环节

D.对工程质量形成过程产生直接影响的关键部位

E.施工条件充足的工序环节

专题4　建设工程项目施工质量验收

考向预测

考点	考向预测	重要程度
施工过程的质量验收	施工过程质量验收的内容、施工过程质量验收的组织、预制构件的验收	★★
竣工质量验收	竣工质量验收的依据、条件、程序,竣工验收的备案	★★★

刷基础　　建议用时:20 分钟　　实际用时:＿＿＿分钟　　答案:264 页

一、单项选择题

1. 在建设工程质量过程验收中,分项工程质量验收的组织者是(　　)。(2019 真题)

A.施工单位项目负责人　　　　　　　　B.建设单位项目负责人

C.总监理工程师　　　　　　　　　　　D.专业监理工程师

2. 根据《建筑工程施工质量验收统一标准》(GB 50300—2013),下列关于检验批质量验收合格的说法,正确的是(　　)。

A.主控项目不需全部检验合格　　　　　B.可由监理员组织验收

C.一般项目的检查具有否决权　　　　　D.应具有完整施工操作依据、质量检查记录

3. 根据《建筑工程施工质量验收统一标准》(GB 50300—2013),建筑工程施工质量验收应划分为(　　)。

　A.分部工程、分项工程和检验批

　B.分部工程、分项工程、隐蔽工程和检验批

　C.单位工程、分部工程、分项工程和检验批

　D.单位工程、分部工程、分项工程、隐蔽工程和检验批

4. 进行分部工程质量验收时,对涉及安全、节能、环境保护和主要使用功能的地基基础、主体结构和设备安装分部工程进行(　　)。

　A.功能性全数检测　　　　　　　　　　B.适用性全数检测

　C.见证取样试验或抽样检测　　　　　　D.无损检测

5. 当无驻厂监督时,预制构件进场时应对其主要受力钢筋数量、规格、间距、保护层厚度及混凝土强度等进行实体检验,检验数量为同一类型构件不超过(　　)个为一批,每批随机抽取 1 个构件进行结构性能检验。

　A.1000　　　　　B.1500　　　　　C.2000　　　　　D.2500

6. 工程完工并对存在的质量问题整改完毕,具备相关条件后,施工单位向(　　)提出工程竣工报告,申请工程竣工验收。

　A.监理单位　　　　　　　　　　　　B.勘察、设计单位

　C.建设单位　　　　　　　　　　　　D.政府建设工程质量监督部门

7. 建设单位应在工程竣工验收(　　)个工作日前,将验收时间、地点、验收组名单书面通知该工程的工程质量监督机构。

　A.3　　　　　　　B.14　　　　　　　C.15　　　　　　　D.7

8. 建设工程项目竣工质量验收应由(　　)组织实施。

　A.监理单位　　　　　　　　　　　　B.政府质量监督机构

　C.建设单位　　　　　　　　　　　　D.施工单位

9. 根据《建设工程质量管理条例》,建设单位应当自建设工程竣工验收合格之日起(　　)日内,向工程所在地的县级以上地方人民政府建设主管部门备案。

　A.45　　　　　　　B.30　　　　　　　C.20　　　　　　　D.15

10. 检验批应由(　　)组织施工单位项目专业质量检查员、专业工长等进行验收。

　A.专业监理工程师　　　　　　　　　B.总监理工程师

　C.建设单位项目负责　　　　　　　　D.项目经理

11. 对某办公楼二层一施工段内的框架柱钢筋制作的质量,应按一个(　　)进行验收。

　A.检验批　　　　B.单位工程　　　　C.分部工程　　　　D.分项工程

12. 装配式混凝土建筑预制构件进场时需检查(　　)。

　A.生产记录　　　　　　　　　　　　B.质量验收记录

　C.套筒灌浆记录　　　　　　　　　　D.机械连接报告

13. 单位工程完工后,(　　)应组织有关人员进行自检。(　　)应组织各专业监理工程师对工程质量进行竣工预验收。

　　A.施工单位;建设单位项目负责人　　　　B.质量监督机构;建设单位项目负责人

　　C.施工单位;总监理工程师　　　　　　　D.质量监督机构;总监理工程师

14. 分部工程由(　　)组织施工单位项目负责人和项目技术负责人等进行验收。

　　A.建设单位项目负责人　　　　　　　　　B.总监理工程师

　　C.设计单位项目负责人　　　　　　　　　D.专业监理工程师

15. 下列关于检验批的说法,正确的是(　　)。

　　A.检验批是质量验收的最小单位

　　B.检验批应由总监理工程师组织验收

　　C.主控项目和一般项目的检验结果均要全部符合要求

　　D.检验批的观感质量验收应符合要求

二、多项选择题

1. 装配式混凝土建筑预制构件的进场质量验收,对不允许出现裂缝的预应力混凝土构件应检验的内容包括(　　)。(2020真题)

　　A.承载力　　　　　　　　　　　　　　　B.挠度

　　C.抗裂　　　　　　　　　　　　　　　　D.强度

　　E.灌料强度

2. 根据《建筑工程施工质量验收统一标准》(GB 50300—2013),检验批质量验收合格应满足的条件有(　　)。

　　A.主控项目经抽样检验均应合格　　　　　B.一般项目经抽样检验合格

　　C.具有完整的施工操作依据　　　　　　　D.具有总监理工程师的现场验收证明

　　E.具有完整的质量检查记录

刷提升　　建议用时:10分钟　　实际用时:＿＿＿＿分钟　　答案:266页

一、单项选择题

1. 下列关于建设工程竣工验收备案的说法,正确的是(　　)。(2016真题)

　　A.建设单位应在建设工程竣工验收合格之日起30日内,向工程所在地的县级以上地方人民政府建设主管单位备案

　　B.建设单位办理竣工验收备案时,应提交由监理单位编制的工程竣工验收报告

　　C.建设单位办理竣工验收备案时,应提交由施工单位签署的工程质量保修书

　　D.建设单位办理竣工验收备案时,对住宅工程应提交《住宅工程质量分户验收表》

2. 根据《建筑工程施工质量验收统一标准》(GB 50300—2013),对于通过返修可以解决质量缺陷的检验批,应(　　)。

　　A.待消除缺陷后重新进行验收　　　　　　B.按技术处理方案和协商文件的要求进行验收

C.经检测单位检测鉴定后予以验收　　　　　D.经设计单位复核后予以验收

3.下列关于住宅工程分户验收的说法,正确的是(　　　)。

　　A.分户验收应在住宅工程竣工验收合格后进行

　　B.分部验收不合格,不能进行住宅工程整体竣工验收

　　C.《住宅工程质量分户验收表》需要建设单位和设计单位项目负责人分别签字

　　D.分户验收的内容不包括建筑节能工程质量的验收

二、多项选择题

1.下列关于施工项目分部工程质量验收的说法,正确的有(　　　)。(2016真题)

　　A.分部工程应由总监理工程师组织施工单位项目负责人和项目技术负责人等进行验收

　　B.设计单位项目负责人和施工单位技术、质量部门负责人应参加屋面分部工程的验收

　　C.勘察、设计单位项目负责人和施工单位技术、质量部门负责人应参加地基与基础分部工程的验收

　　D.分部工程验收需对地基、基础、主体结构、节能分部工程进行抽样检测

　　E.分部工程验收需要对观感质量进行验收、并综合给出质量评价

2.项目竣工质量验收作为施工质量控制的最后一个环节,验收的依据有(　　　)。

　　A.工程质量评估报告　　　　　　　　　　B.施工质量验收规范

　　C.工程施工承包合同　　　　　　　　　　D.工程质量检查报告

　　E.经批准的设计文件

专题5　施工质量不合格的处理

考向预测

考点	考向预测	重要程度
工程质量问题和工程事故的分类	工程质量事故的分类	★
施工质量事故的预防	质量事故发生原因的区分、事故调查报告的内容	★★★
施工质量问题和质量事故的处理	质量缺陷的处理	★★

刷基础　　建议用时:25分钟　　实际用时:_____分钟　　答案:267页

一、单项选择题

1.工程施工质量事故处理的工作包括:①事故调查;②事故原因分析;③事故处理;④事故处理的鉴定验收;⑤制定事故处理技术方案。其正确的工作程序是(　　　)。(2018真题)

　　A.①→②→③→④→⑤　　　　　　　　　B.①→②→⑤→③→④

　　C.②→①→③→④→⑤　　　　　　　　　D.③→①→⑤→④→②

2.根据事故造成损失的程度,下列工程质量事故中,属于重大事故的是(　　　)。(2016真题)

　　A.造成1亿元以上直接经济损失的事故

B.造成1000万元以上5000万元以下直接经济损失的事故

C.造成100万元以上1000万元以下直接经济损失的事故

D.造成5000万元以上1亿元以下直接经济损失的事故

3.某建设工程发生一起质量事故,经调查分析是由于"边勘察、边设计、边施工"导致的,则引起这些事故的主要原因是( )。

A.技术原因

B.社会、经济原因

C.管理原因

D.人为事故和自然灾害原因

4.某砖混结构住宅楼墙体砌筑时,监理工程师发现由于施工放线的错误,导致山墙上窗户的位置偏离30cm。正确的处理方法是( )。

A.不作处理　　　　B.修补处理　　　　C.加固处理　　　　D.返工处理

5.根据《质量管理体系 基础和术语》(GB/T 19000—2016),"工程产品未满足质量要求"称为( )。

A.质量问题　　　B.质量事故　　　C.质量不合格　　　D.质量缺陷

6.某工程施工中,由于施工方在低价中标后偷工减料,导致出现重大工程质量事故,该质量事故发生的原因属于( )。

A.社会、经济原因

B.管理原因

C.技术原因

D.人为事故原因

7.某工程第三层混凝土现浇楼面的平整度偏差达到10mm,其后续作业为找平层和面层的施工,这时应该( )。

A.加固处理　　　B.修补处理　　　C.限制使用　　　D.不作处理

8.某工程在浇筑楼板混凝土时,发生支模架坍塌,造成3人死亡、6人重伤,经调查,系现场技术管理人员未进行技术交底所致。该工程质量事故应判定为( )。

A.操作责任的较大事故

B.操作责任的重大事故

C.指导责任的较大事故

D.指导责任的重大事故

9.某工程发生质量事故,造成3人死亡,9人重伤,并且造成直接经济损失1500万元,此工程质量事故属于( )。

A.特别重大事故

B.重大事故

C.较大事故

D.一般事故

10.某工程的混凝土结构出现较深裂缝,但经分析判定其不影响结构的安全和使用,正确的处理方法是( )。

A.表面密封　　　B.嵌缝封闭　　　C.灌浆修补　　　D.限制使用

11.某高层住宅施工中,有几层的混凝土结构误用了安定性不合格的水泥,正确的处理方法是( )。

A.加固处理　　　B.修补处理　　　C.不作处理　　　D.返工处理

12. 当工程质量缺陷经加固、返工处理后仍无法保证达到规定的安全要求,但没有完全丧失使用功能时,适宜采用的处理方法是(　　)。

    A.不作处理　　　　B.报废处理　　　　C.返修处理　　　　D.限制使用

二、多项选择题

1. 下列工程质量事故发生的原因中,属于技术原因的有(　　)。(2018 真题)

    A.材料质量检验不严　　　　　　　　B.盲目抢工

    C.施工工艺错误　　　　　　　　　　D.结构设计错误

    E.台风天气

2. 某工程质量事故发生后,对该事故进行调查,经过原因分析判定该事故不需要处理,其后续工作有(　　)。

    A.补充调查　　　　　　　　　　　　B.提交处理报告

    C.检查验收　　　　　　　　　　　　D.实施防护措施

    E.做出结论

3. 根据《关于做好房屋建筑和市政基础设施工程质量事故报告和调查处理工作的通知》(建质[2010]111 号),按事故造成的损失程度,工程质量事故分为(　　)。

    A.特别重大事故　　　　　　　　　　B.重大事故

    C.较大事故　　　　　　　　　　　　D.微小事故

    E.一般事故

4. 按事故责任分类,工程质量事故可分为(　　)。

    A.指导责任事故　　　　　　　　　　B.领导责任事故

    C.操作责任事故　　　　　　　　　　D.技术责任事故

    E.自然灾害事故

5. 施工质量事故处理的依据包括(　　)。

    A.质量事故实况资料　　　　　　　　B.质量事故状况的描述

    C.有关合同文件　　　　　　　　　　D.有关的技术文件

    E.相关的建设法规

6. 某防洪堤坝的填筑压实工程造价约 800 万元;检测中发现压实土的干密度未达到规定值,经测算得知将影响土体的稳定性且不满足抗渗能力的要求。对此问题的正确处理应当是(　　)。

    A.有关单位应当在 24h 内向当地建设行政主管部门和其他有关部门报告

    B.对事故相关责任者实施行政处罚

    C.对第一责任人直接追究刑事责任

    D.挖除不合格土,重新填筑

    E.对责任单位作出相应的行政处罚

7. 下列措施中,属于施工质量事故预防的有(　　)。

A.严格按照基本建设程序办事　　　　　　B.依法进行施工组织管理

C.加强施工安全与环境管理　　　　　　　D.做好质量事故的观测记录

E.进行必要的设计复核审查

8. 下列建设工程资料中,可以作为施工质量事故处理依据的有关技术文件和档案的有(　　)。

A.施工组织设计　　　　　　　　　　　　B.施工记录

C.质量事故状况的描述　　　　　　　　　D.设计文件

E.工程验收报告

9. 根据《关于做好房屋建筑和市政基础设施工程质量事故报告和调查处理工作的通知》(建质
[2010]111 号)的规定,质量事故处理报告的内容有(　　)。

A.对事故处理的建议　　　　　　　　　　B.事故原因分析及论证

C.事故发生后的应急防护措施　　　　　　D.事故调查的原始资料

E.检查验收记录

10. 下列属于工程施工质量事故预防措施的有(　　)。

A.严格按照基本建设程序办事　　　　　　B.做好各种灾害的预案

C.对施工人员进行必要的培训　　　　　　D.进行必要的设计复核审查

E.做好质量事故的观测记录

刷提升　　建议用时:15 分钟　　实际用时:_____分钟　　答案:269 页

一、单项选择题

1. 下列工程质量问题中,可不作专门处理的是(　　)。(2016 真题)

A.某高层住宅施工中,底部二层的混凝土结构误用安定性不合格的水泥

B.某防洪堤坝填筑压实后,压实土的干密度未达到规定值

C.某检验批混凝土试块强度不满足规范要求,但混凝土实体强度检测后满足设计要求

D.某工程主体结构混凝土表面裂缝大于 0.5mm

2. 某混凝土试块强度值不满足设计要求,但经法定检测单位对混凝土实体强度经过法定检测后,
其实际强度达到规范允许和设计要求值。正确的处理方式是(　　)。

A.不作处理　　　　B.修补　　　　　　C.返工　　　　　　D.加固

3. 下列关于施工单位质量事故预防措施的说法,错误的是(　　)。

A.控制建筑材料及制品的质量　　　　　　B.做好施工现场环境管理

C.对施工图进行审查复核　　　　　　　　D.选择正确的施工顺序

4. 建设工程施工质量事故的处理程序中,确定处理结果是否达到预期目的、是否依然存在隐患,属
于(　　)环节的工作。

A.事故调查　　　　　　　　　　　　　　B.事故原因分析

C.制定事故处理技术方案　　　　　　　　D.事故处理鉴定验收

二、多项选择题

1. 下列可能导致施工质量事故发生的原因中,属于技术原因的有(　　)。

　　A.水文地质情况判断错误　　　　　　　　B.操作人员技术素质差

　　C.地质勘察过于疏略　　　　　　　　　　D.材料质量检验不严

　　E.无开工许可

2. 下列导致施工质量事故发生的原因中,属于社会、经济原因的有(　　)。

　　A.施工工艺错误　　　　　　　　　　　　B.盲目所求利润,偷工减料

　　C.材料检验不严　　　　　　　　　　　　D.操作者选用不合适施工方法

　　E."七无"工程

3. 下列施工质量事故中,属于操作责任事故的有(　　)。

　　A.负责人放松质量标准造成的质量事故

　　B.混凝土振捣疏漏造成的质量事故

　　C.负责人追求施工进度造成的质量事故

　　D.砌筑工人不按操作规程施工导致墙体倒塌

　　E.浇筑混凝土时操作者随意加水使强度降低造成的质量事故

专题 **6**　数理统计方法在工程质量管理中的应用

考向预测

考点	考向预测	重要程度
分层法的应用	分层法的基本思想	★
因果分析图法的应用	因果分析图法的注意事项	★★
排列图法的应用	排列图法的适用范围	★★
直方图法的应用	直方图法的分析	★★

刷基础　　**建议用时:15 分钟**　　**实际用时:_____分钟**　　**答案:270 页**

一、单项选择题

1. 某焊接作业由甲、乙、丙、丁四名工人操作,为评定各工人的焊接质量,共抽检 100 个焊点,抽检结果如下表所示。根据表中数据,各工人焊接质量由好至差的排序是(　　)。(2016 真题)

作业工人	抽检数量	不合格点数
甲	10	2
乙	40	4
丙	20	10
丁	30	8

　　A.乙→甲→丁→丙　　　　　　　　　　　B.甲→乙→丙→丁

　　C.乙→甲→丙→丁　　　　　　　　　　　D.丁→乙→甲→丙

2. 在直方图的位置观察分析中,若质量特性数据的分布居中,边界在质量标准的上下界限内,且有较大距离时,说明该生产过程( )。

　　A.质量能力不足 　　　　　　　　　　B.易出现质量不合格

　　C.质量能力偏大 　　　　　　　　　　D.存在质量不合格

3. 在应用因果分析图法确定质量问题的原因时,正确做法是( )。

　　A.不同类型质量问题可以共同使用一张图分析

　　B.通常选出1~5项作为最主要原因

　　C.为避免干扰,只能由QC小组成员独立进行分析

　　D.由QC小组组长最终确定分析结果

4. 当采用排列图法分析工程质量问题时,将质量特性不合格累计频率为( )的定为A类问题,进行重点管理。

　　A.0~50% 　　　　B.0~70% 　　　　C.0~80% 　　　　D.0~90%

5. 下列直方图中,表明生产过程处于正常、稳定状态的是( )。

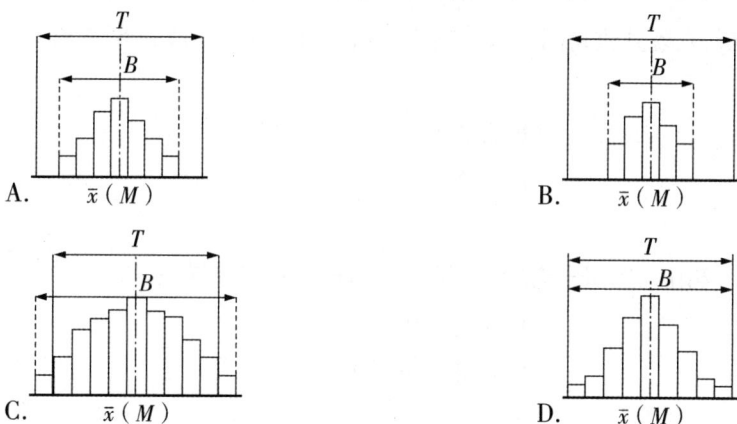

A. $\bar{x}(M)$　　　　　　　　　　　　　　B. $\bar{x}(M)$

C. $\bar{x}(M)$　　　　　　　　　　　　　　D. $\bar{x}(M)$

6. 在进行直方图的位置观察分析时,如果质量特性数据的分布充满上下限,说明( )。

　　A.质量能力偏大不经济 　　　　　　　B.质量能力适中符合要求

　　C.质量能力偏小需要整改 　　　　　　D.质量能力处于临界状态

7. 在进行直方图分布位置的观察分析时,如果质量特性数据的分布居中且边界与质量标准的上下界限有较大距离,说明生产过程( )。

　　A.质量能力偏大,不经济 　　　　　　B.质量能力处于临界状态,应采取措施

　　C.易出现不合格,在管理上提高总体能力 　　D.质量不合格,采取措施纠偏

二、多项选择题

1. 在应用分层法时,首先要划分调查分析的层次,一般可根据( )等进行划分。

　　A.统计模型 　　　　　　　　　　　　B.数据分布规律

　　C.样本数量 　　　　　　　　　　　　D.管理需要

　　E.统计目的

2.在质量管理中,直方图法的主要用途有( )。

    A.分析质量水平的范围   B.确定质量问题的主要原因

    C.分析生产过程的质量状态   D.分门别类地分析质量问题

    E.掌握质量能力状态

3.在运用分层法对工程项目质量进行统计分析时,通常可以按照( )等分层方法获取质量原始

    数据。

    A.作业组织   B.施工时间

    C.产品材料   D.投资主体

    E.工程类型

4.质量管理方法中,直方图的分布形状及分布区间宽窄取决于其质量特性统计数据的( )。

    A.平均值   B.中位数

    C.极差   D.标准偏差

    E.变异系数

5.对某模板工程表面平整度、截面尺寸、平面水平度、垂直度、标高等项目进行抽样检查,按照排列

    图法对抽样数据进行统计分析,发现其质量问题累计频率分别为30%、60%、75%、89%和100%,

    则A类质量问题包括( )。

    A.表面平整度   B.垂直度

    C.截面尺寸   D.标高

    E.平面水平度

6.工程质量管理常用数据统计方法中,排列图方法可用于( )的数据状况描述。

    A.质量偏差   B.质量缺陷

    C.质量稳定程度   D.质量受控情况

    E.造成质量问题原因

7.异常直方图呈偏态分布,出现异常的原因主要有( )。

    A.生产过程中的纠偏措施不当   B.总体质量管理水平低

    C.生产过程中存在影响质量的系统因素   D.收集整理数据制作直方图的方法不当

    E.质量能力处于临界状态

刷提升   建议用时:10分钟   实际用时:_____分钟   答案:271页

一、单项选择题

1.质量管理中,运用排列图法可以( )。(2017真题)

    A.划分调查分析的类别和层次   B.描述质量问题的原因分析统计数据

    C.确定质量问题的原因层次   D.掌握质量能力状态

2.下列关于因果分析图法应用的说法,正确的是( )。

    A.一张因果分析图可以分析多个质量问题   B.通常采用QC小组活动的方式进行

    C.具有直观、主次分明的特点   D.可以了解质量统计表数据的分布特征

二、多项选择题

1. 根据下列直方图的分布位置与质量控制标准的上下限范围的比较分析,正确的有(　　)。(2016 真题)

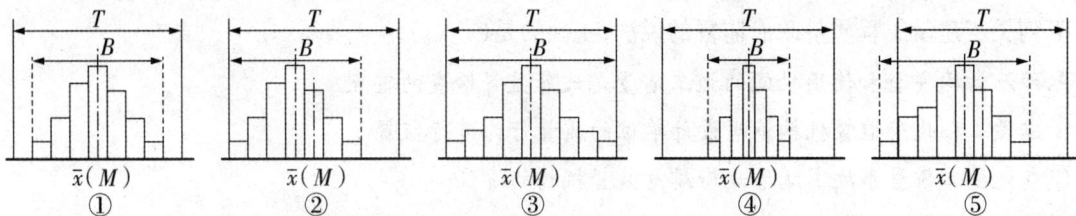

A.图①显示生产过程的质量正常、稳定、受控

B.图③显示质量特性数据分布达到质量标准上下限,质量能力处于临界状态,易出现不合格

C.图④显示质量特性数据的分布居中,质量能力偏大,不经济

D.图⑤显示质量特性数据超出质量标准的下限,存在质量不合格情况,必须采取措施纠偏

E.图②显示质量特性数据分布偏上限,易出现不合格

2. 使用因果分析图法时,应注意的事项有(　　)。

A.一个质量特性或一个质量问题使用一张图分析

B.应收集足够多的质量特性数据,一般不少于 50 个

C.通常采用 QC 小组活动方式进行,以便集思广益,共同分析

D.根据管理需要和统计目的,分类收集数据

E.分析时要充分发表意见,层层深入,列出所有可能原因

3. 在施工质量管理的工具和方法中,直方图一般用来(　　)。

A.分析生产过程质量是否处于稳定状态

B.分析生产过程质量是否处于正常状态

C.找出影响质量问题的主要因素

D.分析质量水平是否保持在公差允许的范围内

E.整理统计数据,了解统计数据的分布特征

专题7　建设工程项目质量的政府监督

考向预测

考点	考向预测	重要程度
政府对工程项目质量监督的职能与权限	政府对工程项目质量监督的职能与权限	★
政府对工程项目质量监督的内容与实施	质量监督的实施程序	★★

刷基础　　建议用时:10 分钟　　实际用时:＿＿分钟　　答案:272 页

一、单项选择题

1. 下列关于监督机构的说法,正确的是(　　)。(2022 真题)

A.有固定的工作场所和监督所需要的仪器、设备和工具

B.监督人员占监督机构总人数的 70%

C.有一年以上的工程质量管理和设计、施工、监理等经历

D.经过政府授权后即可实施监督工作

2.下列关于建设工程质量政府监督的说法,正确的是(　　)。

A.涉及结构安全和使用功能的施工质量是政府监督检查的重点

B.建设工程政府监督机构不对设计单位的质量行为进行监督

C.查处施工质量事故不属于政府质量监督机构的责任

D.建设工程政府监督只涉及工程的施工阶段

3.根据《建设工程质量管理条例》,对国家出资的重大建设项目实施监督检查的部门是(　　)。

A.国务院经济贸易主管部门　　　　　　B.建设行政主管部门

C.国家发展计划部门　　　　　　　　　　D.生态环境部门

4.根据政府对工程项目质量监督的要求,项目的工程质量监督档案应按(　　)建立。

A.分项工程　　　　B.单项工程　　　　C.分部工程　　　　D.单位工程

5.建设工程质量监督机构对地基基础的混凝土强度进行监督检测,在质量监督的性质上属于(　　)。

A.建设行为监督　　　　　　　　　　　　B.工程质量行为监督

C.工程实体质量监督　　　　　　　　　　D.业务管理监督

6.省、自治区人民政府建设主管部门应对质量监督机构的监督人员每(　　)年进行一次岗位考核。

A.一　　　　　　B.两　　　　　　C.三　　　　　　D.四

7.监督机构的监督人员应当占监督机构总人数的(　　)以上。

A.50%　　　　　B.65%　　　　　C.75%　　　　　D.85%

二、多项选择题

1.质量监督人员应当具备的条件包括(　　)。

A.具体大学专科以上学历

B.具有工程类执业注册资格

C.具有三年以上工程质量管理或者设计、施工、监理等工作经历

D.熟悉掌握相关法律法规和工程建设强制性标准

E.具有很强的组织协调能力和良好职业道德

2.政府建设行政主管部门和其他有关部门的工程质量监督管理应包括的内容有(　　)。

A.抽查工程质量责任主体和质量检测等单位的工程质量行为

B.监督评定施工企业的资质

C.监督检查环境质量

D.抽查涉及工程主体结构安全和主要使用功能的工程实体质量

E.监督审核质量验收标准

3. 在工程项目开工前,工程质量监督手续可以与(　　)合并办理。

　　A. 开工报告

　　B. 建设工程规划许可证

　　C. 安全资格审查认可证

　　D. 工程规划许可证

　　E. 施工许可证

4. 对工程项目实施质量监督,应当包含(　　)。

　　A. 监督工程竣工验收

　　B. 不定期统计分析本地区工程质量状况

　　C. 对工程项目进行质量评定

　　D. 受理建设单位办理质量监督手续

　　E. 建立工程质量监督档案

刷提升　　建议用时:10 分钟　　实际用时:_____分钟　　答案:272 页

一、单项选择题

1. 建设工程政府质量监督机构在监督工程竣工验收环节,重点(　　)。

　　A. 对建设过程质量情况进行总结,签发竣工验收意见书

　　B. 对影响结构安全的工程实体质量进行检查验收

　　C. 对竣工验收的组织形式、程序等是否符合有关规定进行监督

　　D. 对影响使用功能的相关部分进行检查验收

2. 政府质量监督机构对工程项目实施质量监督的第一步工作是(　　)。

　　A. 制定质量监管工作计划

　　B. 受理建设单位申报手续

　　C. 抽查工程质量行为

　　D. 建立工程质量监督方案

二、多项选择题

1. 对工程质量责任主体和质量检测等单位的质量行为进行检查的内容包括(　　)。

　　A. 参与工程项目建设各方的质量保证体系建立和运行情况

　　B. 企业的工程经营资质证书和相关人员的资格证书

　　C. 按建设程序规定的开工前必须办理的各项建设行政手续是否齐全完备

　　D. 工程实体质量

　　E. 施工组织设计、监理规划等文件及其审批手续和实际执行情况

2. 下列关于政府对工程质量监督的职能与权限的说法,正确的有(　　)。

　　A. 政府质量监督机构有权颁发施工企业资质证书

　　B. 政府质量监督机构应对质量检测单位的工程质量行为进行监督

　　C. 政府质量监督属于行政执法行为

　　D. 工程质量监督的具体工作只能由当地人民政府建设主管部门实施

　　E. 政府建设主管部门履行质量监督职责时,有权要求被检查的单位提供工程质量的相关资料

刷 综合

建议用时:45分钟   **实际用时:_____分钟**   **答案:273页**

一、单项选择题

1. 下列关于因果分析图法的说法,正确的是( )。(2022真题)

   A.因果分析图法可以反映质量数据的分布特征

   B.通常采用QC小组活动的方式进行因果分析

   C.可以定量分析影响质量的主次因素

   D.一张因果分析图可以分析多个质量问题

2. 下列关于竣工质量验收程序和组织的说法,正确的是( )。(2016真题)

   A.单位工程的分包工程完工后,总包单位应组织进行自检,并按规定的程序进行验收

   B.工程竣工质量验收由建设单位委托监理单位负责组织实施

   C.单位工程完工后,总监应组织各专业监理工程师对工程质量进行竣工预验收

   D.工程竣工报告应由监理单位提交并须经总监理工程师签署意见

3. 下列关于政府主管部门质量监督程序的说法,正确的是( )。(2016真题)

   A.监督机构在工程基础和主体结构分部工程质量验收前、要对地基基础和主体结构混凝土分别进行监督检测

   B.工程项目开工后,监督机构接受建设单位有关建设工程质量监督的申报手续,并对文件进行审查,合格后签发质量监督文件

   C.监督机构的检查内容中不包含企业的工程经营资质证书和人员的资格证书检查

   D.监督机构要组织进行工程竣工验收并对发现的质量问题进行复查

4. 根据《建设工程质量管理条例》,下列关于勘察、设计单位质量责任和义务的说法,错误的是( )。

   A.从事勘察、设计业务的单位应当依法取得相应等级的资质证书

   B.勘察单位提供的地质、测量、水文等勘察成果必须真实、准确

   C.设计单位应当根据勘察成果文件进行建设工程设计

   D.勘察、设计单位不得分包所承揽的工程

5. 下列关于工程项目质量风险识别的说法,正确的是( )。

   A.从风险产生的原因分析,质量风险分为自然风险、施工风险、设计风险

   B.可按风险责任单位和风险产生原因分别进行风险识别

   C.因项目实施人员自身技术水平局限造成错误的质量风险属于管理风险

   D.风险识别的步骤为分析每种风险的促发因素→画出质量风险结构层次图→将结果汇总成质量风险识别报告

6. 下列关于建设工程项目质量控制系统特点的说法,正确的是( )。

   A.项目质量控制系统建立的目的是为了建筑业企业的质量管理

B.项目质量控制系统的目标就是某一建筑业企业的质量管理的目标

C.项目质量控制系统仅服务于某一个承包企业或组织机构

D.项目质量控制系统是一次性的质量工作系统

7.下列关于项目质量控制体系的说法,正确的是(　　)。

A.项目质量控制体系需要第三方认证

B.项目质量控制体系是一个永久性的质量管理体系

C.项目质量控制体系既适用于特定项目的质量控制,也适用于企业的质量管理

D.项目质量控制体系涉及项目实施过程所有的质量责任主体

8.下列关于质量管理PDCA循环的说法,正确的是(　　)。

A.质量管理的计划职能就是确定质量目标

B.实施职能在于将质量的目标值转化为实际值

C.检查的内容就是确保严格执行了计划的行动方案

D.处置只需要采取措施,解决质量偏差、问题或事故

9.下列关于质量控制的说法,正确的是(　　)。

A.自控主体的质量意识和能力是对自控行为的推动和约束

B.他人监控是施工质量的决定因素

C.监控主体具有监控职能,自控主体可以减轻其质量责任

D.质量验收属于他人监控

10.下列施工检验批验收的做法中,正确的是(　　)。

A.存在一般缺陷的检验批应返工重做

B.某些指标不能满足要求时,可予以验收

C.严重质量缺陷经加固处理后能满足安全及使用功能要求,可按技术处理方案和协商文件的要求予以验收

D.经加固处理后仍不能满足安全及使用功能要求的分部工程可缺项验收

11.下列工程质量事故中,可由事故发生单位组织事故调查组的是(　　)。

A.2人以下死亡,100万元~500万元的直接经济损失

B.5人以下重伤,100万元~500万元的直接经济损失

C.未造成人员伤亡,1000万元~5000万元的直接经济损失

D.未造成人员伤亡,100万元~1000万元的直接经济损失

12.下列关于引发工程质量事故发生的原因的说法,错误的是(　　)。

A.人为的设备事故导致连带发生质量事故,属于管理原因

B.结构设计不符合规范要求属于技术原因

C.突降暴雨导致山洪灾害,属于自然灾害原因

D.由于"三边"工程导致的质量事故属于社会、经济原因

13. 某钢结构厂房在结构安装过程中,发现构件焊接出现不合格,施工项目部采用逐层深入排查的方法分析确定构件焊接不合格的主次原因,这种工程质量统计方法是(　　)。

　　A.排列图法　　　　　　　　　　　B.因果分析图法

　　C.控制图法　　　　　　　　　　　D.直方图法

14. 由于项目质量的影响因素多,所以对工程质量状况的调查和质量问题的分析必须分门别类地进行,以便准确有效的找出问题所在,这是(　　)的基本思想。

　　A.直方图法　　　　　　　　　　　B.因果分析图法

　　C.排列图法　　　　　　　　　　　D.分层法

二、多项选择题

1. 下列关于施工质量事故调查处理的说法,正确的有(　　)。(2016真题)

　　A.未造成人员伤亡的一般事故,县级人民政府可以委托事故发生单位组织调查

　　B.在事故原因分析中,必要时要组织对事故项目进行检测鉴定和专家技术论证

　　C.事故处理应包括对事故相关责任者实施行政处罚

　　D.事故处理报告应包括对事故相关责任者的处罚情况和事故处理的结论

　　E.制定事故处理技术方案时,只需考虑使用功能,不需考虑成本

2. 根据《建设工程质量管理条例》,下列关于施工单位的质量责任和义务的说法,正确的有(　　)。

　　A.建设工程实行总承包的,总承包单位应对全部建设工程质量负责

　　B.施工单位不得转包或违法分包工程

　　C.总承包单位依法将建设工程分包给其他单位的,对分包工程的施工质量,分包单位负主要责任,总包单位负次要责任

　　D.施工单位对建设工程的施工质量负责和设计单位

　　E.隐蔽工程在隐蔽前,施工单位应当通知监理单位和设计单位

3. 下列关于建设工程项目质量控制体系特点的说法,正确的有(　　)。

　　A.项目质量控制体系建立的目的是为了某一具体建筑业企业的质量管理

　　B.项目质量控制体系的控制目标是项目的质量目标

　　C.项目质量控制体系仅服务于某一个承包企业或组织机构

　　D.项目质量控制体系是一次性的质量工作体系

　　E.项目质量控制体系的有效性一般由项目管理的组织者进行自我评价与诊断

4. 下列关于TQC全面质量管理思想的说法,正确的有(　　)。

　　A.全面质量管理就是指的工作质量的全面管理

　　B.全过程质量管理主要指的是项目实施阶段的质量管理

　　C.全员参与应形成自上而下的质量目标分解体系和自下而上的质量目标保证体系

　　D.工程竣工验收通过并交付后,全过程质量管理结束

　　E.工程项目的材料供应商也需要参与全面质量管理

5. 下列关于项目质量控制体系运行的说法,正确的有(　　)。

　　A.质量管理的组织制度是联系各参建方的纽带

　　B.人员和资源的合理配置是体系运行的基础条件

　　C.项目的合同结构是系统有序运行的基本保证

　　D.持续改进机制是控制体系运行的核心机制

　　E.约束机制取决于各质量责任主体内部的自我约束能力和外部的监控效力

6. 下列关于企业质量管理体系的说法,正确的有(　　)。

　　A.企业质量管理体系认证有利于保护消费者利益

　　B.企业质量管理体系获准认证的有效期为3年

　　C.认证机构应对认证企业每半年进行一次定期检查

　　D.认证撤销是企业的自愿行为

　　E.撤销认证的企业一年后可重新提出认证申请

7. 下列关于施工质量要达到的基本要求的说法,正确的有(　　)。

　　A.施工质量要达到的最基本要求是:通过施工形成的项目工程实体质量符合施工承包合同的
　　　约定

　　B.施工质量验收合格的条件之一是:符合工程勘察、设计文件的要求

　　C.在我国,全国和地方(部门)的建设主管部门或行业协会设立了各种优质工程奖

　　D.“合格”是对项目质量的最基本要求

　　E.施工质量要求符合《建筑工程施工质量验收统一标准》,属于“施工承包合同约定”的要求

8. 下列施工过程质量验收环节中,应由专业监理工程师组织验收的有(　　)。

　　A.分部工程　　　　　　　　　　　　B.分项工程

　　C.单项工程　　　　　　　　　　　　D.检验批

　　E.单位工程

9. 下列关于施工质量管理中数理统计方法的说法,正确的有(　　)。

　　A.分层法应根据管理的需要和统计的数学模型来进行类别分析和层次划分

　　B.因果分析图法对每一个质量问题逐层深入排查可能原因,然后确定其中的最主要原因

　　C.排列图主要用于分析质量能力状态

　　D.直方图可以判断生产过程的质量是否处于稳定受控的状态

　　E.直方图法具有直观、主次分明的特点

10. 下列关于工程项目政府质量监督的说法,正确的有(　　)。

　　A.施工单位应在项目开工前向监督机构申报质量监督手续

　　B.政府质量监督的性质不属于行政执法行为

　　C.临时性房屋建筑工程不属于政府质量监督的范围

　　D.质量监督机构可以中级职称以上的工程类专业技术人员协助实施质量监督工作

　　E.监督人员经培训后,即可从事工程质量监督工作

第**5**章 建设工程职业健康安全与环境管理

本章一共包括4个专题。其中,前两个专题理论性较强,重在理解,后两个专题实践性较强,在学习的过程中,注意理论与实际相结合。近6年考试分值平均在16分左右。本章主要集中在填空型、判断型、归属型选择题,学习应着重于记忆与理解,通过反复练习往年真题来找到复习思路与方法。

本章近6年分值分布表 （单位:分）

序号	专题名	2022	2021	2020	2019	2018	2017
1	职业健康安全管理体系与环境管理体系	1	1	1	1	1	1
2	建设工程安全生产管理	6	6	7	6	5	5
3	建设工程生产安全事故应急预案和事故处理	4	4	4	4	4	4
4	建设工程施工现场职业健康安全与环境管理的要求	6	6	6	4	4	5

专题**1** 职业健康安全管理体系与环境管理体系

考向预测

考点	考向预测	重要程度
职业健康安全管理体系与环境管理体系标准	职业健康安全管理体系的17个要素	★
建设工程职业健康安全与环境管理的特点和要求	职业健康安全与环境管理的特点和要求	★★★
职业健康安全管理体系与环境管理体系的建立和运行	体系文件的编写、管理手册的编写,内部评审和管理评审的区分及特点	★★

刷基础

建议用时:15分钟 **实际用时:＿＿＿分钟** **答案:276页**

一、单项选择题

1.《环境管理体系 要求及使用指南》(GB/T 24001—2016)中的"环境"是指( )。

A.组织运行活动的外部存在

B.各种天然的和经过人工改造的自然因素的总体

C.废水、废气、废渣的存在和分布情况

D.周边大气、阳光和水分的总称

2.根据《职业健康安全管理体系 要求及使用指南》(GB/T 45001—2020),PDCA循环中"A"环节指的是( )。

A.策划 B.支持和运行 C.改进 D.绩效评价

3. 对于依法批准开工报告的建设工程,建设单位应当自开工报告批准之日起( ),将保证安全施工的措施报送建设工程所在地的县级以上人民政府建设行政主管部门(或其他有关部门)备案。

　　A.7 日内　　　　　　　B.15 日内　　　　　　C.21 日内　　　　　　D.28 日内

4. 建立职业健康安全管理体系与环境管理体系的第二步是( )。

　　A.成立工作组　　　　　　　　　　　B.领导决策

　　C.人员培训　　　　　　　　　　　　D.初始状态评审

5. 职业健康安全管理体系与环境管理体系的建立步骤包括:①领导决策;②人员培训;③制定方针、目标、指标和管理方案;④成立工作组;⑤初始状态评审;⑥体系文件编写;⑦管理体系策划与设计;⑧文件的审查、审批和发布。其中正确的排序是( )。

　　A.①→③→⑤→②→④→⑧→⑥→⑦　　　　B.①→③→②→⑥→④→⑤→⑧→⑦

　　C.①→④→②→⑤→③→⑦→⑥→⑧　　　　D.①→③→②→⑤→④→⑥→⑦→⑧

6. 施工企业在施工项目生产的活动中,必须对安全生产负全面责任,安全生产的主要负责人是( )。

　　A.企业法定代表人　　　　　　　　　B.项目负责人

　　C.项目专职安全管理员　　　　　　　D.企业技术总工

7. 职业健康安全管理体系的纲领性文件是( )。

　　A.作业文件　　　　B.管理手册　　　　C.程序文件　　　　D.评审文件

8. 对于需要试生产的工程项目,建设单位应当在项目投入试生产之日起( )内向环保行政主管部门申请对其项目配套的环保设施进行竣工验收。

　　A.15 天　　　　　　B.1 个月　　　　　　C.2 个月　　　　　　D.3 个月

9. 下列关于施工总承包单位安全责任的说法,正确的是( )。

　　A.总承包单位对施工现场的安全生产负总责

　　B.总承包单位的项目负责人是施工企业安全生产的第一负责人

　　C.业主指定的分包单位可以不服从总承包单位的安全生产管理

　　D.分包单位不服从管理导致生产安全事故的,总承包单位不承担责任

二、多项选择题

1.《职业健康安全管理体系 要求及使用指南》(GB/T 45001—2020)的构成要素有( )。

　　A.策划　　　　　　　　　　　　　　B.改进

　　C.支持与运行　　　　　　　　　　　D.绩效评价

　　E.以顾客为关注焦点

2. 在建设工程项目设计阶段,设计单位职业健康安全与环境管理的任务包括( )。

　　A.提出生产安全事故防范的指导意见

　　B.办理有关安全的各种审批手续

　　C.在工程总概算中,明确安全环保设施费用、安全施工和环保措施费

D.提出保障施工作业人员安全和预防生产安全事故的措施建议

E.将保证安全施工的措施报有关部门备案

3.设计单位应提出保障施工作业人员安全和预防生产安全事故的措施建议的情形有(　　)。

A.采用新材料的建设工程　　　　　　　　B.采用新结构的建设工程

C.采用特殊结构的建设工程　　　　　　　D.采用特殊管理模式的建设工程

E.采用新工艺的建设工程

4.在建设工程项目决策阶段,建设单位职业健康安全与环境管理的任务包括(　　)。

A.提出生产安全事故防范的指导意见

B.办理有关安全的各种审批手续

C.办理有关环境保护的各种审批手续

D.提出保障施工作业人员安全和预防生产安全事故的措施建议

E.将保证安全施工的措施报有关部门备案

5.职业健康安全与环境管理体系的作业文件一般包括(　　)。

A.作业指导书　　　　　　　　　　　　　B.管理规定

C.监测活动准则　　　　　　　　　　　　D.程序文件引用的表格

E.评审文件

6.对于建设工程项目,职业健康安全管理的目的是(　　)。

A.防止和减少安全事故

B.坚持安全第一、预防位置和防治结合的方针

C.保护生产者的健康和安全

D.制定职业健康安全生产技术措施计划

E.实施安全教育培训制度

刷提升　建议用时:10分钟　　实际用时:＿＿＿分钟　　答案:277页

一、单项选择题

1.在职业健康安全管理体系与环境管理体系的运行过程中,组织对其自身的管理体系所进行的检查和评价,称为(　　)。

A.持续改进　　　　B.管理评审　　　　　　C.系统评审　　　　　　D.内部审核

2.下列关于职业健康与安全管理体系内部审核的说法,错误的是(　　)。

A.内部审核前要明确审核的方式方法和步骤

B.内部审核是由组织的最高管理者对管理体系的系统评价

C.内部审核是管理体系自我保证和自我监督的一种机制

D.内部审核是组织对其自身的管理体系进行的审核

3.下列关于职业健康安全与环境管理体系管理评审的说法,正确的是(　　)。

A.管理评审是管理体系接受政府监督的一种机制

B.管理评审是最高管理者对管理体系的系统评价

C.管理评审是管理体系自我保证和自我监督的一种机制

D.管理评审是第三方论证机构对管理体系的系统评价

二、多项选择题

1.职业健康安全管理体系和环境管理体系运行中的实施重点是围绕(　　)等开展活动。

A.培训意识和能力

B.文件管理

C.不符合、纠正和预防措施

D.体系文件编写

E.制定方针、目标

2.下列关于职业健康安全与环境管理的说法,正确的有(　　)。

A.项目经理是安全生产的第一负责人

B.建设单位应当自开工报告批准之日起 7 日内,将保证安全施工的措施报送至建设行政主管部门备案

C.在施工开工后,应明确工程安全环保设施费用、安全施工和环境保护措施费等

D.环保行政主管部门应在收到申请环保设施竣工验收之日起 30 日内完成验收

E.建设单位在项目投入试生产之日起 3 个月内向环保行政主管部门申请对配套的环保设施进行竣工验收

专题2　建设工程安全生产管理

考向预测

考点	考向预测	重要程度
安全生产管理制度	专职安全员的配备、安全生产许可证的管理、特种作业人员持证上岗制度	★
安全生产管理预警体系的建立和运行	预警评价	★★
施工安全技术措施和安全技术交底	施工安全技术措施的一般要求	★★
安全生产检查监督的类型和内容	安全生产检查监督的主要内容	★★
安全隐患的处理	建设工程安全隐患的处理原则	★★★

刷 基础　　建议用时:35 分钟　　实际用时:_____分钟　　答案:278 页

一、单项选择题

1.按照国际通用的预警信号颜色表示,安全状况为"受到事故的严重威胁"时,预警信号颜色及等级为(　　)。(2019 真题)

A.黄色;Ⅱ级预警

B.橙色;Ⅱ级预警

C.橙色;Ⅲ级预警

D.黄色;Ⅲ级预警

2. 下列关于施工安全技术措施要求的说法,正确的是( )。(2018真题)

    A.施工安全技术措施应包括应急预案

    B.施工企业针对工程项目可编制统一的施工安全技术措施

    C.编制施工安全技术措施应与工程施工同步进行

    D.编制施工组织设计时必须包括专项安全施工技术方案

3. 为确保安全,对设备的运转和零件的状况定时进行检查,发现损伤立即更换,决不能"带病"作业,此项工作属于( )。(2017真题)

    A.全面安全检查   B.要害部门重点安全检查

    C.经常性安全检查   D.专项安全检查

4. 下列安全生产管理制度中,最基本的核心制度是( )。

    A.安全生产教育培训制度   B.安全生产责任制

    C.安全检查制度   D.安全措施计划制度

5. 某施工现场道路出现了一个坑,项目经理部不仅设置了防护栏及警示标,还设置了照明灯及夜间警示灯,这体现了安全事故隐患治理的( )。

    A.重点治理原则   B.冗余安全度治理原则

    C.动态治理原则   D.单项隐患综合治理原则

6. 根据《建筑施工企业安全生产管理机构设置及专职安全生产管理人员配备办法》,某5.5万 m² 的建筑工程项目部应配备专职安全管理人员的最少人数是( )名。

    A.1   B.3   C.4   D.2

7. 根据《建设工程安全生产管理条例》规定,施工单位应当自施工起重机械和整体提升脚手架、模板等自升式架设设施( ),向建设行政主管部门或者其他有关部门登记。

    A.验收合格之日起28日内   B.施工完毕60日内

    C.验收合格之日起30日内   D.投入使用后7日内

8. 根据《中华人民共和国建筑法》及相关规定,施工企业应交纳的强制性保险是( )。

    A.人身意外伤害险   B.工程一切险

    C.工伤保险   D.第三者责任险

9. 安全预警活动的前提是( )。

    A.诊断   B.识别   C.监测   D.评价

10. 下列关于施工安全技术措施要求和内容的说法,正确的是( )。

    A.可根据工程进展需要实时编制

    B.应在安全技术措施中抄录制度性规定

    C.结构复杂的重点工程应编制专项工程施工安全技术措施

    D.小规模工程的安全技术措施中可不包含施工总平面图

11. 施工项目的安全检查应由( )组织,定期进行。

    A.项目技术负责人   B.项目经理

    C.专职安全员   D.企业安全生产部门

12. 施工项目部对工人进行安全用电操作教育,同时对现场的配电箱、用电电路进行防护改造,严禁非专业电工乱接乱拉电线。这体现了施工安全隐患处理原则中的(　　)。

　　A.直接隐患与间接隐患并治原则　　　　B.单项隐患综合治理原则

　　C.重点处理原则　　　　　　　　　　　D.动态处理原则

13. 下列关于施工总承包单位安全责任的说法,正确的是(　　)。

　　A.总承包单位对施工现场的安全生产负总责

　　B.总承包单位的项目负责人是施工企业安全生产的第一负责人

　　C.业主指定的分包单位可以不服从总承包单位的安全生产管理

　　D.分包单位不服从管理导致安全生产事故的,总承包单位不承担责任

14. 根据《安全生产许可条例》,施工企业安全生产许可证(　　)。

　　A.有效期为 2 年

　　B.有效期届满时经同意可以不再审查

　　C.要求企业获得职业健康安全管理体系认证

　　D.应在届满后 3 个月内办理延期手续

15. 企业员工因放长假最短(　　)以上重新上岗,企业必须进行相应的安全技术培训和教育。

　　A.半年　　　　　　B.一年　　　　　　C.两年　　　　　　D.三年

16. 根据《建设工程安全生产管理条例》,对达到一定规模的危险性较大的分部(分项)工程编制专项施工方案,经施工单位技术负责人和(　　)签字后实施。

　　A.项目经理　　　　　　　　　　　　　B.项目技术负责人

　　C.业主方项目负责人　　　　　　　　　D.总监理工程师

17. 预警信号一般采用国际通用的颜色表示不同的安全状况,Ⅲ级预警用(　　)。

　　A.红色　　　　　　B.橙色　　　　　　C.黄色　　　　　　D.蓝色

18. 施工安全控制程序包括:①安全技术措施计划的落实和实施;②编制建设工程项目安全技术措施计划;③安全技术措施计划的验证;④确定每项具体建设工程项目的安全目标;⑤持续改进。其正确顺序是(　　)。

　　A.②→③→④→①→⑤　　　　　　　　B.②→④→①→③→⑤

　　C.④→②→①→③→⑤　　　　　　　　D.④→②→③→①→⑤

19. 工作人员在正式进行本班的工作前,必须对所用的机械装置和工具进行仔细检查;下班前还必须进行班后检查,做好设备的维修保养和清整场地等工作,保证交接安全。此项工作属于(　　)。

　　A.全面安全检查　　　　　　　　　　　B.经常性安全检查

　　C.节假日安全检查　　　　　　　　　　D.专项安全检查

20. 施工现场在对人、机、环境进行安全治理的同时还需治理安全管理措施体现了安全事故隐患的( )原则。

    A.冗余安全度治理　　　　　　　　　B.直接隐患与间接隐患并治

    C.单项隐患综合治理　　　　　　　　D.预防与减灾并重治理

21. 企业进行生产前,应按照《安全生产许可证条例》申领安全生产许可证,颁发机关应自收到申请( )天内审查完毕。

    A.15　　　　　　　B.30　　　　　　　C.45　　　　　　　D.60

22. 《中华人民共和国劳动法》规定:生产经营单位新建、改建、扩建工程项目的安全设施必须与主体工程( )和使用。

    A.同时设计、同时验收、同时竣工　　　B.同时设计、同时施工、同时投入生产

    C.同时施工、同时检验、同时投入生产　　D.同时施工、同时竣工、同时验收

23. 施工起重机械应在验收合格之日起的30日内,由( )向建设行政主管部门或其他有关部门登记。

    A.供货单位　　　B.施工单位　　　C.建设单位　　　D.制造单位

二、多项选择题

1. 下列关于安全技术交底要求的说法,正确的有( )。(2021真题)

    A.必须采用新的安全技术措施

    B.必须实行逐级安全技术交底制度

    C.定期向多工种交叉施工作业队伍书面交底

    D.必须采用两阶段技术交底

    E.保留书面安全技术交底签字记录

2. 下列企业安全生产教育培训形式中,属于员工经常性教育的有( )。

    A.安全活动日　　　　　　　　　　B.事故现场会

    C.安全技术理论培训　　　　　　　D.安全生产会议

    E.改变工艺时的安全教育

3. 根据《中华人民共和国安全生产法》规定,生产经营单位新建工程项目的安全设施必须与主体工程同时( )。

    A.设计　　　　　　　　　　　　　B.招标

    C.施工　　　　　　　　　　　　　D.验收

    E.使用

4. 下列属于安全生产内部管理不良预警系统的有( )。

    A.自然环境突变的预警　　　　　　B.人的行为活动管理预警

    C.政策法规变化的预警　　　　　　D.技术变化的预警

    E.设备管理预警

5. 建设工程施工安全控制的具体目标包括(　　　)。

　　A.改善生产环境和保护自然环境　　　　B.减少或消除人的不安全行为

　　C.减少或消除设备、材料的不安全状态　　D.提高员工安全生产意识

　　E.安全事故整改

6. 物的不安全状态的内容包括(　　　)。

　　A.物本身存在的缺陷　　　　　　　　　B.不安全装束

　　C.物的放置方法的缺陷　　　　　　　　D.外部的和自然界的不安全状态

　　E.管理工作上的缺陷

7. 施工单位安全事故隐患的处理方法包括(　　　)。

　　A.当场指正,限期纠正,预防隐患发生　　B.立即组织抢救伤员

　　C.做好记录,及时整改,消除安全隐患　　D.跟踪验证

　　E.安全事故发生后在规定期限内上报

8. 一个完整的施工企业安全生产管理预警体系由(　　　)构成。

　　A.事故预警系统　　　　　　　　　　　B.外部环境预警系统

　　C.预警信息管理系统　　　　　　　　　D.预警评价分析系统

　　E.内部管理不良预警系统

9. 下列关于施工项目安全技术交底的说法,正确的有(　　　)。

　　A.施工项目必须实行逐级安全技术交底

　　B.交底内容应针对潜在危险因素和存在的问题

　　C.涉及"四新"项目,必须经过两阶段技术交底

　　D.定期向多工种交叉施工的作业队做口头技术交底

　　E.交底时应将施工程序向班组长进行详细交底

10. 安全技术交底对施工质量和施工安全至关重要,其主要内容有(　　　)。

　　A.工程项目和分部分项工程的概况　　　B.本项目的施工作业设备选型

　　C.本项目的施工作业特点　　　　　　　D.针对危险点的预防措施

　　E.作业人员发现事故隐患应采取的措施

11. 下列关于安全生产教育培训的说法,正确的有(　　　)。

　　A.企业新员工按规定经过三级安全教育和实际操作训练后即可上岗

　　B.对建设工程来说,三级安全教育指项目、施工队、班组三级

　　C.企业级安全教育由企业安全生产管理部门负责人组织实施

　　D.班组级安全教育由项目经理组织实施

　　E.企业新上岗人员岗前培训时间不得少于24学时

刷提升　　建议用时：15分钟　　实际用时：＿＿＿分钟　　答案：281页

一、单项选择题

1. 下列关于安全生产教育培训的说法，正确的是（　　）。（2018真题）

A.企业新员工按规定经过三级安全教育和实际操作训练后即可上岗

B.项目级安全教育由企业安全生产管理部门负责人组织实施，安全员协助

C.班组级安全教育由项目负责人组织实施，安全员协助

D.企业安全教育培训包括对管理人员、特种作业人员和企业员工的安全教育

2. 下列关于施工安全技术措施的说法，正确的是（　　）。（2016真题）

A.施工安全技术措施要有针对性

B.施工安全技术措施必须包括固体废弃物的处理

C.施工安全技术措施可以不包括针对自然灾害的应急预案

D.施工安全技术措施可在工程开工后制定

3. 确定预警级别和预警信号标准，属于安全生产管理预警分析中（　　）的工作内容。

A.预警监测　　　　　　　　　　　　B.预警评价

C.预警信息管理　　　　　　　　　　D.预警评价指标体系的构建

4. 下列关于某起重信号工病休7个月后重返工作岗位的说法，正确的是（　　）。

A.应重新进行安全技术理论学习，经确认合格后上岗作业

B.应在从业所在地考核发证机关申请备案后上岗作业

C.应重新进行实际操作考试，经确认合格后上岗作业

D.应重新进行安全技术理论学习、实际操作考试，经确认合格后上岗作业

5. 工程施工安全技术措施计划是对生产过程中的（　　）进行项目安全控制的指导性文件。

A.设备的不安全状态　　　　　　　　B.材料的不安全状态

C.人的不安全行为　　　　　　　　　D.不安全因素

二、多项选择题

1. 下列关于特种作业人员持证上岗制度的说法，正确的有（　　）。

A.起重信号工属于特种作业人员

B.特种作业操作证只在取得证书所在辖区范围内有效

C.从事特种作业的人员，需经培训考核合格，取得特种作业操作证后方可上岗作业

D.离开特种作业岗位6个月以上的特种作业人员，应当重新进行理论和实际操作考试，经确认
　合格后方可上岗作业

E.跨省、自治区、直辖市从业的特种作业人员，不可以在户籍所在地或者从业所在地参加培训

2. 下列关于专项施工方案的规定的说法，正确的有（　　）。

A.对达到一定规模的危险性较大的基坑支护与降水工程的专项施工方案，应经施工单位项目经
　理、专业监理工程师签字后实施

B.对达到一定规模的危险性较大的起重吊装工程,应经施工单位技术负责人、总监理工程师签字后实施

C.对达到一定规模的危险性较大的深基坑工程的专项施工方案,监理单位应当组织专家进行论证、审查

D.对达到一定规模的危险性较大的高大模板工程的专项施工方案,施工单位应当组织专家进行论证、审查

E.对达到一定规模的危险性较大的地下暗挖工程的专项施工方案,建设单位应当组织专家进行论证、审查

3.下列关于安全生产管理制度的说法,正确的有(　　　)。

A.企业取得安全生产许可证,应当具备的条件之一是依法参加工伤保险,为从业人员缴纳保险费

B.新员工上岗前的三级安全教育,对建设工程来说,具体指进企业、进项目、进班组三级

C.特种作业人员离开特种作业岗位1年后,应当重新进行培训,经培训合格后方可上岗作业

D.高大模板工程的专项施工方案,施工单位应当组织专家进行论证、审查

E.按照"三同时"制度要求,安全设施投资应当纳入建设项目概算

专题3 建设工程生产安全事故应急预案和事故处理

考向预测

考点	考向预测	重要程度
生产安全事故应急预案的内容	应急预案的构成	★
生产安全事故应急预案的管理	应急预案的评审与备案	★★
职业健康安全事故的分类和处理	安全事故的分类、"四不放过"原则、安全事故的调查	★

刷基础　　建议用时:25分钟　　实际用时:_____分钟　　答案:282页

一、单项选择题

1.下列关于建设工程安全事故报告的说法,正确的是(　　　)。(2016真题)

A.各行业专业工程可只向有关行业主管部门报告

B.应急管理部门除按规定逐级上报外,还应同时报告本级人民政府

C.一般情况下,事故现场有关人员应立即向应急管理部门报告

D.事故现场有关人员应直接向事故发生地县级以上人民政府报告

2.下列关于施工企业生产安全事故应急预案实施规定的说法,正确的是(　　　)。(2016真题)

A.每年至少组织两次专项应急预案演练

B.应急指挥机构及其职责发生调整时,应当及时进行修订

C.每半年至少组织两次现场处置方案演练

D.周围环境发生变化时,即使没有形成新的重大危险源也应及时进行修订

3. 建设工程安全生产事故应急预案中,针对脚手架拆除可能发生的事故、相关危险源和应急保障而制定的计划属于( )。

    A.综合应急预案   B.现场处置方案

    C.专项应急预案   D.现场应急预案

4. 施工现场应急处置方案的内容主要为( )。

    A.应急工作原则   B.信息发布

    C.应急预案体系   D.应急组织与职责

5. 建设工程生产安全事故应急预案的管理包括应急预案的( )。

    A.评审、备案、实施和奖惩   B.制订、评审、备案和实施

    C.评审、备案、实施和落实   D.制订、备案、实施和奖惩

6. 按照我国《企业职工伤亡事故分类》(GB 6441—1986)规定,对职业伤害事故,按照其后果的严重程度分类,特大伤亡事故是指一次死亡( )人及其以上的事故。

    A.3   B.5   C.10   D.15

7. 根据《生产安全事故报告和调查处理条例》,下列安全事故中,属于较大事故的是( )。

    A.1人死亡,10人重伤,直接经济损失2000万元

    B.36人死亡,50人重伤,直接经济损失6000万元

    C.2人死亡,100人重伤,直接经济损失1.2亿元

    D.12人死亡,直接经济损失960万元

8. 某县一建筑工地发生生产安全较大事故,则事故调查组应由( )负责组织。

    A.事故发生地省级人民政府   B.事故发生地设区的市级人民政府负责

    C.国务院应急管理部门   D.事故发生单位

9. 建设工程安全事故处理的程序包括:①组织调查组,开展事故调查;②制定预防措施;③有组织、有指挥地抢救伤员、排除险情;④现场勘查;⑤分析事故原因;⑥事故的审理和结案;⑦提交事故调查报告。其中排序正确的是( )。

    A.③①②④⑤⑦⑥   B.①③④⑦②⑥⑤

    C.②①④③⑥⑦⑤   D.③①④⑤②⑦⑥

10. 根据我国《生产安全事故统计报表制度》,经查实的瞒报、漏报的生产安全事故,应在接到生产安全事故信息通报后( ),在"安全生产综合统计信息直报系统"中进行填报。

    A.12h内   B.24h内   C.48h内   D.72h内

11. 建设工程安全事故调查组应当提交事故调查报告的时间为( )。

    A.自事故发生之日起30日内   B.自调查组成立之日起30日内

    C.自调查组成立之日起60日内   D.自事故发生之日起60日内

12. 阐述事故应急方针、政策及应急组织结构属于(　　)的内容。

　　A.综合应急预案　　　　　　　　　　B.综合生产应急预案

　　C.专项应急预案　　　　　　　　　　D.现场处置方案

13. 根据《生产安全事故报告和调查处理条例》,下列建设工程施工生产安全事故中,属于重大事故的是(　　)。

　　A.某矿山工程发生透水事件,造成直接经济损失5000万元,没有人员伤亡

　　B.某拆除工程安全事故,造成直接经济损失1000万元,45人重伤

　　C.某建设工程脚手架倒塌,造成直接经济损失960万元,8人重伤

　　D.某建设工程提前拆模导致结构坍塌,造成35人死亡,直接经济损失4500万元

14. 应急预案的评审应当由(　　)组织有关专家对本部门编制的应急预案进行审定。

　　A.各级建设行政主管部门　　　　　　B.同级建设行政主管部门

　　C.各级人民政府应急管理部门　　　　D.同级人民政府应急管理部门

15. 事故调查组应当自事故发生之日起(　　)日内提交事故调查报告;特殊情况下,经负责事故调查的人民政府批准,提交事故调查报告的期限可以适当延长,但延长的期限最长不超过(　　)日。

　　A.30;30　　　　　　B.30;90　　　　　　C.30;60　　　　　　D.60;60

二、多项选择题

1. 县级人民政府立案自收到调查报告15日内作出批复的工程有(　　)。(2022真题)

　　A.无人员死亡的较大事故　　　　　　B.直接经济损失较小的重大事故

　　C.人员死亡的一般事故　　　　　　　D.特别重大事故

　　E.无人员伤亡的一般事故

2. 下列关于生产安全事故报告和调查处理原则的说法,正确的有(　　)。(2017真题)

　　A.事故未整改到位不放过

　　B.事故未及时报告不放过

　　C.事故原因未查清不放过

　　D.事故责任人和周围群众未受到教育不放过

　　E.事故责任人未受到处理不放过

3. 下列建设工程生产安全事故应急预案的具体内容中,属于综合预案编制内容的有(　　)。

　　A.信息发布　　　　　　　　　　　　B.应急处置

　　C.经费保障　　　　　　　　　　　　D.事故征兆

　　E.应急组织与职责

4. 施工单位生产安全事故应急预案应当及时修订的情形有(　　)。

　　A.项目建设单位的组织机构发生调整　　B.应急指挥机构及其职责发生调整

　　C.面临的事故风险发生重大变化　　　　D.下位预案中有关规定发生重大变化

　　E.重要应急救援资源发生重大变化

5. 根据《生产安全事故报告和调查处理条例》,事故调查报告的内容主要有(   )。

　　A.事故发生单位概况　　　　　　　　B.事故发生经过和事故救援情况

　　C.事故责任者的处理结果　　　　　　D.事故造成的人员伤亡和直接经济损失

　　E.事故发生的原因和事故性质

6. 应急预案体系按其构成划分为(   )。

　　A.应急救援措施　　　　　　　　　　B.综合应急预案

　　C.专项应急预案　　　　　　　　　　D.临时处置方案

　　E.现场处置方案

7. 生产安全事故综合应急预案的主要内容包括(   )。

　　A.事故危害程度分析　　　　　　　　B.信息发布

　　C.应急响应　　　　　　　　　　　　D.培训与演练

　　E.施工单位的危险性分析

刷提升　　建议用时:15分钟　　实际用时:_____分钟　　答案:283页

一、单项选择题

1. 下列关于按规定向有关部门报告建设工程安全事故情况的说法,正确的是(   )。(2019真题)

　　A.事故发生后,事故现场有关人员应当于1h内向本单位安全负责人报告

　　B.专业工程施工中出现安全事故的,可以只向行业主管部门报告

　　C.事故现场人员可以直接向事故发生地县级以上人民政府安全生产监督管理部门报告

　　D.应急管理部门每级上报的时间不得超过4h

2. 某工程安全事故造成了500万元的直接经济损失,没有人员伤亡,下列关于该事故调查的说法,正确的是(   )。

　　A.应由事故发生地省级人民政府直接组织事故调查组进行调查

　　B.必须由事故发生地县级人民政府直接组织事故调查组进行调查

　　C.应由事故发生地设区的市级人民政府委托有关部门组织事故调查组进行调查

　　D.可由事故发生地县级人民政府委托事故发生单位组织事故调查组进行调查

3. 使事故责任者和广大群众了解事故发生的原因及所造成的危害,并深刻认识到搞好安全生产的重要性,从事故中吸取教训,提高安全意识,改进安全管理工作。这体现了事故处理中的(   )原则。

　　A.事故原因未查清不放过　　　　　　B.有关人员未受到教育不放过

　　C.责任人员未处理不放过　　　　　　D.整改措施未落实不放过

4. 根据《生产安全事故报告和调查处理条例》,符合施工生产安全事故报告要求的做法是(   )。

　　A.任何情况下,事故现场有关人员必须逐级上报事故情况

　　B.重大事故和特别重大事故,需逐级上报至国务院应急管理部门和负有安全生产监督管理职责的有关部门

　　C.一般事故最高上报至直辖市人民政府应急管理部门

　　D.应急管理部门逐级上报事故情况时,每级上报的时间不得超过1h

二、多项选择题

1. 下列关于安全生产事故应急预案的说法,正确的有(　　)。

　　A. 应急预案编制应结合本地区、本部门、本单位的危险性分析情况

　　B. 应急组织和人员的职责分工明确,并有具体的落实措施

　　C. 应急预案的管理不包括应急预案的奖惩

　　D. 应急预案基本要素齐全、完整,预案附件提供的信息准确

　　E. 生产经营单位应每一年组织一次现场处置方案演练

2. 某工程施工中,因脚手架坍塌导致了 1.2 亿元的直接经济损失。对该事件的正确处理是(　　)。

　　A. 向当地建设行政主管部门报告

　　B. 向省级人民政府应急管理部门报告

　　C. 负责事故调查的人民政府应当自收到事故调查报告之日起 30 日内作出批复

　　D. 该施工单位可以自行组织事故调查组进行调查

　　E. 调查组自事故发生之日起 60 日内提交事故调查报告

3. 下列关于施工生产安全事故报告的说法,正确的有(　　)。

　　A. 施工单位负责人在接到事故报告后,2h 内向上级报告事故情况

　　B. 特别重大事故应逐级上报至国务院应急管理部门和负有安全生产监督管理职责的有关部门

　　C. 重大事故应逐级上报至省、自治区、直辖市人民政府应急管理部门和负有安全生产监督管理职责的有关部门

　　D. 一般事故应上报至设区的市级人民政府应急管理部门和负有安全生产监督管理职责的有关部门

　　E. 对于需逐级上报的事故,每级应急管理部门上报的时间不得超过 2h

专题 4　建设工程施工现场职业健康安全与环境管理的要求

考向预测

考点	考向预测	重要程度
施工现场文明施工的要求	施工现场文明施工的要求	★
施工现场环境保护的要求	环境污染的分类、固体废物的处理	★★
施工现场职业健康安全卫生的要求	职业健康安全卫生的要求	★

刷基础

建议用时:25 分钟　　实际用时:____分钟　　答案:284 页

一、单项选择题

1. 下列关于施工现场食堂职业健康安全卫生管理的说法,正确的是(　　)。(2018 真题)

　　A. 食堂制作间灶台及周边贴 1.8m 高瓷砖

　　B. 食堂不需办理卫生许可证,但炊事人员须有健康证明

C.除炊事人员和现场管理人员外,不得随意进入制作间

D.食堂外敞开式泔水桶,并定期进行清理

2. 下列施工现场防止噪声污染的措施中,最根本的措施是(   )。(2016真题)

    A.接收者防护   B.传播途径控制

    C.严格控制作业时间   D.声源上降低噪声

3. 包含防治污染设施的建设工程项目,其防治污染的设施必须经(   )验收合格后,该项目方可投入生产或使用。

    A.建设单位的上级主管部门   B.工程质量监督机构

    C.环境保护行政主管部门   D.安全生产行政管理部门

4. 施工现场(   )人以上的临时食堂,污水排放时可设置简易有效的隔油池,定期清理,防止污染。

    A.20   B.100   C.50   D.80

5. 根据施工现场噪声污染国家标准《建筑施工场界环境噪声排放标准》(GB 12523—2011)的规定,夜间吊车、升降机作业时的噪声排放限值为(   )dB(A)。

    A.50   B.55   C.65   D.70

6. 根据施工现场环境保护的要求,凡在人口稠密区进行强噪声作业时,须严格控制作业时间,一般情况下,停止强噪声作业的时间是(   )。

    A.晚9点到次日早4点之间   B.晚11点到次日早4点之间

    C.晚10点到次日早5点之间   D.晚10点到次日早6点之间

7. 建设工程施工工地上,对于不适合再利用、且不宜直接予以填埋处置的废物,可采取(   )的处理方法。

    A.减量化处置   B.焚烧

    C.稳定固化   D.消纳分解

8. 施工现场文明施工管理组织的第一责任人是(   )。

    A.总监理工程师   B.业主代表

    C.项目经理   D.项目总工程师

9. 建设工程固体废物的处理方法中,进行资源化处理的重要手段是(   )。

    A.减量化处理   B.回收利用

    C.填埋处置   D.稳定固化

10. 下列关于施工现场宿舍设置的说法,正确的是(   )。

    A.室内净高2.5m   B.室内通道宽度0.8m

    C.每间宿舍居住18人   D.使用通铺

11. 在建设工程施工现场,欲将松散的废物胶结包裹起来,可采取(   )的处理方法。

    A.减量化处理   B.填埋

    C.回收利用   D.稳定固化

二、多项选择题

1. 下列施工现场噪声控制措施中,属于控制传播途径的有( )。(2020 真题)

   A.选用吸声材料搭设防护棚　　　　　B.使用耳塞、耳罩等防护用品

   C.改变振动源与其他刚性结构的连接方式　　D.限制高音喇叭的使用

   E.进行强噪声作业时严格控制作业时间

2. 下列建设工程施工现场的防治措施中,属于空气污染防治措施的有( )。(2019 真题)

   A.清理高大建筑物的施工垃圾时使用封闭式容器

   B.施工现场道路指定专人定期洒水清扫

   C.机动车安装减少尾气排放的装置

   D.拆除旧建筑时,适当洒水

   E.化学用品妥善保管,库内存放避免污染

3. 下列关于建设工程现场职业健康安全卫生措施的说法,正确的有( )。(2016 真题)

   A.每间宿舍居住人员不得超过 12 人　　B.施工现场宿舍必须设置可开启式窗户

   C.现场食堂炊事人员必须持身体健康证上岗　　D.厕所应设专人负责清扫、消毒

   E.施工区必须配备开水炉

4. 下列施工现场环境保护措施中,属于空气污染防治措施的有( )。

   A.施工现场不得甩打模板　　　　　　B.指定专人定期清扫施工现场道路

   C.工地茶炉采用电热水器　　　　　　D.使用封闭式容器处理高空废弃物

   E.化学药品应在库内存放

5. 《中华人民共和国环境保护法》和《中华人民共和国环境影响评价法》对建设工程项目环境保护的基本要求有( )。

   A.应满足项目所在区域环境质量、相应环境功能区划和生态功能区划标准或要求

   B.对可能严重影响项目所在地居民生活环境质量的项目,环保总局必须举行听证会

   C.开发利用自然资源的项目,必须采取措施保护生态环境

   D.建设工程项目中防治污染的设施,必须与主体工程同时设计、同时施工、同时投产使用

   E.防治污染的设施必须经原审批环境影响报告书的环境保护行政主管部门验收合格后,该建设工程项目方可投入生产或使用

6. 下列关于施工过程水污染预防措施的说法,正确的有( )。

   A.禁止将有毒有害废弃物作土方回填

   B.施工现场搅拌站废水经沉淀池沉淀合格后也不能用于工地洒水降尘

   C.现制水磨石的污水必须经沉淀池沉淀合格后再排放

   D.现场存放油料,必须对库房地面进行防渗处理

   E.化学用品、外加剂等要妥善保管,库内存放

7. 下列关于施工现场职业健康安全卫生要求的说法,正确的有( )。

   A.生活区可以设置敞开式垃圾容器　　　B.食堂外设置敞开式泔水桶,并定期进行清理

C.施工现场水冲式厕所地面必须硬化　　　　　D.现场食堂必须设置独立制作间

E.除炊事人员外,不得随意进入制作间

8.下列关于建设工程现场职业健康安全卫生措施的说法,正确的有(　　　)。

A.食堂的燃气罐应单独设置存放间

B.食堂应设置独立的制作间、储藏间,门扇下方应设不低于0.3m的防鼠挡板

C.食堂应设置在远离厕所、垃圾站、有毒有害场所等污染源的地方

D.食堂外应设置密闭式泔水桶,并应及时清运

E.食堂制作间灶台及其周边应贴瓷砖,所贴瓷砖高度不宜低于1.8m

9.施工现场宿舍的设置,符合要求的是(　　　)。

A.室内净高为2.3m　　　　　　　　　　　B.每间宿舍居住人员18人

C.2层床铺　　　　　　　　　　　　　　　D.通道宽度1.2m

E.通铺长度14m

10.下列关于施工过程水污染防治措施的说法,正确的有(　　　)。

A.禁止将有毒有害废弃物作土方回填

B.现制水磨石的污水必须经沉淀池沉淀合格后再排放

C.现场存放油料,必须对库房地面进行防渗处理

D.施工现场搅拌站废水经沉淀池沉淀合格后也不能用于工地洒水降尘

E.化学用品、外加剂等要妥善保管,库内存放

11.下列关于现场职业健康安全卫生的措施的说法,错误的有(　　　)。

A.施工现场应配备颈托、担架等急救器材

B.食堂门扇下方应设不低于0.12m的防鼠挡板

C.粮食存放台距墙应大于0.2m

D.厕所蹲位挡板高度不宜低于0.8m

E.高层建筑施工超过8层后,每隔2层设置临时厕所

12.下列关于建设工程现场职业健康安全卫生的管理措施的说法,正确的有(　　　)。

A.宿舍内应保证有必要的生活空间,室内净高不得小于2m,通道宽度不得小于0.9m

B.每间宿舍居住人员有18人

C.食堂必须有卫生许可证,炊事人员必须持身体健康证上岗

D.食堂门窗下方应设不低于0.1m的防鼠挡板

E.厕所地面应硬化,蹲位之间宜设置不低于0.9m高度的隔板

13.下列关于施工过程水污染的防治,正确的有(　　　)。

A.化学用品、外加剂等要妥善保管,库内存放,防止污染环境

B.工地临时厕所、化粪池应采取防渗漏措施

C.施工现场50人以上的临时食堂,污水排放时可设置简易有效的隔油池

D.施工现场搅拌站废水,经沉淀池沉淀合格后,用于工地洒水降尘

E.有毒有害废弃物作土方回填

刷提升　建议用时:20分钟　实际用时:____分钟　答案:286页

一、单项选择题

1.清理高层建筑施工垃圾的正确做法是( )。

　　A.将施工垃圾洒水后沿临边窗口倾倒至地面后集中处理

　　B.将各楼层施工垃圾焚烧后装入密封容器吊走

　　C.将各楼层施工垃圾装入密封容器吊走

　　D.将施工垃圾从电梯井倾倒至地面后集中处理

2.改变振动源与其他刚性结构的连接方式以减振降噪的做法,属于噪声控制技术中的( )。

　　A.声源控制　　　　　　　　　　　B.接收者防护

　　C.人为噪声控制　　　　　　　　　D.传播途径控制

3.下列施工现场环境保护措施中,属于大气污染防治处理措施的是( )。

　　A.工地临时厕所,化粪池采取防渗漏措施　　B.易扬尘处采用密目式安全网封闭

　　C.禁止将有毒、有害废弃物用于土方回填　　D.机械设备安装消声器

4.某施工现场存放水泥、白灰、珍珠岩等容易飞扬的细颗粒散体材料,应采取的合理措施是( )。

　　A.入库密闭存放或覆盖存放　　　　　B.洒水覆膜封闭或表面临时固化或植草

　　C.周围采用密目式安全网或草帘搭设屏障　　D.安装除尘器

5.下列关于建设工程现场文明施工的措施的说法,正确的是( )。

　　A.施工现场要设置半封闭的围挡　　　　B.施工现场设置的围挡高度不得低于1.5m

　　C.严禁污水外流或未经允许排入河道　　D.专职安全员为现场文明施工的第一责任人

二、多项选择题

1.下列关于建设工程施工现场文明施工的说法,正确的有( )。

　　A.施工现场必须实行封闭管理,设置进出口大门,制定门卫制度,严格执行外来人员进场登记制度

　　B.沿工地四周连续设置围挡,市区主要道路和其他涉及市容景观路段的工地围挡的高度不得低于2.4m

　　C.项目经理是施工现场文明施工的第一责任人

　　D.施工现场设置排水系统,泥浆、污水、废水有组织地直接排入下水道

　　E.现场建立消防领导小组,落实消防责任制和责任人员

2.下列关于建设工程现场文明施工措施的说法,正确的有( )。

　　A.作业区、生活区主干道地面必须用一定厚度的混凝土硬化,场内其他道路地面不必作硬化处理

　　B.施工场地内的建筑材料必须按项目经理的指令堆放

　　C.施工现场适当地方设置吸烟处,作业区内禁止随意吸烟

　　D.易燃易爆物品堆放间、油漆间、木工间、总配电室等消防防火重点部位要按规定设置灭火器和消防沙箱,专人负责

　　E.在现场办公室的显著位置张贴急救车和有关医院的电话号码

3.下列关于落实现场文明施工的各项管理措施的说法,正确的有( )。

　　A.建立门卫值班管理制度

　　B.施工现场作业区与办公、生活区必须明显划分

　　C.涉及市容景观的工地围挡高度不得低于1.8m

　　D.施工现场设置排水系统,泥浆、污水有组织地排入下水道

　　E.确立企业法人为第一责任人的施工现场文明管理组织

4.下列关于建设工程现场职业健康安全卫生的措施的说法,错误的有( )。

　　A.制作间灶台及其周边应贴瓷砖,所贴瓷砖高度不宜小于0.9m

　　B.食堂必须有卫生许可证,炊事人员必须持身体健康证上岗

　　C.施工现场作业人员发生食物中毒时,必须在3h内向施工现场所在地建设行政主管部门和有
　　　关部门报告,并应积极配合调查处理

　　D.高层建筑施工超过8层以后,每隔2层宜设置临时厕所

　　E.食堂应设置在远离厕所、垃圾站、有毒有害场所等污染源的地方

刷综合

建议用时:35分钟　　实际用时:＿＿＿分钟　　答案:287页

一、单项选择题

1.施工单位应定期组织事故发生时疏散及抢救方法的训练和演习,这体现了安全隐患治理原则中
　的( )原则。(2020真题)

　　A.预防与减灾并重治理　　　　　　　　B.单项隐患综合治理

　　C.冗余安全度治理　　　　　　　　　　D.直接与间接隐患并治

2.下列关于建设工程职业健康安全与环境管理要求的说法,错误的是( )。

　　A.自开工报告批准之日起15日内,施工单位将保证安全施工的措施备案

　　B.项目负责人是施工项目生产的主要负责人

　　C.环保行政主管部门应在收到申请环保设施竣工验收之日起30日内完成验收

　　D.建设工程实行总承包的,由总承包单位对施工现场的安全生产负总责并自行完成工程主体结
　　　构的施工

3.下列关于职业健康安全与环境管理体系维持的说法,正确的是( )。

　　A.管理评审是管理体系自我保证和自我监督的一种机制

　　B.内部审核是对相关的法律的执行情况进行评价

　　C.管理评审是组织的最高管理者对管理体系的系统评价

　　D.内部审核是管理体系接受政府监督的一种机制

4.某工地发生触电事故,一方面进行人员的安全用电操作教育,同时现场也要设置漏电开关,对配
　电箱、用电线路进行防护改造,也要严禁非专业电工乱接乱拉电线。这体现了安全事故隐患处
　理( )原则。

　　A.预防和减灾并重治理原则　　　　　　B.单项隐患综合治理原则

　　C.重点治理原则　　　　　　　　　　　D.事故直接隐患与间接隐患并治原则

5."治理安全事故隐患时,需尽可能减少发生事故的可能性,如果不能安全控制事故的发生,也要

设法将事故等级减低",体现了安全事故隐患的(　　)原则。

A.冗余安全度治理

B.直接隐患与间接隐患并治

C.单项隐患综合治理

D.预防与减灾并重治理

6.下列关于安全生产事故应急预案管理的说法,正确的是(　　)。

A.非参建单位的安全生产及应急管理方面的专家,均可受邀参加应急预案评审

B.应急预案应报上级人民政府和上一级应急管理部门备案

C.生产经营单位应每半年至少组织一次现场处置方案演练

D.生产经营单位应每半年至少组织两次综合应急预案演练或者专项应急预案演练

7.下列关于事故应急预案的管理说法,正确的是(　　)。

A.地方各级人民政府应急管理部门应当组织有关专家对本部门的应急预案进行审定,且必须召开听证会

B.地方各级人民政府应急管理部门的应急预案,应报上一级人民政府应急管理部门备案,无需公布

C.生产经营单位应每一年组织一次现场处置方案演练

D.施工单位应急指挥机构及其职责发生调整的,应修订应急预案

8.利用水泥、沥青等胶结材料,将松散的废物胶结包裹起来,减少有害物质从废物中向外迁移、扩散,使得废物对环境的污染减少。此做法属于固体废物(　　)的处理。

A.填埋

B.稳定和固化

C.压实浓缩

D.减量化

9.下列施工现场噪声控制的措施中,属于声源控制的是(　　)。

A.利用消声器阻止传播

B.利用吸声材料吸收声能

C.采用低噪声设备和加工工艺

D.应用隔声屏障阻碍噪声传播

二、多项选择题

1.下列关于安全技术交底内容及要求的说法,正确的有(　　)。(2018真题)

A.内容中必须包括事故发生后的避难和急救措施

B.项目部必须实行逐级交底制度,纵向延伸到班组全体人员

C.内容中必须包括针对危险点的预防措施

D.定期向交叉作业的施工班组进行口头交底

E.涉及"四新"项目的单项技术设计必须经过两阶段技术交底

2.下列关于生产安全事故应急预案的说法,正确的有(　　)。(2018真题)

A.应急预案体系包括综合应急预案、专项应急预案和现场处置方案

B.编制目的是为了杜绝职业健康安全和环境事故的发生

C.综合应急预案从总体上阐述应急的基本要求和程序

D.专项应急预案是针对具体装置、场所或设施、岗位所制定的应急措施

E.现场处置方案是针对具体事故类别,危险源和研究保障而制定的计划或方案

3.下列关于建设工程现场文明施工管理措施的说法,正确的有(　　)。(2017真题)

A.项目安全负责人是施工现场文明施工的第一负责人

B.沿工地四周连续设置围挡,市区主要路段的围挡高度不低于1.8m

C.施工现场设置排水系统,泥浆、污水、废水有组织地排入下水道

D.施工现场必须实行封闭管理,严格执行外来人员进场登记制度

E.现场必须有消防平面布置图,临时设施按消防条例有关规定布置

4.下列关于建设工程职业健康安全与环境管理要求的说法,正确的有(　　)。

A.对于依法批准开工报告的建设工程,建设单位自开工报告批准之日起15日内,将保证安全施工的措施报送主管部门备案

B.项目负责人是安全生产的第一负责人

C.企业的法定代表人是施工项目生产的主要负责人

D.环保行政主管部门应在收到申请环保设施竣工验收之日起15日内完成验收

E.建设工程实行总承包的,由总承包单位对施工现场的安全生产负总责并自行完成工程主体

5.下列关于管理体系合规性评价的说法,正确的有(　　)。

A.合规性评价分公司级、项目组级和班组级评价三个层次进行

B.各级合规性评价后,对不能充分满足要求的相关活动或行为,通过管理方案或纠正措施等方式进行逐步改进

C.公司级评价每年至少进行一次

D.当某个阶段施工时间超过半年时,项目组级合规性评价不少于一次

E.项目组级合规性评价次数至少进行两次,视项目实施阶段的施工时间长短而定

6.下列关于建设工程安全事故处理的说法,正确的有(　　)。

A.事故发生后,事故现场有关人员应当立即向本单位负责人报告

B.施工单位负责人接到报告后应当在1h内上报事故情况

C.特别重大事故应逐级上报至国务院应急管理部门和负有安监职责的部门

D.事故调查组应当自事故发生之日起30日内提交事故调查报告

E.任何情况下,应急管理部门不得越级上报事故情况

7.某工程施工中,因脚手架坍塌导致了650万元的直接经济损失。对该事件的正确处理措施有(　　)。

A.向当地建设行政主管部门报告

B.负责事故调查的人民政府应当自收到事故调查报告之日起30日内作出批复

C.向设区的当地市级人民政府应急管理部门报告

D.该施工单位可以自行组织事故调查组进行调查

E.事故调查要确定事故的直接责任者、间接责任者和主要责任者

8.下列关于施工现场环境保护的措施,错误的有(　　)。

A.清理施工垃圾可使用敞开式容器处理高空废弃物

B.施工现场50人以上临时食堂,排放污水应设置隔油池

C.建筑施工场界夜间噪声排放限值为55dB(A)

D.利用消声器阻止声音传播属于减振降噪

E.油毡等固体废弃物适用于破碎后焚烧处理

第6章　建设工程合同与合同管理

考情概述

本章包括7个专题,是近几年考查分值最高的一章。本章主要集中在填空型、判断型、归属型选择题,记忆量大,知识点容易混淆。近6年考试分值平均在25分左右。因此学习时应建立学习思路,采用理论与实际相结合的方法进行复习。

本章近6年分值分布表　　　　　　　　　　　　　　(单位:分)

序号	专题名	2022	2021	2020	2019	2018	2017
1	建设工程施工招标与投标	3	3	3	4	3	3
2	建设工程合同的内容	5	5	5	5	4	8
3	合同计价方式	4	4	4	4	4	4
4	建设工程施工合同风险管理、工程保险和工程担保	3	4	4	3	4	3
5	建设工程施工合同实施	4	4	6	4	4	4
6	建设工程索赔	4	4	4	4	4	4
7	国际建设工程施工承包合同	1	1	1	1	2	2

专题1　建设工程施工招标与投标

考向预测

考点	考向预测	重要程度
施工招标	施工招标应具备的条件、邀请招标的条件、施工招标信息的发布	★
施工投标	投标文件的时效性	★★
合同谈判与签约	合同订立的程序	★

刷基础　　建议用时:25分钟　　实际用时:_____分钟　　答案:289页

一、单项选择题

1. 下列关于招标信息发布的说法,正确的是(　　　)。(2020真题)

A.投资1000万元的工程施工招标可以采用不公开的方式发布信息

B.招标公告只能在中国招标投标公共服务平台发布

C.自招标文件出售之日起至停止出售之日止,最短不得少于5天

D.投标人必须自费购买相关招标或资格预审文件,未中标时予以退还

2. 下列关于建设工程合同订立程序的说法,正确的是(　　　)。(2019真题)

A.招标人通过媒体发布招标公告,称为承诺

B.招标人向符合条件的投标人发出招标文件,称为要约邀请

C.投标人向招标人提交投标文件,称为承诺

D.招标人向中标人发出中标通知书,称为要约邀请

3. 根据《中华人民共和国招标投标法》的规定,招标人对已发出的招标文件进行必要的澄清或修改的,应当在招标文件要求的提交投标文件截止时间至少(   )日前书面通知。

A.7　　　　　　　　B.14　　　　　　　　C.21　　　　　　　　D.15

4. 根据《中华人民共和国招标投标法实施条例》,建设工程项目允许采用邀请招标方式的情形是(   )。

A.因潜在投标人多而导致招标工作量太大的

B.因潜在投标人不了解信息而导致投标人太少的

C.公开招标程序过于繁琐的

D.受自然环境限制,只有少量潜在投标人可供选择

5. 在建设工程施工投标过程中,施工方案应由投标人的(   )主持制定。

A.项目经理　　　　　　　　　　　　　　B.法人代表

C.分管投标的负责人　　　　　　　　　　D.技术负责人

6. 建设工程招标投标活动中,自投标截止时间到投标有效期终止时间之前,下列关于投标文件处理的说法,正确的是(   )。

A.投标人可以替换已提交的投标文件

B.投标人可以补充或修改已提交的投标文件

C.投标人撤销投标文件的,其投标保证金将被没收

D.投标文件在该期间送达的,也应视为有效

7. 在签订合同的谈判中,为了防范货币贬值或者通货膨胀的风险,招标人和中标人一般通过(   )约定风险分担方式。

A.确定合同价格条款　　　　　　　　　　B.调整工程范围

C.确定合同款支付方式　　　　　　　　　D.确定价格调整条款

8. 下列合同条款中,与合同支付方式有关的条款不包括(   )。

A.市场价格波动引起的调整　　　　　　　B.预付款比例

C.工程进度款支付审批程序　　　　　　　D.质量保证金的扣留与退还

9. 某按工程量清单计价的招标工程,投标人在复核工程量清单时发现工程数量与设计文件和现场实际有较大的差异,则投标人的正确处理方式是(   )。

A.自行调整清单数量,在附录中加以说明,并按调整后的数量投标

B.根据清单数量和投标人复核的数量分别报价,供业主选择

C.以适当的方式要求招标人澄清,视结果进行投标

D.不予理会,按照招标文件提供的清单数量进行投标

10. 下列建设工程项目招投标活动中,属于"承诺"行为的是(　　)。

　　A.提交招标文件　　　　　　　　　B.签订承包合同

　　C.发出中标通知书　　　　　　　　D.发布招标公告

11. 下列关于招标信息发布的说法,错误的是(　　)。

　　A.招标文件售出后不予退还

　　B.招标人应当按招标公告或者投标邀请书规定的时间、地点出售招标文件或资格预审文件

　　C.招标人可以对招标文件所附的设计文件向投标人收取一定费用

　　D.自招标文件出售之日起至停止出售之日止,最短不得少于 5 日

12. 下列关于施工投标的说法,正确的是(　　)。

　　A.投标人在投标截止时间后送达的投标文件,招标人应移交评标委员会处理

　　B.投标人在招标范围以外提出新的要求,可视为对投标文件的补充,由评标委员会进行评定

　　C.投标书中采用不平衡报价时,应视为对招标文件的否定

　　D.投标书需要盖有投标企业公章和企业法人的名章(签字)并进行密封,密封不满足要求的按
　　　无效标处理

二、多项选择题

1. 根据《中华人民共和国招标投标法》,下列宜采用公开招标方式确定承包人的有(　　)。

　　A.技术复杂且潜在投标人较少的项目　　B.大型基础设施项目

　　C.部分使用国有资金投资的项目　　　　D.使用国际组织援助资金的项目

　　E.关系公众安全的公共事业项目

2. 根据我国有关法规规定,建设工程施工招标应具备的条件包括(　　)。

　　A.招标人已经委托了招标代理单位

　　B.施工图设计已经全部完成

　　C.有相应资金或资金来源已经落实

　　D.应当履行审批手续的初步设计及概算已获批准

　　E.应当履行核准手续的招标范围和招标方式等已获核准

3. 投标人须知是招标人向投标人传递的基础信息文件,投标人应该特别注意其中的(　　)。

　　A.招标人的责权利　　　　　　　　B.招标工程的范围和详细内容

　　C.投标文件的组成　　　　　　　　D.施工技术说明

　　E.重要的时间安排

4. 施工单位中标后与建设工程项目招标人进行合同谈判后达成一致的内容,应以(　　)方式确定
　　下来作为合同的附件。

　　A.合同补遗　　　　　　　　　　　B.工程变更文件

　　C.会议纪要　　　　　　　　　　　D.投标补充文件

　　E.协议书

5. 建设工程施工招投标程序中,评标阶段详细评审环节对商务标的审查内容是( )。

    A.标书的计价方式   B.标书的优惠条件

    C.报价的构成和取费标准   D.报价计算的正确性

    E.价格调整条件

6. 下列关于建设工程施工承包合同最后文本的确定和合同签订的说法,正确的有( )。

    A.在合同谈判阶段双方谈判的结果一般以"合同谈判纪要"形式,有时也可以以"合同补遗"形式,形成书面文件

    B.建设工程施工合同由合同双方达成协议并签字后,即受法律保护

    C.双方在合同谈判结束后,即形成正式的合同文件

    D.计价方式一般在合同谈判阶段没有讨论的余地

    E.在签订合同之前,承包人应对合同的合法性、完备性、合同双方的责任、权益以及合同风险进行评审、认定和评价

7. 根据《中华人民共和国招标投标法》,下列项目宜采用公开招标方式确定承包人的有( )。

    A.大型基础设施项目   B.部分使用国有资金投资的项目

    C.使用国际组织援助资金的项目   D.关系公众安全的公共事业项目

    E.技术复杂且潜在投标人较少的项目

8. 依据《中华人民共和国招标投标法实施条例》,招标人以不合理条件限制、排斥投标人的行为有( )。

    A.就同一招标项目向投标人提供有差别的项目信息

    B.就同一招标项目对投标人采取不同的资格审查标准

    C.招标项目以获得鲁班奖工程业绩作为加分条件

    D.招标项目指定特定的专利作为中标条件

    E.依照招标项目的总体特点设定专门的技术条件

9. 建设工程项目评标过程中,详细评审包括( )。

    A.投标担保的有效性   B.投标资格审查

    C.投标书的组织结构   D.投标书的报价构成

    E.投标书的计价方式

10. 评标的方法有( )等,可根据不同的招标内容选择确定相应的方法。

    A.综合评分法   B.评议法

    C.标准评审法   D.单价评标法

    E.评标价法

11. 下列关于建设工程施工招标标前会议的说法,正确的有( )。

    A.标前会议是招标人按投标须知在规定的时间、地点召开的会议

    B.招标人对问题的答复函件须注明问题来源

C.招标人可以根据实际情况在标前会议上确定延长投标截止时间

D.标前会议纪要与招标文件内容不一致时,应以招标文件为准

E.标前会议结束后,招标人应将会议纪要用书面通知形式发给每个获得投标文件的投标意

向者

刷提升　　建议用时:10 分钟　　实际用时:＿＿＿分钟　　答案:291 页

一、单项选择题

1.建设工程施工招投标程序中,评标阶段初步评审环节对商务标的审查内容是(　　)。(2018 真题)

A.标书的计价方式　　　　　　　　　B.标书的优惠条件

C.报价的构成和取费标准　　　　　　D.报价计算的正确性

2.下列关于建设工程施工合同谈判与签约的说法,正确的是(　　)。

A.在合同谈判阶段形成的所有文件都是合同文件的组成部分

B.建设工程施工合同由合同双方达成协议并签字后,即受法律保护

C.双方在合同谈判结束后,即形成正式的合同文件

D.在合同谈判中,双方可以对技术要求进行进一步讨论和确认

3.下列关于招标信息的发布与修正的说法,正确的是(　　)。

A.招标人在发布招标公告或发出投标邀请书后,不得擅自终止招标

B.投标人可免费获得相关招标文件或资格预审文件

C.自招标文件出售之日起至停止出售之日止,最短不得少于 3 日

D.招标人对已发出的招标文件进行修改,应当在招标文件要求提交投标文件截止时间至少 5 日

前发出

二、多项选择题

1.下列关于正式投标及投标文件的说法,正确的有(　　)。(2020 真题)

A.标书密封不满足要求,经甲方同意投标是有效的

B.项目经理部组织投标时不需要企业法人对投标项目经理的授权委托书

C.通常情况下投标不需要提交投标担保

D.在招标文件要求提交的截止时间后送达的投标文件,招标人可以拒收

E.标书提交的基本要求是签章、密封

2.下列关于合同谈判中工期和维修期的说法,正确的有(　　)。

A.对于具有较多单项工程的建设项目,可在合同中明确允许分部位提交业主验收

B.由于工程变更原因对工期产生不利影响时,应给予承包人要求合理延长工期的权利

C.承包人只应该承担由于材料、施工方法及操作工艺等不符合合同规定而产生的缺陷

D.承包人不能用维修保函来代替业主留的保留金

E.业主和承包人应当根据项目情况、施工环境因素等商定适当的开工时间

3.下列关于资格预审的说法,错误的有( )。

A.可以在任何时间和地点出售资格预审文件,并同时公布资格预审文件的答疑时间

B.只要具有资金条件的投标人都可以参加投标

C.资格预审是一个重要的过程,要有比较严谨的执行程序

D.通过资格预审可以淘汰不合格的潜在投标人

E.资格审查可以分为资格预审和资格后审

专题2　建设工程合同的内容

考向预测

考点	考向预测	重要程度
施工承包合同的内容	保修期与缺陷责任期的区分、各参与方的责权利	★★★
物资采购合同的内容	物资采购的包装、物资采购的运输	★★
施工专业分包合同的内容	专业分包的工作内容	★
施工劳务分包合同的内容	劳务分包的报酬支付	★★
工程总承包合同的内容	各方的工作内容	★★
工程监理合同的内容	监理人职责	★★★
工程咨询合同的内容	咨询工程师的权利	★

刷基础　建议用时:35分钟　实际用时:_____分钟　答案:292页

一、单项选择题

1.根据《建设工程施工专业分包合同(示范文本)》(GF—2003—0213),下列关于专业工程分包人责任和义务的说法,正确的是( )。(2020真题)

A.分包人应允许发包人授权的人员在工作时间内合理进入分包工程施工场地

B.分包人必须服从发包人直接发出的指令

C.遵守政府有关主管部门的管理规定但不用办理有关手续

D.分包人可以直接与发包人或工程师发生直接工作联系

2.某工程承包人于2018年6月15日向监理人递交了竣工验收申请报告,7月10日竣工验收合格,7月18日发包人签发了工程验收证书。根据《建设工程施工合同(示范文本)》(GF—2017—0201)的通用条款,该工程的实际竣工日期、保修期起算日分别为( )。(2018真题)

A.6月15日、7月10日　　　　B.7月10日、7月18日

C.6月15日、7月18日　　　　D.7月18日、7月10日

3.下列关于物资采购交货日期的说法,正确的是( )。

A.凡委托运输部门送货的,以供货方发运产品时承运单位签发的日期为准

B.供货方负责送货的,以供货方按合同规定通知的提货日期为准

C.采购方提货的,以采购方收货戳记的日期为准

D.凡委托运输单位代运的产品,以向承运单位提出申请的日期为准

4. 在施工过程中,工程师发现曾检验"合格"的工程部位仍存在施工质量问题,则修复该部位工程质量缺陷时,应(　　)。

A.由承包人承担费用,工期不予顺延　　　　B.由发包人承担费用,工期给予顺延

C.由承包人承担费用,工期给予顺延　　　　D.由发包人承担费用,工期不予顺延

5. 根据《建设工程施工合同(示范文本)》(GF—2017—0201),工程未经竣工验收,发包人擅自使用的,以(　　)为实际竣工日期。

A.承包人提交竣工验收申请报告之日　　　　B.转移占有工程之日

C.监理人组织竣工初验之日　　　　D.发包人签发工程接收证书之日

6. 根据《建设工程施工专业分包合同(示范文本)》(GF—2003—0213),承包人应提供总包合同供分包人查阅,但可以不包括其中有关(　　)。

A.承包工程的价格内容　　　　B.承包工程的进度要求

C.项目业主的情况　　　　D.违约责任的条款

7. 根据《建设工程施工劳务分包合同(示范文本)》(GF—2003—0214),合同中对固定劳动报酬可以约定调整的情况是(　　)。

A.市场人工价格低于合同约定基准价格,按变化前后价格差予以调整

B.工程量超出设计图纸范围导致劳务价格变化的,按变化前后价格差予以调整

C.施工时超出原施工要求导致劳务价格变化的,按变化前后价格差予以调整

D.法律及政策变化导致劳务价格变化的,按变化前后价格差予以调整

8. 业主依据建设工程施工承包合同支付工程合同款可分(　　)四个阶段进行。

A.履约担保金、工程预付款、工程进度款和最终付款

B.履约担保金、工程进度款、工程付款和退还保留金

C.工程预付款、工程进度款、工程变更款和最终付款

D.工程预付款、工程进度款、最终付款和退还保留金

9. 根据《建设工程施工劳务分包合同(示范文本)》(GF—2003—0214),工程承包人应在确认劳务分包人递交的结算资料后(　　)天内向劳务分包人支付劳务报酬尾款。

A.7　　　　　　　　B.14　　　　　　　　C.21　　　　　　　　D.30

10. 建设工程项目总承包与施工承包的最大不同之处在于总承包商要负责(　　)。

A.承建项目的投料试生产

B.全部或部分工程的设计

C.总价包干

D.所有的主体和附属工程、工艺和设备等的施工与安装

11. 根据《建设工程施工合同(示范文本)》(GF—2017—0201),除专用条款另有约定外,下列合同文件中拥有最优先解释权的是( )。

    A.通用合同条款   B.投标函及其附录(如果有)

    C.技术标准和要求   D.图纸

12. 某工程承包人于 2019 年 5 月 15 日提交了竣工验收申请报告,6 月 10 日工程竣工验收合格,6 月 15 日发包人签发了工程接收证书,根据《建设工程施工合同(示范文本)》(GF—2017—0201)通用条款,该工程的缺陷责任期、保修期起算日分别为( )。

    A.6 月 10 日、6 月 15 日   B.5 月 15 日、6 月 10 日

    C.5 月 15 日、6 月 15 日   D.6 月 15 日、6 月 10 日

13. 根据《建设工程施工专业分包合同(示范文本)》(GF—2003—0213),下列关于发包人、承包人和分包人之间关系的说法,正确的是( )。

    A.就分包范围内的有关工作,承包人随时可以向分包人发出指令

    B.发包人向分包人提供具备施工条件的施工场地

    C.分包人可直接致函发包人或工程师

    D.分包合同价款与总承包合同相应部分价款存在连带关系

14. 工程总承包的任务从时间范围上包括( )。

    A.从投标阶段开始直至保证金返还的全过程

    B.从工程立项到交付使用的工程建设全过程

    C.从发承包合同订立至合同结束的全过程

    D.从设计准备阶段至竣工验收合格的全过程

15. 根据《建设工程施工专业分包合同(示范文本)》(GF—2003—0213),下列关于专业分包的说法,正确的是( )。

    A.分包工程合同不能采用固定价格合同

    B.分包工程合同价款与总包合同相应部分价款没有连带关系

    C.分包人应按规定办理有关施工噪音排放的手续,并承担由此发生的费用

    D.分包人只有在收到承包人的指令后,才能允许发包人授权的人员在工作时间内进入分包工程施工场地

二、多项选择题

1. 下列关于建筑材料采购合同中违约责任的说法,正确的有( )。

    A.属于采购方自提的,接到提前提货通知时,可根据自己的实际情况拒绝

    B.供货方发生逾期交货,要按合同约定依据逾期交货部分货款总价计算违约金

    C.供货方部分交货,应按合同约定的违约金比例乘以不能交货部分货款计算违约金

    D.采购方不能按期提货,只需承担违约金

    E.合同签订后,采购方逾期付款,应按照合同约定支付逾期付款利息

2. 根据《建设工程施工合同(示范文本)》(GF—2017—0201),发包人的责任和义务有(　　)。

　　A.办理建设工程施工许可证　　　　　　B.提供场外交通条件

　　C.办理建设工程规划许可证　　　　　　D.办理工伤保险

　　E.负责施工场地周边的环境保护

3. 根据《建设工程施工合同(示范文本)》(GF—2017—0201),下列工作内容中,属于承包人义务的

　　有(　　)。

　　A.支付施工现场邻近的古树保护费用　　B.办理夜间施工许可证

　　C.照管未交工工程　　　　　　　　　　D.办理施工许可证

　　E.办理施工现场爆破作业申请

4. 某采购合同中,约定由采购方于2021年6月30日到指定地点提取约定数量的货物,2021年7月

　　10日支付货款总额,6月25日采购方接到了提前提货通知,采购方派车于6月28日接收货物,

　　发现供货方交货数量大于约定数量,那么采购方可采取的正确行为有(　　)。

　　A.对多交货部分代为保管,但保管费应由供货方承担

　　B.支付6月25~28日未及时提货的保管费用

　　C.仍可在7月10日支付货款总额

　　D.应在7月8日支付货款总额

　　E.只提取约定数量的货物

5. 根据《建设工程施工合同(示范文本)》(GF—2017—0201),合同文本由(　　)组成。

　　A.通用合同条款　　　　　　　　　　　B.合同协议书

　　C.标准和技术规范　　　　　　　　　　D.专用合同条款

　　E.中标通知书

6. 根据《建设工程施工合同(示范文本)》(GF—2017—0201),合同通用条款规定的合同文件的优

　　先解释顺序,正确的有(　　)。

　　A.投标函及其附录(如果有)优先于专用合同条款及其附件

　　B.专用合同条款及其附件优先于技术标准和要求

　　C.技术标准和要求优先于图纸

　　D.已标价工程量清单或预算书优先于图纸

　　E.合同协议书优先于已标价工程量清单或预算书

7. 根据《建设工程施工合同(示范文本)》(GF—2017—0201),下列关于进度控制的说法,正确的

　　有(　　)。

　　A.发包人和监理人对承包人提交的施工进度计划的确认,可以减轻承包人根据法律规定和合同

　　　　约定应承担的责任或义务

　　B.监理人应在计划开工日期7天前向承包人发出开工通知

　　C.工期自监理人发出开工通知的日期起算

D.监理人认为有必要时,可直接向承包人作出暂停施工的指示

E.任何情况下,发包人不得压缩合理工期

8. 根据《建设工程施工劳务分包合同(示范文本)》(GF—2003—0214),属于劳务分包人工作的有( )。

A.负责编制施工组织设计

B.科学安排作业计划

C.组织编制年、季、月施工计划

D.负责工程测量定位

E.加强现场管理

9. 下列关于专业工程分包人主要责任和义务的说法,正确的有( )。

A.就分包工程范围内的有关工作,承包人随时可以向分包人发出指令

B.某些特定情况下,分包人可与发包人直接进行工作联系

C.按照合同约定的时间,分包人应完成规定的设计内容

D.分包人应允许承包人、发包人、工程师及其三方中任何一方授权的人员在工作时间内,合理进入分包工程施工场地或材料存放的地点

E.承包人应遵守政府有关主管部门对施工场地交通、施工噪声以及环境保护和安全文明生产等的管理规定,按规定办理有关手续,并以书面形式通知分包人,分包人承担由此发生的费用

10. 下列关于建设工程项目总承包的说法,正确的有( )。

A.设计阶段审查会议的组织和时间安排,在专用条款约定

B.承包人的义务包括提交临时占地资料

C.承包人应按合同约定和发包人要求,提交相关报表

D.承包人根据合同约定提供的工程物资,在运抵现场的交货地点并支付了采购进度款,其所有权转为发包人所有

E.承包人负责编制项目进度计划,项目进度计划中的施工期限(含竣工试验),应符合发包人的要求

11. 根据 FIDIC 编制的《业主/咨询工程师(单位)标准服务协议范本》,下列说法正确的有( )。

A.为了服务的需要,客户应免费向工程咨询方提供所需要的设备和设施

B.在客户和第三方之间提供证明、行使决定权或处理权时,应作为仲裁人进行裁决

C.没有客户的书面同意,工作咨询方不得开始实施、更改或终止履行全部或部分服务的任何分包合同

D.咨询工程师对于由他编制的所有文件拥有版权

E.客户的主要义务包括"提供资料"

12. 根据《建设工程施工合同(示范文本)》(GF—2017—0201)通用合同条款,下列关于工程施工交通运输的说法,正确的有( )。

A.承包人未合理预见进出施工现场路径所增加的费用由发包人承担

B.发包人负责取得出入施工现场所需的批准手续和全部权利

C.因承包人原因造成的场内基本交通设施损坏的,由发包人承担修复费

D.场外交通设施无法满足工程施工需要的,由发包人负责完善

E.由承包人负责运输超重件所需的道路临时加固费用由承包人承担

13. 根据《建设工程施工合同(示范文本)》(GF—2017—0201)通用条款,除专用条款另有约定外,发包人的责任与义务包括(　　)。

A.应按照约定向承包人免费提供图纸

B.提供场外交通设施的技术参数和具体条件

C.提供"三通一平"施工条件

D.提供正常施工所需要的进入施工现场的交通条件

E.最迟于开工日期14天前向承包人移交施工现场

14. 根据《建设项目工程总承包合同示范文本(试行)》(GF—2011—0216),承包人主要权利和义务有(　　)。

A.根据合同约定,自费修复竣工后试验中发现的缺陷

B.按照合同约定和发包人的要求,提出相关报表

C.根据合同约定,以书面形式向发包人发出暂停通知

D.根据合同约定,对因发包人原因带来的损失要求赔偿

E.负责办理项目审批,核准或备案手续,取得项目用地的使用权

15. 除专用合同另有约定外,监理工作内容包括(　　)。

A.检查施工承包人专职安全生产管理人员的配备情况

B.检查施工承包人的试验室

C.审核施工分包人资质条件

D.根据具体情况直接签发工程暂停令和复工令

E.参与验收隐蔽工程、分部分项工程

16. 物资采购过程中,合同双方可采取的验收方式有(　　)。

A.驻厂验收　　　　　　　　　　B.提运验收

C.接运验收　　　　　　　　　　D.入库验收

E.监造验收

17. 根据《建设工程监理合同(示范文本)》(GF—2012—0202),监理的工作内容包括(　　)。

A.协助发包人办理开工等审批手续　　B.审查总体施工组织设计

C.检查承包人安全生产管理制度　　　D.编制监理实施细则

E.编写工程质量评估报告

18. 根据《建设工程施工劳务分包合同(示范文本)》(GF—2003—0214),承包人的义务有(　　)。

A.为劳务分包人提供生产、生活临时设施

B.为劳务分包人从事危险作业的职工办理意外伤害保险

C.负责编制物资需用量计划表

D.为租赁或提供给劳务分包人使用的施工机械设备办理保险

E.负责工程测量定位、技术交底,组织图纸会审

刷提升　　建议用时:15分钟　　实际用时:_____分钟　　答案:295页

一、单项选择题

1. 下列关于施工承包合同中缺陷责任与保修的说法,正确的是(　　)。(2017真题)

A.缺陷责任期自实际竣工日期起计算,最长不超过12个月

B.缺陷责任期满,承包人仍应按合同约定的各部位保修年限承担保修义务

C.因发包人原因导致工程无法按合同约定期限进行竣工验收的,缺陷责任期自竣工验收合格之日开始计算

D.发包人未经竣工验收擅自使用工程的,缺陷责任期自承包人提交竣工验收申请报告之日开始计算

2. 某工程竣工验收阶段,承包人于9月1日向工程师送交了竣工验收申请报告;发包人于9月15日组织生产设备启动试车检验;9月18日试车完毕后发包人、承包人、工程师和设计代表在试车记录上签字确认质量合格;工程师于9月20日签发工程移交证书。则承包人的实际竣工日应为(　　)。

A.9月15日　　　　B.9月1日　　　　C.9月18日　　　　D.9月20日

3. 根据《建设工程施工劳务分包合同(示范文本)》(GF—2003—0214),劳务分包人在施工场地内自有施工机械设备的保险手续应由(　　)办理,并支付保险费用。

A.发包人　　　　B.工程承包人　　　　C.劳务分包人　　　　D.工程师

4. 下列关于专业工程分包人责任和义务的说法,正确的是(　　)。

A.分包人必须服从发包人直接发出的指令

B.必须完成规定的设计内容,并承担由此发生的费用

C.分包人应履行总包合同中与分包工程有关的承包人的义务,另有约定除外

D.在合同约定的时间内,向监理人提交施工组织设计,并在批准后执行

二、多项选择题

1. 根据《建设工程施工合同(示范文本)》(GF—2017—0201),发包人责任和义务有(　　)。

A.办理建设工程施工许可证　　　　　　B.办理建设工程规划许可证

C.办理工伤保险　　　　　　　　　　　D.提供场外交通条件

E.负责施工场地周边的环境保护

2. 根据《建设工程施工合同(示范文本)》(GF—2017—0201),下列关于质量控制条款的说法,正确的有(　　)。

A.缺陷责任期最长期限不超过12个月

B.发包人未经竣工验收擅自使用工程的,缺陷责任期自工程转移占有之日起开始计算

C.工程保修期从工程竣工验收合格之日起算,具体分部分项工程的保修期由合同当事人在专用合同条款中约定,但不得低于法定最低保修年限

　　D.除专用合同条款另有约定外,工程隐蔽部位经承包人自检确认具备覆盖条件的,承包人应在共同检查前48h书面通知监理人检查

　　E.监理人的检查和检验影响施工正常进行的,且经检查检验不合格的,影响正常施工的费用由承包人承担,工期相应顺延

3.下列关于监理人职责的说法,正确的有(　　)。

　　A.当委托人与承包人之间的合同争议提交仲裁机构仲裁时,监理人无须提供必要的证明资料

　　B.委托人和承包人提出的意见和要求,监理人应及时提出处置意见

　　C.当委托人与承包人之间的合同争议提交人民法院审理时,监理人应提供必要的证明资料

　　D.监理人处理变更事宜时,如果变更超过授权范围,应以书面形式报委托人批准

　　E.在紧急情况下,为了保护财产和人身安全,监理人所发出的指令未能事先报委托人批准时,应在发出指令后的48h内以书面形式报委托人

4.在合同履行过程中,如发生(　　)情况导致工期延误和费用增加的,发包人应承担相应的费用并支付承包人合理的利润。

　　A.发包人未能及时组织设计图纸文件交底

　　B.发包人未能提供合同约定的图纸

　　C.发包人提供的基准点书面资料存在错误

　　D.发包人未能及时下达开工通知

　　E.发包人未能按照合同约定支付工程进度款

专题3　合同计价方式

考向预测

考点	考向预测	重要程度
单价合同	单价合同适用的条件	★★
总价合同	总价合同调价的依据	★★
成本加酬金合同	成本加酬金合同的类型	★★★
工程咨询合同计价方式	无考点	★

刷基础　　建议用时:25分钟　　实际用时:____分钟　　答案:296页

一、单项选择题

1.计算一般性的项目规划和可行性研究、工程设计和施工监理服务费用时,最常用的费用计算方法是(　　)。(2022真题)

　　A.人月费单价法　　　　　　　　　　　B.按日计费法

　　C.按实计量法　　　　　　　　　　　　D.工程建设费用百分比法

2. 下列计算方法中,不属于工程咨询合同咨询费计算方法的是(　　)。(2020真题)

　　A.工程进度百分比　　　　　　　　B.人月费单价法

　　C.工程建设费用百分比　　　　　　D.按日计费法

3. 下列关于成本加酬金合同的说法,正确的是(　　)。(2017真题)

　　A.成本加固定费用合同是指在工程直接费中加一定比例的报酬费

　　B.最大成本加费用合同是指承包商报一个工程成本总价和一个固定的酬金

　　C.成本加奖金合同是指对直接成本实报实销,同时确定固定数目的报酬金额

　　D.成本加奖金费用合同是指按成本估算的60%~75%为奖金计算的基数

4. 某按变动单价计价的建筑施工合同中,投标时约定的工程量为$10000m^3$,其中人工费占比30%,工程量变化不调整单价,中标合同价为30万元;施工期间人工费平均上涨15%,竣工结算工程量为$20000m^3$,其他条件均无变化,则竣工结算价为(　　)万元。

　　A.62.7　　　　　　B.31.35　　　　　　C.60　　　　　　D.69

5. 当工程项目实行施工总承包管理模式时,业主与施工总承包管理单位的合同一般采用(　　)。

　　A.单价合同　　　　　　　　　　　　B.固定总价合同

　　C.成本加酬金合同　　　　　　　　　D.变动总价合同

6. 下列关于成本加酬金合同的说法,正确的是(　　)。

　　A.当实行风险型CM模式时,适宜采用最大成本加费用合同

　　B.成本加固定费用的合同,承包商的酬金不可调整

　　C.成本加固定比例费用的合同,有利于缩短工期

　　D.当设计深度达到可以报总价的深度时,适宜采用成本加奖金合同

7. 采用人月费单价法计算咨询服务费用时,人月费率中包含的社会福利费一般为(　　)。

　　A.基本工资的20%~60%

　　B.基本工资、社会福利费之和的20%~50%

　　C.基本工资、公司管理费之和的30%~50%

　　D.基本工资、社会福利费、公司管理费之和的10%~40%

8. 某单价合同的投标报价单中,投标人的投标书出现了明显的数字计算错误,导致总价和单价计算结果不一致,下列行为中,属于业主权利的是(　　)。

　　A.业主有权先作修改再评标,以总价作为最终报价结果

　　B.业主没有权利先修改后评标,可以宣布该投标人废标

　　C.业主没有权利先修改再评标,可以请该投标人报价

　　D.业主有权利先作修改再评标,以单价为准调整的总价作为最终报价结果

9. 某土石方工程采用混合计价,其中土方工程采用总价包干,包干价14万元,石方工程采用综合单价合同,单价为100元/m^3。该工程有关工程量和价格资料如下表所示,则该工程结算价款

为( )万元。

项目	估计工程量(m³)	实际工程量(m³)	合同单价(元/m³)
土方工程	3300	3600	—
石方工程	2000	2500	100

A.39　　　　　　　B.34　　　　　　　C.37　　　　　　　D.42

10.采用固定总价合同,承包商需承担一定风险,下列风险中,属于承包商价格风险的是( )。

A.设计深度不够造成的误差　　　　　B.工程量计算错误

C.工程范围不确定　　　　　　　　　D.漏报计价项目

11.当设计深度达到可以进行总价报价,投标人可以报工程成本总价和固定酬金的合同是( )。

A.成本加固定费用合同　　　　　　　B.成本加固定比例费用合同

C.成本加奖金合同　　　　　　　　　D.最大成本加费用合同

12.由于( )允许随工程量变化而调整工程总价,业主和承包商都不存在工程量方面的风险,因此对合同双方都比较公平。

A.单价合同　　　　　　　　　　　　B.成本加酬金合同

C.固定总价合同　　　　　　　　　　D.变动总价合同

13.下列关于单价合同的说法,正确的是( )。

A.对于投标书中出现明显数字计算错误时,应予废标

B.单价合同又分为固定单价合同、变动单价合同、成本补偿合同

C.固定单价合同适用于工期较短、工程量变化幅度不会太大的项目

D.变动单价合同允许随工程量变化而调整工程单价,业主承担风险较小

二、多项选择题

1.下列关于固定总价合同的说法,正确的有( )。(2016真题)

A.合同总价一次包死,业主不承担投资风险

B.图纸和工程内容明确是使用这种合同的前提之一

C.固定总价合同也有调整合同总价的可能

D.合同双方结算比较简单

E.在国际上很少采用固定总价合同

2.当建设工程施工承包合同的计价方式采用变动单价时,合同中可以约定合同单价调整的情况有( )。

A.工程量发生比较大的变化　　　　　B.承包商自身成本发生比较大的变化

C.通货膨胀达到一定水平　　　　　　D.业主资金不到位

E.国家相关政策发生变化

3. 与总价合同计价方式相比较,单价合同的特点有(　　)。

　　A.业主的风险较小,承包人将承担较多的风险

　　B.评标时易于迅速确定最低报价的投标人

　　C.在施工进度上能极大地调动承包人的积极性

　　D.如实际量超过预测,对业主投资控制不利

　　E.业主需安排专门力量核实已完工程量,协调工作量大

4. 下列关于固定总价合同的说法,正确的有(　　)。

　　A.承包商承担全部工程量的风险,不包括价格的风险

　　B.承包商承担全部工程量和价格的风险

　　C.漏报项目属于承包商承担的工程量风险

　　D.评标时易于确定最低报价的投标人

　　E.报价中不可避免地要增加一笔较高的不可预见风险费

5. 采用固定总价合同时,承包商承担的工作量风险有(　　)。

　　A.工程变更　　　　　　　　　　　　B.工程范围不确定

　　C.报价计算错误　　　　　　　　　　D.物价和人工费上涨

　　E.工程量计算错误

6. 对建设周期一年半以上的工程项目,采用变动总价合同时,应考虑引起价格变化的因素有(　　)。

　　A.银行利率的调整　　　　　　　　　B.材料费的上涨

　　C.人工工资的上涨　　　　　　　　　D.国家政策改变引起的工程费用上涨

　　E.设计变更引起的费用变化

7. 下列工程项目中,宜采用成本加酬金合同的有(　　)。

　　A.工程结构和技术简单的工程项目

　　B.工程设计详细,图纸完整、清楚,工作任务和范围明确的工程项目

　　C.时间特别紧迫的抢险、救灾工程项目

　　D.工程量暂不确定的工程项目

　　E.工程特别复杂,工程技术、结构方案不能预先确定

8. 基础工程采用成本加酬金计价方式,在签订合同时业主和承包商应特别注意的事项包括(　　)。

　　A.在合同中必须明确酬金的支付时间和金额百分比

　　B.在合同中必须明确发生工程变更时酬金支付的调整方式

　　C.应列出工程费用清单

　　D.要规定一套详细的与工程现场有关的数据记录、信息存储的格式和方法

　　E.必须完整而明确地规定承包商的工作

9. 在最大成本加费用合同中,投标人所报的固定酬金中应包括的费用有( )。

A.管理费

B.临时设施费

C.暂定金额

D.利润

E.风险费

10. 下列关于建设工程承包合同的说法,正确的有( )。

A.总价合同不允许对合同总价进行调整

B.与单价合同相比,总价合同对施工单位更有利

C.与总价合同相比,单价合同对业主投资控制更有利

D.一般在工程初期很难描述工作范围和性质或工期紧迫,无法按常规编制招标文件招标时采用成本加固定比例费用合同

E.采用工程总承包模式的大型建设工程项目,建设周期三年,其合同计价方式一般采用变动总价合同

11. 采用人月费单价法计算咨询服务费用时,人月费率包括( )。

A.基本工资

B.奖金

C.社会福利费

D.公司管理费

E.利润

刷提升 建议用时:10 分钟 实际用时:____分钟 答案:298 页

一、单项选择题

1. 某项目招标时,因工程初期很难描述工作范围和性质,无法按常规编制招标文件,则适宜采用的合同形式是( )。(2019 真题)

A.成本加固定费用合同

B.成本加固定比例费用合同

C.成本加奖金合同

D.最大成本加费用合同

2. 下列关于单价合同中承包商风险的说法,正确的是( )。(2017 真题)

A.单价合同中承包商存在工程量方面的风险

B.固定单价合同条件下,承包商存在通货膨胀带来的单价上涨的风险

C.单价合同中承包商存在投标总价过低方面的风险

D.变动单价条件合同下,承包商存在通货膨胀带来的单价上涨的风险

3. 下列关于总价合同的说法,正确的是( )。

A.总价合同适用于工期要求紧的项目,业主可在初步设计完成后进行招标,从而缩短招标准备时间

B.工程施工承包招标时,施工期限一年左右的项目一般采用变动总价合同

C.固定总价合同可以约定,在发生重大工程变更时可以对合同价格进行调整

D.变动总价合同中,通货膨胀等不可预见因素的风险由承包商承担

4.当建设工程项目规模较小、工期较短时,可采用( )计算工程咨询服务费。

A.人月费单价法 B.工程建设费百分比

C.按日计费法 D.按量计费法

二、多项选择题

1.下列关于总价合同的说法,正确的有( )。(2017真题)

A.当施工内容及有关条件未发生变化时,业主付给承包商的价款总额不变

B.采用总价合同的前提是施工图设计完成,施工任务和范围比较明确

C.总价合同中业主风险较大,承包人风险较小

D.总价合同中可约定在发生设计变更时对合同价格进行调整

E.总价合同在施工进度上能够调动承包人的积极性

2.下列成本加酬金合同的优点中,对业主有利的有( )。

A.可以确定合同工程内容、工程量及合同终止时间

B.可以通过分段施工缩短施工工期

C.可以通过最高限价约束工程成本,转移全部风险

D.可以利用承包商的施工技术专家帮助改进设计的不足

E.可以较深入地介入工程管理和控制

专题4 建设工程施工合同风险管理、工程保险和工程担保

考向预测

考点	考向预测	重要程度
施工合同风险管理	施工合同风险的类型、工程风险的分配原则	★
工程保险	工程保险种类	★★
工程担保	履约担保与支付担保	★★★

刷基础

建议用时:25分钟　　实际用时:____分钟　　答案:299页

一、单项选择题

1.下列关于"一揽子保险"(CIP)的说法,正确的是( )。(2020真题)

A.内容不包括一般责任险 B.不能实施有效的风险管理

C.保障范围覆盖业主、承包商及分包商 D.不便于索赔

2.根据我国保险制度,工程一切险通常由( )办理。(2018真题)

A.承包人 B.监理人 C.设计人 D.项目法人

3.根据《中华人民共和国招标投标法实施条例》,下列投标有效期从( )起计算。

A.提交投标文件开始之日 B.购买招标文件的截止之日

C.提交投标文件的截止之日　　　　　　D.招标文件规定开标之日

4. 下列施工合同风险中,属于管理风险的是(　　)。

　　A.业主改变设计方案　　　　　　　　B.对环境调查和预测的风险

　　C.自然环境的变化　　　　　　　　　D.合同所依据环境的变化

5. 根据我国保险制度,下列关于建设工程第三者责任险的说法,正确的是(　　)。

　　A.被保险人是项目法人和承包人以外的第三人

　　B.赔偿范围包括承包商在工地的财产损失

　　C.被保险人是项目法人和承包人

　　D.赔偿范围包括承包商在现场从事与工作有关的职工伤亡

6. 按照我国保险制度,建筑工程一切险(　　)。

　　A.投保人应以双方名义共同投保　　　B.由承包人投保

　　C.包含职业责任险　　　　　　　　　D.包含人身意外伤害险

7. 根据《中华人民共和国招标投标法实施条例》,对某3000万元投资概算的工程项目进行招标时,施工投标保证金额度符合规定的是(　　)万元人民币。

　　A.80　　　　　　　　B.60　　　　　　　　C.100　　　　　　　　D.120

8. 施工承包合同履约担保的有效期始于(　　)之日。

　　A.投标截止　　　　　　　　　　　　B.发出中标通知书

　　C.施工承包合同签订　　　　　　　　D.工程开工

9. 下列担保中,担保金额在担保有效期内逐步减少的是(　　)。

　　A.预付款担保　　　　　　　　　　　B.投标担保

　　C.履约担保　　　　　　　　　　　　D.支付担保

10. 根据《建设工程施工合同(示范文本)》(GF—2017—0201),除另有约定外,国内工程中通常由发包人投保的险种是(　　)。

　　A.工伤保险　　　　　　　　　　　　B.人身意外伤害险

　　C.执业责任险　　　　　　　　　　　D.建筑工程一切险

11. 用于保证承包人能够按合同规定进行施工,合理使用发包人已支付的全部预付金额的工程担保是(　　)。

　　A.支付担保　　　　　　　　　　　　B.预付款担保

　　C.投标担保　　　　　　　　　　　　D.履约担保

12. 根据《工程建设项目勘察设计招标投标办法》规定,招标文件要求投标人提交投标保证金的,保证金数额一般不超过勘察设计费投标报价的2%,最多不超过(　　)万元人民币。

　　A.10　　　　　　　　B.20　　　　　　　　C.40　　　　　　　　D.80

二、多项选择题

1. 下列建设工程施工合同的风险中,属于管理风险的有(　　)。(2016真题)

　　A.政府工作人员干预　　　　　　　　B.环境调查不深入

C.投标策略错误　　　　　　　　　　D.汇率调整

E.合同条款不严密

2.下列属于合同信用风险的有(　　　)。

A.业主拖欠工程款　　　　　　　　　B.承包商非法转包

C.工程变更　　　　　　　　　　　　D.物价上涨

E.偷工减料

3.下列损失中,属于建设工程人身意外伤害中除外责任范围的有(　　　)。

A.被保险人不忠实履行约定义务所造成的损失

B.项目建设人员由于施工原因而受到人身伤害的损失

C.战争或军事行为所造成的损失

D.投保人故意行为所造成的损失

E.项目法人和承包人以外的第三人由于施工原因受到的财产损失

4.下列工程担保中,以保护发包人合法权益为目的的有(　　　)。

A.投标担保　　　　　　　　　　　　B.支付担保

C.履约担保　　　　　　　　　　　　D.预付款担保

E.工程保修担保

5.我国投标担保可以采用的担保方式有(　　　)。

A.银行保函　　　　　　　　　　　　B.信用证

C.担保公司担保书　　　　　　　　　D.同业担保书

E.投标保证金

6.在招标文件中要求中标的投标人提交保证履行合同义务和责任的担保,其形式有(　　　)。

A.履约保证金　　　　　　　　　　　B.由保险公司开具的履约担保书

C.房屋抵押他项权证　　　　　　　　D.商业银行开具的担保证明

E.有价证券

7.根据FIDIC《土木工程施工合同条件》,下列关于履约担保的说法,正确的有(　　　)。

A.承包人应在收到中标函之后28天内提交履约担保

B.银行保函的货币种类必须是本国货币

C.提供履约担保的机构必须经业主同意

D.在缺陷责任证书发出14天内发包人应将履约担保退还给承包人

E.因提供履约担保所发生的费用应由发包人负担

8.履约担保的形式包括(　　　)。

A.保兑支票　　　　　　　　　　　　B.银行保函

C.信用证明　　　　　　　　　　　　D.担保书

E.保证金

9. 下列关于工程担保的说法,错误的有(　　)。

A.质押时,债务人或者第三人不转移对所拥有财产的占有

B.预付款担保是为保证正确、合理使用发包人支付的预付款而提供的担保

C.履约担保的有效期始于工程开工之日

D.招标文件要求中标人提交履约保证金的,履约保证金不超过中标合同金额的2%

E.投标担保是保护招标人不因中标人不签约而蒙受经济损失

10. 工程合同风险是指合同中的以及由合同引起的不确定性,按合同风险产生的原因可分为(　　)。

A.合同信用风险　　　　　　　　　B.合同订立风险

C.合同履约风险　　　　　　　　　D.合同管理风险

E.合同工程风险

刷提升

建议用时:10 分钟　　　实际用时:_____分钟　　　答案:301 页

一、单项选择题

1. 某建设工程项目中,承包人按合同约定,由担保公司向发包人提供了履约担保书。在合同履行过程中,如果承包人违约,开出担保书的担保公司(　　)。

A.必须向发包人支付履约担保书规定的保证金

B.必须用履约担保书规定的保证金去完成施工任务

C.应完成施工任务,并向发包人支付履约担保书规定的保证金

D.用履约担保书规定的担保金去完成施工任务或向发包人支付完成该项目所实际花费的金额,但该金额必须在保证金的担保金额之内

2. 发包人要求承包人提供预付款担保的主要目的是(　　)。

A.保证承包人能按合同规定进行施工,偿还发包人已支付的全部预付金额

B.促使承包商履行合同约定,保护业主的合法权益

C.保护招标人不因中标人不签约而蒙受经济损失

D.确保工程费用及时支付到位

二、多项选择题

1. 下列关于履约担保的说法,正确的有(　　)。(2017 真题改)

A.履约担保是为保证正确、合理使用发包人支付的预付款而提供的担保

B.履约担保有效期始于工程开工之日,终止日期可以约定在工程竣工交付之日

C.银行保函担保金额通常为合同金额的 10% 左右

D.质量保证金由发包人从工程进度款中扣除,总额一般限制在合同总价款的 3%

E.履约担保书由商业银行开具,金额在保证金的担保金额之内

2. 下列关于工程合同风险分配的说法,正确的有(　　)。

A.合同风险应按效率原则和公平原则进行分配

B.在建设工程施工合同中,业主尽量不承担风险

C.合理分配风险的好处之一是可以最大限度发挥合同双方风险控制和履约的积极性

D.业主起草招标文件和合同条件,确定合同类型,对风险的分配起主导作用

E.工程风险分配的原则不包括符合工程惯例(即符合通常的工程处理方法)

3.下列关于发包人支付担保的说法,正确的有(　　　)。

A.可由担保公司提供担保

B.担保的额度为工程合同价总额的10%

C.实行履约金分段滚动担保

D.支付担保的主要作用包括确保工程费用及时支付到位

E.支付担保的具体形式由合同当事人在专用合同条款中约定

专题5　建设工程施工合同实施

考向预测

考点	考向预测	重要程度
施工合同分析	合同分析的作用	★
施工合同交底	合同交底的目的和任务	★★★
施工合同实施控制	工程变更的管理	★★
施工分包管理方法	分包管理的方法	★
施工合同履行过程	施工合同履行过程中的诚信自律	★

刷基础　建议用时:20 分钟　　实际用时:_____分钟　　答案:301 页

一、单项选择题

1.下列关于承包人施工合同分析内容的说法,正确的是(　　　)。(2020 真题)

A.应明确承包人的合同标的

B.分析工程变更补偿范围,通常以合同金额的一定百分比表示,百分比值越大,承包人的风险越小

C.合同实施中,承包人必须无条件执行工程师指令的变更

D.分析索赔条款,索赔有效期越短,对承包人越有利

2.下列合同实施偏差处理措施中,属于合同措施的是(　　　)。(2018 真题)

A.变更技术方案　　　　　　　　　　B.采取索赔手段

C.调整工作流程　　　　　　　　　　D.增加经济投入

3.下列关于工程变更的说法,正确的是(　　　)。(2018 真题)

A.承包人可直接变更能缩短工期的施工方案

B.业主要求变更施工方案,承包人可以索赔相应费用

C.工程变更价款未确定之前,承包人可以不执行变更指示

D.因政府部门要求导致的设计修改,由业主和承包人共同承担责任

4. 下列建设工程施工合同跟踪的对象中,属于对业主跟踪的是(　　)。(2016 真题)

　　A.成本的增减　　　　　　　　　　　　　B.图纸的提供

　　C.施工的质量　　　　　　　　　　　　　D.分包人失误

5. 工程竣工验收合格并办理了移交手续,表明(　　)。

　　A.解除了承包人的所有责任　　　　　　　B.承包人即可获得全部工程价款

　　C.承包人工程施工任务的完成　　　　　　D.承包人和发包人所有关系的解除

6. 对建设工程施工合同中发包人的责任进行分析时,主要分析其(　　)。

　　A.报批责任　　　　　B.监督责任　　　　　C.合作责任　　　　　D.组织责任

7. 在施工合同实施中,"项目经理将各种任务的责任分解,并落实到具体人员"的活动属于(　　)的内容。

　　A.合同分析　　　　　B.合同跟踪　　　　　C.合同交底　　　　　D.合同实施控制

8. 不良行为记录是指经(　　)以上建设行政主管部门或其委托的执法监督机构查实和行政处罚形成的记录。

　　A.县级　　　　　　　B.市级　　　　　　　C.省级　　　　　　　D.区级

9. 根据《建筑市场诚信行为信息管理办法》,不良行为记录信息公布期限一般为(　　)。

　　A.1 年至 3 年　　　　　　　　　　　　　B.6 个月至 3 年

　　C.3 个月至 3 年　　　　　　　　　　　　D.3 年以上

10. 进行施工合同实施的偏差分析时,可以采用鱼刺图进行分析的是(　　)。

　　A.合同实施趋势分析　　　　　　　　　　B.合同实施偏差的责任分析

　　C.产生偏差的原因分析　　　　　　　　　D.实施偏差的费用分析

二、多项选择题

1. 下列关于工程变更管理的说法,正确的有(　　)。(2022 真题)

　　A.承包人对变更价格不满意的,有权停止执行变更工作

　　B.工程变更的补偿范围,通常以实际支付工程款的百分比表示

　　C.因业主在授标前要求承包人修改施工方案的承包人可向业主索赔

　　D.设计人提出的工程变更应与业主协商,或经业主审查并批准

　　E.有利于业主的施工方案变更仍然需要(咨询)工程师批准

2. 下列工程施工变更情形中,由业主承担责任的有(　　)。(2020 真题)

　　A.不可抗力导致的设计修改　　　　　　　B.环境变化导致的设计修改

　　C.原设计失误导致的设计修改　　　　　　D.政府部门要求导致的设计修改

　　E.施工方案出现错误导致的设计修改

3. 在施工合同分析中,发包人的合作责任有( )。

A.施工现场的管理,给发包人的管理人员提供生活和工作条件

B.及时提供设计资料、图纸、施工场地等

C.按合同规定及时支付工程款

D.对平行的各承包人和供应商之间的责任界限做出划分

E.及时做出承包人履行合同所必需的决策

4. 施工合同交底的主要目的和任务有( )。

A.将各种合同事件的责任分解落实到各工程小组或分包人

B.明确各项工作或各个工程的工期要求

C.明确各个工程小组(分包人)之间的责任界限

D.争取对自身有利的合同条款

E.明确完不成任务的影响和法律后果

5. 施工合同签订后,承包人应对施工合同进行跟踪,跟踪的对象包括( )等。

A.业主的工作   B.业主委托的工程师的工作

C.设计人的工作   D.承包人的工作

E.工程分包人的工作

6. 根据《建设工程施工合同(示范文本)》(GF—2017—0201),属于工程变更范围的有( )。

A.改变工程的基线、标高、位置和尺寸   B.将自行施工的项目分包给专业分包商施工

C.增减合同中约定的工程量   D.改变工程的时间安排或实施顺序

E.追加额外的工作

7. 合同实施偏差处理的调整措施包括( )。

A.法律措施   B.组织措施

C.技术措施   D.经济措施

E.监管措施

8. 下列关于工程变更管理的说法,正确的有( )。

A.一般情况下要求用书面形式发布变更指示

B.承包商提出的工程变更,应该交予工程师审查并批准

C.由设计方提出的工程变更,应由工程师审查后安排即可承包单位实施

D.业主向承包人授标前(或签订合同前),可以要求承包人对施工方案进行补充、修改或作出说明,以便符合业主的要求

E.根据统计,工程变更是索赔的主要原因

9. 关于工程变更,通常由( )根据工程实际情况提出。

A.承包商   B.监理单位

C.设计单位   D.业主方

E.勘察单位

10. 承包商在进行合同实施趋势分析时,在不同措施下合同执行的结果与趋势应包括(　　)等。

　　A.最终的工程状况　　　　　　　　　B.工程实际施工进度

　　C.工程最终经济效益(利润)水平　　　D.承包商将承担的后果

　　E.双方调整合同偏差采取的措施

11. 根据《标准施工招标文件》,合同履行中可以进行工程变更的情形有(　　)。

　　A.改变合同工程的标高　　　　　　　B.改变合同中某项工作的施工时间

　　C.取消合同中某项工作,转由发包人实施　　D.改变合同中某项工作的质量标准

　　E.为完成工程追加的额外工作

刷提升　　建议用时:10 分钟　　实际用时:＿＿＿分钟　　答案:303 页

一、单项选择题

1. 下列关于工程变更的说法,正确的是(　　)。(2018 真题)

　　A.合同实施中,承包人应就合同范围内的业主变更先提出补偿要求

　　B.工程变更的索赔有效期一般为 7 天,不超过 14 天

　　C.工程变更的补偿范围越大,承包人的风险越大

　　D.工程变更索赔期越短,对承包人越有利

2. 施工合同履行过程中,承包商向指定分包商支付工程款的时间应当是(　　)。

　　A.分包合同约定的付款时间,不论承包人是否收到了业主支付的工程款

　　B.承包商收到业主工程款之后

　　C.业主向承包人支付工程款之前 14 天

　　D.业主向承包人支付工程款之前 7 天

3. 下列关于施工合同跟踪的说法,错误的是(　　)。

　　A.承包单位的合同管理职能部门对合同执行者的履行情况进行跟踪、监督和检查

　　B.合同执行者本身对合同计划的执行情况进行跟踪、检查和对比

　　C.合同跟踪的内容涉及业主是否及时给予了指令、答复等

　　D.可以将工程任务发包给专业分包完成,并由专业分包对合同计划的执行进行跟踪、检查和
　　　对比

二、多项选择题

1. 下列关于合同分析及其作用的说法,正确的有(　　)。(2021 真题)

　　A.合同分析要从合同执行的角度去分析

　　B.合同分析往往由项目经理负责

　　C.合同分析的目的之一是合同任务分解、落实

　　D.分析合同中的漏洞,解释有争议的内容

　　E.合同分析同招标文件分析的侧重点相同

2.下列关于施工分包单位管理责任主体的说法,正确的有( )。

A.对施工分包单位进行管理的第一责任主体是施工总承包管理单位或施工总承包单位

B.分包合同由业主签订的,分包单位的管理责任由业主承担

C.施工总承包单位不需承担分包单位施工的安全责任

D.对施工分包单位进行管理的第一责任主体是业主

E.分包合同由总承包单位签订的,分包单位的管理责任由总承包单位承担

专题6　建设工程索赔

考向预测

考点	考向预测	重要程度
索赔依据	反索赔的概念、索赔成立的条件	★
索赔方法	索赔的流程	★★
索赔费用计算	索赔费用计算	★★★
工期索赔计算	工期索赔计算	★★★

刷基础　建议用时:25分钟　实际用时:＿＿＿分钟　答案:304 页

一、单项选择题

1.某基础工程合同价为3000 万元,合同总工期为 30 个月,施工过程中因设计变更,导致增加额外工程 600 万元,业主同意工期顺延。根据比例分析法,承包商可索赔工期( )个月。(2020真题)

A.3　　　　　B.4　　　　　C.8　　　　　D.6

2.某建设工程项目在施工中发生下列人工费,完成业主要求的合同外工作,花费 3 万元,由于业主原因导致施工工效降低,使人工费增加 3 万元,施工机械故障造成人员误工损失 1 万元,则施工单位可向业主索赔的合理人工费为( )万元。(2019 真题)

A.3　　　　　B.4　　　　　C.6　　　　　D.7

3.施工过程中,工程师下令暂停部分工程,而暂停的起因并非承包商违约或其他意外风险,承包商向业主提出索赔,则( )。(2017 真题)

A.工期和费用索赔均能成立　　　　　B.工期和费用索赔均不能成立

C.工期索赔成立,费用索赔不能成立　　　　　D.工期索赔不能成立,费用索赔能成立

4.某工程因发包人原因造成承包人自有施工机械窝工 10 天,该机械市场租赁费为 1200 元/天,进出场费 2000 元,台班费 400 元/台班,其中台班折旧费 160 元/台班;计划每天工作 1 台班,共使用 40 天,则承包人索赔成立的费用是( )元。(2016 真题)

A.1600　　　　　B.4000　　　　　C.12000　　　　　D.12500

5. 工期延误划分为单一延误、共同延误及交叉延误的依据是(　　)。

　　A.延误的原因　　　　　　　　　　　　　B.索赔要求和结果

　　C.延误工作所在工程网络计划的线路性质　D.延误事件之间的关联性

6. 建设工程中的反索赔是相对索赔而言的,反索赔的提出者(　　)。

　　A.仅限发包方　　　B.仅限承包方　　　C.仅限监理方　　　D.双方均可以

7. 某工程由于业主方提供的施工图纸有误,造成施工总包单位人员窝工 75 工日,增加用工 8 工日;由于施工分包单位设备安装质量不合格,返工处理造成人员窝工 60 工日,增加用工 6 工日。合同约定人工费日工资标准为 50 元,窝工补偿标准为日工资标准的 70%,则业主应给予施工总包单位的人工费索赔金额是(　　)元。

　　A.5425　　　　　　B.4150　　　　　　C.3025　　　　　　D.2905

8. 建设工程索赔中,承包商计算索赔费用时最常用的方法是(　　)。

　　A.总费用法　　　　　　　　　　　　　B.修正的总费用法

　　C.实际费用法　　　　　　　　　　　　D.修正的实际费用法

9. 某土方工程合同约定,合同工期为 60 天,工程量增减超过 15% 时,承包商可提出变更。实施中因业主提供的地质资料不实,导致工程量由 3200m³ 增加到 4800m³,则承包商可索赔工期(　　)天。

　　A.0　　　　　　　　B.16.5　　　　　　C.21　　　　　　　D.30

10. 下列关于工期索赔的说法,正确的是(　　)。

　　A.单一延误是可索赔延误　　　　　　　B.共同延误是不可索赔延误

　　C.交叉延误可能是可索赔延误　　　　　D.非关键线路延误是不可索赔延误

11. 承包商可以提出施工机械使用费的索赔包括(　　)。

　　A.由于完成工作增加的机械使用费

　　B.机械停工的窝工台班费

　　C.非承包商责任工效降低增加的机械使用费

　　D.机械价值升值,折旧费用增加

12. 某工程签约合同价为 2400 万元,总工期为 24 个月,施工过程中业主增加工程 200 万元,则根据比例分析法承包商可提供的合理工期索赔值为(　　)。

　　A.1 个月　　　　　　B.2 个月　　　　　　C.3 个月　　　　　　D.4 个月

13. 属于索赔报告的关键部分,其目的是说明自己有索赔权,是索赔能否成立的关键的是(　　)。

　　A.总述部分　　　　　　　　　　　　　B.论证部分

　　C.证据部分　　　　　　　　　　　　　D.索赔款项(或工期)计算部分

14. 工程施工过程中索赔事件发生以后,承包人首先要做的工作是(　　)。

　　A.收集索赔证据　　　　　　　　　　　B.计算相应的工期和经济损失

　　C.向监理单位发出索赔通知　　　　　　D.向监理单位递交正式索赔报告

二、多项选择题

1. 下列影响工程进度因素中,属于承包人可以要求合理延长工期的有(　　)。(2020 真题)

   A.业主在工程实施中增减工程量对工期产生不利影响

   B.业主在工程实施中改变工程设计对工期产生不利影响

   C.因进场材料不合格而对工期产生不利影响

   D.因施工操作工艺不规范而对工期产生不利影响

   E.突发的极端恶劣的气候对工期产生不利影响

2. 根据《建设工程施工合同(示范文本)》(GF—2017—0201),可以顺延工期的情况有(　　)。

   A.发包人比计划开工日晚 5 天下达开工通知

   B.发包人未按合同约定提供施工现场

   C.发包人提供的测量基准点存在错误

   D.监理未按合同约定发出指示、批准文件

   E.分包商或供货商延误

3. 承包商可以向业主索赔利润的情况有(　　)。

   A.工程项目范围变更　　　　　　　　B.文件有缺陷

   C.分部工程延期施工　　　　　　　　D.文件技术性错误

   E.业主未能提供现场

4. 承包人向发包人索赔时,所提交索赔文件的主要内容包括(　　)。

   A.索赔证据　　　　　　　　　　　　B.索赔事件总述

   C.索赔合理性论述　　　　　　　　　D.索赔要求计算书

   E.索赔意向通知

5. 按照国际惯例,承包商可索赔的材料费包括 (　　)。

   A.由于索赔事项导致材料实际用量超过计划用量而增加的材料费

   B.由于客观原因导致材料价格大幅度上涨而增加的材料费

   C.由于承包人管理不善,造成材料损坏失效引起的损失费

   D.承包人使用不合格材料引起的损失费用

   E.由于非承包人责任工程延期导致的材料价格上涨和超期储存费用

6. 在材料费的索赔中,承包商为证明材料单价上涨而应提供的资料有(　　)。

   A.可靠的订货单　　　　　　　　　　B.可靠的采购单

   C.企业材料价格统计资料　　　　　　D.经验调整指数

   E.官方公布的材料价格调整指数

7. 按国际惯例,承包商可索赔的总部(企业)管理费包括(　　)。

   A.现场管理费　　　　　　　　　　　B.保函手续费

   C.总部职工工资　　　　　　　　　　D.总部领导人员赴工地检查指导工作的开支

   E.总部办公用品费用

8.工程索赔费用的计算方法有(　　)。

　　A.实际费用法　　　　　　　　　　B.直接费用法

　　C.比例费用法　　　　　　　　　　D.总费用法

　　E.修正总费用法

刷提升　　建议用时:15分钟　　实际用时:_____分钟　　答案:306页

一、单项选择题

1.某工程项目总价值1000万元,合同工期为18个月,现因建设条件发生变化而增加额外工程费用500万元,则承包方可提出的工期索赔为(　　)个月。(2017真题)

　　A.6　　　　　　　B.9　　　　　　　C.24　　　　　　　D.27

2.某国际工程合同额为5000万元人民币,合同实施天数为300天;由国内某承包商总承包施工,该承包商同期总合同额为5亿元人民币,同期内公司的总管理费为1500万元;因为业主修改设计,承包商要求工期延期30天。该工程项目部在施工索赔中总部管理费的索赔额是(　　)万元。

　　A.50　　　　　　B.15　　　　　　C.12　　　　　　D.10

3.非承包商原因导致非关键线路上的某项工作延误,如延误时间小于该项工作的总时差,则对此项延误的补偿是(　　)。

　　A.业主既应给予工期顺延,也应给予费用补偿

　　B.业主一般不会给予工期顺延,但给予费用补偿

　　C.业主既不会给予工期顺延,也不给予费用补偿

　　D.业主一般不会给予工期顺延,但可能给予费用补偿

4.某工程项目的进度计划如下图所示,总工期为32周,在实施过程中发生了延误,工作②→④、③→⑤延长1周,工作④→⑥延长4周,其中②→④的延误是因承包商自身原因造成的,其余均由非承包商原因造成,则承包商可以向业主索赔的工期为(　　)周。

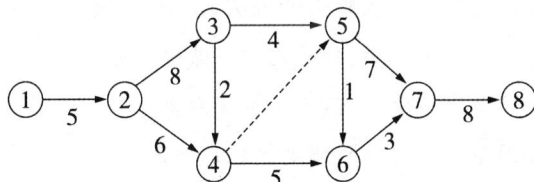

　　A.3　　　　　　　B.4　　　　　　　C.5　　　　　　　D.6

二、多项选择题

1.在建设工程项目施工过程中,施工机具使用费的索赔款项包括(　　)。(2017真题)

　　A.因监理工程师指令错误导致机械停工的窝工费

　　B.因机械故障停工维修而导致的窝工费

　　C.非承包商责任导致工效降低增加的机械使用费

　　D.由于完成额外工作增加的机械使用费

　　E.因机械操作工患病停工而导致的机械窝工费

2.下列关于建设工程反索赔的说法,正确的有(　　)。

　　A.反索赔是双向的

　　B.工程师对索赔文件的审核是反索赔的工作内容之一

　　C.审核索赔报告的时限性是反索赔的要点之一

　　D.调查分析并确定索赔事件的原因和责任,是反索赔的工作要点

　　E.反索赔工作就是反击或反驳对方的索赔要求

3.某工程实行施工总承包模式,承包人将基础工程中的打桩工程分包给某专业分包单位施工,施工过程中发现地质情况与勘察报告不符而导致打桩施工工期拖延。在此情况下,(　　)可以提出索赔。

　　A.承包人向发包人　　　　　　　　　　B.承包人向勘察单位

　　C.分包人向发包人　　　　　　　　　　D.分包人向承包人

　　E.发包人向监理人

专题7　国际建设工程施工承包合同

考向预测

考点	考向预测	重要程度
国际常用的施工承包合同条件	FIDIC 系列合同条件	★
施工承包合同争议的解决方式	仲裁的效力、DAB 的任命	★★

刷基础　建议用时:15分钟　　实际用时:_____分钟　　答案:307 页

一、单项选择题

1.下列关于国际工程施工承包合同争议解决的说法,正确的是(　　)。(2018 真题)

　　A.国际工程施工承包合同争议解决中,仲裁实行一裁终局制

　　B.国际工程施工承包合同争议解决中,诉讼是首选方案

　　C.国际工程施工承包合同争议最有效的解决方式是协商

　　D.FIDIC 合同中,DAB 作出的裁决是强制性的

2.下列关于 FIDIC《永久设备和设计—建造合同条件》的说法,正确的是(　　)。(2018 真题)

　　A.适用于由发包人负责设计的工程项目　　　B.业主委派工程师负责合同管理

　　C.合同计价采用单价合同方式　　　　　　　D.承包商只负责提供设备及工程建造

3.在国际工程承包合同中,根据工程项目的规模和复杂程度,DAB 争端裁决委员会的任命有多种方式,只在发生争端时任命的是(　　)。

　　A.常任争端裁决委员会　　　　　　　　B.特聘争端裁决委员会

　　C.工程师兼任的委员会　　　　　　　　D.业主指定争端裁决委员会

4.美国建筑师学会(AIA)的合同条件主要用于(　　)工程。

    A.房屋建筑   B.铁路和公路

    C.石油化工   D.大型基础设施

5.美国建筑师学会(AIA)合同文件中,A系列的合同类型主要是用于(　　)。

    A.业主与建筑师之间   B.建筑师与咨询机构之间

    C.业主与承包人之间   D.国际工程项目

6.FIDIC系列合同条件中,采用固定总价方式计价,只有在出现某些特定风险时才能调整价格的合同是(　　)。

    A.《施工合同条件》   B.《EPC交钥匙项目合同条件》

    C.《永久设备和设计—建造合同条件》   D.《简明合同格式》

7.下列关于FIDIC《永久设备和设计—建造合同条件》内容的说法,正确的是(　　)。

    A.业主委派工程师管理合同

    B.承包商仅需负责提供设备和建造工作

    C.合同计价采用单价合同方式,某些子项采用包干价格

    D.合同计价采用总价合同方式,合同价格不能调整

8.下列关于FIDIC《施工合同条件》中采用DAB(争端裁决委员会)方式解决争议的说法,正确的是(　　)。

    A.特聘争端裁决委员会的任期与合同一致

    B.业主应按支付条件支付DAB报酬的70%

    C.DAB成员一般是工程技术和管理方面的专家

    D.DAB提出的裁决具有强制性

9.FIDIC系列合同条件中,适用于投资额较高、建设周期短,但工作内容简单、重复的是(　　)。

    A.《施工合同条件》   B.《永久设备和设计—建造合同条件》

    C.《EPC交钥匙项目合同条件》   D.《简明合同格式》

10.在FIDIC系列合同文件中,《EPC交钥匙项目合同文件》的合同计价采用(　　)方式。

    A.固定单价   B.变动单价   C.固定总价   D.变动总价

二、多项选择题

1.与诉讼方式相比,采用仲裁方式解决国际工程承包合同争议的优点有(　　)。

    A.效率高   B.周期短

    C.费用少   D.约束力强

    E.保密性好

2.JCT的建筑工程合同条件(JCT98)用于业主和承包商之间的施工总承包合同,主要适用于传统的施工总承包,属于总价合同。下列关于JCT98适用条件的说法,正确的有(　　)。

    A.传统的房屋建筑工程,发包前的准备工作完善

    B.从设计到施工的执行速度较慢

C.大型项目,合同总金额高,工期较长,至少3年以上

D.对变更的控制能力强,成本确定性较高

E.违约和质量缺陷的风险主要由承包商承担,但工期延误风险由业主承担

刷提升　　建议用时:10分钟　　实际用时:_____分钟　　答案:308页

一、单项选择题

1.下列关于FIDIC《施工合同条件》的说法,正确的是(　　)。(2021真题)

　　A.合同计价方式采用单价合同,但也有些子项采用包干价格

　　B.由业主或业主代表管理合同

　　C."新红皮书"的应用范围比原"红皮书"较小

　　D."新红皮书"适用于由承包商做绝大部分设计的工程项目

2.下列关于DAB(争端裁决委员会)方式解决争议的说法,正确的是(　　)。(2016真题)

　　A.DAB的成员一般是工程技术和管理方面的专家

　　B.DAB提出的裁决具有终局性

　　C.特聘争端裁决委员会的任期与合同期限一致

　　D.DAB由合同一方当事人聘请

3.下列关于FIDIC《EPC交钥匙项目合同条件》特点的说法,正确的是(　　)。

　　A.适用于承包商做大部分设计的工程项目,承包商要按照业主的要求进行设计、提供设备以及建造其他工程

　　B.合同采用固定总价合同,只有在特定风险出现时才调整价格

　　C.业主委派工程师管理合同,监督工程进度质量

　　D.承包商承担的风险较小

二、多项选择题

1.下列关于FIDIC《施工合同条件》的说法,正确的有(　　)。

　　A.合同计价方式属于单价合同,不包括任何包干价格

　　B.该合同主要用于发包人设计的或由咨询工程师设计的房屋建筑工程和土木工程的施工项目

　　C.一般情况下,单价可随各类物价的波动而调整

　　D.由业主委派工程师管理合同

　　E.由业主委派的工程师监督工程进度、质量,签发支付证书、接收证书和履约证书,处理合同中的有关事项

2.在国际工程承包合同中,采用DAB(争端裁决委员会)方式解决争端的优点有(　　)。

　　A.DAB委员由行政主管部门指派,裁决具有公正性、中立性

　　B.DAB委员可以在项目开始时就介入,了解项目管理情况及存在的问题

　　C.DAB的裁决具有终局性,避免二次纠纷

　　D.DAB的费用较低

　　E.DAB解决纠纷的周期较短

刷 综合

建议用时:20 分钟   实际用时:_____ 分钟   答案:309 页

一、单项选择题

1. 某项目招标时,因图纸、规范准备不充分,不能据此确定合同价格,而仅能制定一个估算指标,则适宜采用的合同形式为(   )。(2018 真题)

   A.成本加固定费用合同   B.最大成本加费用合同

   C.成本加固定比例费用合同   D.成本加奖金合同

2. 下列关于工程合同风险分配的说法,正确的是(   )。(2017 真题)

   A.业主、承包商谁能更有效地降低风险损失,则应由谁承担相应的风险责任

   B.承包商在工程合同风险分配中起主导作用

   C.业主、承包商谁承担管理风险的成本最高,则应由谁来承担相应的风险责任

   D.合同定义的风险没有发生,业主不用支付承包商投标中的不可预见风险费

3. 下列关于建设工程施工招标评标的说法,正确的是(   )。

   A.投标报价中出现单价与数量的乘积之和与总价不一致时,将作无效标处理

   B.投标书中投标报价正本、副本不一致时,将作无效标处理

   C.评标委员会推荐的中标候选人应当限定在 1～3 人,并标明排列顺序

   D.初步评审是对标书进行实质性审查,包括技术评审和商务评审

4. 某工程因施工需要,需取得出入施工场地的临时道路的通行权,根据《标准施工招标文件》,该通行权应当由(   )。

   A.承包人负责办理,并承担有关费用   B.承包人负责办理,发包人承担有关费用

   C.发包人负责办理,并承担有关费用   D.发包人负责办理,承包人承担有关费用

5. 根据《建设工程施工劳务分包合同(示范文本)》(GF—2003—0214),下列关于保险办理的说法,正确的是(   )。

   A.劳务分包人施工开始前,应由承包人为施工场地内自有人员及第三人人员生命财产办理保险

   B.承包人提供给劳务分包人使用的施工机械设备由劳务分包人办理保险并支付费用

   C.承包人需为从事危险作业的劳务人员办理意外伤害保险并支付费用

   D.运至施工场地用于劳务施工的材料,由承包人办理保险并支付费用

6. 采用单价合同时,最后工程结算的总价是根据(   )计算确定的。

   A.发包人提供的清单工程量及承包方所填报的单价

   B.实际完成的工程量和合同中确定的单价

   C.发包人提供的清单工程量及承包方实际发生的单价

   D.实际完成并经工程师计量的工程量及承包人实际发生的单价

7. 下列关于咨询服务合同计价方法的说法,错误的是( )。

    A.工程咨询服务合同的计价主要采用总价和成本加酬金方式

    B.当需要咨询人员在详细的工作范围尚未确定之前就开始工作的,不能采用成本加固定酬金计费方法

    C.采用成本加固定酬金计价时,若费率固定,则至少为成本的15%~20%

    D.采用成本加固定酬金计价时,可以是费率固定或数额固定

8. 下列合同计价方式中,对承包商来说风险最小的是( )。

    A.单价合同　　　　　　　　　　　　　B.成本加酬金合同

    C.固定总价合同　　　　　　　　　　　D.变动总价合同

9. 业主在向中标人授标前,要求中标人对施工方案进行修改,由此引起的费用增加由( )承担。

    A.监理人　　　　B.招标人　　　　C.中标人　　　　D.业主

二、多项选择题

1. 下列关于建筑市场诚信行为记录的说法,正确的有( )。(2020真题)

    A.由地方建设行政主管部门统一公布

    B.不良行为记录信息的公布期限一般为1年

    C.良好行为记录信息的公布期限一般为3年

    D.不良行为记录信息公布时间是行政处罚决定作出后7日内

    E.不良行为记录信息公布时间可以根据整改审查结果延长

2. 下列关于履约担保的说法,正确的有( )。(2017真题)

    A.建筑业通常倾向于采用无条件银行保函作为履约担保

    B.银行履约保函分为有条件和无条件的银行保函

    C.履约担保书通常是由商业银行或保险公司开具

    D.采用担保书的金额要求比银行保函的金额要求低

    E.履约保证金额的大小取决于招标项目的类型与规模

3. 下列关于施工招标内容的说法,错误的有( )。

    A.按规定应该招标的建设工程项目,一般应采用公开招标方式

    B.招标人采用邀请招标方式,应当向五个以上具备承担招标项目的能力、资信良好的特定的法人或者其他组织发出投标邀请书

    C.《中华人民共和国招标投标法》规定,招标分公开招标、邀请招标和议标三种方式

    D.自招标文件或者资格预审文件出售之日起至停止出售之日止,最短不得少于5日

    E.评标分为评标的准备、初步评审、详细评审、编写评标报告等过程,其中初步评审是评标的核心

4. 根据《建设工程施工合同(示范文本)》(GF—2017—0201),下列工作内容中,属于承包人义务的有( )。

    A.将施工用水、电力、通信线路等施工所必需的条件接至施工现场内

B.在保修期内承担保修义务

C.应及时支付其雇佣人员工资,并及时向分包人支付合同价款

D.提供地质勘察资料,相邻建筑物、构筑物和地下工程等有关基础资料,并对所提供资料的真实性、准确性和完整性负责

E.办理施工所需临时用水许可手续

5.下列关于设备采购合同价格与支付的说法,正确的有( )。

A.设备合同通常采用固定总价合同

B.设备制造前,采购方应支付10%作为预付款

C.供货方送达货物后,采购方应支付该批设备价的75%

D.剩余的15%作为设备保证金,采购方签发最终验收证书后支付

E.合同价内应该包括设备的运杂费、税费、保险费等费用

6.下列关于咨询服务费用计算的说法,正确的有( )。

A.咨询服务费用由酬金和可报销费用两部分组成

B.人月费单价法一般适用于管理或法律咨询、专家论证等费用的计算

C.人月费单价法是咨询服务中最常用、最基本的以服务时间为基础的计费方法

D.工程建设费用百分比法一般适用于工程规模大、工期长的建设工程项目

E.按日计费法中的时间包括咨询人员为该项咨询工作所付出的所有时间

7.下列关于工程一切险的说法,正确的有( )。

A.工程一切险包括建筑工程一切险、安装工程一切险

B.国际工程一般要求项目法人办理保险

C.要求投保人办理保险时应以双方名义共同投保

D.如承包商不愿投保工程一切险,可以对其自有的材料等分别进行投保,但应征得业主的同意

E.国内工程通常由项目法人办理保险

8.下列关于工程保险的说法,正确的有( )。

A.国内建筑安装工程一切险由项目法人以项目名义办理

B.建设工程第三者责任险的被保险人是项目法人和承包人以外的第三人

C.保险人承担或给付保险金责任的最高额度叫做保险金额

D."一揽子保险",保障范围覆盖业主、承包商及所有分包商

E.第三者责任险赔偿范围包括项目法人外聘员工在施工工地的人身伤害

9.下列关于对施工分包单位进行管理的说法,正确的有( )。

A.对业主指定分包单位进行管理的第一责任主体是业主

B.分包工程在分包人自检合格的基础上可以直接提请业主或监理工程师验收

C.总承包单位要积极为分包工程的施工创造条件,协调好各分包单位之间的关系

D.分包单位的选择要符合资质类别和等级的有关规定,并经业主和监理机构认可

E.总承包单位建立工地例会,及时处理分包单位施工过程中出现的问题

10. 施工合同交底是指(   )。

　　A. 发包人向承包人进行合同交底

　　B. 监理工程师向承包人进行合同交底

　　C. 施工项目经理向施工现场操作人员进行交底

　　D. 承包人的合同管理人员向其内部项目管理人员进行交底

　　E. 合同管理人员组织相关人员学习合同条文和合同总体分析结果

11. 下列关于建筑市场各方主体的不良行为记录的说法,正确的有(   )。

　　A. 不良行为记录除在当地发布外,还将由住房和城乡建设部统一在全国发布

　　B. 不良行为记录由省、自治区和直辖市建设行政主管部门负责审查整改结果

　　C. 不良行为整改确实有效的,由企业提出申请,经批准,可缩短其不良行为记录期限

　　D. 对拒不整改的单位,信息发布部门可延长其不良行为记录信息的公布期限

　　E. 整改结果应列于相应不良行为记录后,但不得供有关社会公众查询

12. 在建设工程项目施工索赔中,可索赔的合理人工费包括(   )。

　　A. 完成合同之外的额外工作所花费的人工费用

　　B. 超过法定工作时间加班劳动的人工费用

　　C. 法定人工费增长费用

　　D. 不可抗力造成的工期延长导致的工资增加费用

　　E. 非承包商责任工程延期导致的人员窝工费用

第7章　建设工程项目信息管理

本章一共包括3个专题,主要集中在归属型选择题,要求记忆的内容多,但每年考核的分数较少。近6年考试分值平均在2分左右。因此考生应抓住核心要点进行学习,可有策略性地放弃一些不常考的知识点,将更多的复习时间放在其他章节高频考点上。

本章近6年分值分布表　　　　　　　　　　　　（单位:分）

序号	专题名	2022	2021	2020	2019	2018	2017
1	建设工程项目信息管理的目的和任务	—	—	1	—	—	1
2	建设工程项目信息的分类、编码和处理方法	1	—	—	1	1	—
3	建设工程管理信息化及建设工程项目管理信息系统的功能	1	1	1	1	2	2

专题1　建设工程项目信息管理的目的和任务

考向预测

考点	考向预测	重要程度
项目信息管理的目的	项目信息管理的目的	★
项目信息管理的任务	信息管理部门的工作任务	★★

刷基础

建议用时:5分钟　　　实际用时:_____分钟　　　答案:311页

一、单项选择题

1.建设工程项目信息管理的目的是(　　)。

　　A.通过有效的项目信息收集组织和控制为项目参与各方的沟通搭建平台

　　B.通过有效的项目信息传输的组织和控制为项目建设的增值服务

　　C.通过项目信息存储的有效组织和控制为项目运营期的维护保养提供依据

　　D.通过项目信息处理的有效组织和控制为项目业主方协调各方关系提供依据

2.由于建设工程项目大量数据处理的需要,应重视利用信息技术的手段进行信息管理,其核心手段是(　　)。

　　A.基于局域网的信息管理平台　　　　　　B.基于互联网的信息处理平台

　　C.基于互联网的信息传输平台　　　　　　D.基于局域网的信息处理平台

二、多项选择题

1.建设工程项目的信息分为(   )信息。

A.组织类   B.法规类

C.经济类   D.技术类

E.自然类

2.建设工程项目信息管理手册的主要内容包括(   )等。

A.信息的编码体系和编码   B.信息输入输出模型

C.工程档案管理制度   D.各种报表和报告的格式

E.信息管理的组织

刷提升　　建议用时:10分钟　　实际用时:____分钟　　答案:311页

一、单项选择题

1.为了实现有序和科学的项目信息管理,应由(   )。(2018真题)

A.业主方编制统一的信息管理职能分工表

B.业主方和项目参与各方编制各自的信息管理手册

C.业主方制定统一的信息安全管理规定

D.业主方制定统一的信息管理保密制度

2.下列工作任务中,不属于信息管理部门的是(   )。

A.负责编制行业信息管理规范   B.负责信息处理工作平台的建立和运行维护

C.负责工程档案管理   D.负责协调各部门的信息处理工作

二、多项选择题

1.下列关于项目信息管理手册及内容的说法,正确的有(   )。

A.信息管理的任务分工表是信息管理手册的主要内容

B.信息管理手册应随项目进展而作必要的修改和补充

C.信息管理手册中应包含工程档案管理制度

D.应编制项目参与各方通用的信息管理手册

E.信息管理部门负责编制信息管理手册

2.下列关于项目信息管理手册及其内容的说法,正确的有(   )。

A.合同管理部门负责编制信息管理手册

B.项目各参与方编制各自的信息管理手册

C.信息管理手册中应包含信息管理的保密制度

D.信息流程图是信息管理手册的主要内容

E.信息管理手册应随项目进展而作必要的修改和补充

专题2 建设工程项目信息的分类、编码和处理方法

考向预测

考点	考向预测	重要程度
项目信息的分类	信息类别的划分	★
项目信息编码	项目信息编码的方法	★★
项目信息处理	项目信息处理的方法	★

刷基础

建议用时:10分钟　　实际用时:＿＿＿分钟　　答案:312页

一、单项选择题

1.下列关于项目信息编码的说法,正确的是(　　)。(2018真题)

A.投资项编码应采用预算定额确定的分部分项工程编码

B.项目实施的工作项编码就是指对施工和设备安装工作项的编码

C.项目管理组织结构编码要依据组织结构图,对每一个工作部门进行编码

D.进度项编码应根据不同层次的进度计划工作需要分别建立

2.编码信息、单位组织信息、项目组织信息等属于(　　)信息。(2016真题)

A.管理类　　　　　　B.组织类　　　　　　C.经济类　　　　　　D.技术类

3.项目结构信息编码的依据是(　　)。

A.项目管理结构图　　　　　　　　　　B.项目结构图

C.项目组织结构图　　　　　　　　　　D.系统组织结构图

4.为满足项目管理工作的要求,需要对建设工程项目信息进行综合分类,即按多维进行分类的"第一维"指的是(　　)。

A.按项目管理的工作任务　　　　　　　B.按项目信息的内容属性

C.按项目实施的过程　　　　　　　　　D.按项目的分解结构

二、多项选择题

1.建设工程项目信息,按其内容属性可分为(　　)。

A.资源类信息　　　　　　　　　　　　B.组织类信息

C.管理类信息　　　　　　　　　　　　D.技术类信息

E.经济类信息

2.项目实施的工作项编码应覆盖项目实施的工作任务目录的全部内容,其内容包括(　　)。

A.设计准备阶段的工作项　　　　　　　B.招标投标工作项

C.施工和设备安装工作项　　　　　　　D.项目动用前的准备工作项

E.进度计划工作项

刷提升　　**建议用时**:5分钟　　**实际用时**:＿＿分钟　　**答案**:312页

一、单项选择题

1.下列建设项目信息中,属于经济类信息的是(　　)。(2020真题)

　A.工作量控制信息　　　　　　　　B.合同管理信息

　C.质量控制信息　　　　　　　　　D.风险管理信息

2.根据建设项目信息的内容属性,质量控制信息应归类为(　　)。

　A.组织类信息　　　　　　　　　　B.技术类信息

　C.管理类信息　　　　　　　　　　D.经济类信息

二、多项选择题

1.下列建设工程项目信息中,属于技术类信息的有(　　)。

　A.进度计划　　　　　　　　　　　B.隐蔽验收记录

　C.施工方案　　　　　　　　　　　D.桩基检测报告

　E.工程量清单

2.下列项目信息中,属于经济类信息的是(　　)。

　A.工作量控制信息　　　　　　　　B.项目组织信息

　C.前期技术信息　　　　　　　　　D.合同管理信息

　E.投资控制信息

专题3　建设工程管理信息化及建设工程项目管理信息系统的功能

考向预测

考点	考向预测	重要程度
工程管理信息化	项目信息门户的概念、项目信息门户的主持者	★
工程项目管理信息系统的功能	项目管理信息系统各功能之间的区分	★

刷基础　　**建议用时**:10分钟　　**实际用时**:＿＿分钟　　**答案**:312页

一、单项选择题

1.工程项目管理信息系统中,属于进度控制功能的是(　　)。(2020真题)

　A.合同执行情况的查询和分析　　　B.编制资源需求量计划

　C.根据工程进展进行投资预测　　　D.根据工程进展进行施工成本预测

2.对一个建设工程项目而言,项目信息门户的主持者一般是项目的(　　)。

　A.业主　　　　　B.设计单位　　　　　C.主管部门　　　　　D.施工单位

3.建设工程项目管理信息系统(PMIS)是基于计算机的项目管理的信息系统,它(　　)。

 A.主要用于项目的人、财、物的管理   B.主要用于企业的产、供、销的管理

 C.是项目进展的跟踪和控制系统   D.是项目信息门户(PIP)的一种方式

4.项目信息门户建立和运行的理论基础是(　　)。

 A.绩效优化理论   B.项目集成理论

 C.远程合作理论   D.网络互联理论

5.工程管理信息化的目的是(　　)。

 A.提高建设工程项目的经济效益和社会效益 B.为建设项目增值

 C.信息传输的合理组织和控制   D.利于信息传输和发布

二、多项选择题

1.下列工程项目管理系统的功能中,属于成本控制子系统的有(　　)。(2016真题)

 A.计划施工成本   B.投标估算的数据计算和分析

 C.计算实际成本   D.编制资源需求量计划

 E.计划成本与实际成本的比较分析

2.工程项目管理信息系统中,合同管理子系统的功能有(　　)。

 A.合同基本数据查询   B.合同执行情况统计分析

 C.标准合同文本的编写   D.合同结构的选择

 E.合同辅助起草

刷 提升 建议用时:5分钟 实际用时:＿＿＿分钟 答案:313页

一、单项选择题

1.下列关于项目信息门户的说法,正确的是(　　)。

 A.项目信息门户是一种项目管理信息系统(PMIS)

 B.项目信息门户是一种企业管理信息系统(MIS)

 C.项目信息门户主要用于企业的人、财、物、产、供、销的管理

 D.项目信息门户可以为一个建设工程的各参与方服务

2.工程管理信息化有利于提高建设工程项目的经济效益和社会效益,以达到(　　)的目的。

 A.实现项目建设目标   B.实现项目管理目标

 C.为项目建设增值   D.提高项目建设综合治理

二、多项选择题

1.工程项目管理信息系统中,进度控制的功能有(　　)。

 A.编制资源需求量计划   B.根据工程进展进行施工成本预测

 C.进度计划执行情况的比较分析 D.项目估算的数据计算

 E.确定关键工作和关键路线

2.项目信息门户的核心功能是( )。

A.项目参与各方的分类和权限定义 　　B.项目各参与方的信息交流

C.项目文档管理 　　D.编制项目信息管理制度

E.项目各参与方的共同工作

刷 综合

建议用时:10分钟　　实际用时:_____分钟　　答案:313页

一、单项选择题

1.下列关于建设工程项目信息编码的说法,正确的是( )。

A.项目的投资项编码,应按概预算定额确定的分部分项工程编码进行编码

B.项目实施的工作项编码,是对施工过程的编码,应覆盖项目施工全过程

C.项目管理组织结构编码,应依据项目管理的组织结构图,对每一个工作部门进行编码

D.项目的进度项编码,应根据不同层次、不同深度的进度计划工作项的需要分别建立不同的编码

2.工程管理信息化属于( )的范畴。

A.领域信息化 　　B.区域信息化

C.企业信息化 　　D.社会信息化

二、多项选择题

1.下列关于工程质量信息技术的说法,正确的有( )。(2017真题)

A.管理信息系统可以实现项目各参与方的信息交流

B.项目信息门户不同于项目管理信息系统

C.项目管理信息系统主要用于企业人财物、产供销的管理

D.项目管理信息系统有利于项目各参与方的信息交流和协同工作

E.项目信息门户是项目各参与方共同使用、共同工作和互动的管理工具

2.下列关于项目信息管理的说法,正确的有( )。

A.信息管理是信息传输的合理组织和控制

B.项目信息管理旨在为项目增值服务

C.项目信息管理手册不包括信息的编码体系

D.信息管理部门应负责工程档案管理

E.建设工程信息管理仅限在实施过程

参考答案及解析

第1章　建设工程项目的组织与管理

专题1　建设工程管理的内涵和任务

答案速查

刷基础								
单项	1.B	2.C	3.A	4.A	多项	1.AC	2.BCE	3.ABCD

刷提升								
单项	1.B	2.C	3.A		多项	1.ACE	2.BDE	3.ABDE

刷基础

一、单项选择题

1.B ［解析］本题考查的是建设工程管理的内涵和任务。"建设工程管理"作为一个专业术语,其内涵涉及工程项目全过程(工程项目全寿命)的管理,它包括:①决策阶段的管理,即开发管理DM;②实施阶段的管理,即项目管理PM;③使用阶段的管理,即设施管理FM。具体如下图所示。

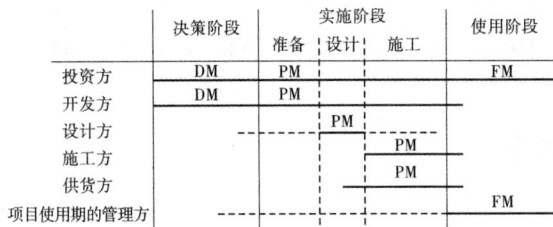

经查上图,选项B正确。故选B。

2.C ［解析］本题考查的是建设工程管理的内涵。选项ABD属于物业资产管理。物业运行管理包括维修管理和现代化管理。故选C。

3.A ［解析］本题考查的是建设工程管理的内涵。建设工程项目的全寿命周期包括决策阶段、实施阶段和使用阶段。其中,决策阶段的管理称为开发管理(DM),实施阶段的管理称为项目管理(PM),使用阶段的管理称为设施管理(FM)。建设工程管理(PMC)涉及项目全寿命的管理,即PMC=DM+PM+FM。故选A。

4.A ［解析］本题考查的是建设工程管理的内涵。选项B错误,决策阶段管理工作的主要任务是确定项目的定义。选项C错误,工程管理的核心任务是为工程的建设和使用增值。选项D错误,建设工程管理涉及项目使用期的管理方的管理。故选A。

二、多项选择题

1.AC ［解析］本题考查的是建设工程管理的内涵。从项目建设意图的酝酿开始,调查研究、编写和报批项目建议书、编制和报批项目的可行性研究等项目前期的组织、管理、经济和技术方面的论证都属于项目决策阶段的工作。故选AC。

2.BCE ［解析］本题考查的是建设工程管理的任务。工程使用(运行)增值体现在:确保工程使用安全、有利于节能、有利于环保、满足最终用户的使用功能、有利于降低工程运营成本、有利于工程维护。选项AD属于工程建设增值。故选BCE。

3.ABCD ［解析］本题考查的是建设工程管理的内涵。决策阶段管理工作的主要任务是确定项目的定义,一般包括如下内容:①确定项目实施的组织;②确定和落实建设地点;③确定建设目的、任务和建设的指导思想及原则;④确定和落实项目建设的资金;⑤确定建设项目的投资目标、进度目标和质量目标等。故选ABCD。

刷提升

一、单项选择题

1.B ［解析］本题考查的是建设工程管理的任务。建设工程管理工作的核心任务是为工程的建设和使用增值,其中,工程建设增值包括确保工程建设安全、提高工程质量、有利于投资(成本)控制、有利于进度控制。工程使用(运行)增值包括确保工程使用安全、有利于环保、有利于节能、满足最终用户的使用功能、有利于降低工程运营成本、有利于工程维护。对比这两个增值,我们发现,工程建设增值就是在说施工过程中的目标,而使用增值说的是在项目完工后使用过程中的目标。这两个点要进行区分。选项ACD属于工程使用(运行)增值。故选B。

2.C [解析]本题考查的是建设工程管理的内涵。选项A错误,空间管理属于物业资产管理。选项B错误,建设工程管理是指涉及参与工程项目的各个方面对工程的管理。选项D错误,决策阶段管理工作主要任务是确定项目的定义。故选C。

3.A [解析]本题考查的是建设工程管理的内涵。选项B错误,项目立项是决策阶段完成的标志。选项C错误,决策阶段的任务是确定项目的定义。选项D错误,确定和落实项目建设的资金是决策阶段的工

作任务。故选A。

二、多项选择题

1.ACE [解析]本题考查的是建设工程管理的内涵。建设工程管理涉及工程项目全过程(工程项目全寿命)的管理,它包括:①决策阶段的管理,即开发管理;②实施阶段的管理,即项目管理;③使用阶段的管理,即设施管理。故选ACE。

2.BDE [解析]本题考查的是建设工程管理的任务。建设工程管理工作是一种增值服务工作,其建设工程管理的核心任务是为工程的建设和使用增值。工程的使用增值也可称为工程的运行增值。故选BDE。

3.ABDE [解析]本题考查的是建设工程管理的内涵。建设工程项目的实施阶段包括设计前准备阶段、设计阶段、施工阶段、动用前准备阶段和保修期。故选ABDE。

专题2 建设工程项目管理的目标和任务

答案速查

刷基础										
单项	1.B	2.B	3.C	4.C	5.D	6.C	7.D	8.C	9.B	10.B	11.B
	12.B	13.C									
多项	1.BCDE	2.ABC	3.ADE	4.BCE	5.ABDE	6.ABCE					

刷提升										
单项	1.A	2.B	3.C	4.B	5.D	6.D		多项	1.ABE	2.BDE	3.CDE

刷基础

一、单项选择题

1.B [解析]本题考查的是业主方、设计方和供货方项目管理的目标和任务。注意,整个实施阶段中并未划分供货阶段。供货是为了施工,因此,供货方的项目管理工作主要在施工阶段进行。故选B。

2.B [解析]本题考查的是建设工程项目管理的目标和任务。从工程管理的角度,施工方的项目管理包括施工总承包方、施工总承包管理方和施工分包方的项目管理。建设项目总承包方也叫工程总承包方

或工程项目总承包方。故选B。

3.C [解析]本题考查的是建设工程项目管理的目标和任务。选项A属于设计准备阶段任务。选项BD属于决策阶段的任务。项目实施阶段的组成如下图所示。故选C。

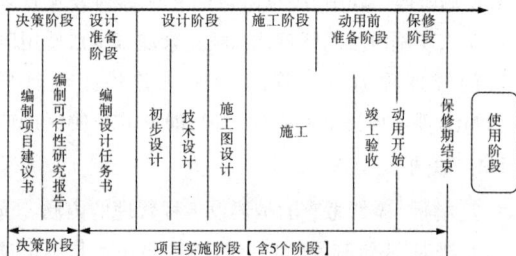

4.C [解析]本题考查的是建设工程项目管理的目标和任务。选项AB属于设计阶段。选项D属于决策阶段。故选C。

5.D [解析]本题考查的是建设工程项目管理的目标和任务。建设工程项目管理的内涵是：自项目开始至项目完成，通过项目策划和项目控制，使项目的费用目标、进度目标和质量目标得以实现。故选D。

6.C [解析]本题考查的是建设工程项目管理的目标和任务。建设工程项目管理的"费用目标"，对业主而言是投资目标，对施工方而言是成本目标。故选C。

7.D [解析]本题考查的是业主方、设计方和供货方项目管理的目标和任务。业主方项目管理服务于业主的利益，进度目标指的是项目动用的时间目标，也即项目交付使用的时间目标。故选D。

8.C [解析]本题考查的是业主方、设计方和供货方项目管理的目标和任务。业主方的项目管理工作涉及项目实施阶段的全过程，即在设计前的准备阶段、设计阶段、施工阶段、动用前准备阶段和保修期分别进行如下工作：①安全管理；②投资控制；③进度控制；④质量控制；⑤合同管理；⑥信息管理；⑦组织和协调。其中，安全管理是项目管理中最重要的任务，因为安全管理关系到人身的健康与安全，而投资控制、进度控制、质量控制和合同管理等主要涉及物质的利益。故选C。

9.B [解析]本题考查的是业主方、设计方和供货方项目管理的目标和任务。设计方的项目管理工作主要在设计阶段进行，但也涉及设计前的准备阶段、施工阶段、动用前准备阶段和保修期。故选B。

10.B [解析]本题考查的是业主方、设计方和供货方项目管理的目标和任务。供货方的项目管理工作主要在施工阶段进行，但它也涉及设计准备阶段、设计阶段、动用前准备阶段和保修期。故选B。

11.B [解析]本题考查的是业主方、设计方和供货方项目管理的目标和任务。项目组合管理指的是为了实现特定的战略业务目标，对一个或多个项目组合进行的集中管理，包括识别、排序、管理和控制项目、项目集和其他有关工作。故选B。

12.B [解析]本题考查的是项目总承包方项目管理的目标和任务。项目总承包方项目管理工作涉及项目实施阶段的全过程，即设计前的准备阶段、设计阶段、施工阶段、动用前准备阶段和保修期。故选B。

13.C [解析]本题考查的是施工方项目管理的目标和任务。在国际上，工程项目管理咨询公司不仅为业主提供服务，也向施工方、设计方和建设物资供应方提供服务，因此，施工方的项目管理不能认为它只是施工企业对项目的管理。施工企业委托工程项目管理咨询公司对项目管理的某个方面提供的咨询服务也属于施工方项目管理的范畴。故选C。

二、多项选择题

1.BCDE [解析]本题考查的是项目总承包方项目管理的目标和任务。不同参与方有不同的参与目标，具体如下表所示。故选BCDE。

参与方	工作任务	整体目标	差异性目标
业主方	实施阶段全过程	成本、进度、质量，其中业主方没有成本目标	总投资（≠成本）
			投资
设计方	主要在设计		安全
施工方	主要在施工		—
供货方	主要在施工		投资+安全
项目总承包方	实施阶段全过程		

2.ABC [解析]本题考查的是业主方、设计方和供货方项目管理的目标和任务。选项D错误，业主方的项目管理工作包括施工阶段的安全管理工作，安全管理是项目管理中最重要的任务。选项E错误，业主方项目的质量目标不仅涉及施工的质量，还包括设计质量、材料质量、设备质量和影响项目运行或运营的环境质量等。故选ABC。

3.ADE [解析]本题考查的是施工方项目管理的目标和任务。选项B错误，分包方必须按工程分包合同规定的工期目标和质量目标完成建设任务，分包方的成本目标是该施工企业内部自行确定的。选项C错误,施工方的项目管理工作主要在施工阶段进行,也会涉及设计阶段、动用前准备阶段和保修期。故选ADE。

4.BCE [解析]本题考查的是建设工程项目管理的目标和任务。选项AD属于决策阶段的工作内容。故选BCE。

5.ABDE [解析]本题考查的是建设工程项目管理的目标和任务。项目的实施阶段包括设计准备阶段、设计阶段、施工阶段、动用前准备阶段和保修阶段。故选ABDE。

6.ABCE [解析]本题考查的是业主方、设计方和供货方项目管理的目标和任务。设计方项目管理的目标包括设计的成本目标、设计的进度目标和设计的质量目标,以及项目的投资目标。故选ABCE。

刷提升

一、单项选择题

1.A [解析]本题考查的是施工方项目管理的目标和任务。选项B错误,包括施工方在内的参建各方均应在满足自己利益的同时,服务于项目的整体利益。因此,两者的利益有对立的一面,也有统一的一面。选项C错误,施工方项目管理工作,主要涉及施工阶段;设计和施工阶段有所交叉时,也可能搭接部分设计阶段;还可能涉及动用前准备阶段和保修期。选项D错误,仅施工方"成本目标"是根据其生产和经营情况确定。质量、进度目标主要根据合同确定。安全目标作为施工单位法定义务,主要根据相关法律法规确定。故选A。

2.B [解析]本题考查的是建设工程项目管理的目标和任务。对于一个项目而言,在决策阶段要编制项目建议书、编制可行性研究报告。在实施阶段的设计准备阶段中,要编制设计任务书。在实施阶段的设计阶段中要进行初步设计、技术设计和施工图设计。为方便记忆把这些文件称为"三编三设"。故选B。

3.C [解析]本题考查的是建设工程项目管理的目标和任务。由于业主方是建设工程项目实施过程(生产过程)的总集成者——人力资源、物质资源和知识的集成,业主方也是建设工程项目生产过程的总组织者,因此对于一个建设工程项目而言,业主方的项目管理往往是该项目的项目管理的核心。故选C。

4.B [解析]本题考查的是建设工程项目管理的目标和任务。选项A错误,项目实施阶段管理的主要任务是通过管理使项目的目标得以实现。选项C错误,施工方的任务涉及项目实施阶段。选项D错误,费用目标对于业主而言就是投资目标,对施工方而言是成本目标。故选B。

5.D [解析]本题考查的是业主方、设计方和供货方项目管理的目标和任务。选项A错误,项目组合管理包括识别、排序、管理和控制项目等。选项B错误,项目组合中的项目或项目集不一定彼此依赖或有直接关系。选项C错误,项目组合指的是为有效管理、实现战略业务目标而组合在一起的项目、项目集和其他工作。故选D。

6.D [解析]本题考查的是施工方项目管理的目标和任务。按国际工程的惯例,当采用指定分包商时,不论指定分包商是与施工总承包方,还是与施工总承包管理方,或是与业主方签订合同,由于指定分包商合同在签约前必须得到施工总承包方或施工总承包管理方的认可,因此,施工总承包方或施工总承包管理方应对合同规定的工期目标和质量目标负责。故选D。

二、多项选择题

1.ABE [解析]本题考查的是建设工程项目管理的目标和任务。选项A正确,业主方是建设工程项目总的组织者和集成者。没有业主方,就不会有其他参建各方。选项B正确,此项说法是严谨的。参建各方的工作涉及"质量、进度、成本"三大目标,但各自控制的维度并不一致。关于各参与方工作性质和工作任务,说法为"相同"或"不相同"都是错的。选项C错误,项目管理的核心任务是目标控制,其内涵不仅是费用控制,至少还包括质量控制和进度控制。选项D错误,业主方的项目管理是项目管理的核心,其他各方均服务于业主方的需求。选项E正确,在工程实践意义上,如果一个建设项目没有明确的投资目标、没有明确的进度目标和没有明确的质量目标,就没有必要进行管理,也无法进行定量的目标控制。故选 ABE。

2.BDE [解析]本题考查的是建设工程项目管理的目标和任务。选项 A 错误,业主方是建设工程项目生产过程的总组织者。选项 B 正确,业主方的进度目标指的是项目动用的时间目标,也即项目交付使用

的时间目标,如工厂建成可以投入生产、道路建成可以通车、办公楼可以启用、旅馆可以开业的时间目标等。选项 C 错误、选项 DE 正确,由下表可知,项目总承包方和施工方的管理不仅应服务于自身的利益,也必须服务于项目的整体利益。供货方的管理工作涉及设计准备、设计、动用前准备和保修期。故选 BDE。

参建方	涉及阶段	服务利益
业主方项目管理	项目实施阶段全过程	业主利益(项目整体利益)
设计方项目管理	主要在设计阶段(设计前准备、施工、动用前准备和保修期)	设计方利益+项目整体利益
供货方项目管理	主要在施工阶段(设计准备、设计、动用前准备和保修期)	供货方利益+项目整体利益
工程总承包方项目管理	项目实施阶段全过程	总承包方利益+项目整体利益
施工方项目管理	主要在施工阶段(设计、动用前准备和保修期)	施工方利益+项目整体利益

3.CDE [解析]本题考查的是施工方项目管理的目标和任务。选项 A 错误,施工方的项目管理服务不仅应服务于施工本身的利益,也必须服务于项目的

整体利益。选项 B 错误,施工方的项目管理工作主要在施工阶段进行,也涉及设计阶段、动用前准备阶段和保修期,不涉及设计前准备阶段。故选 CDE。

专题3 建设工程项目的组织

答案速查

			刷基础								
单项	1.C	2.B	3.C	4.B	5.D	6.A	7.B	8.A	9.D	10.A	11.D
	12.A	13.A	14.D	15.D	16.A	17.B	18.D	19.C	20.B	21.A	
多项	1.ABCE	2.ABD	3.AE	4.BCD	5.AE	6.ABE	7.BCD	8.ABCD	9.ABDE	10.ACE	

			刷提升								
单项	1.D	2.A	3.B	4.C	5.A	6.D	7.C	8.A	9.A		
多项	1.AE	2.ADE	3.CDE	4.ADE							

刷基础

一、单项选择题

1.C [解析]本题考查的是建设工程项目的组织。选项 A 错误,管理职能分工反映的是一种相对静态的组织关系。选项 B 错误,工作流程图是反映工作间动态逻辑关系的工具。选项 D 错误,组织分工反映了一个组织系统中各子系统或各元素的工作任务分

工和管理职能分工。故选 C。

2.B [解析]本题考查的是项目结构分析在项目管理中的应用。题目给的图每个矩形框内代表的是一个项目的组成部分,并且各矩形框之间用连线连接,由此判断题目中给的图应为项目结构图。故选 B。

[核心总结]

项目结构图、组织结构图、合同结构图和工作流程图的

相关内容如下表所示。

组织工具	矩形框连接	表达的含义	矩形框的内容
项目结构图	连线	工作任务分解	项目所有工作任务
组织结构图	单向箭线	指令（组织）关系	工作部门
合同结构图	双向箭线	合同关系	参与单位
工作流程图	单向箭线	逻辑关系	各项工作（判别条件用菱形框）

3.C ［解析］本题考查的是组织结构在项目管理中的应用。在题目给的图中，每个矩形框内代表的是一个项目的各参与方，并且各矩形框之间使用双向箭线连接，由此判断题目中给的图应为合同结构图。故选C。

4.B ［解析］本题考查的是工作任务分工在项目管理中的应用。选项A错误，因为项目的各参与方都有各自的管理目标，所以各自的任务分工表都不尽相同，业主不能进行统一的指导和管理。选项C错误，编制任务分工表首先要将管理任务进行分解，明确工作内容，然后才能将工作任务分配给各个主管部门。选项D错误，同一类别的项目尽管相似，也有不同的目标和工作任务，应有针对性地编制不同的任务分工表。故选B。

5.D ［解析］本题考查的是组织结构在项目管理中的应用。选项A错误，组织结构图中矩形框用单向箭头连接。选项B错误，军事系统适用于线性组织结构。选项C错误，线性组织机构中，每个部门只有一个唯一指令源。故选D。

6.A ［解析］本题考查的是工作任务分工在项目管理中的应用。编制工作任务分工表的顺序：任务分解→明确任务→编制工作任务分工表。故选A。

7.B ［解析］本题考查的是管理职能分工在项目管理中的应用。选项A正确，管理职能分工表是用表的形式反映项目管理班子内部项目经理、各工作部门和各工作岗位对各项工作任务的项目管理职能分工。选项B错误、选项C正确，工业发达国家在建设项目管理中广泛应用管理职能分工表，以使管理职能的分工更清晰、更严谨，并会暴露仅用岗位责任描述书时所掩盖的矛盾。如使用管理职能分工表还不足以明确每个工作部门的管理职能，则可辅以使用管理职能分工描述书。选项D正确，为了区分业主方和代表业主利益的项目管理方和工程建设监理方等的管理职能，也可以用管理职能分工表表示。故选B。

8.A ［解析］本题考查的是项目结构分析在项目管理中的应用。选项B错误，一些居住建筑开发项目，可根据建设的时间对项目的结构进行逐层分解，如第一期工程、第二期工程和第三期工程等。工业建设项目往往根据生产子系统的构成对项目结构进行逐层分解。选项C错误，群体项目还可以继续分解，第三层次、第四层次等。选项D错误，项目结构分解应与整个工程实施的部署相结合，并与将采用的合同结构相结合。群体、单体工程都可以分解。故选A。

9.D ［解析］本题考查的是管理职能分工在项目管理中的应用。选项A错误，管理职能分工表也可用于企业管理。选项B错误，项目管理职能分工表需要针对质量、投资、进度、合同、信息管理进行编制。选项C错误，业主方和项目各参与方应各自编制项目管理职能分工表。故选D。

10.A ［解析］本题考查的是工作流程组织在项目管理中的应用。选项B错误，工作流程组织包括管理工作流程组织、信息处理工作流程组织和物质流程组织。选项CD错误，一个工作流程图可能涉及多个项目参与方，一个管理工作，可能有多个工作流程图。比如设计变更的处理涉及监理机构、设计单位、施工单位和业主方。故选A。

11.D ［解析］本题考查的是建设工程项目的组织。系统的目标决定了系统的组织，而组织是目标能否实现的决定性因素，这是组织论的一个重要结论。故选D。

12.A ［解析］本题考查的是项目结构分析在项目管理中的应用。项目结构图是一个组织工具，它通过树状图的方式对一个项目的结构进行逐层分解，以反映组成该项目的所有工作任务。故选A。

13.A ［解析］本题考查的是项目结构分析在项目管理中的应用。项目结构的编码依据项目结构图，对项目结构的每一层的每一个组成部分进行编码。项目结构的编码和用于投资控制、进度控制、质量控制、合同管理和信息管理等管理工作的编码有紧密的有机联系,但它们之间又有区别。项目结构图和项目结构的编码是编制上述其他编码的基础。故选 A。

14. D [解析]本题考查的是组织结构在项目管理中的应用。组织结构模式可用组织结构图来描述,组织结构图是一个重要的组织工具,反映一个组织系统中各组成部门(组成元素)之间的组织关系(指令关系)。故选 D。

15. D [解析]本题考查的是组织结构在项目管理中的应用。一个施工企业,如采用矩阵组织结构模式,则纵向工作部门可以是计划管理、技术管理、合同管理、财务管理和人事管理部门等,而横向工作部门可以是项目部。故选 D。

16. A [解析]本题考查的是工作任务分工在项目管理中的应用。每一个建设项目都应编制项目管理任务分工表,这是一个项目的组织设计文件的一部分。故选 A。

17. B [解析]本题考查的是工作任务分工在项目管理中的应用。在编制项目管理任务分工表前,应结合项目的特点,对项目实施各阶段的费用(投资或成本)控制、进度控制、质量控制、合同管理、信息管理和组织与协调等管理任务进行详细分解。在项目管理任务分解的基础上,明确项目经理和上述管理任务主管工作部门或主管人员的工作任务,从而编制工作任务分工表。故选 B。

18. D [解析]本题考查的是工作任务分工在项目管理中的应用。随着工程的进展,工作任务分工表还将不断深化和细化,该表有如下特点:①任务分工表主要明确哪项任务由哪个工作部门(机构)负责主办,另明确协办部门和配合部门,主办、协办和配合在表中分别用三个不同的符号表示;②在任务分工表的每一行中,即每一个任务,都有至少一个主办工作部门;③运营部和物业开发部参与整个项目实施过程,而不是在工程竣工前才介入工作。故选 D。

19. C [解析]本题考查的是管理职能分工在项目管

理中的应用。管理职能的含义:①提出问题——通过进度计划值和实际值的比较,发现进度推迟了;②筹划——加快进度有多种可能的方案,如改一班工作制为两班工作制,增加夜班作业,增加施工设备或改变施工方法,应对这几个方案进行比较;③决策——从上述几个可能的方案中选择一个将被执行的方案,如增加夜班作业;④执行——落实夜班施工的条件,组织夜班施工;⑤检查——检查增加夜班施工的决策有否被执行,如已执行,则检查执行的效果如何。故选 C。

20. B [解析]本题考查的是工作流程组织在项目管理中的应用。投资控制、进度控制、合同管理、付款和设计变更等流程,属于管理工作流程组织。故选 B。

21. A [解析]本题考查的是建设工程项目的组织。选项 B 错误,影响一个系统目标实现最主要的因素是组织。选项 C 错误,系统的目标决定了系统的组织。选项 D 错误,一个建设项目的任务往往由很多个单位共同完成,它们的合作多数不是固定的合作关系,并且一些参与单位的利益不尽相同,甚至相对立。故选 A。

二、多项选择题

1. ABCE [解析]本题考查的是建设工程项目的组织。选项 D 错误,业主方和项目各参与方,如设计单位、施工单位、供货单位和工程管理咨询单位等都有各自的项目管理的任务和其管理职能分工,上述各方都应该编制各自的项目管理任务分工表和项目管理职能分工表。故选 ABCE。

2. ABD [解析]本题考查的是组织结构在项目管理中的应用。选项 C 错误,职能组织结构可能有多个矛盾的指令源,这是职能组织结构最明显的缺点,只有一个指令源的是线性组织结构。选项 E 错误,线性组织结构只有一个指令源,是单线指令下达,不同的部门不能跨部门下达指令。故选 ABD。

3. AE [解析]本题考查的是工作任务分工在项目管理中的应用。选项 B 错误,每一个任务至少有一个主办工作部门。选项 C 错误,可能有多个协办与配合部门。选项 D 错误,运行部和物业开发部参与整个项目实施过程。故选 AE。

4.**BCD** [解析]本题考查的是合同结构在项目管理中的应用。选项 A 错误,如果两个单位之间有合同关系,在合同结构图中用双向箭线联系。选项 E 错误,项目管理的组织结构图可以反映出两个单位之间的管理指令关系。故选 BCD。

5.**AE** [解析]本题考查的是建设工程项目的组织。选项 B 错误,弱电工程物资采购工作流程属于物质流程组织。选项 C 错误,工作流程图是一种动态的组织工具。选项 D 错误,箭线表示工作之间的逻辑关系,菱形框表示判别条件。故选 AE。

6.**ABE** [解析]本题考查的是建设工程项目的组织。选项 C 错误,组织分工是指工作任务分工和管理职能分工。选项 D 错误,组织结构模式和组织分工都是一种相对静态的组织关系。故选 ABE。

7.**BCD** [解析]本题考查的是管理职能分工在项目管理中的应用。选项 A 错误,管理职能分工表会暴露仅用岗位责任描述书时所掩盖的矛盾,两者是有区别的。选项 E 错误,项目管理职能分工表反映项目管理班子内部项目经理、各工作部门和各工作岗位对各项工作任务的项目管理职能分工。故选 BCD。

8.**ABCD** [解析]本题考查的是建设工程项目的组织。组织工具是组织论的应用手段,用图或表等形式表示各种组织关系,它包括:①项目结构图;②组织结构图(管理组织结构图);③工作任务分工表;④管理职能分工表;⑤工作流程图等。故选 ABCD。

9.**ABDE** [解析]本题考查的是项目结构分析在项目管理中的应用。选项 ABDE 正确,项目结构分解并没有统一的模式,但应结合项目的特点和参考以下原则进行:①考虑项目进展的总体部署;②考虑项目的组成;③有利于项目实施任务(设计、施工和物资采购)的发包和有利于项目实施的进行,并结合合同结构;④有利于项目目标的控制;⑤结合项目管理的组织结构等。单体工程如有必要(如投资、进度和质量控制的需要)也应进行项目结构分解。选项 C 错误,同一个建设工程项目可有不同的项目结构的分解方法。故选 ABDE。

10.**ACE** [解析]本题考查的是组织结构在项目管理中的应用。选项 B 错误,组织结构图的矩形框用单向箭线连接。选项 D 错误,项目结构图的矩形框用直线连接。故选 ACE。

刷提升

一、单项选择题

1.**D** [解析]本题考查的是管理职能分工在项目管理中的应用。选项 A 错误,各方有各方的项目管理任务,自然其管理职能分工也各不相同,所以没有办法编制统一的项目管理职能分工表。选项 B 错误,职能分工表是体现各个部门、岗位负责某项工作环节的工具,不仅仅适用于项目,同样可以适用于企业。选项 C 错误,当管理职能分工表不足以明确各个岗位的职能时,可以通过管理职能分工描述书进行辅助。故选 D。

2.**A** [解析]本题考查的是建设工程项目的组织。选项 A 正确,组织是目标能否实现的决定性因素,这是组织论的一个重要结论。大到企业发展转型,小到项目盈利水平,组织的能力直接决定了目标能否实现和实现到哪个程度。选项 B 错误,说反了,是系统的目标决定了系统的组织。目标的大小、难易、长短等各个维度,决定了采用哪种组织形式(矩阵式、直线制或直线职能制)。选项 C 错误,显然,如果是一群乌合之众,人数再多也不利于目标的实现。选项 D 错误,当然有关系,而且是很直接的关系。先进的方法和工具能更高效地实现目标。故选 A。

3.**B** [解析]本题考查的是建设工程项目的组织。项目管理的诊断对象是目标实现过程中产生的偏差,而组织决定了目标能否实现。故应首先分析其组织方面存在的问题。组织、管理、技术、经济——尽管教材上把这四大手段并列起来,但组织体现的是"人",而其他三个方面体现的是"工具"。对项目管理的诊断,首先是对"人"的分析。故选 B。

4.**C** [解析]本题考查的是组织结构在项目管理中的应用。组织结构图,反映的是"组织的指令(组织)关系",专业地讲,就是一个大的组织体系中,各子系统乃至各元素间的指令关系;通俗地讲,就是谁是领导,谁是下属,谁指挥谁。相关示意图如下图所示。故选C。

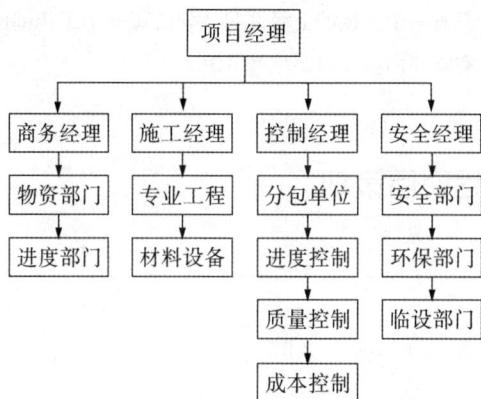

5.A [解析]本题考查的是项目结构分析在项目管理中的应用。项目的工作任务的本质是"工作流程"。建设工程项目的工作任务,一般就是把一个项目拆分成几部分,或者说一个项目是由几部分组成,而反映项目所有工作任务的组织工具是项目结构图。故选A。

6.D [解析]本题考查的是管理职能分工在项目管理中的应用。明确工作内容的某个环节由谁来完成,这是管理职能分工的意义。如使用管理职能分工表还不足以明确每个工作部门的管理职能,则可辅以使用管理职能分工描述书。而工作任务分工,说的是组织或个人去完成某项工作,这两个概念要注意区分。故选D。

7.C [解析]本题考查的是工作流程组织在项目管理

中的应用。题干中交代了工作与工作之间存在逻辑关系,能表示逻辑关系的就是工作流程图,其能说明前一项工作与后一项工作存在先后顺序和联系。故选C。

8.A [解析]本题考查的是工作流程组织在项目管理中的应用。工作流程组织包括三种,即管理工作流程组织、信息处理工作流程组织、物质流程组织。为了方便记忆区分,我们说:管理人员管理流;收集数据信息流;干活人员物质流。这道题题干说的是设计变更的工作流程,答案应为管理工作流程。故选A。

9.A [解析]本题考查的是管理职能分工在项目管理中的应用。选项B错误,业主方和项目各参与方应编制各自的项目管理职能分工表。选项C错误,管理职能分工表也可用于企业管理。选项D错误,项目管理职能分工表和岗位责任描述书表达的内容不一定完全一样。故选A。

二、多项选择题

1.AE [解析]本题考查的是建设工程项目的组织。静态组织关系没有"流"字,动态组织关系有"流"字。故选AE。

2.ADE [解析]本题考查的是建设工程项目的组织。组织论重点研究的对象概括起来叫"结构分工工作流",即组织结构模式、组织分工、工作流程组织。故选ADE。

[核心总结]

组织结构模式、组织分工、工作流程组织的相关内容如下表所示。

研究对象	组织结构模式	组织分工	工作流程组织
内涵	反映组织系统中各子系统之间或各元素之间的"指令关系"	反映组织系统中各子系统或各元素"工作任务分工和管理职能分工"	反映组织中各项工作之间的"逻辑关系"
核心	反映"上下级"关系	反映"工作职责"关系	反映"先后次序"关系
性质	是一种相对"静态"的组织关系	是一种相对"静态"的组织关系	是一种"动态"的组织关系

3.CDE [解析]本题考查的是组织结构在项目管理中的应用。图中的组织结构属于矩阵式。在矩阵组织结构中,每一项纵向和横向交汇的工作,指令来自于纵向和横向两个工作部门,因此其指令源为两个。在矩阵组织结构中为避免纵向和横向工作部门指令

矛盾对工作的影响,可以采用以纵向工作部门指令为主或以横向工作部门指令为主。选项A错误,技术部不可以对乙、丙直接下达指令。选项B错误,工程部可以对丙直接下达指令。如题图所示,当两个方向的指令源发生矛盾时,应以纵向(实线)指令源为主。故选CDE。

4. ADE [解析]本题考查的是组织结构在项目管理中的应用。选项 B 错误,职能组织结构中每一个工作部门可能得到其直接和非直接的上级工作部门下达的工作指令,它就会有多个矛盾的指令源。选项

C 错误,线性组织结构中,每一个工作部门只能对其直接的下属部门下达工作指令,每一个工作部门也只有一个直接的上级部门,因此,每一个工作部门只有唯一的指令源。故选 ADE。

专题4 建设工程项目策划

答案速查

刷基础								
单项	1.D	2.A	3.B	4.A	多项	1.CDE	2.BE	
刷提升								
单项	1.C	2.C	3.B	4.B	多项	1.ABDE	2.ACE	

刷基础

一、单项选择题

1. D [解析]本题考查的是项目决策阶段策划的工作内容。项目决策阶段组织策划的主要工作内容包括:①决策期的组织结构;②决策期任务分工;③决策期管理职能分工;④决策期工作流程;⑤实施期组织总体方案;⑥项目编码体系分析。选项 AC 属于项目实施阶段的组织策划。选项 B 属于项目决策阶段的管理策划。故选 D。

2. A [解析]本题考查的是项目决策阶段策划的工作内容。项目决策阶段合同策划的主要工作内容包括:①决策期的合同结构;②决策期的合同内容和文本;③实施期合同结构总体方案。选项 BCD 属于项目实施阶段的合同策划。故选 A。

3. B [解析]本题考查的是项目实施阶段策划的工作内容。建设工程项目实施阶段策划的主要任务是确定如何组织该项目的开发或建设。故选 B。

4. A [解析]本题考查的是项目实施阶段策划的工作内容。项目实施阶段管理策划的主要工作内容包括:①项目实施各阶段项目管理的工作内容;②项目风险管理与工程保险方案。选项 BCD 属于项目决策期管理策划的内容。故选 A。

二、多项选择题

1. CDE [解析]本题考查的是项目实施阶段策划的工作内容。选项 AB 属于决策阶段组织策划的内容。故选 CDE。

2. BE [解析]本题考查的是项目决策阶段策划的工作内容。项目定义和项目目标论证的主要工作内容包括:①确定项目建设的目的、宗旨和指导思想。②项目的规模、组成、功能和标准的定义。③项目总投资规划和论证。④建设周期规划和论证。故选 BE。

刷提升

一、单项选择题

1. C [解析]本题考查的是项目决策阶段策划的工作内容。本考点知识点比较杂,靠背记是绝对搞不定的,而每年考试都是两个单选题,需要靠抓住关键词的方式来选择正确答案。选项 A 属于决策阶段策划中的"项目定义和目标论证"。选项 B 属于实施阶段策划。选项 D 的关键词为"技术方案",属于决策阶段技术策划。故选 C。

2. C [解析]本题考查的是项目决策阶段策划的工作内容。实施期合同结构总体方案尽管有"实施期"三个字,但无论是组织策划还是合同策划,对于实施期总体方案的策划,必然是在实施阶段之前进行。而实施阶段的紧前是决策阶段。因此,"实施期的总体方案策划"是在决策阶段进行。故选 C。

3. B [解析]本题考查的是建设工程项目策划。选项 A 错误,工程项目策划不仅仅只针对项目的决策和实施,还包括决策和实施中遇到的某些问题。选项 C 错误,工程项目策划是一个集思广益的过程,"闭门造车"是不行的。选项 D 错误,其实质是将已有的

知识进行组织和集成,是一个知识管理的过程。故选 B。

4.B [解析]本题考查的是项目决策阶段策划的工作内容。选项 D 是本题强干扰项。决策阶段对于项目编码体系只停留在"分析"层面。编码体系的"建立"是实施阶段要干的事儿。选项 AD 属于项目实施阶段策划基本内容之一的——项目实施组织策划的内容。选项 C 属于建设工程项目决策阶段策划基本内容之一的——管理策划的内容。故选 B。

二、多项选择题

1.ABDE [解析]本题考查的是项目实施阶段策划的工作内容。题干要求找出属于项目目标分析和再论证的内容。分析再论证是项目实施阶段的事,主要内容就是分解、编制及确定质量目标和建筑面积分配。故选 ABDE。

2.ACE [解析]本题考查的是建设工程项目策划。选项 A 正确、选项 B 错误,工程项目策划是一个开放性的工作过程,它需整合多方面专家的知识。选项 C 正确,建设工程项目策划指的是通过调查研究和收集资料,在充分占有信息的基础上,针对建设工程项目的决策和实施,或决策和实施中的某个问题,进行组织、管理、经济和技术等方面的科学分析和论证,旨在为项目建设的决策和实施增值。选项 D 错误、选项 E 正确,工程项目策划的过程是专家知识的组成和集合,以及信息的组织和集成的过程,其实质是知识管理的过程。故选 ACE。

专题 5　建设工程项目采购的模式

答案速查

刷基础

单项	1.D	2.B	3.D	4.B	5.C	6.D	7.D	8.A	9.D	10.A	11.A
	12.D	13.A	14.A	15.B	16.B	17.B	18.D	19.D			
多项	1.AB	2.ABC	3.ABDE	4.ABC	5.AB	6.ACE	7.BCD	8.ACD	9.CDE		

刷提升

单项	1.B	2.C	3.D	4.B	5.B		多项	1.ABCD	2.AD	3.ABC	4.AC

刷基础

一、单项选择题

1.D [解析]本题考查的是施工任务委托的模式。选项 A 错误,施工总承包管理模式在项目开始阶段因其图纸设计没有全部完成,所以不能一次性确定合同总价。选项 B 错误,施工总承包管理合同中一般只确定施工总承包管理费,重点是确定建安工程造价的百分比。因为采用施工总承包管理模式的情况下,图纸不是一次确定的。选项 C 错误,施工总承包管理模式下,一般情况分包都是与业主签订合同,而不是施工总承包管理单位。故选 D。

2.B [解析]本题考查的是项目总承包的模式。项目启动阶段的任务:在工程总承包合同条件下,任命项目经理,组建项目部。故选 B。

3.D [解析]本题考查的是施工任务委托的模式。选项 A 错误,对于施工总承包模式来说,建设单位与一家施工单位签订合同,招标和合同管理工作量小。选项 B 错误,业主找了总承包单位进行管理,所以业主的组织与协调的工作量小。选项 C 错误,施工总承包模式是由分包单位与施工总承包单位签合同,合同价对于业主来说并不透明。故选 D。

4.B [解析]本题考查的是物资采购的模式。物资采购管理程序如下表所示。故选 B。

程序	关键词
①明确采购产品或服务的基本要求、采购分工及有关责任	明确要求
②进行采购策划,编制采购计划	编制计划
③进行市场调查,选择合格的产品供应或服务单位,建立名录	市场调查

（续表）

程序	关键词
④采用招标或协商等方式实施评审工作,确定供应或服务单位	确定单位
⑤签订采购合同	签订合同
⑥运输、验证、移交采购产品或服务	移交产品
⑦处置不合格产品或不符合要求的服务	处置不合格品
⑧采购资料归档	资料归档

5.C [解析]本题考查的是设计任务委托的模式。建筑师事务所是指具备一级注册执业资格,从事建筑工程设计或其中某一专业设计业务的设计机构。国际上,一般以建筑师事务所为主导进行设计,其他各专业设计事务承担设计辅助工作。故选C。

6.D [解析]本题考查的是施工任务委托的模式。选项A错误,一般情况下施工总承包管理单位不参与具体的施工,如果想要参与具体的施工任务须经招标获得。选项B错误,业主进行施工总承包管理单位招标时,因没有完整的设计图纸,没有办法预先确定工程总造价。选项C错误,一般情况下,业主与分包单位签合同,所以应该是业主负责所有分包合同的招投标工作。故选D。

7.D [解析]本题考查的是项目总承包的模式。选项A错误,建设项目工程总承包即使采用总价包干的方式,稍大一些的项目也难以用固定总价包干,而多数采用变动总价合同。选项B错误,建设项目工程总承包的主要方式是"DB模式"和"EPC模式"。选项C错误,建设项目工程总承包的主要意义并不在于总价包干和"交钥匙",其核心是通过设计与施工过程的组织集成,促进设计与施工的紧密结合,以达到为项目建设增值的目的。故选D。

8.A [解析]本题考查的是施工任务委托的模式。业主方委托一个施工单位或由多个施工单位组成的施工联合体或施工合作体作为施工总承包单位,经业主同意,施工总承包单位可以根据需要将施工任务的一部分分包给其他符合资质的分包人。这种施工

任务委托模式是施工总承包。故选A。

9.D [解析]本题考查的是施工任务委托的模式。选项A错误,"费率招标"实质上是开口合同,对业主方的合同管理和投资控制十分不利。选项B错误,一般情况下,所有分包合同的招标投标、合同谈判以及签约工作均由业主负责,业主方的招标及合同管理工作量较大。选项C错误,采用施工总承包管理模式时,当完成一部分施工图就可对其进行招标。选项D正确,施工总承包管理模式可以在很大程度上缩短建设周期。故选D。

10.A [解析]本题考查的是施工任务委托的模式。选项B错误,业主组织与协调工作量小。选项CD错误,此两项均属于施工总承包管理模式的特点。故选A。

11.A [解析]本题考查的是项目管理委托的模式。国际上,项目管理咨询公司(咨询事务所,或称顾问公司)可以接受业主方、设计方、施工方、供货方和建设项目工程总承包方的委托,提供代表委托方利益的项目管理服务。故选A。

12.D [解析]本题考查的是项目总承包的模式。项目总承包的基本出发点是借鉴工业生产组织的经验,实现建设生产过程的组织集成化。故选D。

13.A [解析]本题考查的是项目总承包的模式。建设项目工程总承包的主要意义并不在于总价包干和"交钥匙",其核心是通过设计与施工过程的组织集成,促进设计与施工的紧密结合,以达到为项目建设增值的目的。故选A。

14.A [解析]本题考查的是项目总承包的模式。工程总承包企业受业主委托,按照合同约定对工程建设项目的勘察、设计、采购、施工、试运行等实行全过程或若干阶段的承包。故选A。

15.B [解析]本题考查的是项目总承包的模式。施工阶段:施工开工前的准备工作,现场施工,竣工试验,移交工程资料,办理管理权移交,进行竣工决算。选项AC属于项目管理收尾阶段的工作内容。选项D属于项目启动阶段的工作内容。故选B。

16.B [解析]本题考查的是施工任务委托的模式。由于一般要等施工图设计全部结束后,业主才进行施工总承包的招标,因此,开工日期不可能太早,建设周期会较长。这是施工总承包模式的最大缺点,限制了其在建设周期紧迫的建设工程项目上的应用。故选 B。

17.B [解析]本题考查的是施工任务委托的模式。

[核心总结]

各类承发包模式的利弊(√表示对业主有利,×表示对业主不利)。

模式	投资控制	节约投资	进度控制	质量控制	合同管理	组织协调
平行承发包	×	√	√	√	×	×
施工总承包	√	×	×	依赖	√	√
施工总承包管理	×	√	√	√	×	√

19.D [解析]本题考查的是物资采购的模式。物资采购管理应遵循下列程序:①明确采购产品或服务的基本要求、采购分工及有关责任;②进行采购策划,编制采购计划;③进行市场调查,选择合格的产品供应或服务单位,建立名录;④采用招标或协商等方式实施评审工作,确定供应或服务单位;⑤签订采购合同;⑥运输、验证、移交采购产品或服务;⑦处置不合格产品或不符合要求的服务;⑧采购资料归档。故选 D。

二、多项选择题

1.AB [解析]本题考查的是施工任务委托的模式。选项 C 错误,在对施工总承包管理单位进行招标时,只确定施工总承包管理费,而不确定工程总造价,这可能成为业主控制总投资的风险。选项 D 错误,建设工程项目质量的好坏在很大程度上取决于施工总承包单位的管理水平和技术水平,这属于施工总承包模式的特点。选项 E 错误,若在施工过程中发生设计变更,可能会引发索赔,这属于施工总承包模式的特点。故选 AB。

2.ABC [解析]本题考查的是施工任务委托的模式。选项 D 错误,一般情况下,施工总承包管理单位不参与具体工程的施工。选项 E 错误,一般情况下,由业主与分包单位签订分包合同。故选 ABC。

3.ABDE [解析]本题考查的是物资采购的模式。选

采用施工总承包管理模式时,对分包人的质量控制由施工总承包管理单位进行。故选 B。

18.D [解析]本题考查的是施工任务委托的模式。施工总承包管理单位和施工总承包单位一样,既要负责对现场施工的总体管理和协调,也要负责向分包人提供相应的配合施工的服务。故选 D。

项 C 错误,工程建设物资由工程承包单位采购的,发包单位不得指定生产厂或供应商。故选 ABDE。

4.ABC [解析]本题考查的是物资采购的模式。国际上,业主方工程建设物资采购有 3 种形式,即业主自己买、承包商去买、业主与承包商约定某些物资为指定供货商。故选 ABC。

5.AB [解析]本题考查的是项目总承包的模式。选项 C 错误,工程总承包企业受业主委托,按照合同约定对项目勘察、设计、采购、施工、试运行等实行全过程或若干阶段的承包。选项 D 错误,分包企业按照分包合同的约定对总承包企业负责。选项 E 错误,建设项目工程总承包的主要意义并不在于总价包干和"交钥匙",其核心是通过设计与施工过程的组织集成,促进设计与施工的紧密结合,以达到为项目建设增值的目的。故选 AB。

6.ACE [解析]本题考查的是项目总承包的模式。选项 B 属于施工阶段的工作内容。选项 D 属于合同收尾的工作内容。故选 ACE。

7.BCD [解析]本题考查的是施工任务委托的模式。选项 A 错误,一般情况下,所有分包合同的招标投标、合同谈判以及签约工作均由业主与分包单位直接签订。选项 E 错误,对于施工总承包管理单位提供的某些设施和条件,如搭设的脚手架、临时用房

等,如果分包人需要使用,则应由双方协商所支付的费用。故选 BCD。

8.ACD [解析]本题考查的是项目管理委托的模式。在国际上,业主方项目管理的方式主要有三种:①业主方自行项目管理;②业主方委托项目管理咨询公司承担全部业主方项目管理的任务;③业主方委托项目管理咨询公司与业主方人员共同进行项目管理,业主方从事项目管理的人员在项目管理咨询公司委派的项目经理的领导下工作。故选 ACD。

9.CDE [解析]本题考查的是项目总承包的模式。选项 A 错误,项目总承包的基本出发点是借鉴工业生产组织的经验,实现建设生产过程的组织集成化。

[核心总结]

施工总承包管理模式和施工总承包模式的对比如下表所示。

项目	施工总承包管理模式	施工总承包模式
进度控制	有利于缩短建设周期	对进度控制不利
费用控制	有利于节约投资	有利于业主的总投资控制
质量控制	符合"他人控制"原则,有利于质量控制	质量的好坏取决于总承包单位的管理和技术水平
合同管理	一般情况下,业主与分包单位签合同,业主管理工作量大	施工总承包单位与分包单位签合同,业主管理工作量小
组织协调	业主的协调工作量小(这是这种委托形式的基本出发点)	业主的协调工作量小
开展工作的程序	不依赖图纸的完成情况,有满足招标所需的图纸就可以	必须完成全部施工设计后开始招标
对分包的选择和付款	所有分包的选择由业主来决定,但要经过总承包管理单位的认可。付款时可由业主直接支付,也可由总承包管理单位支付	总承包单位选择分包,由业主予以认可,付款时由总承包单位直接支付

2.C [解析]本题考查的是物资采购的模式。采购管理应遵循下列程序:

①明确采购产品或服务的基本要求、采购分工及有关责任。(想好买啥)

②进行采购策划,编制采购计划。(做好预算)

③进行市场调查,选择合格的产品供应或服务单位,建立名录。(放购物车)

④采用招标或协商等方式实施评审工作,确定供应

选项 B 错误,建设项目工程总承包的主要意义并不在于总价包干和"交钥匙",其核心是通过设计与施工过程的组织集成,促进设计与施工的紧密结合,以达到为项目建设增值的目的。故选 CDE。

刷提升

一、单项选择题

1.B [解析]本题考查的是施工任务委托的模式。施工总承包模式是分包单位与施工总承包单位签合同,而施工总承包管理模式一般情况下是分包单位与业主签合同,两者相比,在施工总承包管理模式下,分包合同价相对于业主来讲是相对透明的。这个点是历年考试必出的点。故选 B。

或服务单位。(货比三家)

⑤签订采购合同。(付款)

⑥运输、验证、移交采购产品或服务。(快递收货)

⑦处置不合格产品或不符合要求的服务。(退货)

⑧采购资料归档。(差评)

故选 C。

3.D [解析]本题考查的是施工任务委托的模式。施工总管方是由业主委托的某家单位或某个联合体,

一般只负责项目施工管理,不参与施工。因此,不必等到设计工作全部完成,有部分施工图即可进行招标。当然,若施工总管方有意承揽具体的施工任务,也可通过竞争(如投标)取得。采用施工总管模式下的施工单位,一般由业主方指定分包,由总管方确认。所以合同价对于业主而言当然是透明的。同时,各分包方通过招投标等方式进行的充分竞争,也有利于业主方的投资控制。故选 D。

4.B [解析]本题考查的是项目总承包的模式。建议用排除法,工程总承包是对实施阶段全过程或若干阶段的承包。选项 AC 错误,有"决策",不属于实施阶段。选项 D 错误,有"运行管理",属于使用阶段,不属于实施阶段。故选 B。

5.B [解析]本题考查的是施工任务委托的模式。选项 A 错误,因为施工总承包招标一般要等施工图设计全部结束后业主才进行施工总承包的招标,而施工总承包管理单位的招标可以不依赖完整的施工图。选项 C 错误,因为在施工总承包模式下,分包单位由施工总承包单位选择,由业主方认可,而在施工

总承包管理模式下,分包单位由业主选定,由总承包管理单位认可。选项 D 错误,施工总承包管理单位要承担施工总体管理和目标控制的任务和责任。故选 B。

二、多项选择题

1.ABCD [解析]本题考查的是施工任务委托的模式。选项 A 正确,施工总包模式下,由于缺少"他人控制",质量方面的控制主要依赖于总包方的管理和技术水平。选项 B 正确,施工总包模式下,需等待设计施工图完成后才能进行招投标,无法像施工总管模式那样合理利用"三边工程",因此开工相对较晚,建设周期随即拉长。选项 C 正确,出于上述原因,施工总包模式下,开工前就有较确定的合同价,因此有利于业主方对总投资的控制。选项 D 正确,施工总包模式下,业主只需与总包方签合同,只负责总包方的管理及协调,相比平行承发包模式,管理与协调量当然会大幅下降。选项 E 错误,施工总包模式下,业主择优选择承包方范围并不会小,工程总承包模式下,才存在这种问题。故选 ABCD。

[核心总结]

施工总承包管理和施工总承包的对比如下表所示。

对比		总管模式	总包模式
不同点	工作开展程序	不依赖完整图纸	依赖完整图纸
	合同关系	①业主与分包单位签; ②总管与分包单位签	总包与分包单位签
	分包单位的选择和认可	业主选择,总管单位认可	总包选择,业主认可
	对分包单位付款	①总管单位支付; ②业主支付(需总管单位认可)	总包支付
	合同价格	只确定总管费用,不确定工程总造价	确定工程总造价
相同点	对分包单位管理和服务	①负责对现场施工的总体管理和协调; ②负责对分包人提供相应的服务	

2.AD [解析]本题考查的是项目总承包的模式。工程总承包项目管理的内容,粗略概括也有二十多条,考生只需把握"实施阶段管理"这一个要领。"编制可行性研究报告"和"项目运行管理"这两件事一个是在决策阶段,一个是在使用阶段。选项 C 属于业

主方的任务。故选 AD。

3.ABC [解析]本题考查的是施工任务委托的模式。选项 D 错误,在进行对施工总承包管理单位的招标时,只确定施工总承包管理费,而不确定工程总造价,这可能成为业主控制总投资的风险。选项 E 错

误,多数情况下,由业主方与分包人直接签约,这样有可能增加业主方的风险。故选ABC。

4.AC [解析]本题考查的是施工任务委托的模式。选项A正确,质量控制方面:建设工程项目质量的好坏在很大程度上取决于施工总承包单位的管理水平和技术水平。选项B错误,投资控制方面:①一般以施工图设计为投标报价的基础,投标人的投标报价较有依据;②在开工前就有较明确的合同价,有利于业主的总投资控制;③若在施工过程中发生设计变更,可能会引发索赔。选项C正确,进度控制方面:由于一般要等施工图设计全部结束后,业主才进行施工总承包的招标,因此,开工日期不可能太早,建设周期会较长。选项D错误,组织与协调方面:由于业主只负责对施工总承包单位的管理及组织协调,其组织与协调的工作量比平行发包会大大减少,这对业主有利。选项E错误,业主选择承包方范围较大,而选择项目总承包范围较小。故选AC。

专题6 建设工程项目管理规划的内容和编制方法

答案速查

刷基础								
单项	1.C	2.B	3.A	多项	1.CDE	2.BCD	3.CDE	4.CDE

刷提升					
单项	1.C	2.B	多项	1.BCD	2.BCD

刷基础

一、单项选择题

1.C [解析]本题考查的是建设工程项目管理规划的内容和编制方法。建设工程项目管理规划是指导项目管理工作的纲领性文件,它从总体上和宏观上对多个方面进行分析和描述。故选C。

2.B [解析]本题考查的是项目管理规划的编制方法。项目管理实施规划的编制依据:①适用的法律、法规和标准;②项目合同及相关要求;③项目管理规划大纲;④项目设计文件;⑤工程情况与特点;⑥项目资源和条件;⑦有价值的历史数据;⑧项目团队的能力和水平。故选B。

3.A [解析]本题考查的是项目管理规划的编制方法。项目管理实施规划的编制工作程序:①了解相关方的要求;②分析项目具体特点和环境条件;③熟悉相关的法规和文件;④实施编制活动;⑤履行报批手续。故选A。

二、多项选择题

1.CDE [解析]本题考查的是建设工程项目管理规划的内容和编制方法。选项A错误,建设工程项目管理规划是业主方的大规划,业主方的规划是涉及整个实施阶段的。选项B错误,建设工程项目管理规划必须随着情况的变化而进行动态调整,而不是一成不变的。要记住,建设工程项目管理这门课程最基本的方法论是动态管理。故选CDE。

2.BCD [解析]本题考查的是项目管理规划的内容。选项AE属于项目管理实施规划的内容。故选BCD。

3.CDE [解析]本题考查的是项目管理规划的内容。选项AB属于项目管理规划大纲的内容。故选CDE。

4.CDE [解析]本题考查的是项目管理规划的内容。建设工程项目管理规划一般包括如下内容:①项目概述;②项目的目标分析和论证;③项目管理的组织;④项目采购和合同结构分析;⑤投资控制的方法和手段;⑥进度控制的方法和手段;⑦质量控制的方法和手段;⑧安全、健康与环境管理的策略;⑨信息管理的方法和手段;⑩技术路线和关键技术的分析;⑪设计过程的管理;⑫施工过程的管理;⑬价值工程的应用;⑭风险管理的策略等。故选CDE。

刷提升

一、单项选择题

1.C [解析]本题考查的是项目管理规划的编制方法。项目管理规划大纲的编制程序应按照以下思路编制:首先明确要做什么工作,然后确定完成工作要达到的目标。根据项目的实际情况分析工作环境和工作条件,然后把要完成的工作进行分解,用分解之后的工作内容定组织、定人员并落实责任,再制定措施,根据目标和措施编制计划,最后报审。故选C。

2.B [解析]本题考查的是项目管理规划的内容。建设工程项目管理规划内容涉及的范围和深度,在理论上和工程实践中并没有统一的规定,应视项目的特点而定。由于项目实施过程中主客观条件的变化是绝对的,不变则是相对的;在项目进展过程中平衡是暂时的,不平衡则是永恒的,因此,建设工程项目管理规划必须随着情况的变化而进行动态调整。故选B。

二、多项选择题

1.BCD [解析]本题考查的是项目管理规划的编制方法。项目管理规划大纲可依据下列资料编制:①项目文件、相关法律法规和标准;②类似项目经验资料;③实施条件调查资料。总结起来可简单记忆为:法定调查找类似。故选BCD。

2.BCD [解析]本题考查的是建设工程项目管理规划的内容和编制方法。选项A错误,建设工程项目管理规划属于业主方项目管理的范畴。选项E错误,建设项目的其他参与单位,如设计单位,为进行其项目管理也需要编制项目管理规划。故选BCD。

专题7 施工组织设计的内容和编制方法

答案速查

刷基础										
单项	1.C	2.C	3.D	4.B	5.A	6.B	7.C	8.B	9.B	10.D	11.C
多项	1.BCD	2.ACE	3.CDE	4.BC	5.ABDE	6.AD	7.AC				

刷提升								
单项	1.D	2.D	3.C		多项	1.ABCE	2.ABDE	3.ABE	4.CE

刷基础

一、单项选择题

1.C [解析]本题考查的是施工组织设计的编制方法。重点、难点分部(分项)工程和专项工程施工方案应由施工单位技术部门组织相关专家评审,施工单位技术负责人批准。故选C。

2.C [解析]本题考查的是施工组织设计的内容。题目中说的施工组织设计是针对单位工程来进行编制的,针对单位工程进行编制的施工组织设计称为单位工程施工组织设计。故选C。

3.D [解析]本题考查的是施工组织设计的内容。施工部署及施工方案包括:根据工程情况,结合人力、材料、机械设备、资金、施工方法等条件,全面部署施工任务,合理安排施工顺序,确定主要工程的施工方案;对拟建工程可能采用的几个施工方案进行定性、定量的分析,通过技术经济评价,选择最佳方案。选项A属于施工组织设计中施工进度计划的内容。选项B属于工程概况。选项C属于施工组织设计中施工平面图的内容。故选D。

4.B [解析]本题考查的是施工组织设计的编制方法。施工组织设计应由项目负责人主持编制,可根据需要分阶段编制和审批。故选B。

5.A [解析]本题考查的是施工组织设计的内容。施工组织设计应包括编制依据、工程概况、施工部署、施工进度计划、施工准备与资源配置计划、主要施工方法、施工现场平面布置及主要施工管理计划等基本内容。工程概况包括:①本项目的性质、规模、建设地点、结构特点、建设期限、分批交付使用的条件、合同条件;②本地区地形、地质、水文和气象情况;③施工力量、劳动力、机具、材料、构件等资源供应情况;④施工环境及施工条件等。故选A。

6.B [解析]本题考查的是施工组织设计的内容。施工部署及施工方案包括:①根据工程情况,结合人力、材料、机械设备、资金、施工方法等条件,全面部署施工任务,合理安排施工顺序,确定主要工程的施工方案;②对拟建工程可能采用的几个施工方案进行定性、定量的分析,通过技术经济评价,选择最佳方案。故选B。

7.C [解析]本题考查的是施工组织设计的内容。施工进度计划:①施工进度计划反映了最佳施工方案在时间上的安排,采用计划的形式,使工期、成本、资源等方面,通过计算和调整达到优化配置,符合项目目标的要求;②使工序有序地进行,使工期、成本、资源等通过优化调整达到既定目标,在此基础上编制相应的人力和时间安排计划、资源需求计划和施工准备计划。故选C。

8.B [解析]本题考查的是施工组织设计的内容。单位工程施工组织设计是以单位工程(如一栋楼房、一个烟囱、一段道路、一座桥等)为主要对象编制的施工组织设计。故选B。

[核心总结]

分类	施工组织总设计	单位工程施工组织设计	施工方案
示例	一个工厂、一个机场、一个道路工程、一个居住小区等	一栋楼房、一个烟囱、一段道路、一座桥等	地基基础、主体结构、装饰装修、节能环保等
编制对象	若干单位工程组成的群体工程或特大型项目	单位(子单位)工程	分部(分项)工程或专项工程
主要内容	①工程概况; ②总体施工部署; ③施工总进度计划; ④总体施工准备与主要资源配置计划; ⑤主要施工方法; ⑥施工总平面布置	①工程概况; ②施工部署; ③施工进度计划; ④施工准备与资源配置计划; ⑤主要施工方案; ⑥施工现场平面布置	①工程概况; ②施工安排; ③施工进度计划; ④施工准备与资源配置计划; ⑤施工方法及工艺要求

9.B [解析]本题考查的是施工组织设计的内容。施工组织总设计的主要内容如下:①工程概况;②总体施工部署;③施工总进度计划;④总体施工准备与主要资源配置计划;⑤主要施工方法;⑥施工总平面布置。选项A属于单位工程施工组织设计的内容。选项CD属于施工方案的内容。故选B。

10.D [解析]本题考查的是施工组织设计的编制方法。选项D错误,应积极开发、使用新技术和新工艺,推广应用新材料和新设备(在目前市场经济条件下,企业应当积极利用工程特点、组织开发、创新施工技术和施工工艺)。故选D。

11.C [解析]本题考查的是施工组织设计的编制方法。单位工程施工组织设计应由施工单位技术负责人或技术负责人授权的技术人员审批。故选C。

二、多项选择题

1.BCD [解析]本题考查的是施工组织设计的编制方法。选项A错误,设计局部修改,不符合"重大改变",故不符合施工组织设计修改或补充的条件。选项E错误,钢材价格上涨,而不是大涨,不符合"重大改变",故不符合施工组织设计修改或补充的条件。故选BCD。

2.ACE [解析]本题考查的是施工组织设计的编制方法。深基坑、地下暗挖工程、高大模板工程的专项施工方案,施工单位应当组织专家进行论证、审查。选项BD需要编制专项施工方案,并附具安全验算结果,经施工单位技术负责人、总监理工程师签字后实施。故选ACE。

3.CDE [解析]本题考查的是施工组织设计的内容。施工平面图是施工方案及施工进度计划在空间上的全面安排。它把投入的各种资源、材料、构件、机械、道路、水电供应网络、生产和生活活动场地及各种临时工程设施合理地布置在施工现场,使整个现场能有组织地进行文明施工。选项A属于施工组织设计中施工进度计划的内容。选项B属于施工组织设计中工程概况的内容。故选CDE。

4.BC [解析]本题考查的是施工组织设计的内容。选项A属于单位工程施工组织设计的内容,而不属于施工方案的内容。选项D属于施工组织总设计的内容,而不属于单位工程施工组织设计、施工方案的内容。选项E属于施工方案的内容,而不属于单位工程施工组织设计的内容。故选BC。

5.ABDE [解析]本题考查的是施工组织设计的内容。施工方案的主要内容如下:①工程概况;②施工安排;③施工进度计划;④施工准备与资源配置计划;⑤施工方法及工艺要求。选项C属于单位工程施工组织设计的内容。故选ABDE。

6.AD [解析]本题考查的是施工组织设计的内容。

以分部(分项)工程或专项工程为主要对象编制的施工方案,其主要内容包括:①工程概况;②施工安排;③施工进度计划;④施工准备与资源配置计划;⑤施工方法及工艺要求。故选AD。

7.AC [解析]本题考查的是施工组织设计的编制方法。需要组织专家论证的专项施工方案包括:深基坑、地下暗挖工程、高大模板工程。故选AC。

刷提升

一、单项选择题

1.D [解析]本题考查的是施工组织设计的编制方法。选项A错误,重难点分部分项工程和专项工程施工方案应由施工单位技术部门组织专家评审,施工单位技术负责人负责批准。选项B错误,施工方案应由项目技术负责人审批。选项C错误,施工组织总设计应由总承包单位技术负责人审批。故选D。

[核心总结]

类别		审批
施工组织总设计		总承包单位技术负责人
单位工程施工组织设计		施工单位技术负责人或技术负责人授权的技术人员
施工方案	一般工程	项目技术负责人
	重点、难点分部(分项)工程和专项工程	施工单位技术部门组织相关专家评审,施工单位技术负责人批准
	专业承包单位施工的分部(分项)工程和专项工程	专业承包单位技术负责人或技术负责人授权的技术人员审批;有总承包单位时,应由总承包单位项目技术负责人核准备案
	规模较大的分部(分项)工程和专项工程	施工单位技术负责人或技术负责人授权的技术人员

2.D [解析]本题考查的是施工组织设计的编制方法。由于钢结构分部规模很大而且在整个工程中占有重要的地位,其施工方案应按施工组织设计进行审批,即应由施工单位技术负责人审批。因为本题并没有明确钢结构工程是分包工程,故不能选分包单位技术负责人,而只能选总包单位技术负责人。故选D。

3.C [解析]本题考查的是施工组织设计的内容。题干中要求找出施工总进度计划确定之后才可以进行的工作。选项A错误,施工方案是在确定施工总进

度计划确定之前就已经完成了,因为要根据施工方案编制施工进度计划。选项B错误,施工的总体部署也是在施工总进度计划之前确定的,因为要根据施工现场的总体部署、实际施工情况进行有针对性的总进度计划的编制。选项C正确,资源需求计划的编制是根据总进度计划得来的。选项D错误,主要工种工程的工程量是依据现场实际情况和设计图得来的,与施工总进度计划没有直接联系。故选C。

二、多项选择题

1.ABCE [解析]本题考查的是施工组织设计的内容。施工管理计划要重点抓住关键词"施工"二字,

即施工过程中的管理计划,选项D中"运营"是在施工结束后的使用阶段,故可排除此答案。故选ABCE。

2.ABDE [解析]本题考查的是施工组织设计的内容。施工组织总设计、单位工程施工组织设计、专项工程施工方案各部分的名称略有不同,现将这3种施工组织设计以表格的形式进行对比,方便大家记忆、区分。故选ABDE。

施工组织总设计	单位工程施工组织设计	专项工程施工方案
工程概况		
总体施工部署	施工部署	施工安排
施工总进度计划	施工进度计划	
总体施工准备与主要资源配置计划	施工准备与资源配置计划	
主要施工方法	主要施工方案	施工方法及工艺要求
施工总平面布置	施工现场平面布置	—

3.ABE [解析]本题考查的是施工组织设计的编制方法。选项C错误,重点、难点分部(分项)工程和专项工程施工方案应由施工单位技术部门组织相关专家评审,施工单位技术负责人审批。选项D错误,规模较大的分部(分项)工程和专项工程的施工方案应按单位工程施工组织设计进行编制和审批,应该是施工单位技术负责人或技术负责人授权的技术人员审批。故选ABE。

4.CE [解析]本题考查的是施工组织设计的编制方法。选项A正确,当工程设计图纸发生重大修改时,如地基基础或主体结构的形式发生变化、装修材料或做法发生重大变化、机电设备系统发生大的调整等,需要对施工组织设计进行修改。选项B正确,当有关法律、法规、规范和标准开始实施或发生变更,并涉及工程的实施、检查或验收时,施工组织设计需要进行修改或补充。选项C错误,对工程设计图纸的细微修改或更正,施工组织设计则不需要调整。选项D正确,经修改或补充的施工组织设计应重新审批后实施。选项E错误,项目施工前应进行施工组织设计逐级交底。故选CE。

专题8 建设工程项目目标的动态控制

答案速查

刷基础								
单项	1.C	2.A	3.A	4.C	5.D	6.A	7.B	
多项	1.BE	2.ABC	3.BCE	4.CDE	5.AB			
刷提升								
单项	1.C	2.D	3.B	多项	1.CD	2.BCDE		

刷基础

一、单项选择题

1.C [解析]本题考查的是动态控制在投资控制中的应用。选项C错误,如发现进度的偏差,则必须采取相应的纠偏措施进行纠偏。故选C。

2.A [解析]本题考查的是项目目标动态控制的方法及其应用。选项B属于经济措施。选项C属于管理措施。选项D属于技术措施。故选A。

3.A [解析]本题考查的是项目目标动态控制的方法

及其应用。在项目实施过程中项目目标的动态控制:①收集项目目标的实际值,如实际投资、实际进度等。②定期(如每两周或每月)进行项目目标的计划值和实际值的比较。③通过项目目标的计划值和实际值的比较,如有偏差,则采取纠偏措施进行纠偏。故选A。

4.C [解析]本题考查的是项目目标动态控制的方法及其应用。技术措施:分析由于技术(包括设计和施工的技术)的原因而影响项目目标实现的问题,并采取相应的措施,如调整设计、改进施工方法和改变施工机具等。选项 AB 属于组织措施。选项 D 属于管理措施。故选 C。

5.D [解析]本题考查的是项目目标动态控制的方法及其应用。组织措施,分析由于组织的原因而影响项目目标实现的问题,并采取相应的措施,如调整项目组织结构、任务分工、管理职能分工、工作流程组织和项目管理班子人员等。选项 A 属于管理措施。选项 B 属于经济措施。选项 C 属于技术措施。故选 D。

6.A [解析]本题考查的是动态控制在投资控制中的应用。投资的计划值和实际值是相对的,相对于工程合同价,工程概算和工程预算都可作为投资的计划值。故选 A。

7.B [解析]本题考查的是项目目标动态控制的方法及其应用。为避免项目目标偏离的发生,还应重视事前的主动控制,即事前分析可能导致项目目标偏离的各种影响因素,并针对这些影响因素采取有效的预防措施。故选 B。

[核心总结]

目标控制	具体措施	简记
事前控制 (主动控制)	①事前分析可能导致项目目标偏离的各种影响因素; ②针对这些影响因素采取有效的预防措施	未雨绸缪
过程控制 (动态控制)	①定期地进行项目目标的计划值和实际值的比较; ②当发现项目目标偏离时采取纠偏措施	亡羊补牢

二、多项选择题

1.BE [解析]本题考查的是项目目标动态控制的方法及其应用。选项 A 属于组织措施。选项 C 属于经济措施。选项 D 属于技术措施。故选 BE。

2.ABC [解析]本题考查的是项目目标动态控制的方法及其应用。选项 DE 属于纠偏措施中的技术措施。故选 ABC。

3.BCE [解析]本题考查的是项目目标动态控制的方法及其应用。项目目标动态控制的纠偏措施中的组织措施是分析由于组织的原因而影响项目目标实现的问题,并采取相应措施,如调整项目组织结构、任务分工、管理职能分工、工作流程组织和项目管理班子人员等。选项 AD 属于管理措施。故选 BCE。

4.CDE [解析]本题考查的是动态控制在进度控制中的应用。进度的计划值和实际值的比较应是定量的数据比较,比较的成果是进度跟踪和控制报告,如编制进度控制的旬、月、季、半年和年度报告等。故选 CDE。

5.AB [解析]本题考查的是动态控制在进度控制中的应用。运用动态控制原理控制施工进度时,进度的控制周期应视项目的规模和特点而定,一般的项目控制周期为一个月,对于重要的项目,控制周期可

定为一旬或一周等。故选 AB。

刷提升

一、单项选择题

1.C [解析]本题考查的是动态控制在投资控制中的应用。这道题涉及计划值与实际值的比较,前一项是后一项计划值,后一项是前一项的实际值。例如,工程概算与工程合同价相比,工程概算即为计划值,工程合同价则看作是实际值。这道题中的 A 项、B 项、D 项均为施工过程中的比较;而设计过程中的比较有两组:①工程概算 VS 投资规划;②工程预算 VS 工程概算。故选 C。

2.D [解析]本题考查的是项目目标动态控制的方法及其应用。若想进行项目目标动态控制,首先要对目标有一个准确的认识,即通过分解项目目标,达到了解工作任务、确定目标控制计划值的目的。故选 D。

3.B [解析]本题考查的是项目目标动态控制的方法及其应用。项目目标动态控制的准备工作:将项目目标进行分解,以确定用于目标控制的计划值。选项 ACD 属于项目实施过程中对项目目标进行的动态控制。故选 B。

二、多项选择题

1.CD ［解析］本题考查的是项目目标动态控制的方法及其应用。选项 A 错误，调整工作流程组织是组织措施。选项 B 错误，调整进度管理的方法和手段是管理措施。选项 E 错误，调整项目管理职能分工是组织措施。故选 CD。

［核心总结］

措施	关键词	调整方法
组织措施	组织论、人员、分工、流程、项目结构、组织结构等	如调整项目组织结构、任务分工、管理职能分工、工作流程组织和项目管理班子人员等
管理措施	换管理方法、合同管理等	如调整进度管理的方法和手段，改变施工管理和强化合同管理等
经济措施	资金、资源、激励（奖、罚）	如落实加快工程施工进度所需的资金等
技术措施	换机、换料、换设计、换施工方法等	如调整设计、改进施工方法和改变施工机具等

2.BCDE ［解析］本题考查的是动态控制在投资控制中的应用。通过项目投资计划值和实际值的比较，如发现偏差，则必须采取相应的纠偏措施进行纠偏，如：采取限额设计的方法、调整投资控制的方法和手段，采用价值工程的方法、制定节约投资的奖励措施、调整或修改设计，优化施工方法等。选项 A 不属于方法及其应用，属于"如有必要，则调整工程进度目标"。故选 BCDE。

专题9　施工企业项目经理的工作性质、任务和责任

答案速查

	刷基础										
单项	1.A	2.D	3.B	4.B	5.D	6.D	7.C	8.A	9.A	10.A	11.D
多项	1.AD	2.ABD	3.ABC	4.AB	5.CDE	6.ACDE	7.ABCD	8.BDE			

	刷提升							
单项	1.B	2.C	3.A		多项	1.ACDE	2.CD	3.BDE	4.AE	5.AD

刷基础

一、单项选择题

1.A ［解析］本题考查的是项目各参与方之间的沟通方法。沟通是人与人之间、人与群体之间思想与感情的传递和反馈的过程，体现两方面：一是在语言上的交流；二是在思维上的交流。故选 A。

2.D ［解析］本题考查的是施工企业项目经理的工作性质。建筑施工企业项目经理是指受企业法定代表人委托，对工程项目施工过程全面负责的项目管理者，是建筑施工企业法定代表人在工程项目上的代表人。故选 D。

3.B ［解析］本题考查的是施工企业项目经理的工作性质。项目经理按合同约定组织工程实施。在紧急情况下为确保施工安全和人员安全，在无法与发包人代表和总监理工程师及时取得联系时，项目经理有权采取必要的措施保证与工程有关的人身、财产和工程的安全，但应在 48h 内向发包人代表和总监理工程师提交书面报告。故选 B。

4.B ［解析］本题考查的是施工企业项目经理的工作性质。选项 AD 错误，取得建造师注册证书的人员是否担任工程项目施工的项目经理，由企业自主决定。选项 C 错误，项目经理不是一个技术岗位，而是一个管理岗位。故选 B。

5.D ［解析］本题考查的是施工企业项目经理的责任。项目管理目标责任书应在项目实施之前，由组织法定代表人或其授权人与项目管理机构负责人协

商制定。故选 D。

6.D [解析]本题考查的是施工企业项目经理的责任。项目管理机构负责人组织或参与编制项目管理规划大纲、项目管理实施规划,对项目目标进行系统管理。故选 D。

7.C [解析]本题考查的是施工企业项目经理的责任。项目管理机构负责人的权限:①参与项目招标、投标和合同签订。②参与组建项目管理机构。③参与组织对项目各阶段的重大决策。④主持项目管理机构工作。⑤决定授权范围内的项目资源使用。⑥在组织制度的框架下制定项目管理机构的管理制度。⑦参与选择并直接管理具有相应资质的分包人。⑧参与选择大宗资源的供应单位。⑨在授权范围内与项目相关方进行直接沟通。⑩法定代表人和组织授予的其他权力。故选 C。

8.A [解析]本题考查的是项目各参与方之间的沟通方法。沟通过程包括五个要素,即:沟通主体、沟通客体、沟通介体、沟通环境和沟通渠道。故选 A。

9.A [解析]本题考查的是项目各参与方之间的沟通方法。沟通过程包括五个要素,即:沟通主体、沟通客体、沟通介体、沟通环境和沟通渠道。沟通主体是指有目的地对沟通客体施加影响的个人和团体。沟通主体可以选择和决定沟通客体、沟通介体、沟通环境和沟通渠道,在沟通过程中处于主导地位。故选 A。

10.A [解析]本题考查的是项目各参与方之间的沟通方法。沟通能力包含着表达能力、争辩能力、倾听能力和设计能力(形象设计、动作设计、环境设计)。故选 A。

11.D [解析]本题考查的是项目各参与方之间的沟通方法。组织的沟通障碍:在管理中,合理的组织机构有利于信息沟通。但是,如果组织机构过于庞大,中间层次太多,信息从最高决策层传递到下层不仅容易产生信息的失真,而且还会浪费大量时间,影响信息的及时性。同时,自下而上的信息沟通,如果中间层次过多,同样也浪费时间,影响效率。故选 D。

二、多项选择题

1.AD [解析]本题考查的是施工企业项目经理的工

作性质。项目经理应是承包人正式聘用的员工,承包人应向发包人提交项目经理与承包人之间的劳动合同,以及承包人为项目经理缴纳社会保险的有效证明。选项 BCE 不属于必须要向发包方提交的资料。故选 AD。

2.ABD [解析]本题考查的是施工企业项目经理的工作性质。选项 C 错误,项目经理每月在施工现场时间不得少于专用合同条款约定的天数。选项 E 错误,项目经理因特殊情况授权其下属人员履行其某项工作职责的,应提前 7 天将人员的姓名和授权范围书面通知监理人。故选 ABD。

3.ABC [解析]本题考查的是施工企业项目经理的工作性质。选项 D 错误,紧急情况下为确保施工安全,项目经理在采取必要措施后,应在 48h 内向发包人代表和总监理工程师提交书面报告。选项 E 错误,项目经理因特殊情况授权给下属人员时,应提前 7 天将授权人员的相关信息通知监理人。故选 ABC。

4.AB [解析]本题考查的是施工企业项目经理的工作性质。项目经理应是承包人正式聘用的员工,承包人应向发包人提交项目经理与承包人之间的劳动合同,以及承包人为项目经理缴纳社会保险的有效证明。故选 AB。

5.CDE [解析]本题考查的是施工企业项目经理的任务。项目经理在承担工程项目施工管理过程中,应当按照建筑施工企业与建设单位签订的工程承包合同,与本企业法定代表人签订项目承包合同,并在企业法定代表人授权范围内,行使以下管理权力:①组织项目管理班子。②以企业法定代表人的代表身份处理与所承担的工程项目有关的外部关系,受托签署有关合同。③指挥工程项目建设的生产经营活动,调配并管理进入工程项目的人力、资金、物资、机械设备等生产要素。④选择施工作业队伍。⑤进行合理的经济分配。⑥企业法定代表人授予的其他管理权力。故选 CDE。

6.ACDE [解析]本题考查的是施工企业项目经理的任务。项目经理的任务包括项目的行政管理和项目管理两个方面,其在项目管理方面的主要任务有:①施工安全管理。②施工成本控制。③施工进度控制。④施工质量控制。⑤工程合同管理。⑥工程信息管理。⑦工程组织与协调等。故选ACDE。

7.ABCD [解析]本题考查的是施工企业项目经理的责任。编制项目管理目标责任书应依据下列信息：①项目合同文件。②组织管理制度。③项目管理规划大纲。④组织经营方针和目标。⑤项目特点和实施条件与环境。故选ABCD。

8.BDE [解析]本题考查的是施工企业项目经理的责任。选项A属于项目管理机构负责人的职责。选项C属于建设监理的任务。故选BDE。

[核心总结]

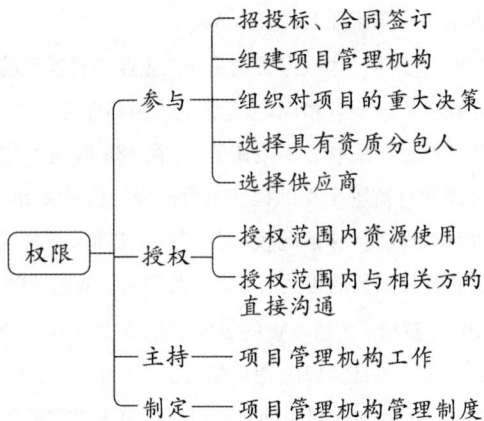

━━━━━ **刷提升** ━━━━━

一、单项选择题

1.B [解析]本题考查的是施工企业人力资源管理的任务。选项A错误，建筑施工企业应当至少每月向劳动者支付一次工资。选项C错误，建筑施工企业不得使用零散工。选项D错误，施工总承包企业和专业承包企业应当加强对劳务分包企业与劳动者签订劳动合同的监督，不得允许劳务分包企业使用未签订劳动合同的劳动者。故选B。

2.C [解析]本题考查的是施工企业项目经理的工作

性质。发包人有权书面通知承包人更换其认为不称职的项目经理，通知中应当载明要求更换的理由。承包人应在接到更换通知后14天内向发包人提出书面改进报告。故选C。

3.A [解析]本题考查的是施工企业人力资源管理的任务。建筑施工企业因暂时生产经营困难无法按劳动合同约定的日期支付工资的，应当向劳动者说明情况，并经与工会或职工代表协商一致后，可以延期支付工资，但最长不得超过30日。故选A。

二、多项选择题

1.ACDE [解析]本题考查的是施工企业项目经理的任务。项目经理在承担工程管理过程中，需要履行各项职责，大致分为"法、钱、管、合同"这四个方面。①法：执行国家和地方的法律法规，执行企业的各项管理制度。②钱：严格财务制度，加强财经管理，处理好国家、企业与个人之间的利益关系。③管：对工程项目施工进行有效控制，积极推广应用新技术，确保工程质量和工期，实现安全、文明生产，努力提高经济效益。④合同：执行项目承包合同中规定的各项条款。故选ACDE。

2.CD [解析]本题考查的是施工企业项目经理的责任。选项A错误，应是"参与签订施工承包合同"，合同签订由公司来主导。选项B错误，进行授权范围内的任务分解和利益分配是项目经理的职责。选项E错误，参与工程竣工验收是项目经理的职责。故选CD。

3.BDE [解析]本题考查的是项目各参与方之间的沟通方法。选项A属于接受者的障碍。选项C错误，沟通障碍包括组织的沟通障碍和个人的沟通障碍。故选BDE。

[核心总结]

沟通障碍的表现方式如下表所示。

类型	发送者的障碍	接受者的障碍	沟通通道的障碍
表现形式	①表达能力不佳； ②信息传送不全； ③信息传递不及时或不适时； ④知识经验的局限； ⑤对信息的过滤	①信息译码不准确； ②对信息的筛选； ③信息的承受力； ④心理上的障碍； ⑤过早地评价情绪	①选择沟通媒介不当； ②几种媒介相互冲突； ③沟通渠道过长； ④外部干扰

4.AE [解析]本题考查的是施工企业项目经理的工作性质。选项 B 错误,取得建造师注册证书的人员是否担任工程项目施工的项目经理,由企业自主决定。选项 C 错误,建造师是一种专业人士的名称,项目经理是一个管理岗位或是一个工作岗位的名称。选项 D 错误,建筑施工企业项目经理,是指受企业法定代表人委托,对工程项目施工过程全面负责的项目管理者,是建筑施工企业法定代表人在工程项目

上的代表人。故选 AE。

5.AD [解析]本题考查的是施工企业人力资源管理的任务。选项 B 错误,施工企业与劳动者按相关规定可以订立书面劳动合同。选项 C 错误,劳动合同一式三份,双方当事人各持一份,劳动者所在工地保留一份备查。选项 E 错误,在特殊情况下,施工企业延期支付工资最长不得超过 30 日。故选 AD。

专题10 建设工程项目的风险和风险管理的工作流程

答案速查

刷基础									
单项	1.B	2.A	3.C	4.A	5.B	6.C			
多项	1.ACE	2.BE	3.BDE	4.BCE	5.ADE				

刷提升							
单项	1.B	2.D	3.B		多项	1.ACDE	2.CE

刷基础

一、单项选择题

1.B [解析]本题考查的是项目的风险类型。人员的构成和能力出现了问题,这属于组织风险。故选 B。

2.A [解析]本题考查的是项目的风险类型。组织风险包括:①组织结构模式;②工作流程组织;③任务分工和管理职能分工;④业主方(包括代表业主利益的项目管理方)人员的构成和能力;⑤设计人员和监理工程师的能力;⑥承包方管理人员和一般技工的能力;⑦施工机械操作人员的能力和经验;⑧损失控制和安全管理人员的资历和能力等。故选 A。

3.C [解析]本题考查的是项目的风险类型。建设工程项目的技术风险包括工程勘测资料和有关文件、工程设计文件、工程施工方案、工程物资、工程机械等。选项 AB 属于经济与管理风险。选项 D 属于组织风险。故选 C。

4.A [解析]本题考查的是项目的风险类型。经济与管理风险包括:①宏观和微观经济情况。②工程资金供应条件。③合同风险。④现场与公用防火设施的可用性及其数量。⑤事故防范措施和计划。⑥人

身安全控制计划。⑦信息安全控制计划等。故选 A。

5.B [解析]本题考查的是项目风险管理的工作流程。风险管理过程包括项目实施全过程的项目风险识别、项目风险评估、项目风险应对和项目风险监控。故选 B。

6.C [解析]本题考查的是项目风险管理的工作流程。项目风险识别的任务是识别项目实施过程存在哪些风险,其工作程序包括:①收集与项目风险有关的信息。②确定风险因素。③编制项目风险识别报告。故选 C。

二、多项选择题

1.ACE [解析]本题考查的是项目的风险类型。经济与管理风险包括:宏观和微观经济情况;工程资金供应的条件;合同风险;现场与公用防火设施的可用性及其数量;事故防范措施和计划;人身安全控制计划;信息安全控制计划等。选项 B 属于技术风险。选项 D 属于组织风险。故选 ACE。

2.BE [解析]本题考查的是项目的风险类型。若某事件经过风险评估,它处于风险区 A,则应采取措施降低其概率,以使它移位至风险区 B;或采取措施降

低其损失量,以使它移位至风险区 C。风险区 B 和 C 的事件则应采取措施,使其移位至风险区 D。故选 BE。

3.BDE [解析]本题考查的是项目的风险类型。组织风险包括:①组织结构模式。②工作流程组织。③任务分工和管理职能分工。④业主方(包括代表业主利益的项目管理方)人员的构成和能力。⑤设计人员和监理工程师的能力。⑥承包方管理人员和一般技工的能力。⑦施工机械操作人员的能力和经验。⑧损失控制和安全管理人员的资历和能力等。选项 A 属于经济与管理风险。选项 C 属于工程环境风险。故选 BDE。

4.BCE [解析]本题考查的是项目的风险类型。技术风险包括:①工程勘测资料和有关文件。②工程设计文件。③工程施工方案。④工程物资。⑤工程机械等。选项 A 属于组织风险。选项 D 属于经济与管理风险。故选 BCE。

5.ADE [解析]本题考查的是项目风险管理的工作流程。项目风险评估包括以下工作:①利用已有数据资料(主要是类似项目有关风险的历史资料)和相关专业方法分析各种风险因素发生的概率。②分析各种风险的损失量,包括可能发生的工期损失、费用损失,以及对工程的质量、功能和使用效果等方面的影响。③根据各种风险发生的概率和损失量,确定各种风险的风险量和风险等级。故选 ADE。

━━━━ **刷**提升 ━━━━

一、单项选择题

1.B [解析]本题考查的是项目风险管理的工作流程。招标控制价不合理,放弃此次投标,对难以预测的风险采取避让的态度,该策略为风险规避。故选 B。

2.D [解析]本题考查的是项目的风险类型。选项 AB 属于经济与管理风险。选项 C 属于技术风险。故选 D。

3.B [解析]本题考查的是项目风险管理的工作流程。选项 A 属于风险识别的内容。选项 C 属于风险评估的内容。选项 D 属于风险应对的内容。故选 B。

二、多项选择题

1.ACDE [解析]本题考查的是项目风险管理的工作流程。项目风险管理的工作流程包括:项目风险识别;项目风险评估;项目风险应对;项目风险监控。选项 B 属于风险应对的对策之一。故选 ACDE。

2.CE [解析]本题考查的是项目风险管理的工作流程。选项 AB 属于风险评估的工作。选项 D 属于风险监控的工作。故选 CE。

专题11 建设工程监理的工作性质、工作任务和工作方法

答案速查

刷基础								
单项	1.D	2.B	3.D	4.D	5.B	6.C	7.B	8.C
多项	1.ABCE	2.ABC	3.ACE	4.ADE	5.ACE			
刷提升								
单项	1.B	2.B		多项	1.ABE	2.ACE	3.BDE	

━━━━ **刷**基础 ━━━━

一、单项选择题

1.D [解析]本题考查的是监理的工作性质。建设工程监理单位是建筑市场的主体之一,它是一种高智能的有偿技术服务,我国的工程监理属于国际上业主方项目管理的范畴。故选 D。

2.B [解析]本题考查的是监理的工作任务。未经监理工程师签字,建筑材料、建筑构配件和设备不得在工程上使用或者安装,施工单位不得进行下一道工序的施工。未经总监理工程师签字,建设单位不拨

付工程款,不进行竣工验收。故选 B。

3.D [解析]本题考查的是监理的工作任务。监理工程师应当按照工程监理规范的要求,采取旁站、巡视和平行检验等形式,对建设工程实施监理。故选 D。

4.D [解析]本题考查的是监理的工作任务。工程监理单位应当审查施工组织设计中的安全技术措施或者专项施工方案是否符合工程建设强制性标准。故选 D。

5.B [解析]本题考查的是监理的工作方法。工程监理人员发现工程设计不符合建筑工程质量标准或者合同约定的质量要求时,应当报告建设单位要求设计单位改正。故选 B。

6.C [解析]本题考查的是监理的工作方法。工程建设监理规划编制完成后,必须经监理单位技术负责人审核批准。故选 C。

7.B [解析]本题考查的是监理的工作方法。工程建设监理规划应在签订委托监理合同及收到设计文件后开始编制,完成后必须经监理单位技术负责人审核批准,并应在召开第一次工地会议前报送业主。故选 B。

8.C [解析]本题考查的是监理的工作方法。工程建设监理实施细则应在工程施工开始前编制完成,并必须经总监理工程师批准。故选 C。

二、多项选择题

1.ABCE [解析]本题考查的是监理的工作任务。《建设工程安全生产管理条例》中规定,工程监理单位应当审查施工组织设计中的安全技术措施或者专项施工方案是否符合工程建设强制性标准。工程监理单位在实施监理过程中,发现存在安全事故隐患的,应当要求施工单位整改;情况严重的,应当要求施工单位暂时停止施工,并及时报告建设单位。施工单位拒不整改或者不停止施工的,工程监理单位应当及时向有关主管部门报告。工程监理单位和监理工程师应当按照法律、法规和工程建设强制性标准实施监理,并对建设工程安全生产承担监理责任。故选 ABCE。

2.ABC [解析]本题考查的是监理的工作任务。竣工验收阶段建设监理工作的主要任务包括:①督促和

检查施工单位及时整理竣工文件和验收资料,并提出意见。②审查施工单位提交的竣工验收申请,编写工程质量评估报告。③组织工程预验收,参加业主组织的竣工验收,并签署竣工验收意见。④编制、整理工程监理归档文件并提交给业主。故选 ABC。

3.ACE [解析]本题考查的是监理的工作方法。实施建筑工程监理前,建设单位应当将委托的工程监理单位、监理的内容及监理权限,书面通知被监理的建筑施工企业。故选 ACE。

4.ADE [解析]本题考查的是监理的工作方法。编制工程建设监理实施细则的依据如下:①已批准的工程建设监理规划。②相关的专业工程的标准、设计文件和有关的技术资料。③施工组织设计。故选 ADE。

5.ACE [解析]本题考查的是监理的工作方法。工程建设监理实施细则应包括下列内容:①专业工程的特点。②监理工作的流程。③监理工作的控制要点及目标值。④监理工作的方法和措施。故选 ACE。

刷提升

一、单项选择题

1.B [解析]本题考查的是监理的工作性质。选项 A 错误,监理单位不保证目标一定实现,也不承担不是它的原因而导致目标失控的责任。选项 C 错误,监理单位从事监理工作的人员不要求全部是注册监理工程师。选项 D 错误,工程监理单位不是独立的第三方,处理冲突时监理单位应在维护业主利益的前提下,不损害承包商正常的合法权益。故选 B。

2.B [解析]本题考查的是监理的工作任务。工程施工阶段建设监理工作的主要任务中,施工阶段的质量控制:①核验施工测量放线,验收隐蔽工程、分部分项工程,签署分项、分部工程和单位工程质量评定表。②进行巡视、旁站和平行检验,对发现的质量问题应及时通知施工单位整改,并做监理记录。③审查施工单位报送的工程材料、构配件、设备的质量证明资料,抽检进场的工程材料、构配件的质量。④审查施工单位提交的采用新材料、新工艺、新技术、新设备的论证材料及相关验收标准。⑤检查施工单位的测量、检测仪器设备、度量衡定期检验的证明文

件。⑥监督施工单位对各类土木和混凝土试件按规定进行检查和抽查。⑦监督施工单位认真处理施工中发生的一般质量事故,并认真做好记录。⑧对大和重大质量事故以及其他紧急情况报告业主。选项ACD属于施工准备阶段建设监理工作的主要任务。故选 B。

二、多项选择题

1.ABE　[解析]本题考查的是监理的工作任务。选项

C 属于施工招标阶段的工作。选项 D 属于施工准备阶段的工作。故选 ABE。

2.ACE　[解析]本题考查的是监理的工作方法。选项B 错误,监理实施细则应由专业监理工程师编制。选项 D 错误,专业工程的特点描述属于监理实施细则的内容。故选 ACE。

[**核心总结**]

项目	建设监理规划	监理实施细则
适用范围	所有委托监理的项目	中型及中型以上或专业性较强的工程项目
编制时间	在签订委托监理合同及收到设计文件后开始编制,在召开第一次工地会议前报送业主	在相应工程施工前
主持人	总监理工程师	项目监理机构
参与人	各有关专业监理工程师	各有关专业监理工程师
审批人	工程监理单位技术负责人审核批准	总监理工程师批准
编制依据	①建设工程的相关法律、法规、项目审批文件;②与工程项目有关的标准、设计文件和技术资料;③监理大纲、委托监理合同文件及建设项目相关的合同文件	①已批准的工程建设监理规划;②相关的专业工程的标准、设计文件、有关的技术资料;③施工组织设计
内容	①建设工程概况;②监理工作范围;③监理工作内容;④监理工作目标;⑤监理工作依据;⑥项目监理机构的组织形式;⑦项目监理机构的人员配备计划;⑧项目监理机构的人员岗位职责;⑨监理工作程序;⑩监理工作方法及措施;⑪监理工作制度;⑫监理设施	①专业工程的特点;②监理工作的流程;③监理工作的控制要点及目标值;④监理工作的方法和措施

3.BDE　[解析]本题考查的是监理的工作任务。选项AC 属于施工准备阶段建设监理工作的主要任务。故选 BDE。

刷综合

答案速查

单项	1.D	2.C	3.B	4.B	5.B
	6.D				
多项	1.BE	2.AE	3.ABC	4.ABC	

一、单项选择题

1.D　[解析]本题考查的是建设工程管理的内涵和任务。选项 A 错误,建设工程管理包括项目前期的开发管理、项目管理、设施管理。选项 B 错误,建设工程管理是全寿命的管理,涉及各个时期,而项目管理不同于工程管理,项目管理仅限于实施期内。选项C 错误,建设工程管理是专业性的(专业人士的)管理。选项 D 正确,建设工程管理工作是一种增值服务工作。这里的增值主要体现在"建设和使用"两个方面。考生需要在理解这一理念的基础上,掌握建

设和使用增值的具体内容。故选 D。

2.C [解析]本题考查的是建设工程管理的内涵和任务。选项 A 正确,项目立项(立项批准)是项目决策的标志。选项 B 正确,建设工程管理包括:①决策阶段的管理,即项目前期的开发管理;②实施阶段的管理,即项目管理;③使用阶段的管理,即设施管理。选项 C 错误,提高工程质量属于工程建设增值的内容。选项 D 正确,建设工程管理工作是一种增值服务工作,其核心任务是为工程的建设和使用增值。

故选 C。

3.B [解析]本题考查的是建设工程项目管理的目标和任务。选项 A 错误,建设项目工程总承包方的项目管理主要服务于项目的整体利益和项目总承包方本身利益。选项 C 错误,建设项目工程总承包方项目管理的目标包括项目的总投资目标和总承包方的成本目标、项目总承包方的进度和质量目标以及安全管理目标。选项 D 错误,业主方是建设工程项目生产过程的总组织者。故选 B。

[核心总结]

项目	业主方	设计方	供货方	施工方	项目总承包方
利益	自身利益	项目整体利益及自身利益			
目标	投资 进度 质量 (三者对立统一关系)	投资 成本 进度 质量	成本 进度 质量	安全 成本 进度 质量	安全 投资 成本 进度 质量
管理任务	本身的"三控三管一协调"				"三控三管"、风险、资源管理
涉及阶段	实施阶段			设计、施工、动用前、保修阶段	实施阶段
主要阶段	实施阶段	设计阶段	施工阶段	施工阶段	实施阶段

4.B [解析]本题考查的是建设工程项目的组织。选项 A 正确,每一个建设项目都应编制项目管理任务分工表,这是一个项目的组织设计文件的一部分。选项 B 错误,组织分工反映了一个组织系统中各子系统或各元素的工作任务分工和管理职能分工。选项 C 正确,业主方和项目各参与方,如设计单位、施工单位、供货单位和工程管理咨询单位等都有各自的项目管理的任务,上述各方都应该编制各自的项目管理任务分工表。选项 D 正确,随着工程的进展,工作任务分工表还将不断深化和细化。故选 B。

5.B [解析]本题考查的是建设工程项目策划。选项 A 错误,项目策划是一个开放性的工作过程,需要整合多方面专家的知识、各抒己见。选项 C 错误,项目实施阶段策划内容涉及的范围和深度并无统一规定,应视项目特点而定。选项 D 错误,项目实施阶段策划的主要任务是确定如何组织该项目的开发或建

设。故选 B。

6.D [解析]本题考查的是建设工程项目策划。选项 AB 错误,这两项尽管都有"实施期"三个字,但对于实施阶段总体方案的策划,必然提前于实施期进行。选项 C 错误,该项考核对细节的掌握。考生要能区分"关键技术分析和论证"与"关键技术的深化分析和论证"。前者属于决策期技术策划的内容,后者才是实施期技术策划的内容。同样,区分"关键方案分析和论证"与"关键方案的深化分析和论证"也是这个道理。选项 D 正确,注意,对目标的"论证"是在决策阶段进行的,而对目标的"再论证"(即第二次论证)是在实施阶段进行的。故选 D。

二、多项选择题

1.BE [解析]本题考查的是建设工程管理的内涵和任务。选项 A 错误,工程项目管理工作仅限于在项目实施期的工作。选项 C 错误,DM 表示项目决策

阶段的管理。选项 D 错误,从项目建设意图的酝酿开始,调查研究、编写和报批项目建议书、编制和报批项目的可行性研究等项目前期的组织、管理、经济和技术方面的论证都属于项目决策阶段的工作。故选 BE。

2.AE [解析]本题考查的是建设工程项目管理的目标和任务。需要对建设项目总投资或总造价进行管理的主体包括业主方和工程项目总承包方。设计方需对设计工作有关的工程造价和设计本身的成本进行控制,出于严谨答题考虑,对"工程总造价"的管理不应选择设计方。故选 AE。

3.ABC [解析]本题考查的是建设工程项目管理的目标和任务。选项 D 错误,建造师的业务范围不仅在实施阶段,决策阶段和使用阶段同样可以发挥作用。选项 E 错误,施工方的项目管理主体可以是施工企业,也可以是其委托的咨询公司。故选 ABC。

4.ABC [解析]本题考查的是建设工程项目的组织。选项 D 错误,组织结构模式和组织分工是一种相对静态的组织关系。选项 E 错误,矩阵组织结构模式,当纵向和横向工作部门的指令发生矛盾,由该组织系统的最高指挥者进行协调或决策。故选 ABC。

第 2 章　建设工程项目成本管理

专题 1　成本管理的任务、程序和措施

答案速查

刷基础									
单项	1.C	2.C	3.B	4.D	5.C	6.C	7.C	8.C	9.C	10.C
多项	1.AB	2.BE	3.BD	4.CDE	5.BE	6.ADE	7.ACD			

刷提升									
单项	1.C	2.C	3.A	4.C	5.A	6.B				
多项	1.CDE	2.ACE	3.ABC	4.BCD	5.AE					

刷基础

一、单项选择题

1.C [解析]本题考查的是成本管理的任务和程序。项目管理机构的项目成本核算应按会计周期进行。成本管理是项目或企业自身涉及"钱"的一项管理工作,所以原则上不受业主或合同的制约。故选 C。

[核心总结]

2.C [解析]本题考查的是成本管理的任务和程序。直接成本是为了构成工程实体或有助于工程实体的形成的各种支出,包括人工费、材料费、施工机械使用费等。选项 A 错误,工具用具使用费是间接成本。选项 B 错误,职工教育经费是间接成本。选项 D 错误,管理人员工资是间接成本。故选 C。

分类	含义	示例
直接成本	施工过程中耗费的构成工程实体或有助于工程实体形成的各项费用支出,是可以直接计入工程对象的费用	人工费、材料费和施工机具使用费等
间接成本	非直接用于也无法直接计入工程对象,但为进行工程施工所必须发生的费用	管理人员工资、办公费、差旅交通费等

3.B [解析]本题考查的是成本管理的措施。选项 A 错误,选用合适的分包项目合同结构属于合同措施。选项 C 错误,确定合适的施工机械、设备使用方案属于技术措施。选项 D 错误,对施工成本管理目标进行风险分析,并制定防范性对策属于经济措施。故选 B。

4.D [解析]本题考查的是成本管理的任务和程序。选项 A 错误,施工成本是指在建设工程项目的施工过程中所发生的全部生产费用的总和。选项 B 错误,直接成本包括人工费、材料费和施工机具使用费等。选项 C 错误,间接成本包括管理人员工资、办公费、差旅交通费等。故选 D。

5.C [解析]本题考查的是成本管理的任务和程序。选项 AD 错误,施工成本是指在建设工程项目的施工过程中所发生的全部生产费用的总和,包括所消耗的原材料、辅助材料、构配件等费用;周转材料的摊销费或租赁费;施工机械的使用费或租赁费;支付给生产工人的工资、奖金、工资性质的津贴以及进行施工组织与管理所发生的全部费用支出等。选项 B 错误,直接成本是指施工过程中耗费的构成工程实体或有助于工程实体形成的各项费用支出,是可以直接计入工程对象的费用,包括人工费、材料费和施工机具使用费等。选项 C 正确,间接成本是指准备施工、组织和管理施工生产的全部费用支出,是非直接用于也无法直接计入工程对象,但为进行工程施工所必须发生的费用,包括管理人员工资、办公费、差旅交通费等。故选 C。

6.C [解析]本题考查的是成本管理的任务和程序。成本管理就是要在保证工期和满足质量要求的情况下,采取相应管理措施,包括组织措施、经济措施、技术措施、合同措施,把成本控制在计划范围内,并进一步寻求最大程度的成本节约。故选 C。

7.C [解析]本题考查的是成本管理的任务和程序。成本核算是指按照规定的成本开支范围对施工成本进行归集和分配,计算出施工成本的实际发生额,并根据成本核算对象,采用适当的方法,计算出该施工项目的总成本和单位成本。故选 C。

8.C [解析]本题考查的是成本管理的任务和程序。建设工程项目施工成本控制应贯穿于项目从投标阶段开始直至保证金返还的全过程,它是企业全面成本管理的重要环节。故选 C。

9.C [解析]本题考查的是成本管理的措施。组织措施是其他各类措施的前提和保障,而且一般不需要增加额外的费用,运用得当可以取得良好的效果。

故选 C。

10.C [解析]本题考查的是成本管理的措施。选项 A 属于技术措施。选项 B 属于组织措施。选项 D 属于合同措施。故选 C。

二、多项选择题

1.AB [解析]本题考查的是成本管理的措施。选项 C 错误,选用最合适的施工机械属于技术措施。选项 D 错误,编制施工成本控制工作计划属于组织措施。选项 E 错误,使用先进、高效的机械设备属于技术措施。故选 AB。

2.BE [解析]本题考查的是成本管理的任务和程序。选项 A 错误,成本分析不需要对施工成本进行分解。选项 C 错误,在项目完成后对成本进行的对比评价和总结是成本考核。选项 D 错误,成本偏差的控制,分析是关键,纠偏是核心。故选 BE。

3.BD [解析]本题考查的是成本管理的措施。选项 A 属于组织措施。选项 C 属于经济措施。选项 E 属于合同措施。故选 BD。

4.CDE [解析]本题考查的是成本管理的措施。选项 A 属于组织措施。选项 B 属于技术措施。故选 CDE。

5.BE [解析]本题考查的是成本管理的措施。选项 A 属于组织措施。选项 C 属于技术措施(合同结构、合同条款、合同条款考虑风险因素,风险对策)。选项 D 属于经济措施。故选 BE。

6.ADE [解析]本题考查的是成本管理的任务和程序。间接成本包括管理人员工资、办公费、差旅交通费等。选项 BC 属于直接成本。故选 ADE。

7.ACD [解析]本题考查的是成本管理的措施。选项 B 属于经济措施。选项 E 属于技术措施。故选 ACD。

刷提升

一、单项选择题

1.C [解析]本题考查的是成本管理的任务和程序。成本管理的程序为:①掌握生产要素的价格信息。②确定项目合同价。③编制成本计划,确定成本实施目标。④进行成本控制。⑤进行项目过程成本分析。⑥进行项目过程成本考核。⑦编制项目成本报告。⑧项目成本管理资料归档。注意:前两项为准备工作,后两项为收尾工作。故选C。

2.C [解析]本题考查的是成本管理的措施。选项AB属于组织措施。选项D属于合同措施。故选C。

3.A [解析]本题考查的是成本管理的措施。成本管理是全员的活动,如实行项目经理责任制,落实成本管理的组织机构和人员,明确各级成本管理人员的任务和职能分工、权力和责任。组织措施的另一方面是编制成本管理工作计划,确定合理详细的工作流程。故选A。

4.C [解析]本题考查的是成本管理的任务和程序。选项C错误,竣工工程完全成本核算的目的是考核企业经营效益。故选C。

5.A [解析]本题考查的是成本管理的任务和程序。选项A正确,建设工程项目施工成本由直接成本和间接成本组成。选项B错误,直接成本是指施工过程中耗费的构成工程实体或有助于工程实体形成的各项费用支出,是可以直接计入工程对象的费用,包括人工费、材料费和施工机具使用费等。选项CD错误,间接成本是指准备施工、组织和管理施工生产的全部费用支出,是非直接用于也无法直接计入工程对象,但为进行工程施工所必须发生的费用,包括管理人员工资、办公费、差旅交通费等。故选A。

6.B [解析]本题考查的是成本管理的任务和程序。成本管理的基础工作是多方面的,成本管理责任体系的建立是其中最根本最重要的基础工作,涉及成本管理的一系列组织制度、工作程序、业务标准和责任制度的建立。故选B。

二、多项选择题

1.CDE [解析]本题考查的是成本管理的任务和程序。想要了解成本变动情况,就要用施工后的成本与施工前的成本进行比较,可以从3个角度进行对比:用实际成本与目标成本比较,看完成情况;用实际成本与预算成本比较,看盈亏情况;用本项目实际成本与类似项目的实际成本比较,看差距。为什么不能选B,需注意题干关键词"施工项目的成本核算资料",即为本项目实际成本,再与本项目实际成本对比,逻辑上就是错的。故选CDE。

2.ACE [解析]本题考查的是成本管理的任务和程序。选项B错误,此项属于成本分析的概念。选项D错误,成本核算是对成本计划是否实现的最后检验。故选ACE。

3.ABC [解析]本题考查的是成本管理的措施。选项D属于合同措施。选项E属于合同措施。故选ABC。

4.BCD [解析]本题考查的是成本管理的任务和程序。施工成本核算包括两个基本环节:一是按照规定的成本开支范围对施工成本进行归集和分配,计算出施工成本的实际发生额;二是根据成本核算对象,采用适当的方法,计算出该施工项目的总成本和单位成本。故选BCD。

5.AE [解析]本题考查的是成本管理的措施。选项B属于组织措施。选项C属于技术措施。选项D属于经济措施。故选AE。

专题2　成本计划

答案速查

刷基础										
单项	1.B	2.D	3.B	4.B	5.A	6.B	7.D	8.B	9.A	10.D	11.A
多项	1.BD	2.ABCE	3.BD	4.ABCD	5.BCD	6.CD	7.ACDE	8.ACD	9.AC		

刷提升							
单项	1.A	2.D	3.D	4.D	5.D	6.C	7.B
多项	1.ABE	2.CDE	3.CE	4.CD	5.BE	6.AD	

刷基础

一、单项选择题

1.B [解析]本题考查的是按工程实施阶段编制成本计划的方法。采用时间—成本累积曲线（S形曲线）图时的基本顺序是：①定横轴——进度计划。②定纵轴——单位时间内成本。③算累计——计算计划累计支出成本。④画曲线——绘制S形曲线。故选B。

2.D [解析]本题考查的是成本计划的类型。投标及签订合同阶段编制的估算成本计划属于竞争性成本计划，选派项目经理阶段的预算成本计划属于指导性成本计划，施工准备阶段编制的成本计划属于实施性成本计划。故选D。

[核心总结]

三种成本计划的对比如下表所示。

计划类型	依据文件	阶段	作用
竞争性	招标文件	投标及签订合同阶段	中标，获得施工任务
指导性	合同标书	选派项目经理阶段	项目经理的责任成本目标
实施性	项目实施方案	施工准备阶段	落实项目经理责任目标

3.B [解析]本题考查的是成本计划的类型。选项A错误，说反了，施工预算是以施工定额为依据，而施工图预算是以预算定额为依据。选项B正确，"两算"对比的方法共有两种，即金额对比法和实物对比法。选项C错误，对于人工数量和人工消耗量来讲，施工图预算的量一般要大于施工预算。选项D错

[核心总结]

误，一般来讲，施工图预算的材料消耗量和材料费要高于施工预算。故选B。

4.B [解析]本题考查的是按工程实施阶段编制成本计划的方法。本题需注意"时点和时段的区别"。问截至4月份成本计划是多少万元，那就是1150万元，这叫"时点计划"。题目中单问4月这一个月的计划成本，根据时间—成本累积曲线，已知4月份成本累计为1150万元，3月份累计为750万元，则可以推导出4月的进度计划成本，即1150−750＝400（万元）。这叫"时段计划"。故选B。

5.A [解析]本题考查的是成本计划的类型。竞争性成本计划是施工项目投标及签订合同阶段的估算成本计划。这类成本计划以招标文件中的合同条件、投标者须知、技术规范、设计图纸和工程量清单为依据，以有关价格条件说明为基础，结合调研、现场踏勘、答疑等情况，根据施工企业自身的工料消耗标准、水平、价格资料和费用指标等，对本企业完成投标工作所需要支出的全部费用进行估算。故选A。

6.B [解析]本题考查的是成本计划的类型。指导性成本计划是选派项目经理阶段的预算成本计划，是项目经理的责任成本目标。它是以合同价为依据，按照企业的预算定额标准制定的设计预算成本计划，且一般情况下以此确定责任总成本目标。故选B。

7.D [解析]本题考查的是成本计划的类型。实施性成本计划是项目施工准备阶段的施工预算成本计划，采用企业的施工定额通过施工预算的编制而形成的实施性成本计划。故选D。

类型	编制对象	作用	性质
施工定额	同一性质的施工过程（工序）	编制预算定额的基础（分项最细、定额子目最多）	企业定额
预算定额	分部分项工程	编制施工图预算的主要依据	社会定额
概算定额	扩大的分部分项工程	编制扩大初步设计概算的依据	社会定额
概算指标	整个建筑物和构筑物	编制估算指标的基础	社会定额
投资估算指标	独立的单项工程或完整的工程项目	可行性研究阶段编制投资估算的基础	社会定额

8.B ［解析］本题考查的是成本计划的编制依据和编制程序。项目成本计划编制程序：①预测项目成本。②确定项目总体成本目标。③编制项目总体成本计划。④项目管理机构与组织的职能部门根据其责任成本范围,分别确定自己的成本目标,并编制相应的成本计划。⑤针对成本计划制定相应的控制措施。⑥由项目管理机构与组织的职能部门负责人分别审批相应的成本计划。故选B。

9.A ［解析］本题考查的是按成本组成编制成本计划的方法。按照成本构成要素划分,建筑安装工程费由人工费、材料（包含工程设备）费、施工机具使用费、企业管理费、利润、规费和增值税组成。其中,人工费、材料费、施工机具使用费、企业管理费和利润包含在分部分项工程费、措施项目费、其他项目费中。故选A。

10.D ［解析］本题考查的是按成本组成编制成本计划的方法。施工成本可以按成本构成分解为人工费、材料费、施工机具使用费和企业管理费等。故选D。

11.A ［解析］本题考查的是按项目结构编制成本计划的方法。大中型工程项目通常是由若干单项工程构成的,而每个单项工作包括多个单位工程,每个单位工程又是由若干个分部分项工程所构成。因此,首先要把项目总成本分解到单项工程和单位工程中,再进一步分解到分部工程和分项工程中。故选A。

二、多项选择题

1.BD ［解析］本题考查的是成本计划的类型。选项A错误,施工预算以施工定额为主要依据。选项C错误,施工预算适用于施工单位,与发包人无直接关系。选项E错误,施工图预算是投标报价的主要依据。故选BD。

［核心总结］

预算分类	施工预算	施工图预算
编制依据	施工定额	预算定额
适用范围	施工企业内部管理	发包人和承包人均可用
发挥作用	是编制实施性成本计划的主要依据	主要用于投标报价
脚手架计算	根据施工方案确定的搭设方式和材料计算	综合脚手架搭设方式,按不同结构和高度,以建筑面积为基数计算
模板计算	按混凝土与模板的接触面积计算	按混凝土体积综合计算

2.ABCE ［解析］本题考查的是按成本组成编制成本计划的方法。选项D错误,增值税为单独一项,不属于企业管理费。故选ABCE。

3.BD ［解析］本题考查的是按项目结构编制成本计划的方法。选项A错误,在编制成本支出计划时,要在项目总体层面上考虑总的预备费,也要在主要的分项工程中安排适当的不可预见费。选项C错误,正确的说法应为B。选项E错误,大中型工程项目通常是由若干单项工程构成的。故选BD。

4.ABCD ［解析］本题考查的是按工程实施阶段编制成本计划的方法。选项E错误,所有工作都按最迟开始时间开始,对节约资金贷款利息是有利的。故选ABCD。

5.BCD ［解析］本题考查的是成本计划的类型。选项A错误,施工预算的内容是以单位工程为对象,进行人工、材料、机械台班数量及其费用总和的计算。选项E错误,施工预算应包括"两算"对比表,"两算"指的是施工预算和施工图预算。故选BCD。

6.CD ［解析］本题考查的是按工程实施阶段编制成本计划的方法。从图中可以看出,施工进度的节奏为第一阶段比较快,第二阶段基本处于停工状态,第三阶段比较快,第四阶段比较慢。故选CD。

7.ACDE ［解析］本题考查的是成本计划的编制依据和编制程序。成本计划编制依据应包括下列内容：①合同文件。②项目管理实施规划。③相关设计文件。④价格信息。⑤相关定额。⑥类似项目的成本资料。故选 ACDE。

8.ACD [解析] 本题考查的是成本计划的编制依据和编制程序。项目管理机构应通过系统的成本策划,按成本组成、项目结构和工程实施阶段分别编制项目成本计划,即:①按成本组成编制成本计划。②按项目结构编制成本计划。③按工程实施阶段编制成本计划。故选 ACD。

9.AC [解析] 本题考查的是按工程实施阶段编制成本计划的方法。每一条 S 形曲线都对应某一特定的工程进度计划。因为在进度计划的非关键路线中存在许多有时差的工序或工作,因而 S 形曲线必然包络在由全部工作都按最早开始时间开始和全部工作都按最迟必须开始时间开始的曲线所组成的"香蕉图"内。故选 AC。

刷提升

一、单项选择题

1.A [解析] 本题考查的是成本计划的类型。此题是施工预算表的基本概念,如果没有掌握这个知识点,解答此题也非常简单。用单价乘以数量,得到的结果是一个总价,也就是一个总费用,即选项 BCD 是错的。故选 A。

2.D [解析] 本题考查的是按工程实施阶段编制成本计划的方法。依次计算出项目前五个月的累计支出为 1750 万元,整个年度的成本计划支出总额为 5550 万元,相应每月的计划支出为 5550/12=462.5(万元),项目前半年平均每月的计划支出是(1750+800)/6=425(万元)。故选 D。

3.D [解析] 本题考查的是按工程实施阶段编制成本计划的方法。根据题图可知,第4周的施工成本计划值=15+60=75(万元)。故选 D。

4.D [解析] 本题考查的是成本计划的类型。施工预算不同于施工图预算,虽然有一定联系,但区别较大:①编制的依据不同。施工预算的编制以施工定额为主要依据,施工图预算的编制以预算定额为主要依据。②适用的范围不同。施工预算是施工企业内部管理用的一种文件,与发包人无直接关系。而施工图预算既适用于发包人,又适用于承包人。③发挥的作用不同。施工预算是承包人组织生产、

编制施工计划、准备现场材料、签发任务书、考核工效、进行经济核算的依据,它也是承包人改善经营管理、降低生产成本和推行内部经营承包责任制的重要手段。而施工图预算则是投标报价的主要依据。故选 D。

5.D [解析] 本题考查的是成本计划的编制依据和编制程序。成本计划编制依据应包括下列内容:①合同文件。②项目管理实施规划。③相关设计文件。④价格信息。⑤相关定额。⑥类似项目的成本资料。故选 D。

6.C [解析] 本题考查的是按项目结构编制成本计划的方法。编制施工成本支出计划时,要在项目总体层面上考虑总的预备费,也要在主要的分项工程中安排适当的不可预见费。故选 C。

7.B [解析] 本题考查的是按工程实施阶段编制成本计划的方法。做这种题的时候,要注意问法——是问"5月末"还是"5月"。"5月末"表示截至目前所有成本累计总额,"5月"表示单月成本额。本题要将截至 5 月末的所有成本相加,即(10×3)+(20×4)+(15×3)+(30×3)+25=270(万元)。故选 B。

二、多项选择题

1.ABE [解析] 本题考查的是按成本组成编制成本计划的方法。选项 C 错误,建筑安装工程费还应包括企业管理费。选项 D 错误,住房公积金包含于规费中。故选 ABE。

2.CDE [解析] 本题考查的是成本计划的类型。选项 A 错误,竞争性成本计划,即施工项目投标及签订合同阶段的估算成本计划。选项 B 错误,指导性成本计划,即选派项目经理阶段的预算成本计划,是项目经理的责任成本目标。故选 CDE。

3.CE [解析] 本题考查的是成本计划的类型。选项 A 错误,施工预算的编制以施工定额为主要依据,施工图预算的编制以预算定额为主要依据。选项 B 错误,"两算"对比的方法包括实物对比法和金额对比法。选项 D 错误,施工预算中的脚手架是根据施工方案确定的搭设方式和材料计算的。故选 CE。

4.CD [解析] 本题考查的是成本计划的编制依据和编制程序。项目成本计划编制应符合下列程序:

①预测项目成本。②确定项目总体成本目标。③编制项目总体成本计划。④项目管理机构与组织的职能部门根据其责任成本范围，分别确定自己的成本目标，并编制相应成本计划。⑤针对成本计划制定相应的控制措施。⑥由项目管理机构与组织的职能部门负责人分别审批相应的成本计划。选项CD属于成本控制的程序。故选CD。

5.BE ［解析］本题考查的是按工程实施阶段编制成本计划的方法。选项B错误，按工程实施阶段编制施工成本计划，其表示方式有两种：一种是在时标网络图上按月编制的成本计划直方图；另一种是用时间—成本累积曲线表示。选项E错误，一般而言，所有工作都按最迟开始时间开始，对节约资金贷款利息是有利的。故选BE。

6.AD ［解析］本题考查的是按工程实施阶段编制成本计划的方法。一般而言，所有工作都按最迟开始时间开始，对节约资金贷款利息是有利的，但同时也降低了项目按期竣工的保证率；反之，所有工作都按最早开始时间开始，可以提高项目按期竣工的保证率，不利于节约资金贷款利息。故选AD。

专题3　成本控制

答案速查

刷基础

单项	1.B	2.B	3.A	4.B	5.A	6.B	7.C	8.C	9.A	10.D	11.B
	12.C	13.B	14.B	15.D	16.D						
多项	1.ABDE	2.ADE	3.CE	4.DE	5.BDE						

刷提升

单项	1.A	2.A	3.C	4.B	5.C	6.B	7.A	8.B
多项	1.ABCE	2.CDE	3.CE					

刷基础

一、单项选择题

1.B ［解析］本题考查的是成本控制的方法。根据条件可知，费用偏差（CV）$= BCWP - ACWP = 1000 - 1200 = -200 < 0$，说明费用超支。进度偏差（$SV$）$= BCWP - BCWS = 1000 - 1500 = -500 < 0$，说明进度滞后。由于费用偏差绝对值小于进度偏差绝对值，且小于0，说明效率较低，综合分析结论为：效率较低进度慢。应采取的措施为"增加高效人员"。故选B。

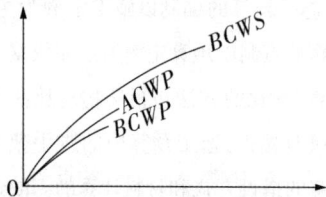

2.B ［解析］本题考查的是成本控制的方法。$BCWS = $ 计划工作量×预算单价 $= 3200 × 15 = 48000$（元）。故

选B。

3.A ［解析］本题考查的是成本控制的依据和程序。说到程序还是要运用PDCA动态控制的思路进行分析，即先分析确定目标，再采集数据，对比数据找偏差，最后制定措施进行纠正。故选A。

4.B ［解析］本题考查的是成本控制的方法。SV（进度偏差）$= BCWP[\sum($实际量×计划价$)] - BCWS[\sum($计划量×计划价$)] = 980 - 820 = 160$（万元）。表示进度超前160万元，即进度提前$(980 - 820)/820$或$980/820 - 1 = 19.51\%$。故选B。

5.A ［解析］本题考查的是成本控制的方法。$ACWP = \sum($已完成工作量×实际单价$) = 2800 × 20 = 56000$（元）。故选A。

6.B ［解析］本题考查的是成本控制的依据和程序。选项A错误，施工成本管理体系是施工企业内部的理念、原则、方法、文件和方法的集合，不需要别人评

审认证。选项 C 错误，指标控制程序是重点，管理行为控制程序是基础。选项 D 错误，这两个程序一个是重点，一个是基础，肯定不能是相互独立的。故选 B。

7.C [解析]本题考查的是成本控制的方法。求解进度偏差，进度偏差=已完工作预算费用-计划工作预算费用，其中已完工作 2000m³，预算费用 12 元/m³，计划工作 2400m³，则 $SV = 2000×12 - 2400×12 = -4800$（元）。同理，进度绩效指数=已完工作预算费用/计划工作预算费用=0.83。故选 C。

8.C [解析]本题考查的是成本控制的方法。根据"进度偏差=已完工程计划施工成本-拟完工程计划施工成本"可知，进度偏差为负值，表示工期拖延，因此，图中△表示 t 时刻的施工进度滞后量。故选 C。

9.A [解析]本题考查的是成本控制的方法。成本偏差=已完工作预算费用-已完工作实际费用=4500×（380-400）= -90000（元）。故选 A。

10.D [解析]本题考查的是成本控制的方法。进度绩效指数(SPI)=已完工作预算费用($BCWP$)/计划工作预算费用($BCWS$)=410/400=1.025。故选 D。

11.B [解析]本题考查的是成本控制的依据和程序。进度报告提供了对应时间节点的工程实际完成量，工程成本实际支出情况等重要信息。成本控制工作正是通过实际情况与成本计划相比较，找出二者之间的差别。故选 B。

12.C [解析]本题考查的是成本控制的依据和程序。

成本控制要以合同为依据，围绕降低工程成本这个目标，从预算收入和实际成本两方面，研究节约成本、增加收益的有效途径，以求获得最大的经济效益。故选 C。

13.B [解析]本题考查的是成本控制的依据和程序。成本计划是根据项目的具体情况制定的成本控制方案，既包括预定的具体成本控制目标，又包括实现控制目标的措施和规划，是成本控制的指导文件。故选 B。

14.B [解析]本题考查的是成本控制的方法。费用偏差(CV)=已完工作预算费用($BCWP$)-已完工作实际费用($ACWP$)=已完成工作量×预算单价-已完成工作量×实际单价 = 160×300 - 160×330 = -4800（元）。故选 B。

15.D [解析]本题考查的是成本控制的方法。选项 A 正确，已完工作实际费用 = 3000×26 = 78000（元）。选项 B 正确，费用绩效指数=3000×25/78000<1，表示超支，实际费用高于预算费用。选项 C 正确，进度绩效指数 = 3000×25/（2800×25）>1，表示进度提前，实际进度比计划进度快。选项 D 错误，费用偏差 = 75000 - 78000 = -3000（元），为负值，表示项目运行超出预算费用。故选 D。

16.D [解析]本题考查的是成本控制的方法。产生费用偏差的客观原因即自然因素、基础处理、社会原因、法律法规政策变化等。故选 D。

[核心总结]

费用偏差原因

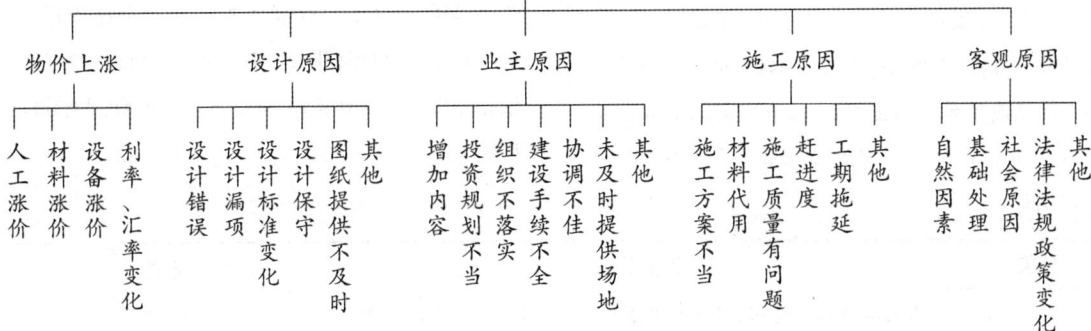

物价上涨
- 人工涨价
- 材料涨价
- 设备涨价
- 利率、汇率变化

设计原因
- 设计错误
- 设计标准变化
- 设计漏项
- 图纸提供不及时
- 其他

业主原因
- 增加内容
- 投资规划不当
- 组织不落实
- 建设手续不全
- 协调不佳
- 未及时提供场地
- 其他

施工原因
- 施工方案不当
- 材料代用
- 施工质量有问题
- 赶进度
- 工期拖延
- 其他

客观原因
- 自然因素
- 基础处理
- 社会原因
- 法律法规政策变化
- 其他

二、多项选择题

1.ABDE [解析]本题考查的是成本控制的依据和程序。选项 ABDE 正确，成本控制的主要依据包括工程承包合同、施工成本计划、进度报告、工程变更与索赔资料和市场信息。建议采用排除法，抓住题干关键词"成本"二字，说明是站在施工方角度来考虑。

选项C错误,施工图预算依据的是预算定额,不是施工单位内部使用的施工定额,不能成为施工企业成本控制的依据。故选ABDE。

2.ADE [解析]本题考查的是成本控制的方法。选项B错误,材料价格主要由材料采购部门负责控制。选项C错误,零星材料均采用包干控制方法进行控制。故选ADE。

3.CE [解析]本题考查的是成本控制的依据和程序。成本控制要以合同为依据,围绕降低工程成本这个目标,从预算收入和实际成本两方面,研究节约成本、增加收益的有效途径,以求获得最大的经济效益。故选CE。

4.DE [解析]本题考查的是成本控制的方法。材料价格主要由材料采购部门控制。由于材料价格是由买价、运杂费、运输中的合理损耗等所组成,因此控制材料价格,主要是通过掌握市场信息,应用招标和询价等方式控制材料、设备的采购价格。故选DE。

5.BDE [解析]本题考查的是成本控制的方法。用表格法进行偏差分析具有如下优点:①灵活、适用性强。可根据实际需要设计表格,进行增减项。②信息量大。可以反映偏差分析所需的资料,从而有利于费用控制人员及时采取针对性措施,加强控制。③表格处理可借助于计算机,从而节约大量数据处理所需的人力,并大大提高速度。故选BDE。

刷提升

一、单项选择题

1.A [解析]本题考查的是成本控制的方法。需抓住题目中一句话"清单综合单价为1000元/m^3,按月结算",就是说预算单价是1000元/m^3,实际单价也是1000元/m^3。6月末已完工作预算费用($BCWP$)=

$(2300×4+2500×2+1250×1)×1000=1545$(万元)。6月末计划工作预算费用($BCWS$)=$(2500×4+2600×2+1200×2)×1000=1760$(万元)。进度偏差($SV$)=$BCWP-BCWS=1545-1760=-215$(万元)。故选A。

2.A [解析]本题考查的是成本控制的方法。已完工作实际成本曲线与已完工作预算成本曲线的竖向距离是费用偏差。费用偏差=已完工作预算费用-已完工作实际费用。注意,不论是费用偏差、进度偏差、已完工作预算费用、已完工作实际费用、计划工作预算费用等一系列数据都是在累计值的基础上进行计算的。故选A。

3.C [解析]本题考查的是成本控制的方法。图示中$BCWP>ACWP>BCWS$,$SV>0$,$CV>0$,表示效率较高,进度快,投入延后,要采取措施抽出部分人员,放慢进度。故选C。

4.B [解析]本题考查的是成本控制的方法。已知:计划价1000元/m^3;实际量5000m^3。①前三月$BCWP=1000×1000×3=300$(万元)。②前三月$ACWP=1000×(1000×1+1000×1.15+1000×1.1)=325$(万元)。③前三月$CV=BCWP-ACWP=300-325=-25$(万元)。故选B。

5.C [解析]本题考查的是成本控制的方法。$CV=BCWP-ACWP=220-300=-80$(万元),$\triangle H$=日历时间-计划完工时间=2021年4月-2020年12月=4(个月)。故选C。

6.B [解析]本题考查的是成本控制的方法。选项A错误,赢得值法有三个基本参数和四个评价指标。选项C错误,费用(进度)偏差仅适合对同一项目作偏差分析。选项D错误,进度偏差为正值,表示进度提前。故选B。

[核心总结]

分类	计算公式	说明
基本参数	已完工作预算费用($BCWP$)=∑(已完成工作量×预算单价)	实量×虚价
	计划工作预算费用($BCWS$)=∑(计划工作量×预算单价)	虚量×虚价
	已完工作实际费用($ACWP$)=∑(已完成工作量×实际单价)	实量×实价

（续表）

分类		计算公式	说明
评价指标	费用偏差（CV）	$CV=BCWP-ACWP$ ①$CV<0$ 时,表示项目运行超支,实际费用超出预算; ②$CV>0$ 时,表示项目运行节支,实际费用没有超出预算费用	反映的是绝对偏差,结果很直观。仅适合用于对同一项目作偏差分析
	进度偏差（SV）	$SV=BCWP-BCWS$ ①$SV<0$ 时,表示进度延误,即实际进度落后于计划进度; ②$SV>0$ 时,表示进度提前,即实际进度快于计划进度	
	费用绩效指数（CPI）	$CPI=BCWP/ACWP$ ①$CPI<1$ 时,表示超支,即实际费用高于预算费用; ②$CPI>1$ 时,表示节支,即实际费用低于预算费用	反映的是相对偏差,它不受项目层次的限制,也不受项目实施时间的限制,因而在同一项目和不同项目比较中均可采用
	进度绩效指数（SPI）	$SPI=BCWP/BCWS$ ①$SPI<1$ 时,表示进度延误,即实际进度比计划进度慢; ②$SPI>1$ 时,表示进度提前,即实际进度比计划进度快	

7.A　[解析]本题考查的是成本控制。成本控制是在项目成本的形成过程中,对生产经营所消耗的人力资源、物资资源和费用开支进行指导、监督、检查和调整。故选 A。

8.B　[解析]本题考查的是成本控制的方法。费用偏差（CV）=已完工作预算费用（BCWP）-已完工作实际费用（ACWP）= 2000×12-2000×16=-8000（元）；费用绩效指数（CPI）=已完工作预算费用（BCWP）/已完工作实际费用（ACWP）= 0.75。故选 B。

二、多项选择题

1.ABCE　[解析]本题考查的是成本控制的依据和程序。选项 AB 错误,成本的过程控制中,有两类控制程序,一是管理行为控制程序,二是指标控制程序,管理行为控制程序是对成本全过程控制的基础,指标控制程序则是成本进行过程控制的重点,两个程序既相对独立又相互联系,既相互补充又相互制约。选项 C 错误,管理行为的控制程序和成本指标的控制程序是对项目成本进行过程控制的主要内容。选项 E 错误,成本管理体系的建立,是企业自身生存发展的需要,没有社会来组织评审和认证。故选 ABCE。

2.CDE　[解析]本题考查的是成本控制的方法。人工费的控制实行"量价分离"的方法,将作业用工及零星用工按定额工日的一定比例综合确定用工数量与单价,通过劳务合同进行控制。人工费的影响因素包括:①社会平均工资水平。建筑安装工人人工单价必须和社会平均工资水平趋同。②生产消费指数。③劳动力市场供需变化。劳动力市场如果供不应求,人工单价就会提高;供过于求,人工单价就会下降。④政府推行的社会保障和福利政策也会影响人工单价的变动。⑤经会审的施工图、施工定额、施工组织设计等决定人工的消耗量。故选 CDE。

3.CE　[解析]本题考查的是成本控制的方法。施工原因包括施工方案不当、材料代用、施工质量有问题、赶进度、工期拖延等。选项 ABD 属于业主原因。故选 CE。

专题4 成本核算

答案速查

刷基础										
单项	1.B	2.C	3.C	4.D		多项	1.BCE	2.ACE	3.ACD	4.DE	5.ABD
刷提升										
单项	1.C	2.B	3.A			多项	1.ACD	2.ACD			

刷基础

一、单项选择题

1.B [解析]本题考查的是成本核算的原则、依据、范围和程序。解答此题首先要清楚《企业会计准则第15号——建造合同》关于工程成本的时间范畴"从建造合同签订开始到合同完成时止",故订立建造合同共发生差旅费、投标费50万元不算成本;人工费600万元、材料采购及保管费15万元属于直接费用;差旅费5万元、管理人员工资98万元属于间接费用。故选B。

2.C [解析]本题考查的是成本核算的原则、依据、范围和程序。成本核算的依据包括:①各种财产物资的收发、领退、转移、报废、清查、盘点资料。做好各项财产物资的收发、领退、清查和盘点工作,是正确计算成本的前提条件。②与成本核算有关的各项原始记录和工程量统计资料。③工时、材料、费用等各项内部消耗定额以及材料、结构件、作业、劳务的内部结算指导价。故选C。

3.C [解析]本题考查的是成本核算的原则、依据、范围和程序。根据《企业会计准则第15号——建造合同》,工程成本包括从建造合同签订开始至合同完成止所发生的、与执行合同有关的直接费用和间接费用。故选C。

4.D [解析]本题考查的是成本核算的原则、依据、范围和程序。施工企业在核算产品成本时,就是按照成本项目来归集企业在施工生产经营过程中所发生的应计入成本核算对象的各项费用。故选D。

二、多项选择题

1.BCE [解析]本题考查的是成本核算的方法。选项A错误,项目财务部门一般采用会计核算法进行成本核算。选项D错误,用表格核算法进行工程项目施工各岗位成本的责任核算和控制。故选BCE。

2.ACE [解析]本题考查的是成本核算的原则、依据、范围和程序。成本核算的依据包括:①各种财产物资的收发、领退、转移、报废、清查、盘点资料。做好各项财产物资的收发、领退、清查和盘点工作,是正确计算成本的前提条件。②与成本核算有关的各项原始记录和工程量统计资料。③工时、材料、费用各项内部消耗定额以及材料、结构件、作业、劳务的内部结算指导价。故选ACE。

3.ACD [解析]本题考查的是成本核算的原则、依据、范围和程序。选项BE属于成本计划的编制原则。故选ACD。

4.DE [解析]本题考查的是成本核算的原则、依据、范围和程序。直接费用包括:①耗用的材料费用。②耗用的人工费用。③耗用的机械使用费(包括机械租赁费)。④其他直接费用,指其他可以直接计入合同成本的费用(如工程定位复测费、工程点交费等)。选项DE属于间接费用。故选DE。

5.ABD [解析]本题考查的是成本核算的方法。选项A错误,施工项目成本核算的方法主要有表格核算法和会计核算法。选项B错误,表格核算法的优点是简便易懂,方便操作,实用性较好。选项D错误,成本核算的两种方法应综合使用,两者互补,相得益彰。故选ABD。

刷提升

一、单项选择题

1.C [解析]本题考查的是成本核算的原则、依据、范围和程序。选项A错误,本题干扰项为选项A,尽管有"其他"两个字,但选项A本身属于直接材料费里的周转措施性材料费。选项 B 错误,为管理工程施工所发生的费用属于间接费用。选项 D 错误,企业管理人员的差旅交通费属于间接费用。故选 C。

2.B [解析]本题考查的是成本核算的原则、依据、范围和程序。谨慎原则,是指在市场经济条件下,在成本、会计核算中应当对可能发生的损失和费用作出合理预计,以增强抵御风险的能力。故选 B。

3.A [解析]本题考查的是成本核算的原则、依据、范围和程序。根据会计核算程序,结合工程成本发生的特点和核算的要求,工程成本核算的程序为:①对所发生的费用进行审核,以确定应计入工程成本的费用和计入各项期间费用的数额。②将应计入工程成本的各项费用,区分为哪些应当计入本月的工程

成本,哪些应由其他月份的工程成本负担。③将每个月应计入工程成本的生产费用,在各个成本对象之间进行分配和归集,计算各工程成本。④对未完工程进行盘点,以确定本期已完工程实际成本。⑤将已完工程成本转入工程结算成本;核算竣工工程实际成本。故选 A。

二、多项选择题

1.ACD [解析]本题考查的是成本核算的方法。选项 B 错误,用表格核算法进行工程项目施工各岗位成本的责任核算和控制,用会计核算法进行工程项目成本核算。选项 E 错误,项目财务部门一般采用会计核算法。故选 ACD。

[核心总结]

项目	表格核算法	会计核算法
优点	简便易懂,方便操作,实用性较好	科学严密,人为控制的因素较小且核算的覆盖面较大
缺点	难以实现较为科学严密的审核制度,精度不高,覆盖面较小	对核算工作人员的专业水平和工作经验都要求较高
应用	工程项目施工各岗位成本的责任核算和控制	企业生产经营核算、工程项目成本核算
关系	两者互补,相得益彰,确保工程项目成本核算工作的开展	

2.ACD [解析]本题考查的是成本核算的方法。选项 A 错误,表格核算法的缺点是难以实现较为科学严密的审核制度,精度不高,覆盖面较小。选项 C 错误,项目财务部门一般采用会计核算法。选项 D 错

误,因为表格核算法具有操作简单和表格格式自由等特点,因而对工程项目内各岗位成本的责任核算比较实用。故选 ACD。

专题 5　成本分析和成本考核

答案速查

	刷基础										
单项	1.A	2.A	3.D	4.D	5.C	6.D	7.C	8.A	9.D	10.C	11.B
	12.D	13.D	14.A	15.A	16.B	17.C	18.B				
多项	1.ACDE	2.ABCD	3.ADE	4.ABD	5.ABC	6.ABD	7.AB				
	刷提升										
单项	1.B	2.A	3.B	4.B	5.B	6.A	7.C				
多项	1.ABD	2.ABE	3.AC	4.DE							

刷基础

一、单项选择题

1.A [解析]本题考查的是成本分析的依据、内容和步骤。选项 A 正确,统计核算——算现在、算平均、预测未来。选项 B 错误,施工项目成本核算的方法主要有表格核算法和会计核算法。本题中问的是成本分析,注意区分。选项 C 错误,会计核算——算过去、用货币、连续综合。选项 D 错误,业务核算——算过去、算将来、措施有效。故选 A。

2.A [解析]本题考查的是成本分析的方法。人均效益最好,反过来说是单位工程量人工费最低。选项 A:150000/50/5400 = 0.556 元/(人·m^3)。选项 B:126000/45/5000 = 0.560 元/(人·m^3)。选项 C:147000/42/4800 = 0.729 元/(人·m^3)。选项 D:429000/43/5200 = 1.919 元/(人·m^3)。选项 A 单位工程量人工费最低,即是人均效益最好的班组。故选 A。

3.D [解析]本题考查的是成本分析的方法。题干是要求找出影响材料价格的因素,首先要分析材料价格由什么组成。材料价格由出厂价、运杂价、场外运输损耗和采保费这四部分组成,那这四部分的价格就是影响材料价格的因素。故选 D。

4.D [解析]本题考查的是成本分析的方法。此题用差额计算法,两个影响因素"成本"和"成本降低率",成本是绝对值,排在前边,成本降低率是相对值,排在后边。成本降低率提高对成本降低额的影响:240×(3.5%−3%)= 1.2(万元)。故选 D。

5.C [解析]本题考查的是成本分析的方法。以目标数 500×660×1.05 = 346500(元)为分析替代的基础。第一次替代产量因素,以 520 替代 500,得:520×660×1.05 = 360360(元);第二次替代单价因素,以 680 替代 660,得:520×680×1.05 = 371280(元);第三次替代损耗率因素,以 1.03 替代 1.05,得:520×680×1.03 = 364208(元)。所以,损耗率下降使成本下降了 371280−364208 = 7072(元)。故选 C。

6.D [解析]本题考查的是成本分析的方法。利用差额计算法得:(640−600)×4% = 1.6(万元)。故选 D。

7.C [解析]本题考查的是成本考核的依据和方法。选项 AB 属于质量指标。选项 D 属于数量指标。故选 C。

[核心总结]

指标	示例
数量指标	①按子项汇总的工程项目计划总成本指标; ②按分部汇总的各单位工程(或子项目)计划成本指标; ③按人工、材料、机具等各主要生产要素划分的计划成本指标
质量指标	如项目总成本降低率: ①设计预算成本计划降低率=设计预算总成本计划降低额/设计预算总成本; ②责任目标成本计划降低率=责任目标总成本计划降低额/责任目标总成本
效益指标	如项目成本降低额: ①设计预算总成本计划降低额=设计预算总成本−计划总成本; ②责任目标总成本计划降低额=责任目标总成本−计划总成本

8.A [解析]本题考查的是成本分析的依据、内容和步骤。选项 A 错误,业务核算是各业务部门根据业务工作的需要建立的核算制度。选项 B 正确,统计核算通过全面调查和抽样调查等特有的方法,不仅能提供绝对数指标,还能提供相对数和平均数指标,可以计算当前的实际水平,还可以确定变动速度以预测发展的趋势。选项 C 正确,会计和统计核算一般是对已经发生的经济活动进行核算。选项 D 正确,业务核算的范围比会计、统计核算要广。故选 A。

9.D [解析]本题考查的是成本分析的依据、内容和步骤。业务核算是各业务部门根据业务工作的需要建立的核算制度,它包括原始记录和计算登记表,如单位工程及分部分项工程进度登记,质量登记,工效、定额计算登记,物资消耗定额记录,测试记录等。业务核算的范围比会计、统计核算要广。会计和统计核算一般是对已经发生的经济活动进行核算,而业务核算不但可以核算已经完成的项目是否达到原定的目的、取得预期的效果,而且可以对尚未发生或正在发生的经济活动进行核算,以确定该项经济活动是否有经济效果,是否有执行的必要。故选D。

10.C [解析]本题考查的是成本分析的依据、内容和步骤。业务核算的范围比会计、统计核算要广。故选C。

11.B [解析]本题考查的是成本分析的依据、内容和步骤。选项AC错误,统计核算的计量尺度比会计核算宽,可以用货币,也可以用实物或劳动量计量。选项D错误,会计和统计核算一般是对已经发生的经济活动进行核算,而业务核算不但可以核算已经完成的项目是否达到原定的目的、取得预期的效果,而且可以对尚未发生或正在发生的经济活动进行核算,以确定该项经济活动是否有经济效果,是否有执行的必要。故选B。

12.D [解析]本题考查的是成本分析的依据、内容和步骤。选项AC错误,此两项均属于统计核算的内容,而不是会计核算的内容。选项B错误,业务核算的目的在于迅速取得资料,以便在经济活动中及时采取措施进行调整。故选D。

13.D [解析]本题考查的是成本分析的依据、内容和步骤。成本分析的内容包括:①时间节点成本分析。②工作任务分解单元成本分析。③组织单元成本分析。④单项指标成本分析。⑤综合项目成本分析。故选D。

14.A [解析]本题考查的是成本分析的方法。将实际指标与目标指标对比:以此检查目标完成情况,分析影响目标完成的积极因素和消极因素,以便及时采取措施,保证成本目标的实现。在进行实际指标与目标指标对比时,还应注意目标本身有无问题,如果目标本身出现问题,则应调整目标,重新评价实际工作。故选A。

15.A [解析]本题考查的是成本分析的方法。以目标数420000元(500×800×1.05)为分析替代的基础;第一次替代产量因素,以600替代500,600×800×1.05=504000(元);第二次替代单价因素,以820替代800,并保留上次替代后的值,600×820×1.05=516600(元);第三次替代损耗率因素,以1.04替代1.05,并保留上两次替代后的值,600×820×1.04=511680(元)。计算差额:第一次替代与目标数的差额=504000-420000=84000(元);第二次替代与第一次替代的差额=516600-504000=12600(元);第三次替代与第二次替代的差额=511680-516600=-4920(元)。产量增加使成本增加了84000元,单价提高使成本增加了12600元,而损耗率下降使成本减少了4920元。故选A。

16.B [解析]本题考查的是成本分析的方法。在成本分析中,若发现人工费、机械费等项目大幅度超支,则应该对这些费用的收支配比关系进行研究,并采取应对措施,防止今后再超支。如果是属于规定的"政策性"亏损,则应从控制支出着手,把超支额压缩到最低限度。故选B。

17.C [解析]本题考查的是成本考核的依据和方法。成本计划的效益指标,如项目成本降低额:①设计预算总成本计划降低额=设计预算总成本-计划总成本。②责任目标总成本计划降低额=责任目标总成本-计划总成本。故选C。

18.B [解析]本题考查的是成本考核的依据和方法。施工项目总成本降低率是成本计划的质量指标,计算方法有:①设计预算成本计划降低率=设计预算总成本计划降低额/设计预算总成本。②责任目标成本计划降低率=责任目标总成本计划降低额/责任目标总成本。故选B。

二、多项选择题

1.ACDE [解析]本题考查的是成本分析的方法。选项A正确,成本增加比例就是"降低成本"中"占本项"的数值,正值为降低,负值为增加,增加最大的是间接成本的-7.37%。选项B错误,成本降低指的是"降低成本"中"金额"的数值,正值为降低,负值为增加,降低最多的金额应该是材料费66.89万元。

选项 C 正确,成本节约效益指的是"降低成本"中"占总量"的数值,正值为降低,负值为增加,节约最最多的是材料费的4.93%。选项 D 正确,成本节约指的是"降低成本"中"占本项"的数值,正值为节约,负值为增加,做的最好的是措施费的8.10%。选项 E 正确,直接成本里成本增加比例最大的是人工费的-5.22%。故选 ACDE。

2.ABCD [解析]本题考查的是成本分析的方法。选项 E 属于索赔费用的计算方法。故选 ABCD。

3.ADE [解析]本题考查的是成本分析的方法。选项 B 错误,由于施工项目包括很多分部分项工程,无法也没有必要对每一个分部分项工程都进行成本分析。选项 C 错误,分部分项工程成本分析的方法是:进行预算成本、目标成本和实际成本的"三算"对比。故选 ADE。

4.ABD [解析]本题考查的是成本分析的依据、内容和步骤。业务核算是各业务部门根据业务工作的需要建立的核算制度,它包括原始记录和计算登记表,如单位工程及分部分项工程进度登记,质量登记,工效、定额计算登记,物资消耗定额记录,测试记录等。故选 ABD。

5.ABC [解析]本题考查的是成本分析的方法。材料的储备资金是根据日平均用量、材料单价和储备天数(即从采购到进场所需要的时间)计算的。故选 ABC。

6.ABD [解析]本题考查的是成本分析的方法。"三同步"检查是提高项目经济核算水平的有效手段,不仅适用于成本盈亏异常的检查,也可用于月度成本的检查。"三同步"检查可以通过以下五个方面的对比分析来实现:①产值与施工任务单的实际工程量和形象进度是否同步。②资源消耗与施工任务单的实耗人工、限额领料单的实耗材料、当期租用的周转材料和施工机械是否同步。③其他费用(如材料价、超高费和台班费等)的产值统计与实际支付是否同步。④预算成本与产值统计是否同步。⑤实际成本与资源消耗是否同步。故选 ABD。

7.AB [解析]本题考查的是成本考核的依据和方法。公司应以项目成本降低额、项目成本降低率作为对

项目管理机构成本考核的主要指标。故选 AB。

刷提升

一、单项选择题

1.B [解析]本题考查的是成本分析的方法。标准的因素分析表格,因素分析法又称连环置换法。由目标成本 = 目标量×目标价×(1+损耗率)计算出一个目标成本,然后把原来式子中的目标量改为实际量,再算出来一个数,用这个数减去目标成本,就是由量的变化引起成本变化的结果。以这道题为例,目标成本为800×600×1.05=504000(元)。第一次替代产量因素,用850替代800,就变为850×600×1.05=535500(元)。第二次用640替代600,列式850×640×1.05=571200(元)。第三次用1.03替代1.05,列式850×640×1.03=560320(元)。计算差额:首先,产量增加对成本的影响为535500-504000=31500(元)。其次,单价提高对成本的影响为571200-535500=35700(元)。最后,损耗的降低对成本的影响为560320-571200=-10880(元)。实际成本与目标成本的差额,把三个数累加,即31500+35700+(-10880)=56320(元)。故选 B。

2.A [解析]本题考查的是成本分析的依据、内容和步骤。选项 B 错误,会计核算主要是价值核算。选项 C 错误,统计核算的计量尺度比会计核算宽。选项 D 错误,业务核算可对尚未发生的经济活动进行核算。故选 A。

3.B [解析]本题考查的是成本分析的方法。选项 A 错误,项目年度成本分析的重点是针对下一年度的施工进展情况制定切实可行的成本管理措施。选项 C 错误,企业年度成本要求一年结算一次,不得将本年成本转入下一年度。选项 D 错误,分部分项工程成本分析的方法是:进行预算成本、目标成本、实际成本的"三算"对比。故选 B。

4.B [解析]本题考查的是成本分析的依据、内容和步骤。业务核算的目的在于迅速取得资料,以便在经济活动中及时采取措施进行调整。故选 B。

5.B [解析]本题考查的是成本分析的依据、内容和步骤。选项 B 错误,会计核算主要是价值核算。会计是对一定单位的经济业务进行计量、记录、分析和

检查,作出预测、参与决策、实行监督,旨在实现最优经济效益的一种管理活动。由于会计记录具有连续性、系统性、综合性等特点,所以它是施工成本分析的重要依据。故选 B。

6.A [解析]本题考查的是成本分析的方法。因素分析法的计算步骤中,需确定该指标是由哪几个因素组成的,并按其相互关系进行排序(排序规则是:先实物量,后价值量;先绝对值,后相对值)。故选 A。

7.C [解析]本题考查的是成本分析的方法。选项 A 错误,分部分项工程成本分析的对象是已完成分部分项工程。选项 B 错误,分部分项工程成本分析的方法是:进行预算成本、目标成本和实际成本的"三算"对比。选项 C 正确,由于施工项目包括很多分部分项工程,无法也没有必要对每一个分部分项工程都进行成本分析。特别是一些工程量小、成本费用少的零星工程。但是,对于那些主要分部分项工程必须进行成本分析。选项 D 错误,分部分项工程成本分析的资料来源:预算成本来自投标报价成本;目标成本来自施工预算;实际成本来自施工任务单的实际工程量、实耗人工和限额领料单的实耗材料。故选 C。

二、多项选择题

1.ABD [解析]本题考查的是成本分析的方法。选项 C 错误,动态比率法通常采用基期指数和环比指数两种方法。选项 E 错误,比较法通俗易懂、简单易行、便于掌握,因而得到了广泛的应用。故选 ABD。

2.ABE [解析]本题考查的是成本分析的方法。选项 CD 错误,"三同步"检查不仅适用于成本盈亏异常的检查,也可用于月度成本的检查。故选 ABE。

3.AC [解析]本题考查的是成本分析的依据、内容和步骤。选项 A 错误、选项 D 正确,会计核算主要是价值核算,具有连续性、系统性、综合性等特点。选项 B 正确、选项 C 错误,会计和统计核算一般是对已经发生的经济活动进行核算,而业务核算不但可以核算已经完成的项目是否达到原定的目的、取得预期的效果,而且可以对尚未发生或正在发生的经济活动进行核算,业务核算的特点是对个别的经济业务进行单项核算。选项 E 正确,业务核算是各业务部

门根据业务工作的需要建立的核算制度,其范围比会计、统计核算要广。故选 AC。

4.DE [解析]本题考查的是成本考核的依据和方法。成本计划的数量指标,如:①按子项汇总的工程项目计划总成本指标;②按分部汇总的各单位工程(或子项目)计划成本指标;③按人工、材料、机具等各主要生产要素划分的计划成本指标。故选 DE。

刷综合

答案速查

单项	1.B	2.D	3.C	4.D	5.C
	6.A	7.D	8.A	9.B	
多项	1.ABD	2.AB	3.AE	4.BDE	5.CD
	6.CD	7.ACD			

一、单项选择题

1.B [解析]本题考查的是成本管理的任务和程序。选项 A 错误,施工成本由直接成本和间接成本组成,直接成本是为了构成工程实体或有助于工程实体的形成的各种支出,因此选项 A 说的不全面。选项 C 错误,施工成本计划是以货币形式编制施工项目在计划期内的生产费用、成本水平、成本降低率及降低成本措施的书面方案,不是成本预测。选项 D 错误,成本分析是在成本核算的基础上进行的,对成本形成过程和影响成本升降的因素进行分析,不是成本考核。故选 B。

2.D [解析]本题考查的是成本管理的任务和程序。选项 A 错误,对未来的成本水平及发展趋势做出估计的是成本预测,不是成本计划。选项 B 错误,实际成本与计划对比,评定完成情况是成本考核的内容。选项 C 错误,成本核算是成本的归集和分配。故选 D。

3.C [解析]本题考查的是成本计划。选项 C 错误,根据时间—成本累积曲线,所有工作都按最迟开始时间开始,对节约资金贷款利息是有利的。故选 C。

4.D [解析]本题考查的是成本管理的任务和程序。选项 A 错误,施工成本是指在建设工程项目的施工过程中所发生的全部生产费用的总和,包含直接成本和间接成本,选项 A 中仅描述的是直接成本的一

部分。选项 B 错误,成本分析是在成本核算的基础上,对成本的形成过程和影响成本升降的因素进行分析,以寻求进一步降低成本的途径。选项 C 错误,施工成本核算包括两个基本环节:一是按照规定的成本开支范围对施工成本进行归集和分配,计算出施工成本的实际发生额;二是根据成本核算对象,采用适当的方法,计算出该施工项目的总成本和单位成本。故选 D。

5.C [解析]本题考查的是成本计划的类型。选项 A 错误,竞争性成本计划是以招标文件中的合同文件、投标者须知、技术规范、设计图纸和工程量清单为依据进行编制的。选项 B 错误,指导性成本计划是选派项目经理阶段的预算成本计划。选项 D 错误,实施性成本计划采用企业的施工定额通过施工预算的编制而形成。故选 C。

6.A [解析]本题考查的是成本计划。选项 B 错误,成本计划的编制方式有:①按成本组成编制成本计划。②按项目结构编制成本计划。③按工程实施阶段编制成本计划。选项 C 错误,施工成本可以按成本构成分解为人工费、材料费、施工机具使用费和企业管理费等。选项 D 错误,一般情况下,成本计划总额应控制在目标成本的范围内,并建立在切实可行的基础上。故选 A。

7.D [解析]本题考查的是成本控制的方法。偏差分析可以采用不同的表达方法,常用的有横道图法、表格法和曲线法。故选 D。

8.A [解析]本题考查的是成本核算的方法。选项 A 正确,施工项目成本核算的方法主要有表格核算法和会计核算法。选项 BD 错误,会计核算法的优点是科学严密,人为控制的因素较小而且核算的覆盖面较大;缺点是对核算工作人员的专业水平和工作经验都要求较高。选项 C 错误,项目财务部门一般采用会计核算法。故选 A。

9.B [解析]本题考查的是成本分析的方法。构成比率法又称比重分析法或结构对比分析法。通过构成比率,可以考察成本总量的构成情况及各成本项目占总成本的比重,同时也可看出预算成本、实际成本和降低成本的比例关系,从而寻求降低成本的途径。

故选 B。

二、多项选择题

1.ABD [解析]本题考查的是成本控制的方法。选项 C 错误,偏差分析最常用的方法是表格法。选项 E 错误,曲线法能够用于定量分析,但不是"直接"用于偏差分析,需用通过数据的计算才能得出相应的结论,故是"间接"用于偏差分析。故选 ABD。

2.AB [解析]本题考查的是成本管理的措施。选项 C 错误,采用合同措施控制施工成本,首先是选用合适的合同结构,对各种合同结构模式进行分析、比较,在合同谈判时,要争取选用适用于工程规模、性质和特点的合同结构模式;其次,在合同的条款中应仔细考虑一切影响成本和效益的因素,特别是潜在的风险因素。选项 D 错误,应属于经济措施。选项 E 错误,经济措施的运用绝不仅仅是财务人员的事情。故选 AB。

3.AE [解析]本题考查的是成本管理的任务和程序。选项 B 错误,成本控制应贯穿于项目从投标阶段开始直至保证金返还的全过程。选项 C 错误,成本核算一般以单位工程为对象,但也可以灵活划分成本核算对象。选项 D 错误,成本分析中,分析是关键,纠偏是核心。故选 AE。

4.BDE [解析]本题考查的是成本管理的任务和程序。选项 A 错误,项目成本计划一般由施工单位编制。选项 C 错误,建设工程项目施工成本控制应贯穿于项目从投标阶段开始直至保证金返还的全过程。故选 BDE。

5.CD [解析]本题考查的是成本管理的任务和程序。选项 A 错误,成本管理的每一个环节都是相互联系和相互作用的。选项 B 错误,成本分析是在成本核算的基础上,对成本的形成过程和影响成本升降的因素进行分析,以寻求进一步降低成本的途径,包括有利偏差的挖掘和不利偏差的纠正。选项 E 错误,成本考核是实现成本目标责任制的保证和实现成本决策目标的重要手段。故选 CD。

6.CD [解析]本题考查的是成本计划的类型。选项 C 错误,竞争性成本计划带有成本战略的性质,是施工项目投标阶段商务标书的基础,而有竞争力的商务标书又是以其先进合理的技术标书为支撑的。因此，它奠定了成本的基本框架和水平。选项 D 错误，指导性成本计划和实施性成本计划，都是战略性成本计划的进一步开展和深化，是对战略性成本计划的战术安排。故选 CD。

7.ACD　[解析]本题考查的是成本计划。选项 A 错误，按照成本构成要素划分，建筑安装工程费由人工费、材料（包含工程设备）费、施工机具使用费、企业管理费、利润、规费和增值税组成。施工成本按成本构成分解为人工费、材料费、施工机具使用费和企业管理费。选项 C 错误，按项目组成编制成本计划，在编制成本支出计划时，要在项目总体层面上考虑总的预备费，也要在主要的分项工程中安排适当的不可预见费。选项 D 错误，按照工程进度编制施工成本计划，通过对施工成本目标按时间进行分解，在网络计划基础上，可获得项目进度计划的横道图。故选 ACD。

第 3 章　建设工程项目进度控制

专题 1　建设工程项目进度控制与进度计划系统

答案速查

				刷基础						
单项	1.D	2.D	3.D	4.D	5.B	6.A	7.A	8.D	9.C	10.D
多项	1.AD	2.ACD								
				刷提升						
单项	1.A	2.D	3.C	4.D	5.A		多项	1.BE	2.ABDE	

刷基础

一、单项选择题

1.D　[解析]本题考查的是项目进度控制的任务。设计方对设计工作的进度要求依据的是设计任务委托合同。设计单位与业主签订合同，合同要求设计单位哪天完成设计任务，设计单位就要尽最大的努力根据合同规定的日期完成设计任务。故选 D。

2.D　[解析]本题考查的是项目进度控制的目的。盲目赶工难免会导致施工质量问题和施工安全问题的出现，并且会增加质量事故发生的概率，引起施工成本的增加。故选 D。

3.D　[解析]本题考查的是项目进度控制的任务。各方有各方的进度控制任务，使得各方的进度控制目标都不同，那么各方的控制时间范畴也不相同。故选 D。

4.D　[解析]本题考查的是项目进度控制的任务。选项 A 错误，业主方的任务是控制整个项目实施阶段的进度。选项 B 错误，建设项目设计方进度控制的任务是依据设计任务委托合同对设计工作进度的要求控制设计工作进度，这是设计方履行合同的义务。选项 C 错误，设计方应尽可能使设计工作的进度与招标、施工和物资采购等工作进度相协调。故选 D。

5.B　[解析]本题考查的是项目进度控制的目的。在工程施工实践中，必须树立和坚持一个最基本的工程管理原则，即在确保工程质量的前提下，控制工程的进度。故选 B。

6.A　[解析]本题考查的是建设工程项目进度控制。建设工程项目是在动态条件下实施的，因此进度控制也就必须是一个动态的管理过程。它包括：①进度目标的分析和论证，其目的是论证进度目标是否合理，进度目标有否可能实现。如果经过科学的论证，目标不可能实现，则必须调整目标。②在收集资料和调查研究的基础上编制进度计划。③进度计划的跟踪检查与调整，它包括定期跟踪检查所编制进度计划的执行情况,若其执行有偏差,则采取纠偏措施,并视必要调整进度计划。选项 A 不包含在进度计划的跟踪检查与调整中。故选 A。

7.A [解析]本题考查的是项目进度控制的任务。供货方进度控制的任务是依据供货合同对供货的要求控制供货进度,这是供货方履行合同的义务。供货进度计划应包括供货的所有环节,如采购、加工制造、运输等。故选 A。

8.D [解析]本题考查的是项目进度计划系统的建立。建设工程项目进度计划系统是由多个相互关联的进度计划组成的系统,它是项目进度控制的依据。故选 D。

9.C [解析]本题考查的是项目进度计划系统的建立。由不同周期的进度计划构成的计划系统,包括:①5 年建设进度计划。②年度、季度、月度和旬计划等。选项 B 属于不同项目参与方的进度计划构成的计划系统。选项 D 属于不同深度的进度计划构成的计划系统。故选 C。

10.D [解析]本题考查的是项目进度计划系统的建立。在建设工程项目进度计划系统中,应注意业主方编制的整个项目实施的进度计划、设计方编制的进度计划、施工和设备安装方编制的进度计划与采购和供货方编制的进度计划之间的联系和协调。故选 D。

二、多项选择题

1.AD [解析]本题考查的是项目进度计划系统的建立。选项 A 属于按不同深度来编制的进度计划,是相互关联的。选项 B 都属于施工进度计划,且深度相同,不存在相互关联,是平行并列关系。选项 C 中的维修进度计划不属于项目进度计划,属于使用阶段。选项 D 属于按不同周期来编制的进度计划,是相互关联的。选项 E 不存在相互关联,土建施工进度计划应与主体结构施工进度计划相互关联。故选 AD。

2.ACD [解析]本题考查的是项目进度控制的组织措施。进度控制的主要工作环节包括:①进度目标的分析和论证。②编制进度计划。③定期跟踪进度计划的执行情况。④采取纠偏措施以及调整进度计

划。故选 ACD。

刷提升

一、单项选择题

1.A [解析]本题考查的是项目进度计划系统的建立。举反例说明,用排除法最恰当。选项 B 错误,进度计划除了有实施性的,还有控制性的和指导性的。选项 C 错误,施工方编制的施工总进度计划是控制性进度计划。选项 D 错误,各参与方可编制各自的进度计划系统,如施工进度计划系统是施工方编制的。故选 A。

2.D [解析]本题考查的是项目进度控制的任务。虽然各参与方的进度控制目标不同,但各参与方编制的进度计划应相互协调。设计方的进度计划应尽可能与招标、施工和物资采购等工作进度相协调。故选 D。

3.C [解析]本题考查的是项目进度计划系统的建立。选项 A 错误,建设工程项目进度计划系统是由多个相互关联的进度计划组成的系统。选项 B 错误,根据项目进度控制不同的需要和不同的用途,业主方和项目各参与方可以构建多个不同的建设工程项目进度计划系统。选项 D 错误,项目的进度计划系统是在项目进展过程中逐步形成的。故选 C。

4.D [解析]本题考查的是项目进度控制的任务。在进度计划编制方面,施工方应视项目的特点和施工进度控制的需要,编制深度不同的控制性、指导性和实施性施工的进度计划,以及按不同计划周期(年度、季度、月度和旬)的施工计划等。故选 D。

5.A [解析]本题考查的是项目进度计划系统的建立。选项 A 属于由不同深度的进度计划构成的计划系统。选项 BCD 属于按不同功能进度计划构成的计划系统。故选 A。

二、多项选择题

1.BE [解析]本题考查的是建设工程项目进度控制与进度计划系统。选项 A 错误,业主方的任务是控制整个项目实施阶段的进度。选项 C 错误,施工方进度控制的目标就是在确保工程质量的前提下,控制工程的进度。选项 D 错误,项目各参与方进度控制的目标和时间范畴是不相同的。故选 BE。

2. ABDE　[解析]本题考查的是项目进度计划系统的建立。选项C错误，由不同深度的进度计划构成的计划系统，包括：①总进度规划(计划)。②项目子系

统进度规划(计划)。③项目子系统中的单项工程进度计划等。故选ABDE。

专题2　建设工程项目总进度目标的论证

答案速查

刷基础								
单项	1.C	2.A	3.A	4.D	5.C	6.A	7.C	8.B
多项	1.ACD	2.BC	3.ABDE					
刷提升								
单项	1.B	2.B	3.C	4.B	多项	1.ACD	2.ABCE	

刷基础

一、单项选择题

1. C　[解析]本题考查的是项目总进度目标论证的工作步骤。总进度目标论证的工作步骤：先调查研究并收集资料，然后对项目结构及进度计划系统进行结构分析，依据分析出的结构层次进行编码，之后先编制各层的进度计划，再根据各层的进度计划整理出总进度计划。如果总进度计划不符合目标，应积极调整；多次调整后仍然不满足目标，则报告决策者。为了方便记忆，总结起来就是：两分两夹编码，结构分析大到小，进度计划小到大。故选C。

2. A　[解析]本题考查的是项目总进度目标论证的工作内容。选项B错误，建设工程项目总进度目标论证应分析和论证项目实施阶段各项工作的进度，以及项目实施阶段各项工作进展的相互关系。选项C错误，大型建设工程项目总进度目标论证的核心工作是通过编制总进度纲要论证总进度目标实现的可能性。选项D错误，建设工程项目总进度纲要应包含各子系统进度规划。故选A。

3. A　[解析]本题考查的是项目总进度目标论证的工作内容。建设工程项目的总进度目标指的是整个工程项目的进度目标，它是在项目决策阶段项目定义时确定的，项目管理的主要任务是在项目的实施阶段对项目的目标进行控制。故选A。

4. D　[解析]本题考查的是项目总进度目标论证的工

作内容。在进行项目总进度目标控制前，首先应该研究设置的进度目标，有没有实现的可能，如果没有就需要调整计划。故选D。

5. C　[解析]本题考查的是项目总进度目标论证的工作步骤。建设工程项目总进度目标论证的工作步骤如下：①调查研究和收集资料。②项目结构分析。③进度计划系统的结构分析。④项目的工作编码。⑤编制各层进度计划。⑥协调各层进度计划的关系，编制总进度计划。⑦若所编制的总进度计划不符合项目的进度目标，则设法调整。⑧若经过多次调整，进度目标无法实现，则报告项目决策者。故选C。

6. A　[解析]本题考查的是项目总进度目标论证的工作步骤。大型建设工程项目的结构分析是根据编制总进度纲要的需要，将整个项目进行逐层分解，并确立相应的工作目录。故选A。

7. C　[解析]本题考查的是项目总进度目标论证的工作步骤。大型建设工程项目的结构分析是根据编制总进度纲要的需要，将整个项目进行逐层分解，并确立相应的工作目录，如：①一级工作任务目录，将整个项目划分成若干个子系统。②二级工作任务目录，将每一个子系统分解为若干子项目。③三级工作任务目录，将每一个子项目分解为若干个工作项。故选C。

8. B　[解析]本题考查的是项目总进度目标论证的工

作内容。选项 A 错误,建设工程项目的总进度目标指的是整个工程项目的进度目标。选项 C 错误,在进行建设工程项目总进度目标控制前,首先应分析和论证进度目标实现的可能性。选项 D 错误,建设工程项目的总进度目标是指在项目决策阶段项目定义时确定的。故选 B。

二、多项选择题

1.ACD [解析]本题考查的是项目总进度目标论证的工作内容。选项 BE 错误,可行性研究是在决策阶段,不属于项目总进度;用户管理是在使用阶段,也不属于项目总进度,项目总进度必须是在实施阶段。故选 ACD。

2.BC [解析]本题考查的是项目总进度目标论证的工作步骤。项目的工作编码可按横向编、纵向编、逻辑编。按横向编就是按计划对象进行编码,按纵向编就是按计划层进行编码,按逻辑编就是按不同工作进行编码。故选 BC。

3.ABDE [解析]本题考查的是项目总进度目标论证的工作内容。此题只需要抓住关键词"总进度纲要"中的两个字"进度",所以它的内容一定是跟"进度"有关,选项 C 项目结构分析和进度二字无关。为了方便记忆,将总进度纲要的主要内容总结为:"三总一手里程碑"。故选 ABDE。

刷提升

一、单项选择题

1.B [解析]本题考查的是项目总进度目标论证的工作内容。选项 A 错误,总进度目标的论证并不单纯是总进度规划的编制,还涉及工程实施的条件分析和工程实施策划方面的问题。选项 C 错误,项目动用后的工作进度,不属于项目总进度,论证时也就不包括对它的论证。选项 D 错误,总进度目标论证不能只论证施工进度目标,还包括设计进度目标等。故选 B。

2.B [解析]本题考查的是项目总进度目标论证的工作内容。选项 A 错误,总进度目标论证的核心工作是通过编制总进度纲要论证目标实现的可能性,而不是编制总进度纲要。选项 C 错误,目标的确定应该是在给项目下定义的时候确定,是在决策阶段

选项 D 错误,总进度计划不符合总进度目标应该先调整计划,看看计划有没有可以调整的地方,如果多次调整都无法满足目标,那就报告给决策者。故选 B。

3.C [解析]本题考查的是项目总进度目标论证的工作内容。选项 A 错误,调整项目总进度目标不是项目管理者的权限,是由项目决策者来决定的。选项 B 错误,由于已经确定进度目标不可能实现了,调整进度计划也没有意义。选项 D 错误,若调整进度目标,原本就是建设单位的责任,就不存在与建设单位协商的问题了,否则就是自己和自己协商了。故选 C。

4.B [解析]本题考查的是项目总进度目标论证的工作步骤。选项 A 错误,项目的工作编码应考虑下述因素:①对不同计划层的标识。②对不同计划对象的标识(如不同子项目)。③对不同工作的标识(如设计工作、招标工作和施工工作等)。选项 C 错误,在项目的实施阶段,项目总进度应包括:①设计前准备阶段的工作进度。②设计工作进度。③招标工作进度。④施工前准备工作进度。⑤工程施工和设备安装进度。⑥工程物资采购工作进度。⑦项目动用前的准备工作进度。选项 D 错误,若所编制的总进度计划不符合项目的进度目标,则设法调整;若经过多次调整,进度目标无法实现,则报告项目决策者。故选 B。

二、多项选择题

1.ACD [解析]本题考查的是项目总进度目标论证的工作内容。选项 B 错误,总进度目标的论证是项目实施阶段的策划工作。选项 E 错误,分析论证总进度目标实现的可能性应在项目实施阶段之前进行。故选 ACD。

2.ABCE [解析]本题考查的是项目总进度目标论证的工作步骤。项目总进度目标的论证是在项目决策阶段进行的,相对来说,收集的资料也应该是项目的前期资料。应包括类似项目的进度资料、项目相关的四大系统资料、目标确定的情况和资料、总体部署及实施主客观条件。解答此题需抓住关键词"总进度目标论证"中的"进度"二字,故调研和收集的资料一定和进度有关,选项 D 很明显是错的。故选 ABCE。

专题 3　建设工程项目进度计划的编制和调整方法

答案速查

刷基础											
单项	1.B	2.B	3.B	4.C	5.C	6.C	7.A	8.A	9.C	10.A	11.B
	12.D	13.B	14.C	15.B	16.D	17.B	18.B	19.C	20.B	21.A	22.A
	23.C	24.D	25.D	26.C	27.C	28.A	29.D	30.D	31.C	32.B	33.D
	34.D	35.A	36.D	37.C	38.C	39.C	40.D	41.D	42.A	43.C	44.C
	45.C	46.D	47.C	48.B							
多项	1.AB	2.ABE	3.BCD	4.CE	5.BC	6.AC	7.DE	8.BC	9.BCDE	10.ACE	11.ACE
	12.BC	13.AE	14.BCE	15.AE	16.BDE	17.ACE					
刷提升											
单项	1.D	2.C	3.B	4.B	5.C	6.C	7.A	8.C	9.C	10.A	11.B
	12.C	13.A									
多项	1.AD	2.BC	3.CDE	4.BD	5.CD	6.ADE					

刷基础

一、单项选择题

1.B [解析]本题考查的是工程网络计划有关时间参数的计算。相邻两项工作之间的时间间隔等于紧后工作的最早开始时间和本工作的最早完成时间之差,本题目中给出的是第 X 天的上班时刻、下班时刻,转化为默认开始工作的最早开始时间为第 0 天,则表述应该是工作 N 的持续时间是 1 天,最早开始时间为第 13 天,工作 A、B、C 的最早完成时间分别是第 9 天、第 11 天、第 13 天,则工作 B 与 N 的时间间隔 = 13−11 = 2(天)。故选 B。

2.B [解析]本题考查的是横道图进度计划的编制方法。第一层浇筑混凝土第一个施工段工作的标号为 Ⅰ-①;第二层支设模板第一个施工段工作的标号为 Ⅱ-①;这两个工作之间有 1 天的技术间歇,那么混凝土浇筑 Ⅰ-①工作完成 1 天后,开始支模 Ⅱ-①工作,即该间歇应该在 Z_3 位置。故选 B。

3.B [解析]本题考查的是工程网络计划的编制方法。解答此问分三步。第一步,计算各节点的最早时间,标注在节点周边,如下图所示。

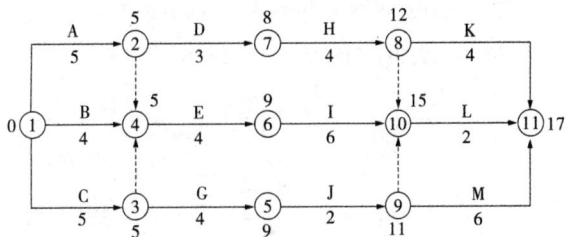

第二步,确定存在机动时间的工作,即确定非关键工作,标注波形线,如下图所示。

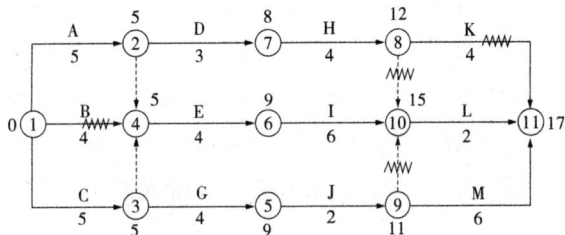

第三步,剩下能走通的线路,即为关键线路,分别是:A→E→I→L;C→E→I→L;C→G→J→M。故选 B。

4.C [解析]本题考查的是横道图进度计划的编制方法。选项 A 错误,横道图无法直接体现各工作的机动时间,所以不能识别计划的关键工作。选项 B 错误,横道图各个工作之间的逻辑关系可以设法表达,但不易表达清楚,但不是不能表达。选项 D 错误,横道图无法直接体现各工作的机动时间,无法直接计算工作时差。故选 C。

5.C [解析]本题考查的是工程网络计划有关时间参数的计算。第一步,根据题干信息绘制简图,假设该工作为 N,紧前工作分别用 A 和 B 表示,紧后工作分别用 C、D 和 E 表示,如下图所示。

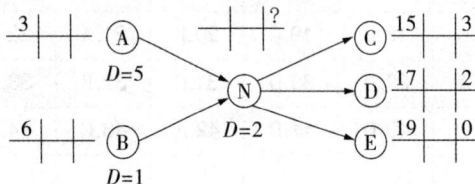

第二步,计算得 $EF_A = 3+5 = 8, EF_B = 6+1 = 7, LS_C = 15+3 = 18, LS_D = 17+2 = 19, LS_E = 19+0 = 19$。

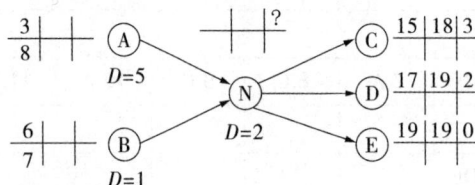

第三步,计算得 N 工作的 $ES_N = \max(8,7) = 8, LF_N = \min(18,19,19) = 18, LS_N = 18-2 = 16$。

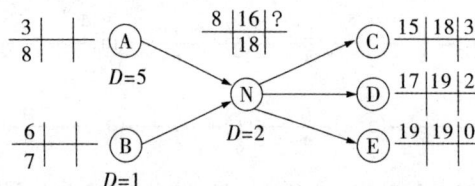

第四步,N 工作总时差 $TF_N = 16-8 = 8$(天)。故选 C。

6.C [解析]本题考查的是工程网络计划的编制方法。选项 A 错误,在没有给出时间参数的情况下,不能判断工作 C、D 是否同时完成。选项 B 错误,工作 B 的紧后工作是 C、D、E。选项 D 错误,工作 D 和工作 F 是平行关系,并没有紧前紧后的关系。故选 C。

7.A [解析]本题考查的是工程网络计划有关时间参数的计算。由题干可知,工作 K6 早开始 10 早完成;工作 M12 迟开始 22 迟完成;工作 N15 迟开始 20 迟完成,求工作 K 的总时差就是看工作 K 能够机动多少天。因为紧后工作 M12 必须开始,为保证工作 M 能够正常进行,所以工作 K12 必须完成,即工作 K 的最迟完成时间为 12,总时差=本工作最迟完成时间−本工作最早完成时间,即工作 K 总时差=12−10 = 2(天)。故选 A。

8.A [解析]本题考查的是进度计划调整的方法。实际进度比计划进度拖后时,应选择资源强度小或费用低的工作进行压缩,这样更经济且更容易保证目标合理的实现。故选 A。

9.C [解析]本题考查的是工程网络计划的编制方法。选项 A 错误,单代号网络计划不允许出现虚箭线,但是可以有虚工作。如:有多项起点节点和终点节点时,应在网络的两端设置一项虚工作,作为起点节点(St)和终点节点(Fin)。选项 B 错误,箭线不宜交叉,而不是不能交叉。当交叉不可避免时,可用过桥法或指向法绘制。选项 D 错误,起点节点和终点节点都只应有一个。故选 C。

10.A [解析]本题考查的是工程网络计划的编制方法。选项 A 符合题意,根据《工程网络计划技术规程》(JGJ/T 121—2015)规定,双代号网络中的工作,应用"两个节点、一条箭线表示"。可以采用母线法,如④→⑤。图中 ①→② 即表示的是同一项工作,故出现了相同的工作代号。故选 A。

11.B [解析]本题考查的是工程网络计划有关时间参数的计算。顺序施工墙纸裱糊和墙面软包的运输分别为第 3 天和第 5~6 天,不受运输工具的限制,工期分别为 2+1+6 = 9(天),4+2+4 = 10(天),最短施工工期为 10 天。故选 B。

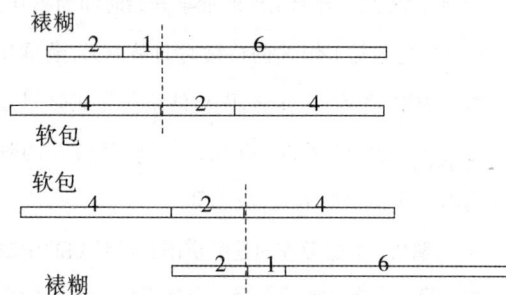

12.D [解析]本题考查的是横道图进度计划的编制方法。选项 A 错误,相邻两个施工过程在满足连续施工的条件下,能最大限度的实现合理搭接,工期是最短的,所以在不要求工程连续的情况下,工期不可能压缩。选项 B 错误,两者流水步距是 4 周。选项 C 错误,基础回填有机动时间。故选 D。

13.B [解析]本题考查的是工程网络计划的编制方法。选项 A 错误,A、B 均完成后进行 D。选项 CD

错误,A、B、C均完成后进行E。故选B。

14.C [解析]本题考查的是工程网络计划的编制方法。选项C正确,有⑧⑨两个终点节点。故选C。

15.B [解析]本题考查的是工程网络计划的编制方法。关键线路有 A→B→E→I→K、A→B→G→I→K、A→C→G→I→K 三条。故选B。

16.D [解析]本题考查的是工程网络计划的编制方法。在双代号网络计划和单代号网络计划中,关键线路是总的工作持续时间最长的线路。关键线路有:A→B→E→G→I→J;A→B→E→H→J;A→C→F→G→I→J;A→C→F→H→J。故选D。

17.B [解析]本题考查的是工程网络计划有关时间参数的计算。关键线路为 B→C→F→G,其持续时间之和为 2+5+6+4=17(天)。故选B。

18.B [解析]本题考查的是工程网络计划有关时间参数的计算。本工作自由时差=紧后工作的最早开始时间的最大值-本工作的最早完成时间=工作H的最早开始时间-工作E的最早完成时间=(8+3+9)-(8+3+7)=20-18=2(天)。故选B。

19.C [解析]本题考查的是工程网络计划有关时间参数的计算。通过计算可得工作D的总时差为2天,工作D延误6天,影响总工期6-2=4(天)。故选C。

20.B [解析]本题考查的是工程网络计划有关时间参数的计算。关键线路:B→E→G,计算工期为:2+6+5=13(天)。故选B。

21.A [解析]本题考查的是工程网络计划有关时间参数的计算。总时差是指不影响总工期的前提下本工作可以利用的机动时间。题目背景总时差为5天,即在不影响总工期的情况下,可以机动5天时间,M工作持续时间仅延误4天,故对总工期没有影响。自由时差是指不影响紧后工作最早开始的前提下,本工作可以利用的机动时间。题目背景自由时差为2天,即在不影响紧后工作最早开始的前提下,可机动2天时间,M工作持续时间延误4天,已超过自由时差,故对紧后工作最早开始时间会有影响,使紧后工作最早开始时间推迟2天,即4-2=2(天)。故选A。

22.A [解析]本题考查的是工程网络计划的编制方法。根据单代号网络计划的逻辑关系,容易得到其对应的双代号网络计划为选项A。故选A。

23.C [解析]本题考查的是工程网络计划有关时间参数的计算。T_c=5+7+10+10=32。故选C。

24.D [解析]本题考查的是工程网络计划有关时间参数的计算。因为工作M的自由时差为0,工作M实际进度拖后4天,就意味着其紧后工作的最早开始时间推迟4天,又由于工作M的总时差为3天,工作M拖后4天,与总时差3天相比,还会影响总工期1天。故选D。

25.D [解析]本题考查的是工程网络计划有关时间参数的计算。工作D最迟开始时间=工作D最迟完成时间-工作D持续时间=12-4=8(天)。故选D。

26.C [解析]本题考查的是工程网络计划有关时间参数的计算。工作F的总时差=min{紧后工作总时差+时间间隔}=min{12-8+4,14-12+5}=min{8,7}=7(天)。故选C。

27.C [解析]本题考查的是工程网络计划的编制方法。选项A错误,单代号网络计划中也可能用到虚工作。选项B错误,虚箭线是实际工作中不存在的一项虚工作,故它们既不占用时间,也不消耗资源,一般起着工作之间的联系、区分和断路三个作用。选项D错误,用虚箭线表示虚工作。故选C。

28.A [解析]本题考查的是关键工作、关键线路和时差的确定。选项B错误,经过某一关键工作的线路可以有多条,这些线路可以是关键线路,也可是非关键线路,所以关键工作可以出现在非关键线路上。选项C错误,虚工作表示的是工作与工作之间的逻辑关系,关键线路上允许出现虚工作。选项D错误,关键线路上的总时差是否为零还要看 T_p 与 T_c 是否相等。故选A。

29.D [解析]本题考查的是横道图进度计划的编制方法。横道图可将工作简要说明直接放在横道上。横道图可将最重要的逻辑关系标注在内,但是,如果将所有逻辑关系均标注在图上,则横道图简洁性的最大优点将丧失。故选D。

30.D [解析]本题考查的是横道图进度计划的编制方法。横道图计划表中的进度线(横道)与时间坐标相对应,这种表达方式较直观,易看懂计划编制的意图。但是,横道图进度计划法也存在一些问题,如:①工序(工作)之间的逻辑关系可以设法表达,但不易表达清楚。②适用于手工编制计划。③没有通过严谨的进度计划时间参数计算,不能确定计划的关键工作、关键路线与时差。④计划调整只能用手工方式进行,其工作量较大。⑤难以适应大的进度计划系统。故选 D。

31.C [解析]本题考查的是横道图进度计划的编制方法。横道图用于小型项目或大型项目的子项目上,或用于计算资源需要量和概要预示进度,也可用于其他计划技术的表示结果。故选 C。

32.B [解析]本题考查的是工程网络计划的编制方法。网络图中工作之间相互制约或相互依赖的关系称为逻辑关系,它包括工艺关系和组织关系,在网络中均应表现为工作之间的先后顺序。①工艺关系。生产性工作之间由工艺过程决定的,非生产性工作之间由工作程序决定的先后顺序称为工艺关系。②组织关系。工作之间由于组织安排需要或资源(人力、材料、机械设备和资金等)调配需要而确定的先后顺序关系称为组织关系。故选 B。

33.D [解析]本题考查的是工程网络计划的编制方法。按照工作持续时间的特点划分的网络计划图,包括肯定型问题的网络计划、非肯定型问题的网络计划和随机网络计划。分级网络计划是按照计划平面的个数进行的划分。故选 D。

34.D [解析]本题考查的是工程网络计划有关时间参数的计算。总时差是指在不影响总工期的前提下,本工作可以利用的机动时间。自由时差是指在不影响其紧后工作最早开始的前提下,本工作可以利用的机动时间。对于总工期能延误几天,只看总时差与延误时间的关系,即 $5-4=1$(天),不影响总工期。对于紧后工作最早开始时间能推迟几天,只看自由时差与延误时间的关系。即 $3-4=-1$(天),即紧后工作的最早开始时间需要推迟 1 天。故选 D。

35.A [解析]本题考查的是工程网络计划有关时间参数的计算。工作 M 的最迟开始时间为 $20-10=10$(天),工作 N 的最迟开始时间为 $20-5=15$(天),

工作 K 的最迟完成时间为 $\min\{10,15\}=10$(天),所以,工作 K 的总时差为 $10-9=1$(天)。故选 A。

36.D [解析]本题考查的是工程网络计划有关时间参数的计算。自由时差是指在不影响其紧后工作最早开始的前提下,该工作可以利用的机动时间。工作 N 的后面有三项紧后工作,它们的最早开始时间分别为第 25 天、第 27 天和第 30 天,则工作 N 的自由时差为 $25-17=8$(天)。故选 D。

37.C [解析]本题考查的是工程网络计划有关时间参数的计算。从网络计划中可以看到工作 C 的紧前工作只有工作 A,工作 A 的持续时间为 5,因此工作 A 的最早完成时间为 5,即工作 C 的最早开始时间为 5。故选 C。

38.C [解析]本题考查的是工程网络计划有关时间参数的计算。总时差等于其最迟开始时间减去最早开始时间,或等于最迟完成时间减最早完成时间。根据已知条件,工作 M 的最迟开始时间为最迟完成时间减去其持续时间,即 $25-5=20$(天),则工作 M 的总时差为 $20-13=7$(天)。故选 C。

39.C [解析]本题考查的是工程网络计划有关时间参数的计算。工作 W 的最早完成时间 $=12+6=18$(天),则工作 W 的自由时差 $=\min(21-18,24-18,28-18)=3$(天)。故选 C。

40.D [解析]本题考查的是工程网络计划的编制方法。选项 A 错误,双代号网络图中的虚箭线和单代号网络图中的箭线表示前后工作的逻辑关系。选项 B 错误,虚箭线既不占用时间,也不消耗资源。选项 C 错误,对于双代号网络计划或单代号网络计划,箭线的长度没有特殊的意义。故选 D。

41.D [解析]本题考查的是工程网络计划的编制方法。选项 A 错误,双代号网络计划中的节点内只能用编号,不能用工作名称。选项 B 错误,双代号网络计划中用来表示事件的是箭线,而不是节点。选项 C 错误,起点节点只有向外的箭线,终点节点只有向内的箭线。故选 D。

42.A [解析]本题考查的是工程网络计划的编制方法。单代号网络图中只应有一个起点节点,图中工作 A、B 所在的节点都是起点节点。单代号网络计划中,不用虚箭线。故选 A。

43.C　[解析]本题考查的是工程网络计划的编制方法。选项AB错误，经计算，该单代号网络计划图的计算工期为22天，关键线路有两条，分别是①→③→⑤→⑧→⑨→⑪→⑬→⑮→⑯和①→③→⑤→⑧→⑨→⑪→⑬→⑭→⑯。选项C正确，工作B_2的紧前工作是工作A_2和工作B_1，且经计算，工作A_2的最早完成时间是第4天，工作B_1的最早完成时间是第5天。工作B_2的最早开始时间为所有紧前工作最早完成时间的最大值$\max(4,5)=5$（天）。选项D错误，工作C_2的紧前工作是工作B_2和工作C_1，且经计算，工作B_2的最早完成时间是第8天，工作C_1的最早完成时间是第7天，工作C_2的最早开始时间为所有紧前工作最早完成时间的最大值$\max(8,7)=8$（天），工作C_2的最早完成时间=最早开始时间+持续时间=8+4=12（天）。故选C。

44.C　[解析]本题考查的是工程网络计划的编制方法。选项A错误，最早开始时间等于各紧前工作的最早完成时间EF_{h-j}的最大值：$ES_D=4$。选项B错误，当工作$i-j$有紧后工作$j-k$时，其自由时差应为：$FF_{i-j}=ES_{j-k}-EF_{i-j}$，因此$FF_F=ES_H-EF_F=8-6=2$。选项C正确，$FF_G=T_P-EF_G=11-9=2$。选项D错误，$FF_H=T_P-EF_H=11-11=0$。故选C。

45.C　[解析]本题考查的是工程网络计划的编制方法。选项A错误，工作之间的时间参数（如STS等）标注在联系箭线的上下方。可见时距不是某工作的参数，而是工作之间的参数。选项B错误，相邻工作间可以有混合时距。选项D错误，时间间隔是紧后工作的最早开始时间和本工作的最早完成时间之差，而时距中只有FTS才是这个含义，其他的都不是。故选C。

46.D　[解析]本题考查的是工程网络计划的编制方法。当$FTS=0$时，即紧前工作i的完成时间等于紧后工作j的开始时间，这时紧前工作与紧后工作紧密衔接，当计划所有相邻工作的$FTS=0$时，整个搭接网络计划就成为一般的单代号网络计划。因此，一般的依次顺序关系只是搭接关系的一种特殊

表现形式。例如，修一条堤坝的护坡时，一定要等土堤自然沉降后才能修护坡，这种等待的时间就是FTS时距。故选D。

47.C　[解析]本题考查的是工程网络计划有关时间参数的计算。当计划工期等于计算工期时，工作的总时差为零，是最小的总时差，此工作是关键工作。总时差可以用工作的最迟开始时间减去最早开始时间或用工作的最迟完成时间减去最早完成时间。故选C。

48.B　[解析]本题考查的是进度计划调整的方法。网络计划检查的主要内容：①关键工作进度。②非关键工作的进度及时差利用情况。③实际进度对各项工作之间逻辑关系的影响。④资源状况。⑤成本状况。⑥存在的其他问题。故选B。

二、多项选择题

1.AB　[解析]本题考查的是工程网络计划有关时间参数的计算。选项AB正确，工程网络计划中，总时差最小的工作是关键工作。总时差等于其最迟开始时间减去最早开始时间，或等于最迟完成时间减去最早完成时间。选项CD错误，只能说明该工作自身自由时差为0。选项E错误，关键节点组成的工作不一定是关键工作。故选AB。

2.ABE　[解析]本题考查的是工程网络计划的编制方法。选项A正确，节点①和节点②只有向外的箭线，没有向内的箭线，所以存在多个起点节点。选项B正确，箭线交叉可以用指向法或过桥法表示。选项E正确，工作②→③之间的虚工作多余，因为②→③工作之前没有紧前工作，不能起到表示逻辑关系的作用。故选ABE。

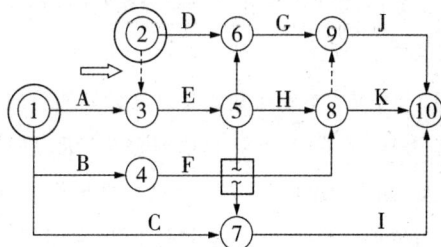

3.BCD　[解析]本题考查的是横道图进度计划的编制方法。选项A错误，横道图不便于进行资源优化和调整。选项E错误，没有通过严谨的进度计划时间

参数计算,不能确定计划的关键工作、关键路线与时差。适用于手工编制计划。故选 BCD。

4.CE [解析]本题考查的是关键工作、关键线路和时差的确定。选项 A 错误,从起点节点开始到终点节点均为关键工作,且所有工作的时间间隔均为零的线路应为关键线路。选项 B 错误,关键线路上是可以有虚工作的,虚工作不占用时间和资源。选项 D 错误,关键节点组成的线路不一定是关键线路,而关键线路上的节点必定是关键节点。故选 CE。

5.BC [解析]本题考查的是进度计划调整的方法。选项 A 错误,"左拖右前中一致",第三周末工作 E 是提前一周,而非拖后。选项 D 错误,第九周末检查,J 工作提前一周完成。选项 E 错误,工作 K 提前两周,影响工期一周。本网络有两条关键线路:"A→D→F→K"和"C→F→K"。工作 K 是进入终点节点的关键工作,其进度偏差必然会影响整个工期。同时进入终点节点的还有工作 I 和 J,工作 I 的波形线(TF)为 2 周,工作 J 为 1 周,因此工作 K 尽管提前两周,工期也只能提前一周。故选 BC。

6.AC [解析]本题考查的是关键工作、关键线路和时差的确定。选项 B 错误,此说法不适用于搭接网络。选项 D 错误,关键工作的总时差一定最小,但是不是为零有一个先决条件,即 $T_p = T_c$。当 $T_p = T_c$ 时,关键工作的总时差一定为零。选项 E 错误,关键工作的最早开始时间和最迟开始时间的差值为总时差,即总时差=最迟开始时间-最早开始时间。当 $T_p = T_c$ 时,可以判定关键工作的总时差为零,即最迟开始时间等于最早开始时间。题目中若没有给出 $T_p = T_c$ 的先决条件,则关键工作的最早开始时间和最迟开始时间就不一定相等。故选 AC。

7.DE [解析]本题考查的是进度计划调整的方法。选项 AC 错误,工作 H 自由时差是 1 天,总时差是 2 天,实际进度延误 2 天。对总工期来说,延误时间刚好等于总时差,故不影响总工期;对紧后工作来说,延误时间超过自由时差,不仅没有机动时间,而且会影响到紧后工作 1 天。选项 B 错误、选项 E 正确,G 为关键工作,实际进度延误 1 天,故总工期将

延误 1 天。选项 D 正确,工作 E 计划 6 天完成,实际 5 天已经完成,故工作 E 提前 1 天完成。故选 DE。

8.BC [解析]本题考查的是工程网络计划的编制方法。选项 A 错误,在各条线路中,有一条或几条线路的总时间最长,称为关键线路,一般用双线或粗线标注。其他线路长度均小于关键线路,称为非关键线路。选项 D 错误,网络图节点的编号顺序应从小到大,可不连续,但不允许重复。选项 E 错误,自始至终全部由关键工作组成的线路为关键线路,或线路上总的工作持续时间最长的线路为关键线路。虚工作不占用时间,也不消耗资源。故选 BC。

9.BCDE [解析]本题考查的是关键工作、关键线路和时差的确定。选项 B 错误,双代号网络计划中由关键节点组成的线路不一定就是关键线路。选项 CD 错误,时标网络计划中的虚箭线仅代表虚工作,无虚箭线并不一定就是关键线路,而关键线路有可能包含虚箭线。选项 E 错误,单代号网络计划中,将关键工作相连,并保证相邻两项关键工作之间的时间间隔为零而构成的线路就是关键线路;双代号时标网络计划中,自始至终没有波形线的线路就是关键线路。故选 BCDE。

10.ACE [解析]本题考查的是工程网络计划的编制方法。选项 B 错误,箭线可以是直线、折线或斜线。选项 D 错误,虚箭线既不占用时间,也不消耗资源。故选 ACE。

11.ACE [解析]本题考查的是工程网络计划的编制方法。选项 B 错误,关键线路上允许有虚箭线存在,但不允许存在波形线。选项 D 错误,某项工作的自由时差为零时,其总时差不一定为零;而某项工作的总时差为零时,则其自由时差必为零。故选 ACE。

12.BC [解析]本题考查的是进度计划调整的方法。该网络计划的关键线路为 B→E→I、A→E→I 和 A→D→H。选项 A 错误,工作 D 在第 3 周末至第 6 周末内实际进度不正常,拖后一周。选项 D 错误,工作 B 在第 3 周末至第 6 周末内实际进度不正常。选项 E 错误,第 6 周末检查时工作 G 实际进度拖后

2周。故选 BC。

13.AE [解析]本题考查的是进度计划调整的方法。选项 B 错误,网络计划中某项工作进度超前,应视具体情况决定是否需要进行计划的调整。选项 C 错误,有时需要调整非关键工作时差,以便更充分地利用资源、降低成本或满足施工的需要。网络计划调整内容包括非关键工作时差的调整。选项 D 错误,当一项工作进度出现问题时,还需要考虑对其他工作造成的影响。故选 AE。

14.BCE [解析]本题考查的是工程网络计划的编制方法。选项 A 错误,网络计划一定有关键线路。选项 B 正确,一个网络计划可能有一条或几条关键线路,在网络计划执行过程中,关键线路有可能转移。选项 C 正确,当计划工期等于计算工期时,总时差为零的工作就是关键工作。选项 D 错误,网络计划修改后会出现关键线路的转移。选项 E 正确,关键工作是通过关键线路的,非关键线路也可能从该关键工作通过。故选 BCE。

15.AE [解析]本题考查的是工程网络计划的编制方法。在双代号网络图中,通常将被研究的工作用 i-j 表示。紧排在本工作之前的工作称为紧前工作;紧排在本工作之后的工作称为紧后工作;与之平行进行的工作称为平行工作。工作 A 为工作 B 的紧前工作,工作 D 为工作 E 的紧前工作,工作 C 为工作 D 的紧前工作。故选 AE。

16.BDE [解析]本题考查的是工程网络计划的编制方法。单代号网络图与双代号网络图相比,具有以下特点:①工作之间的逻辑关系容易表达,且不用虚箭线,故绘图较简单。②网络图便于检查和修改。③由于工作持续时间表示在节点之中,没有长度,故不够直观。④表示工作之间逻辑关系的箭线可能产生较多的纵横交叉现象。故选 BDE。

17.ACE [解析]本题考查的是进度计划调整的方法。进度计划的检查方法:①计划执行中的跟踪检查。②收集数据的加工处理。③实际进度检查记录的方式。选项 BD 属于网络计划检查的主要内容。故选 ACE。

刷提升

一、单项选择题

1.D [解析]本题考查的是工程网络计划的编制方法。选项 A 错误,网络计划的绘制前提是所有工作均按最早开始时间绘制。各工作的迟开始＝早开始＋总时差;同理,迟完成＝早完成＋总时差。因此,需要计算取得。选项 B 错误,网络计划中,各工作间逻辑关系能够表达清楚,这是网络图相对横道图的优势。选项 C 错误,网络计划中可能会有虚箭线,虚箭线仅起表达逻辑关系的作用。选项 D 正确,网络计划中,自由时差的概念之一,就是"时间间隔的最小值"。故选 D。

2.C [解析]本题考查的是工程网络计划有关时间参数的计算。要求工作 F 的总时差,就是看工作 F 能够机动多少天,工作 F 有且仅有两项后续工作 G 和 H;总时差＝本工作最迟完成时间－本工作最早完成时间或总时差＝本工作最迟开始时间－本工作最早开始时间。由此可知,工作 G 的总时差为 $12-8=4$(天),工作 H 的总时差＝$14-12=2$(天)。题干又给出了工作 F 与工作 G、H 的时间间隔分别是4天和5天,则工作 F 的总时差＝$\min(4+4,2+5)=7$(天)。故选 C。

3.B [解析]本题考查的是工程网络计划有关时间参数的计算。题干中给出工作 B、D、I 共用一台施工机械且按 B→D→I 顺序施工,表明工作 B 为工作 D 的紧前任务,工作 D 为工作 I 的紧前任务,则工作 B0 开始 4 结束,工作 D4 开始 10 结束,工作 I10 开始 14 结束,并且工作 H 的总时差为 1 周,拖延 1 周不会对总工期造成影响。故总工期不会延长,且施工机械在现场不会闲置。故选 B。

4.B [解析]本题考查的是工程网络计划的编制方法。本题的绘图错误共有 4 处,分别是:①双代号网络图中应只有一个起点节点和一个终点节点(多目标网络计划除外),而本题中有两个起点①和③;②在双代号网络图中,在节点之间严禁出现带双向箭头的连线,本题中有⑤↔⑥之间是双向箭头的连线;③在双代号网络图中,在节点之间严禁出现带无箭头的连线,本题中⑩和⑪之间出现带无箭头的连线;④绘制网络图时,箭线不宜交叉,本题中⑦→⑧

与⑥→⑩之间出现交叉。故选B。

5.C [解析]本题考查的是工程网络计划的编制方法。关键线路有①→④→⑥→⑦→⑨→⑩;①→②→⑤→⑥→⑦→⑨→⑩;①→②→⑤→⑨→⑩。故选C。

6.C [解析]本题考查的是工程网络计划的编制方法。关键线路为A→D→H→K,B→E→H→K,C→G→J 三条。故选C。

7.A [解析]本题考查的是工程网络计划有关时间参

数的计算。工作C的自由时差=工作G的最早开始时间-工作C的最早完成时间=9-7=2(天)。故选A。

8.C [解析]本题考查的是工程网络计划有关时间参数的计算。相邻两项工作之间的时间间隔等于紧后工作的最早开始时间和本工作的最早完成时间之差。工作A的最早完成时间为4,工作D的最早开始时间为6,6-4=2,故工作A、D之间的时间间隔为2天。故选C。

[核心总结]

参数分类	细分	符号	计算方法
工作持续时间	—	D_{i-j}	一项工作从开始到完成的时间
工期	计算工期	T_c	①当规定了要求工期时,$T_p \leq T_r$;
	要求工期	T_r	②未规定要求工期时,可令计划工期等于计算工期,$T_p = T_c$。
	计划工期	T_p	
最早时间	最早开始时间	ES_{i-j}	①最早开始时间=各紧前工作最早完成时间的最大值;当没有紧前工作时,最早开始时间为零;
	最早完成时间	EF_{i-j}	②最早完成时间=最早开始时间+持续时间
最迟时间	最迟开始时间	LS_{i-j}	①最迟开始时间=最迟完成时间-持续时间;
	最迟完成时间	LF_{i-j}	②最迟完成时间=各紧后工作最迟开始时间的最小值;当没有紧后工作时,最迟完成时间等于计划工期
时差	总时差	TF_{i-j}	①总时差=最迟开始时间-最早开始时间=最迟完成时间-最早完成时间;
	自由时差	FF_{i-j}	②有紧后工作时,自由时差=min(各紧后工作最早开始时间-本工作的最早完成时间);当没有紧后工作时,自由时差=计划工期-本工作的最早完成时间

9.C [解析]本题考查的是工程网络计划有关时间参数的计算。最早开始时间等于各紧前工作的最早开始时间加上其持续时间的最大值,即7+5=12(天)。故选C。

10.A [解析]本题考查的是工程网络计划有关时间参数的计算。工作F的最早开始时间为第11天,持续时间为5天,则最早完成时间为第16天;三项紧后工作最迟开始时间的最小值就是工作F的最迟完成时间,即第21天;最迟完成时间-最早完成时间=21-16=5(天),即为工作F的总时差。紧后工作的最早开始时间的最小值为第20天,减去工作

F的最早完成时间,即第16天,即为工作F的自由时差,即20-16=4(天)。所以工作F的总时差为5天,自由时差为4天。故选A。

11.B [解析]本题考查的是工程网络计划有关时间参数的计算。最迟完成时间(LF_{i-j})是指在不影响整个任务按期完成的前提下,工作$i-j$必须完成的最迟时刻。故选B。

12.C [解析]本题考查的是工程网络计划有关时间参数的计算。已知工作B的总时差=最迟开始时间-最早开始时间=14-10=4(天),工作C的总时差=16-14=2(天),工作A的总时差=紧后工作总时差

的最小值+本工作的自由时差,则工作 A 的总时差为 min(4+5,2+5)=7(天)。故选 C。

13.A [解析]本题考查的是工程网络计划有关时间参数的计算。总时差等于其最迟开始时间减去最早开始时间,或等于最迟完成时间减去最早完成时间。根据题意,已知总时差和最早开始时间,则最迟开始时间 = 总时差+最早开始时间 = 7+3 = 10(天),最迟完成时间 = 最迟开始时间+持续时间 = 10+4 = 14(天)。故选 A。

二、多项选择题

1.AD [解析]本题考查的是工程网络计划有关时间参数的计算。第一步,计算各节点的最早时间和最迟时间,如下图所示(时间单位:天)。

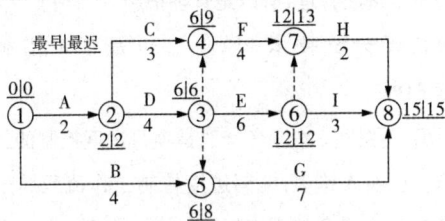

第二步,进行选项分析。选项 A 正确,工作 B 的最迟完成时间,即节点⑤的最迟时间,为第 8 天。选项 B 错误,工作 C 的最迟开始时间 = 9-3 = 6(天)。选项 C 错误,工作 F 的自由时差 = $ES_H - EF_F$ = 12-(6+4) = 2(天)。选项 D 正确,工作 G 的总时差 = $LS_G - ES_G$ = (15-7)-6 = 2(天)。选项 E 错误,工作 H 的最早开始时间,即节点⑦的最早时间,为第 12 天。故选 AD。

2.BC [解析]本题考查的是工程网络计划的编制方法。只看 4 月份的施工进度成本数额,有两种情况。情况一:工作 D 按最早开始时间施工,则 4 月成本额为:10+25+15 = 50(万元)。情况二:工作 D 按最迟

开始时间施工,则 4 月成本额为:10+15 = 25(万元)。故选 BC。

3.CDE [解析]本题考查的是工程网络计划的编制方法。有多个起点节点①和③;有两个⑧节点和节点指向错误③→②,故节点编号错误。⑨→⑩为多余虚工作。故选 CDE。

4.BD [解析]本题考查的是工程网络计划的编制方法。选项 A 错误,第 4 周末检查时工作 B 拖后 2 周,但影响总工期 1 周。选项 C 错误,工作 H 进度正常,受 H 的制约,工作 K 不能提前开始,因此不能使总进度提前 1 周。选项 E 错误,在第 5 周到第 10 周内,工作 F 和工作 I 的实际进度超前。故选 BD。

5.CD [解析]本题考查的是工程网络计划有关时间参数的计算。选项 A 错误,关键工作是总时差最小的工作。当计划工期等于计算工期时,工作的总时差为零是最小的总时差。当有要求工期,且要求工期小于计算工期时,总时差最小的为负值,当要求工期大于计算工期时,总时差最小的为正值。选项 B 错误,单代号网络计划中与紧后工作之间时间间隔为零,只能说明紧后工作的最早开始时间等于该项工作的最早完成时间,该项工作不一定就是关键工作。选项 E 错误,无虚箭线的工作不一定是关键工作。故选 CD。

6.ADE [解析]本题考查的是工程网络计划的编制方法。图中,节点①和②均为起点节点。表中工作 G 紧后工作为工作 I、工作 J,图中工作 G 紧后工作只有工作 J,不符合给定逻辑关系。节点⑤和⑥箭头方向错误,应该将⑤、⑥节点调换。故选 ADE。

专题4 建设工程项目进度控制的措施

答案速查

刷基础							
单项	1.B	2.A	3.B	4.C	5.D	6.B	7.C
多项	1.ADE	2.CDE	3.CDE	4.BCDE	5.ABD	6.CE	
刷提升							
单项	1.C	2.A	3.B		多项	1.BDE	2.AD	3.CDE

刷基础

一、单项选择题

1.B [解析]本题考查的是项目进度控制的管理措施。重视信息技术(包括相应的软件、局域网、互联网以及数据处理设备)在进度控制中的应用。虽然信息技术对进度控制而言只是一种管理手段,但它的应用有利于提高进度信息处理的效率、有利于提高进度信息的透明度、有利于促进进度信息的交流和项目各参与方的协同工作。故选B。

2.A [解析]本题考查的是项目进度控制的技术措施。选项B属于管理措施。选项C属于组织措施。选项D属于经济措施。故选A。

3.B [解析]本题考查的是项目进度控制的组织措施。进度控制工作包含了大量的组织和协调工作,而会议是组织和协调的重要手段,应进行有关进度控制会议的组织设计。选项AD属于管理措施。选项C属于技术措施。故选B。

4.C [解析]本题考查的是项目进度控制的组织措施。进度控制的主要工作环节包括进度目标的分析和论证、编制进度计划、定期跟踪进度计划的执行情况、采取纠偏措施以及调整进度计划。故选C。

5.D [解析]本题考查的是项目进度控制的管理措施。建设工程项目进度控制在管理观念方面存在的主要问题:①缺乏进度计划系统的观念——分别编制各种独立而互不联系的计划,形成不了计划系统。②缺乏动态控制的观念——只重视计划的编制,而不重视及时地进行计划的动态调整。③缺乏进度计划多方案比较和选优的观念——合理的进度计划应体现资源的合理使用、工作面的合理安排、有利于提高建设质量、有利于文明施工和有利于合理地缩短建设周期。故选D。

6.B [解析]本题考查的是项目进度控制的管理措施。项目进度控制的管理措施:重视信息技术(包括相应的软件、局域网、互联网以及数据处理设备)在进度控制中的应用。虽然信息技术对进度控制而言只是一种管理手段,但它的应用有利于提高进度信息处理的效率、有利于提高进度信息的透明度、有利于促进进度信息的交流和项目各参与方的协同工

作。故选B。

7.C [解析]本题考查的是项目进度控制的经济措施。为确保进度目标的实现,应编制与进度计划相适应的资源需求计划(资源进度计划),包括资金需求计划和其他资源(人力和物力资源)需求计划,以反映工程实施的各时段所需要的资源。通过资源需求的分析,可发现所编制的进度计划实现的可能性,若资源条件不具备,则应调整进度计划。资金需求计划也是工程融资的重要依据。故选C。

二、多项选择题

1.ADE [解析]本题考查的是项目进度控制的技术措施。选项B错误,尽管有"技术"两个字,网络计划属于进度管理,所以是管理措施。选项C错误,题眼在于分析技术"风险",也是管理措施。故选ADE。

2.CDE [解析]本题考查的是项目进度控制的经济措施。选项A错误,编制进度控制工作流程属于组织措施。选项B错误,选用恰当的承发包形式属于管理措施。故选CDE。

3.CDE [解析]本题考查的是项目进度控制的管理措施。选项AB属于组织措施。故选CDE。

4.BCDE [解析]本题考查的是项目进度控制的组织措施。进度控制会议的组织设计的内容:①会议的类型;②各类会议的主持人及参加单位和人员;③各类会议的召开时间;④各类会议文件的整理、分发和确认等。故选BCDE。

5.ABD [解析]本题考查的是项目进度控制的管理措施。建设工程项目进度控制在管理观念方面存在的主要问题是:①缺乏进度计划系统的观念;②缺乏动态控制的观念;③缺乏进度计划多方案比较和选优的观念。为顺利地实施建设工程项目的进度控制,项目管理者应当强化上述的管理观念。故选ABD。

6.CE [解析]本题考查的是项目进度控制的经济措施。建设工程项目进度控制的经济措施涉及资金需求计划、资金供应的条件和经济激励措施等。选项A属于管理措施。选项B属于技术措施。选项D属于管理措施。故选CE。

刷提升

一、单项选择题

1. C [解析]本题考查的是项目进度控制的技术措施。选项 A 错误,编制进度控制工作流程属于组织措施。选项 B 错误,实行班组内部承包制属于管理措施。选项 D 错误,重视计算机软件的应用属于管理措施。故选 C。

2. A [解析]本题考查的是项目进度控制的组织措施。选项 BC 属于管理措施。选项 D 属于经济措施。故选 A。

3. B [解析]本题考查的是项目进度控制的组织措施。组织是目标能否实现的决定性因素,为实现项目的进度目标,应充分重视健全项目管理的组织体系。在项目组织结构中应有专门的工作部门和符合进度控制岗位资格的专人负责进度控制工作。故选 B。

二、多项选择题

1. BDE [解析]本题考查的是项目进度控制的经济措施。选项 A 属于管理措施。选项 C 属于管理措施。故选 BDE。

2. AD [解析]本题考查的是项目进度控制的技术措施。选项 B 错误,建立图纸审查、工程变更管理制度属于管理措施。选项 C 错误,编制与进度计划相适应的资金保证计划属于经济措施。选项 E 错误,优化工作之间的逻辑关系,缩短持续时间属于组织措施。故选 AD。

3. CDE [解析]本题考查的是项目进度控制的组织措施。选项 AB 属于管理措施。故选 CDE。

刷综合

答案速查

单项	1.D	2.B	3.D	4.B	5.B
	6.C	7.C	8.C	9.C	10.D
	11.B	12.B	13.B	14.D	
多项	1.BDE	2.BD	3.CE		

一、单项选择题

1. D [解析]本题考查的是工程网络计划有关时间参数的计算。题目要看工作 A 拖延对总工期的影响,其实就是看工作 A 的总时差。已知工作 A 有两项紧后工作 B 和 C,工作 B 和 C 的最早开始时间和最迟开始时间已知,则 B 和 C 的总时差就可求得,工作 B 总时差为 19-13=6(天),工作 C 总时差为 21-15=6(天)。题目又给出了工作 A 与工作 B、C 的时间间隔,则工作 A 的总时差=min(6+0,6+2)=6(天),即工作 A 的总时差为 6 天,拖延(7-6)1 天,造成总工期延长 1 天。故选 D。

2. B [解析]本题考查的是建设工程项目进度控制与进度计划系统。选项 A 错误,进度控制必须确保工程质量,成本不一定必须保证。选项 B 正确,进度控制的主要工作环节包括进度目标的分析和论证、编制进度计划、定期跟踪进度计划的执行情况、采取纠偏措施以及调整进度计划。选项 C 错误,进度控制的依据是进度计划系统。选项 D 错误,进度计划软件是基于工程网络计划原理的基础上编制的。故选 B。

3. D [解析]本题考查的是建设工程项目进度控制与进度计划系统。选项 A 错误,施工进度控制不仅关系到施工进度目标能否实现,它还直接关系到工程的质量和成本。选项 B 错误,业主方进度控制包括控制设计准备阶段的工作进度、设计工作进度、施工进度、物资采购工作进度,以及项目动用前准备阶段的工作进度。选项 C 错误,进度控制的过程是随着项目的进展,进度计划不断调整的过程。故选 D。

4. B [解析]本题考查的是项目总进度目标论证的工作内容。建设工程项目总进度目标的控制是业主方项目管理的任务(若采用建设项目工程总承包的模式,协助业主进行项目总进度目标的控制也是建设项目工程总承包方项目管理的任务)。故选 B。

5. B [解析]本题考查的是项目进度控制的技术措施。选项 A 错误,增加进度控制的岗位和人员,与人有关,属于组织措施。选项 C 错误,比较分析工程物资的采购模式属于管理措施。选项 D 错误,施工技术是施工方案的一部分,属于技术措施。故选 B。

6. C [解析]本题考查的是进度计划调整的方法。第 11 周检查时,工作 J 提前 2 周,将使总工期提前 1 周。要考虑第 11 周检查时工作 H 拖后 1 周的影响(工作 H 拖后 1 周,其总时差只有 1 周了)。故选 C。

7. C [解析]本题考查的是横道图进度计划的编制方法。横道图计划表中的进度线(横道)与时间坐标相对应,表示的是工作的持续时间,这种表达方式较直观。故选C。

8.D [解析]本题考查的是工程网络计划有关时间参数的计算。总时差指的是在不影响总工期的前提下,本工作可以利用的机动时间。总时差为3天,实际进度拖后4天,因此影响总工期4-3=1(天)。自由时差指的是在不影响其紧后工作最早开始时间的前提下,本工作可以利用的机动时间。自由时差为0天,因此影响紧后工作4天。故选D。

9.C [解析]本题考查的是工程网络计划的编制方法。选项C错误,工作A的完成不影响工作E的开始,而工作B的完成不影响工作C的开始。故选C。

10.D [解析]本题考查的是工程网络计划有关时间参数的计算。工作F开始前,需要先完成工作A、工作D和工作C。完成工作A、工作D的总时间为10天(8+2);完成工作A、工作C的总时间为12天(8+4)。两者取大,为12天。因此,工作F的最早开始时间为第12天。故选D。

11.B [解析]本题考查的是工程网络计划有关时间参数的计算。总时差是指在不影响总工期的前提下,本工作可以利用的机动时间。工作B的总时差=紧后工作总时差的最小值+本工作的自由时差=1+1=2(周)。故选B。

12.B [解析]本题考查的是工程网络计划的编制方法。计算工期即关键线路的持续时间,关键线路为:①→③→⑤→⑥,持续时间=3+6=9(周)。故选B。

13.B [解析]本题考查的是项目进度控制的组织措施。选项A属于技术措施。选项C属于经济措施。选项D属于管理措施。故选B。

14.D [解析]本题考查的是项目进度控制的技术措施。建设工程项目进度控制的技术措施涉及对实现进度目标有利的设计技术和施工技术(施工方案、施工方法、施工机械、施工材料)的选用。选项AC属于管理措施。选项B属于组织措施。故选D。

二、多项选择题

1.BDE [解析]本题考查的是建设工程项目进度控制的措施。选项A错误,开展风险管理属于管理措施。选项C错误,进度控制会议的组织设计属于组织措施。故选BDE。

2.BD [解析]本题考查的是工程网络计划有关时间参数的计算。选项A错误,本工作的自由时差,与紧后工作的总时差没有必然的联系。选项C错误,本工作的总时差等于本工作的自由时差加上后续工作的总时差的最小值,但是与紧后工作的自由时差是没有关联的。选项E错误,与紧后工作的最小时间间隔是该工作的自由时差,总时差一定是大于等于自由时差的。故选BD。

3.CE [解析]本题考查的是项目进度控制的技术措施。建设工程项目进度控制的技术措施涉及对实现进度目标有利的设计技术和施工技术的选用。选项A属于组织措施。选项BD属于管理措施。故选CE。

第4章 建设工程项目质量控制

专题1 建设工程项目质量控制的内涵

答案速查

刷基础										
单项	1.B	2.B	3.C	4.A	5.D	6.D	7.B	8.C	9.A	10.C	11.C
	12.C									
多项	1.ABCE	2.ABE	3.BC	4.ADE	5.ACD	6.ACDE	7.ADE	8.BCD			
刷提升										
单项	1.A	2.A	3.B	4.B		多项	1.CDE	2.ABC	3.BDE		

刷基础

一、单项选择题

1. B [解析]本题考查的是项目质量控制的目标、任务与责任。质量控制应符合动态控制理论的程序,先定目标,再收集实际值,然后将实际值与计划值进行比较分析,如有偏差采取纠偏措施,最后如有必要,调整目标。故选B。

2. B [解析]本题考查的是项目质量风险分析和控制。选项A属于技术风险。选项C属于环境风险。选项D属于环境风险。注意,本章有很多关于质量影响因素、存在风险方面的阐述,看多了必然混乱。因此,除"人机料法环"基础五要素外,还需熟练掌握以下内容:①四大基础要素中,环境因素具体包括:"作管自社四环境"。②四大质量风险具体包括:"自管境技四风险"。③影响施工环境的五大要素中,其环境因素只含"作管自三环",没有社会环境。故选B。

3. C [解析]本题考查的是项目质量风险分析和控制。选项A错误,有关键词"避开",属于风险规避。选项B错误,编制应急预案的目的是一旦发生事故,马上启动应急预案将损失降至最低,属于风险减轻。选项D错误,有关键词"预留",属于风险自留。故选C。

4. A [解析]本题考查的是项目质量的形成过程和影响因素分析。企业资质管理制度、建造师职业资格注册制度和管理人员持证上岗制度,说的都是人的事情,属于人的因素。故选A。

5. D [解析]本题考查的是项目质量风险分析和控制。选项A错误,设立质量事故风险基金属于风险自留策略。选项B错误,正确进行项目规划选址属于规避策略。选项C错误,依法实行联合体承包属于转移策略。选项D正确,制定并落实施工质量保证措施属于减轻策略。故选D。

6. D [解析]本题考查的是项目质量控制的目标、任务与责任。选项A错误,应按照相关规范检验混凝土质量。选项B错误,施工图的报审属于业主方应承担的责任。选项C错误,设计单位一般由建设单位委托,只向建设单位提供设计文件。故选D。

7. B [解析]本题考查的是项目质量控制的目标、任务与责任。工程项目的质量要求是由业主方提出的,即质量目标,是业主的建设意图通过项目策划,包括项目的定义及建设规模、系统构成、使用功能和价值、规格、档次、标准等的定位策划和目标决策来确定的。故选B。

8. C [解析]本题考查的是项目质量的形成过程和影响因素分析。建设工程项目的功能性质量,主要表现为反映建设工程使用功能需求的一系列特性指标,如房屋建筑的平面空间布局、通风采光性能;工业建设工程项目的生产能力和工艺流程;道路交通工程的路面等级、通行能力等。故选C。

9. A [解析]本题考查的是项目质量的形成过程和影响因素分析。管理环境因素主要是指项目参建单位的质量管理体系、质量管理制度和各参建单位之间的协调等因素。比如,参建单位的质量管理体系是否健全,运行是否有效,决定了该单位的质量管理能力;在项目施工中根据承发包的合同结构,理顺管理关系,建立统一的现场施工组织系统和质量管理的综合运行机制,确保工程项目质量保证体系处于良好的状态,创造良好的质量管理环境和氛围,则是施工顺利进行,提高施工质量的保证。选项BCD属于社会环境因素。故选A。

10. C [解析]本题考查的是项目质量风险分析和控制。常用的质量风险对策包括风险规避、减轻、转移、自留及其组合等策略。其中,转移包括分包转移、担保转移、保险转移。故选C。

11. C [解析]本题考查的是项目质量风险分析和控制。质量风险识别可分三步进行:①采用层次分析法画出质量风险结构层次图;②分析每种风险的促发因素;③将风险识别的结果汇总成为质量风险识别报告。故选C。

12. C [解析]本题考查的是项目质量的形成过程和影响因素分析。管理环境因素:主要是指项目参建单位的质量管理体系、质量管理制度和各参建单位之间的协调等因素。比如,参建单位的质量管理体系是否健全,运行是否有效,决定了该单位的质量管理能力;在项目施工中根据承发包的合同结构、理顺管理关系,建立统一的现场施工组织系统和质量管理的综合运行机制,确保工程项目质量保证体系处于良好的状态,创造良好的质量管理环境和氛围,则是施工顺利进行,提高施工质量的保证。故选 C。

二、多项选择题

1.ABCE [解析]本题考查的是项目质量控制的目标、任务与责任。除选项 ABCE 外,还包括经济性及与环境的协调性。故选 ABCE。

2.ABE [解析]本题考查的是项目质量控制的目标、任务与责任。选项 C 错误,施工单位在施工过程中发现设计文件和图纸有差错的,应当及时提出意见和建议。选项 D 错误,施工单位对建筑材料、设备进行检验,检验应当有书面记录和专人签字。故选 ABE。

3.BC [解析]本题考查的是项目质量控制的目标、任务与责任。选项 A 错误,建筑工程五方责任主体包括建设、勘察、设计、施工、监理单位。选项 D 错误,发生投诉、举报、群体性事件、媒体报道并造成恶劣社会影响的严重工程质量问题,应当依法追究项目负责人的质量终身责任。选项 E 错误,由于勘察、设计或施工原因造成尚在设计使用年限内的建筑工程不能正常使用的,需要依法追究项目负责人的质量终身责任。故选 BC。

4.ADE [解析]本题考查的是项目质量风险分析和控制。选项 B 属于技术风险。选项 C 属于自然风险。故选 ADE。

5.ACD [解析]本题考查的是项目质量风险分析和控制。选项 B 属于设计单位质量风险控制的内容。选项 E 属于监理单位质量风险控制的内容。故选 ACD。

6.ACDE [解析]本题考查的是项目质量控制的目标、任务与责任。质量控制是质量管理的一部分,是致力于满足质量要求的一系列相关活动。这些活动主要包括:①设定目标:按照质量要求,确定需要达到的标准和控制的区间、范围、区域。②测量检查:测量实际成果满足所设定目标的程度。③评价分析:评价控制的能力和效果,分析偏差产生的原因。

④纠正偏差:对不满足设定目标的偏差,及时采取针对性措施尽量纠正偏差。故选 ACDE。

7.ADE [解析]本题考查的是项目质量控制的目标、任务与责任。质量管理就是关于质量的管理,是在质量方面指挥和控制组织的协调活动,包括建立和确定质量方针和质量目标,并在质量管理体系中通过质量策划、质量保证、质量控制和质量改进等手段来实施全部质量管理职能,从而实现质量目标的所有活动。故选 ADE。

8.BCD [解析]本题考查的是项目质量控制的目标、任务与责任。选项 A 错误,建设单位不得任意压缩合理工期。选项 E 错误,建设单位组织竣工验收,及时向建设行政主管部门或者其他有关部门移交建设项目档案。故选 BCD。

刷提升

一、单项选择题

1.A [解析]本题考查的是项目质量的形成过程和影响因素分析。影响质量的因素包括人、机、料、法、环五个方面的因素,其中环境因素包括:①自然环境因素。②社会环境因素。③管理环境因素。④作业环境因素。选项 B 错误,项目所在地建筑市场规范程度属于社会环境因素。选项 C 错误,项目咨询公司的服务水平属于社会环境因素。选项 D 错误,项目所在地政府的工程质量监督属于社会环境因素。故选 A。

2.A [解析]本题考查的是项目质量的形成过程和影响因素分析。社会环境因素主要是指会对项目质量造成影响的各种社会环境因素,包括国家建设法律法规的健全程度及其执法力度;建设工程项目法人决策的理性化程度以及建筑业经营者的经营管理理念;建筑市场包括建设工程交易市场和建筑生产要素市场的发育程度及交易行为的规范程度;政府的工程质量监督及行业管理成熟程度;建设咨询服务业的发展程度及其服务水准的高低;廉政管理及行风建设的状况等。故选 A。

3.B [解析]本题考查的是项目质量风险分析和控制。选项 AC 属于技术风险。选项 D 属于管理风险。故选 B。

4.B [解析]本题考查的是项目质量的形成过程和影响因素分析。施工机械设备是所有施工方案和工法得以实施的重要物质基础,合理选择和正确使用施工机械设备是保证项目施工质量和安全的重要条件。故选B。

二、多项选择题

1.CDE [解析]本题考查的是项目质量风险分析和控制。选项A错误,编制生产安全事故应急预案属于风险减轻策略。选项B错误,提交履约担保属于风险转移策略。故选CDE。

2.ABC [解析]本题考查的是项目质量的形成过程和影响因素分析。选项D错误,方法的因素也可以称为技术因素,包括勘察、设计、施工所采用的技术和方法,以及工程检测、试验的技术和方法等。选项E错误,廉政管理及行风建设状况指的是社会环境因素。故选ABC。

3.BDE [解析]本题考查的是项目质量控制的目标、任务与责任。选项A应为在"设计使用年限"内对工程质量承担相应责任。选项C应为追究"项目负责人"的质量终身责任。故选BDE。

专题2　建设工程项目质量控制体系

答案速查

刷基础

单项	1.A	2.C	3.A	4.A	5.C	6.C	7.B	8.B	9.B	10.C	11.D
	12.B	13.D	14.D	15.C	16.C	17.A	18.C				
多项	1.BCE	2.ACE	3.ABCE	4.ABDE	5.ACE	6.ABC	7.ABCE	8.ADE	9.CD	10.ACE	

刷提升

单项	1.D	2.B	3.A	4.B		多项	1.BDE	2.ABCD	3.ABC	4.AC

刷基础

一、单项选择题

1.A [解析]本题考查的是项目质量控制体系的建立和运行。选项B错误,项目质量控制体系用于项目,企业质量管理体系用于企业。选项C错误,控制目标针对的是项目层级的。选项D错误,项目的质量控制体系不需要经第三方认证。故选A。

[核心总结]

不同点	项目质量控制体系	质量管理体系
建立的目的	只用于特定的项目质量控制	用于建筑企业或组织的质量管理
服务的范围	涉及项目实施过程所有的质量责任主体	针对某一个企业或组织机构
控制的目标	项目的质量目标	某一具体企业或组织的质量管理目标
作用的时效	一次性的质量工作体系	永久性的质量管理体系
评价的方式	项目管理的组织者进行自我评价与诊断,不需要第三方认证	需要第三方认证

2.C [解析]本题考查的是项目质量控制体系的建立和运行。选项A错误,建设单位负责建立第一层次质量控制体系。选项B错误,工程总承包企业项目管理机构负责建立第一层次质量控制体系。选项D错误,施工设备安装单位负责建立第三层次质量控制体系。故选C。

3.A [解析]本题考查的是项目质量控制体系的建立和运行。质量控制体系的建立按照定框架——定制度——分界面——编计划的思路,先确立系统质量控制网络,再制定质量控制制度,之后分析质量控制界面,最后编制质量控制计划。故选A。

4.A [解析]本题考查的是施工企业质量管理体系的建立与认证。企业因管理不善,认证机构决定撤销认证,企业有权提出申诉,并可在一年后重新提出认证申请。故选A。

5.C [解析]本题考查的是项目质量控制体系的建立和运行。这个理念是对第一章中"组织论的三类研究对象"的引申,组织论认为,"组织结构模式和组织分工"是相对静态的组织关系。引申到质量责任静态界面的依据,包括"法律法规、合同条件、组织内部职能分工",这都是相对静态,不会轻易改变的。故选C。

6.C [解析]本题考查的是全面质量管理思想和方法的应用。建设工程项目的全面质量管理,是指项目参与各方所进行的工程项目质量管理的总称,其中包括工程(产品)质量和工作质量的全面管理。故选C。

7.B [解析]本题考查的是全面质量管理思想和方法的应用。在质量管理的PDCA循环中,P阶段即为计划阶段,质量管理的计划职能,包括确定质量目标和制定实现质量目标的行动方案两方面。选项AC属于处置(A)的职能。选项D属于实施(D)的职能。故选B。

8.B [解析]本题考查的是全面质量管理思想和方法的应用。选项A属于实施D的职能。选项B属于处置A的职能。选项C属于计划P的职能。选项D属于检查C的职能。故选B。

9.B [解析]本题考查的是施工企业质量管理体系的建立与认证。选项A属于原则之一的"关系管理"的要求。选项C属于原则之一的"改进"的要求。选项D属于原则之一的"循环决策"的要求。故选B。

10.C [解析]本题考查的是施工企业质量管理体系的建立与认证。当获证企业发生质量管理体系存在严重不符合规定,或在认证暂停的规定期限内未予整改,或发生其他构成撤销体系认证资格情况时,

认证机构作出撤销认证的决定。故选C。

11.D [解析]本题考查的是施工企业质量管理体系的建立与认证。企业通报,认证合格的企业质量管理体系在运行中出现较大变化时,需向认证机构通报。认证机构接到通报后,视情况采取必要的监督检查措施。故选D。

12.B [解析]本题考查的是全面质量管理思想和方法的应用。选项B错误,建设工程项目的全面质量管理,是指项目参与各方所进行的工程项目质量管理的总称,其中包括工程(产品)质量和工作质量的全面管理。故选B。

13.D [解析]本题考查的是全面质量管理思想和方法的应用。选项A属于计划P阶段的任务。选项B属于实施D阶段任务。选项C属于检查C阶段任务。故选D。

14.D [解析]本题考查的是项目质量控制体系的建立和运行。项目质量控制体系的建立过程,一般可按以下环节依次展开工作:①确立系统质量控制网络;②制定质量控制制度;③分析质量控制界面;④编制质量控制计划。故选D。

15.C [解析]本题考查的是项目质量控制体系的建立和运行。反馈机制:运行状态和结果的信息反馈,是对质量控制系统的能力和运行效果进行评价,并为及时作出处置提供决策依据。因此,必须有相关的制度安排,保证质量信息反馈的及时和准确。故选C。

16.C [解析]本题考查的是项目质量控制体系的建立和运行。建设工程项目质量控制体系的运行机制包括动力机制、约束机制、反馈机制、持续改进机制。其中动力机制是建设工程项目质量控制体系运行的核心机制。故选C。

17.A [解析]本题考查的是项目质量控制体系的建立和运行。项目质量控制体系内部的各项管理制度和程序性文件的建立是系统有序运行的基本保证。故选A。

18.C [解析]本题考查的是全面质量管理思想和方法的应用。全员参与质量管理是组织内部的每个部门和工作岗位都承担着相应的质量职能。故选C。

二、多项选择题

1.BCE [解析]本题考查的是全面质量管理思想和方法的应用。施工质量管理中的PDCA循环针对的是施工方自己本身的一系列质量管理活动,而其中的检查C是施工方自己本身的质量控制手段,包括自检、互检和专检,这其中不涉及外部人员的参与。故选BCE。

2.ACE [解析]本题考查的是项目质量控制体系的建立和运行。选项B错误,评价质量管理程序的完善性不是内部审核的目的,而是第三方认证的内容。选项D错误,减少社会重复检验费用是第三方认证的内容。故选ACE。

3.ABCE [解析]本题考查的是全面质量管理思想和方法的应用。全过程质量管理的主要过程包括:项目策划与决策过程;勘察设计过程;设备材料采购过程;施工组织与实施过程;检测设施控制与计量过程;施工生产的检验试验过程;工程质量的评定过程;工程竣工验收与交付过程;工程回访维修服务过程等。故选ABCE。

4.ABDE [解析]本题考查的是施工企业质量管理体系的建立与认证。质量管理体系文件包括质量手册、程序文件、质量计划、质量记录。故选ABDE。

5.ACE [解析]本题考查的是项目质量控制体系的建立和运行。项目质量控制体系建立的原则:分层次规划原则;目标分解原则;质量责任制原则。故选ACE。

6.ABC [解析]本题考查的是施工企业质量管理体系的建立与认证。通用性管理程序,各企业程序文件的内容及详细可视企业情况而定,一般有以下六个方面的程序为通用性管理程序,各类企业都应在程序文件中指定:文件控制程序;质量记录管理程序;内部审核程序;不合格品控制程序;纠正措施控制程序;预防措施控制程序。故选ABC。

7.ABCE [解析]本题考查的是施工企业质量管理体系的建立与认证。第三方质量认证制度对供方、需方、社会和国家的利益具有以下重要意义:①提高供方企业的质量信誉。②促进企业完善质量体系。③增强国际市场竞争能力。④减少社会重复检验和检查费用。⑤有利于保护消费者利益。⑥有利于法规的实施。故选ABCE。

8.ADE [解析]本题考查的是项目质量控制体系的建立和运行。为了保证质量控制体系的科学性和有效性,必须明确体系建立的原则、程序和主体。建立的原则:①分层次规划原则;②目标分解原则;③质量责任制原则。故选ADE。

9.CD [解析]本题考查的是项目质量控制体系的建立和运行。质量管理的组织制度:项目质量控制体系内部的各项管理制度和程序性文件的建立,为质量控制系统各个环节的运行,提供必要的行动指南、行为准则和评价基准的依据,是系统有序运行的基本保证。故选CD。

10.ACE [解析]本题考查的是施工企业质量管理体系的建立与认证。质量手册的主要内容包括:企业的质量方针、质量目标;组织机构和质量职责;各项质量活动的基本控制程序或体系要素;质量评审、修改和控制管理办法。故选ACE。

刷提升

一、单项选择题

1.D [解析]本题考查的是施工企业质量管理体系的建立与认证。质量管理体系文件中的"老二"程序性文件,包括适用于各类企业的通用性管理程序和不作统一规定的专用性管理程序(如生产过程、服务过程等)。只需记住专用性管理依据包括"产服监管专用性",考试时用排除法即可。故选D。

2.B [解析]本题考查的是施工企业质量管理体系的建立与认证。质量手册是质量管理体系的规范,是阐明一个企业的质量政策、质量体系和质量实践的文件,是实施和保持质量体系过程中长期遵循的纲领性文件。故选B。

3.A [解析]本题考查的是项目质量控制体系的建立和运行。选项B错误,项目质量控制体系涉及项目实施过程所有的质量责任主体,而不只是针对某一个企业或组织机构。选项C错误,项目质量控制体系的有效性一般由项目管理的组织者进行自我评价与诊断,不需进行第三方认证。选项D错误,项目质量控制体系的控制目标是项目的质量目标,并非某一具体企业或组织的质量管理目标。故选 A。

4.B [解析]本题考查的是施工企业质量管理体系的建立与认证。在认证证书有效期内,出现体系认证标准变更、体系认证范围变更、体系认证证书持有者变更,可按规定重新换证。故选 B。

二、多项选择题

1.BDE [解析]本题考查的是施工企业质量管理体系的建立与认证。对施工企业质量管理体系的认证,首先肯定是要申请,还要有人受理;认证机构受理之后要对该企业进行审核,审核通过进行批准注册,并发认证证书。故选 BDE。

2.ABCD [解析]本题考查的是施工企业质量管理体系的建立与认证。选项 E 错误,正确的表述应为"以顾客为关注焦点"。故选 ABCD。

3.ABC [解析]本题考查的是项目质量控制体系的建立和运行。第一层次的质量控制体系应由建设单位的工程项目管理机构负责建立,在委托代建、委托项目管理或实行交钥匙式工程总承包的情况下,应由相应的代建方项目管理机构、受托项目管理机构或工程总承包企业项目管理机构负责建立。故选 ABC。

4.AC [解析]本题考查的是施工企业质量管理体系的建立与认证。选项 B 错误,企业质量管理体系获准认证有效期为 3 年。选项 D 错误,注销是企业的自愿行为。选项 E 错误,撤销认证的企业一年后可重新提出认证申请。故选 AC。

专题3 建设工程项目施工质量控制

答案速查

刷基础											
单项	1.A	2.A	3.B	4.B	5.D	6.C	7.D	8.A	9.D	10.D	11.D
	12.D	13.B	14.D	15.C	16.B	17.A	18.B	19.C	20.D	21.D	22.D
多项	1.ACDE	2.AD	3.ABCE	4.CE	5.BDE	6.ACDE	7.AC	8.AB	9.BCD	10.AB	11.ABC
	12.ACE	13.BCD	14.ACD	15.BC	16.ABE	17.AD	18.CD				

刷提升										
单项	1.B	2.B	3.C	4.D	5.D	多项	1.ACD	2.ABD	3.BD	4.BCD

刷基础

一、单项选择题

1.A [解析]本题考查的是施工质量计划的内容与编制方法。选项 BD 不属于重点控制的施工技术参数。选项 C 属于大体积混凝土应重点控制的技术参数。故选 A。

2.A [解析]本题考查的是施工准备的质量控制。施工单位在开工前应编制测量控制方案,经项目技术负责人批准后实施。故选 A。

3.B [解析]本题考查的是施工质量控制的依据与基本环节。质量控制的依据包括共同性依据、专业技术性依据和专用性依据。其中,共同性依据指的是

法律法规;专业技术性依据指的是行业标准;项目专用性依据指的是本项的质量文件。选项 A 错误,工程建设项目质量检验评定标准属于专业技术性依据。选项 C 错误,《建设工程质量管理条例》属于共同性依据。选项 D 错误,材料验收的技术标准属于专业技术性依据。故选 B。

4.B [解析]本题考查的是施工质量计划的内容与编制方法。选项 A 错误,项目部的组织机构设置和质量计划没有必然联系,质量计划中基本内容包含的是质量管理组织机构的人员配置。选项 C 错误,质量手册和质量计划都是质量管理体系文件的组成部分。选项 D 错误,没有施工质量体系这个概念。一

般来说,针对项目有质量控制体系,针对企业有质量管理体系。故选B。

5.D [解析]本题考查的是施工质量计划的内容与编制方法。施工质量计划是施工企业写给业主的,表示的是一种承诺。施工质量计划的审批首先肯定要经过施工企业内部审批,然后施工企业要给业主看,但是业主对于计划类文件的审查很多情况下是交给监理单位来完成的。因此,施工质量计划应先由施工企业内部审批,再交由监理单位审查。故选D。

6.C [解析]本题考查的是施工准备的质量控制。绘制模板配板图是在办公区进行的工作,属于施工技术准备工作的质量控制。故选C。

7.D [解析]本题考查的是施工过程的质量控制。选项A错误,拖线板挂锤吊线检查属于实测法。选项B错误,铁锤敲击检查属于目测法。选项C错误,留置试块试验检查属于理化试验方法。故选D。

8.A [解析]本题考查的是施工质量计划的内容与编制方法。现行的施工质量计划有三种形式:施工质量计划;工程项目施工组织设计(含施工质量计划);施工项目管理实施规划(含施工质量计划)。选项A错误,施工质量计划是以施工项目为对象由施工承包企业编制的计划。故选A。

9.D [解析]本题考查的是施工生产要素的质量控制。按现行施工管理制度要求,工程所用的施工机械、模板、脚手架,特别是危险性较大的现场安装的起重机械设备,在安装前要编制专项安装方案并经过审批后实施,安装完毕不仅必须经过自检和专业检测机构检测,而且要经过相关管理部门验收合格后方可使用。故选D。

10.D [解析]本题考查的是施工生产要素的质量控制。企业应建立装配式建筑部品部件生产和施工安装全过程质量控制体系,对装配式建筑部品部件实行驻厂监造制度。装配式建筑的混凝土预制构件出厂时的混凝土强度不宜低于设计混凝土强度等级值的75%。故选D。

11.D [解析]本题考查的是施工生产要素的质量控制。选项A属于施工现场自然环境因素。选项B属于施工质量管理环境因素。选项C属于施工现场自然环境因素。故选D。

12.D [解析]本题考查的是施工准备的质量控制。施工准备工作的质量控制内容包括施工技术准备工作的质量控制、现场施工准备工作的质量控制、工程质量检查验收的项目划分。选项A属于现场施工准备工作的质量控制中的施工平面图控制内容。选项B属于现场施工准备工作的质量控制中的测量控制内容。选项C属于现场施工准备工作的质量控制中的计量控制内容。故选D。

13.B [解析]本题考查的是施工准备的质量控制。分部工程的划分应按专业性质、工程部位确定。故选B。

14.D [解析]本题考查的是施工过程的质量控制。经查下表可知,对锚杆、锚索支护施工过程质量进行检测试验的主要参数是锁定力。故选D。

类别	检测试验项目	主要检测试验参数	备注
基坑支护	土钉墙	土钉抗拔力	—
	水泥土墙	墙身完整性	—
		墙体强度	设计有要求时
	锚杆、锚索	锁定力	—

15.C [解析]本题考查的是施工过程的质量控制。作为监控主体之一的项目监理机构,在施工作业实施过程中,根据其监理规划与实施细则,采取现场旁站巡视、平行检验等形式,对施工作业质量进行监督检查,如发现工程施工不符合工程设计要求施工技术标准和合同约定的地方,有权要求施工单位改正。故选C。

16.B [解析]本题考查的是施工过程的质量控制。对于重要的工序或对工程质量有重大影响的工序,应严格执行"三检"制度(即自检、互检、专检)。施工单位内部:自检、互检、专检和交接检查(四检)。故选B。

17.A [解析]本题考查的是施工质量计划的内容与编制方法。选项A属于"待检点"的施工作业。选项BCD属于"见证点"的施工作业。故选A。

18.B [解析]本题考查的是施工生产要素的质量控

制。装配式建筑的混凝土预制构件出厂时的混凝土强度不宜低于设计混凝土强度等级值的75%。故选B。

19.C [解析]本题考查的是施工生产要素的质量控制。混凝土预制构件吊运应根据构件的形状、尺寸、重量和作业半径等要求选择吊具和起重设备，预制柱的吊点数量、位置应经计算确定，吊索水平夹角不宜小于60°，不应小于45°。故选C。

20.D [解析]本题考查的是施工准备的质量控制。选项ABC属于现场施工准备工作的质量控制的内容。故选D。

21.D [解析]本题考查的是施工质量计划的内容与编制方法。质量控制点中重点控制的对象主要包括以下几个方面：人的行为，材料的质量与性能，施工方法与关键操作，施工技术参数，技术间歇，施工顺序，易发生或常见的质量通病，新技术、新材料及新工艺的应用，产品质量不稳定和不合格率较高的工序，特殊地基或特种结构。其中选项A属于材料的质量与性能，选项B属于施工方法与关键操作，选项C属于施工技术参数。故选D。

22.D [解析]本题考查的是施工过程的质量控制。选项A属于实测法。选项BC属于试验法。故选D。

二、多项选择题

1.ACDE [解析]本题考查的是施工质量计划的内容与编制方法。解答此题只需抓住一点"编制施工质量计划属于事前质量控制"，而选项B属于事后质量控制。故选ACDE。

2.AD [解析]本题考查的是施工质量控制的依据与基本环节。施工质量的控制分三个环节：事前质量控制、事中质量控制、事后质量控制。事后控制指的就是施工完成后的质量把关，防止不合格产品进入市场或下道工序。选项B错误，质量活动的检查和监控属于事中控制。选项C错误，质量活动的行为约束属于事中控制。选项E错误，已完施工的成品保护属于事中控制，成本保护是施工过程中的最后一步，而不是事后控制，此处应注意区分。故选AD。

3.ABCE [解析]本题考查的是施工过程的质量控制。这是一道常识题，建设单位、设计单位、监理单位、政府的工程质量监督部门都可以对施工单位的实体质量和行为质量进行监督。故选ABCE。

4.CE [解析]本题考查的是施工质量控制的依据与基本环节。选项ABD属于事前质量控制。故选CE。

5.BDE [解析]本题考查的是施工生产要素的质量控制。选项AC属于对工艺技术方案质量控制的内容。故选BDE。

6.ACDE [解析]本题考查的是施工生产要素的质量控制。选项B属于材料设备的质量控制内容。故选ACDE。

7.AC [解析]本题考查的是施工过程的质量控制。土方回填质量主要检测试验参数包括：土工击实项目(最大干密度、最优含水量)；压实程度项目(压实系数)。故选AC。

8.AB [解析]本题考查的是施工过程的质量控制。现场质量检查的方法主要有目测法、实测法和试验法等。目测法即凭借感官进行检查，也称观感质量检验，其手段可概括为"看、摸、敲、照"。选项CDE属于实测法检测内容。故选AB。

9.BCD [解析]本题考查的是施工质量与设计质量的协调。选项AE为图纸会审的目的，两者之间容易混淆。设计交底：充分了解设计意图、设计内容和技术要求，明确质量控制的重点和难点。图纸会审：深入发现和解决各专业之间可能存在的矛盾，消除施工图差错。故选BCD。

10.AB [解析]本题考查的是施工质量控制的依据与基本环节。选项CD属于项目专用性依据。选项E属于专业技术性依据。故选AB。

11.ABC [解析]本题考查的是施工质量计划的内容与编制方法。施工质量控制点的事前质量预控工作，包括：明确质量控制的目标与控制参数；编制作业指导书和质量控制措施；确定质量检查检验方式及抽样的数量与方法；明确检查结果的判断标准与质量记录与信息反馈要求等。故选ABC。

12.ACE [解析]本题考查的是施工质量计划的内容与编制方法。钢筋混凝土质量控制点有水泥品种、强度等级，砂石质量，混凝土配合比，外加剂掺量，混凝土振捣，钢筋品种、规格、尺寸、搭接长度，钢筋焊接、机械连接，预留洞、孔及预埋件规格、位置、尺寸、数量，预制构件吊装或出厂(脱模)强度，吊装位置、标高、支承长度、焊缝长度。故选ACE。

13.BCD [解析]本题考查的是施工质量计划的内容与编制方法。一般选择下列部位或环节作为质量控制点:①对工程质量形成过程产生直接影响的关键部位、工序、环节及隐蔽工程。②施工过程中的薄弱环节,或者质量不稳定的工序、部位或对象。③对下道工序有较大影响的上道工序。④采用新技术、新工艺、新材料的部位或环节。⑤施工质量无把握、施工条件困难的或技术难度大的工序或环节。⑥用户反馈指出的和过去有过返工的不良工序。故选BCD。

14.ACD [解析]本题考查的是施工准备的质量控制。当分部工程较大或较复杂时,可按材料种类、施工特点、施工程序、专业系统及类别将分部工程划分为若干子分部工程。选项BE属于分项工程的划分标准。故选ACD。

15.BC [解析]本题考查的是施工质量控制的依据与基本环节。项目专用性依据包括工程建设合同、勘察设计文件、设计交底及图纸会审记录、设计修改和技术变更通知,以及相关会议记录和工程联系单等。故选BC。

16.ABE [解析]本题考查的是施工质量控制的依据与基本环节。事后控制包括对质量活动结果的评价、认定;对工序质量偏差的纠正;对不合格产品进行整改和处理。故选ABE。

17.AD [解析]本题考查的是施工准备的质量控制。分部工程的划分应按下列原则确定:①可按专业性质、工程部位确定,例如,一般的建筑工程可划分为地基与基础、主体结构、建筑装饰装修、建筑屋面、建筑给水排水及供暖、建筑电气、智能建筑、通风与空调、建筑节能、电梯等分部工程。②当分部工程较大或较复杂时,可按材料种类、施工特点、施工程序、专业系统及类别等划分为若干子分部工程。故选AD。

18.CD [解析]本题考查的是施工质量与设计质量的协调。要保证施工质量,首先要控制设计质量。项目设计质量的控制,主要是从满足项目建设需求入手,包括国家相关法律法规、强制性标准和合同规定的明确需求以及潜在需求,以使用功能和安全可靠性为核心,进行设计质量的综合控制。故选CD。

刷提升

一、单项选择题

1.B [解析]本题考查的是施工生产要素的质量控制。选项A属于对施工质量管理环境因素的控制。选项CD属于对施工现场自然环境因素的控制。故选B。

2.B [解析]本题考查的是施工质量计划的内容与编制方法。选项A错误,施工质量计划是由施工企业编制的计划。选项C错误,施工质量计划可以根据实际情况及时补充和修改。选项D错误,施工总承包单位有责任对分包单位的施工质量计划进行审核。故选B。

3.C [解析]本题考查的是施工过程的质量控制。选项A错误,工序施工效果的控制显然属于事中控制。选项B错误,施工承包方作为生产商是自控主体,监理方属于监督主体。选项D错误,工序施工质量控制包括:①工序条件质量控制;②工序效果质量控制。故选C。

4.D [解析]本题考查的是施工过程的质量控制。钢结构中网架结构焊接球节点、螺栓球节点主要检测试验参数为承载力。故选D。

5.D [解析]本题考查的是施工质量控制的依据与基本环节。事中质量控制的目标是确保工序质量合格,杜绝质量事故发生;控制的关键是坚持质量标准;控制的重点是工序质量、工作质量和质量控制点的控制。故选D。

二、多项选择题

1.ACD [解析]本题考查的是施工生产要素的质量控制。选项ACD正确,劳动主体的质量控制就是对人的质量控制,是施工人员的质量控制。选项B错误,禁止使用明令淘汰的施工方法属于施工技术方案的质量控制。选项E错误,合理布置施工总平面图属于施工技术方案的质量控制。故选ACD。

2.ABD [解析]本题考查的是施工过程的质量控制。建设单位、监理单位、设计单位及政府的工程质量监督部门,在施工阶段依据法律法规和工程施工承包合同,对施工单位的质量行为和项目实体质量实施监督控制。故选ABD。

3.BD [解析]本题考查的是施工质量计划的内容与编制方法。对于危险性较大的分部分项工程或特殊施工过程,除按一般过程质量控制的规定执行外,还应由专业技术人员编制专项施工方案或作业指导书,经施工单位技术负责人、项目总监理工程师、建设单位项目负责人审阅签字后执行。故选BD。

4.BCD [解析]本题考查的是施工质量计划的内容与编制方法。一般选择下列部位或环节作为质量控制点:①对工程质量形成过程产生直接影响的关键部位、工序、环节及隐蔽工程。②施工过程中的薄弱环节,或者质量不稳定的工序、部位或对象。③对下道工序有较大影响的上道工序。④采用新技术、新工艺、新材料的部位或环节。⑤对施工质量无把握的、施工条件困难的或技术难度大的工序或环节。⑥用户反馈指出的和过去有过返工的不良工序。故选BCD。

专题 4 建设工程项目施工质量验收

答案速查

	刷基础										
单项	1.D	2.D	3.C	4.C	5.A	6.C	7.D	8.C	9.D	10.A	11.A
	12.B	13.C	14.B	15.A							
多项	1.ABC	2.ABCE									
	刷提升										
单项	1.C	2.A	3.B		多项	1.ACDE	2.BCE				

刷基础

一、单项选择题

1.D [解析]本题考查的是施工过程的质量验收。分项工程应由专业监理工程师组织施工单位项目专业技术负责人等进行验收。故选D。

[核心总结]

施工过程的质量验收内容如下表所示。

验收部位	组织者	参加者	验收内容
检验批	专业监理工程师	施工单位项目专业质量检查员、专业工长	①主控项目的质量经抽样检验均应合格;②一般项目的质量经抽样检验合格;③具有完整的施工操作依据、质量验收记录
分项工程	专业监理工程师	施工单位项目专业技术负责人	①所含检验批的质量均应验收合格;②所含检验批的质量验收记录应完整
一般分部工程		施工单位项目负责人和项目技术负责人	
地基与基础分部工程	总监理工程师	勘察、设计单位项目负责人和施工单位技术、质量部门负责人	①所含分项工程的质量均应验收合格;②质量控制资料应完整;③有关安全、节能、环境保护和主要使用功能的抽样检验结果应符合相应规定;④观感质量应符合要求
主体结构、节能分部工程		设计单位项目负责人和施工单位技术、质量部门负责人	

（续表）

验收部位	组织者	参加者	验收内容
单位工程自检	施工单位	总包单位	①所含分部工程的质量均应验收合格；
竣工预验收	总监理工程师	各专业监理工程师	②质量控制资料应完整；③所含分部工程有关安全、节能、环境保护和主要使用功能的检验资料应完整；
竣工验收	建设单位	勘察、设计、施工、监理并书面通知工程质量监督机构	④主要使用功能的抽查结果应符合相关专业质量验收规范的规定；⑤观感质量应符合要求

2.D ［解析］本题考查的是施工过程的质量验收。选项 A 错误,主控项目必须全部检验合格。选项 B 错误,应当由专业监理工程师组织验收。选项 C 错误,一般项目的检查不具有否决权,主控项目的检查具有否决权。故选 D。

3.C ［解析］本题考查的是施工过程的质量验收。根据《建筑工程施工质量验收统一标准》(GB 50300—2013),建筑工程施工质量验收应划分为单位工程、分部工程、分项工程和检验批。故选 C。

4.C ［解析］本题考查的是施工过程的质量验收。由于分部工程所含的各分项工程性质不同,因此它并不是在所含分项验收基础上的简单相加,对涉及安全、节能、环境保护和主要使用功能的地基基础、主体结构和设备安装分部工程进行见证取样试验或抽样检测。故选 C。

5.A ［解析］本题考查的是施工过程的质量验收。不做结构性能检验的预制构件,施工单位或监理单位代表应驻厂监督生产过程,当无驻厂监督时,应不超过 1000 个为一批,每批随机抽取 1 个构件进行结构性能检验。故选 A。

6.C ［解析］本题考查的是竣工质量验收。单位工程完工后,施工单位应组织有关人员进行自检。总监理工程师应组织各专业监理工程师对工程质量进行竣工预验收。存在施工质量问题时,应由施工单位及时整改。工程竣工质量验收由建设单位负责组织实施,施工单位向建设单位提交工程竣工报告,申请工程竣工验收。故选 C。

7.D ［解析］本题考查的是竣工质量验收。建设单位应在工程竣工验收前 7 个工作日前将验收时间、地点、验收组名单书面通知该工程的工程质量监督机

构。故选 D。

8.C ［解析］本题考查的是竣工质量验收。工程完工后的验收分为施工单位自检、监理单位组织竣工预验收、建设单位组织工程竣工质量验收。故选 C。

9.D ［解析］本题考查的是竣工质量验收。建设单位应当自建设工程竣工验收合格之日起 15 日内,向工程所在地的县级以上地方人民政府建设主管部门备案。建设单位应在工程竣工验收 7 个工作日前将验收时间、地点、验收组名单书面通知负责监督该工程的工程质量监督机构。故选 D。

10.A ［解析］本题考查的是施工过程的质量验收。检验批应由专业监理工程师组织施工单位项目专业质量检查员、专业工长等进行验收。故选 A。

11.A ［解析］本题考查的是施工过程的质量验收。检验批是工程验收的最小单位,是分项工程乃至整个建筑工程质量验收的基础。故选 A。

12.B ［解析］本题考查的是施工过程的质量验收。预制构件进场时应检查质量证明文件或质量验收记录。故选 B。

13.C ［解析］本题考查的是竣工质量验收。单位工程完工后,施工单位应组织有关人员进行自检。总监理工程师应组织各专业监理工程师对工程质量进行竣工预验收。故选 C。

14.B ［解析］本题考查的是施工过程的质量验收。分部工程应由总监理工程师组织施工单位项目负责人和项目技术负责人等进行验收。故选 B。

15.A ［解析］本题考查的是施工过程的质量验收。选项 B 错误,检验批由专业监理工程师组织验收。选项 C 错误,主控项目检验结果均要全部符合要求,一般项目的质量经抽样检验合格。选项 D 错

误,检验批验收无观感质量验收要求。故选 A。

二、多项选择题

1.ABC [解析]本题考查的是施工过程的质量验收。允许出现裂缝的预应力混凝土构件应进行承载力、挠度和裂缝宽度检验;不允许出现裂缝的预应力混凝土构件应进行承载力、挠度和抗裂检验。故选 ABC。

2.ABCE [解析]本题考查的是施工过程的质量验收。检验批质量验收合格应符合下列规定:①主控项目的质量经抽样检验均应合格。②一般项目的质量经抽样检验合格。当采用计数抽样时,合格点率应符合有关专业验收规范的规定,且不得存在严重缺陷。对于计数抽样的一般项目,正常检验卡次、二次抽样可按《建筑工程施工质量验收统一标准》(GB 50300—2013)附录 D 判定。③具有完整的施工操作依据、质量验收记录。故选 ABCE。

刷提升

一、单项选择题

1.C [解析]本题考查的是竣工质量验收。选项 A 错误,建设单位应在建设工程竣工验收合格之日起 15 日内,向工程所在地的县级以上地方人民政府建设主管单位备案。选项 B 错误,工程竣工验收报告应该由施工单位进行编制并提出。选项 D 错误,建设单位办理竣工验收备案时,不需要提交《住宅工程质量分户验收表》,《住宅工程质量分户验收表》是在竣工验收时提供的。故选 C。

2.A [解析]本题考查的是施工过程的质量验收。按照《建筑工程施工质量验收统一标准》(GB 50300—2013)的规定,在检验批验收时,发现存在严重缺陷的应推倒重做,有一般的缺陷可通过返修或更换器具、设备消除缺陷后重新进行验收。故选 A。

3.B [解析]本题考查的是竣工质量验收。选项 A 错误,在住宅工程各检验批、分项、分部工程验收合格的基础上,在住宅工程竣工验收前,建设单位应组织施工、监理等单位,依据国家有关工程质量验收标准,对每户住宅及相关公共部位的观感质量和使用功能等进行检查验收。选项 C 错误,每户住宅和规定的公共部位验收完毕,应填写《住宅工程质量分户验收表》,建设单位和施工单位项目负责人、监理单位项目总监理工程师要分别签字。选项 D 错误,住宅工程质量分户验收的内容主要包括:①地面、墙面和顶棚质量;②门窗质量;③栏杆、护栏质量;④防水工程质量;⑤室内主要空间尺寸;⑥给水排水系统安装质量;⑦室内电气工程安装质量;⑧建筑节能和供暖工程质量;⑨有关合同中规定的其他内容。故选 B。

二、多项选择题

1.ACDE [解析]本题考查的是施工过程的质量验收。选项 B 错误,屋面分部工程属于一般分部工程,不需要设计单位参加验收。地基与基础分部工程情况复杂,专业性强,且关系到整个工程的安全,为保证质量,勘察、设计单位项目负责人应参加验收,由于主体结构直接影响使用安全,建筑节能是基本国策,故这两个分部工程,规定设计单位项目负责人应参加验收。故选 ACDE。

2.BCE [解析]本题考查的是竣工质量验收。工程项目竣工质量验收的依据有:①国家相关法律法规和建设主管部门颁布的管理条例和办法。②建筑工程施工质量验收统一标准。③专业工程施工质量验收规范。④经批准的设计文件、施工图纸及说明书。⑤工程施工承包合同。⑥其他相关文件。故选 BCE。

专题 5　施工质量不合格的处理

答案速查

	刷基础										
单项	1.B	2.D	3.B	4.A	5.C	6.A	7.D	8.C	9.C	10.C	11.D
	12.D										
多项	1.CD	2.BE	3.ABCE	4.ACE	5.ACDE	6.ABD	7.ABCE	8.BD	9.BDE	10.ABCD	

（续表）

刷提升								
单项	1.C	2.A	3.C	4.D	多项	1.ABC	2.BE	3.BDE

刷基础

一、单项选择题

1.B [解析]本题考查的是施工质量问题和质量事故的处理。施工质量事故报告和调查处理的一般程序如下：事故报告；事故调查；事故的原因分析；制定事故处理的技术方案；事故处理；事故处理的鉴定验收；提交事故处理报告。故选 B。

2.D [解析]本题考查的是工程质量问题和质量事故的分类。选项 A 属于特别重大事故。选项 B 属于较大事故。选项 C 属于一般事故。故选 D。

3.B [解析]本题考查的是施工质量事故的预防。对于"三边"工程，几乎所有的重大施工质量事故都是由于建筑企业存在违法违规行为所致。对于不顾法律及规章制度的行为导致的事故，将其归为社会、经济原因导致的质量事故。故选 B。

4.A [解析]本题考查的是施工质量问题和质量事故的处理。对于项目中某些不影响结构安全和使用功能的缺陷，虽超过标准规范，但若改正将会造成巨大的经济损失，可以不作处理。对于山墙上窗户的位置偏离 30cm，可以不作处理。故选 A。

5.C [解析]本题考查的是工程质量问题和质量事故的分类。根据我国《质量管理体系 基础和术语》（GB/T 19000—2016）的定义，工程产品未满足质量

要求，就称之为质量不合格。故选 C。

6.A [解析]本题考查的是施工质量事故的预防。施工质量事故发生的原因大致有：技术原因；管理原因；社会、经济原因；人为事故和自然灾害原因。对于在投标报价中随意压低标价，中标后则依靠违法的手段或修改方案追加工程款，甚至偷工减料等导致发生重大工程质量事故的，均属于社会、经济原因引起的。故选 A。

7.D [解析]本题考查的是施工质量问题和质量事故的处理。不作处理的情形之一：后道工序可以弥补的质量缺陷。例如，混凝土结构表面的轻微麻面，可通过后续的抹灰、刮涂、喷涂等弥补，也可不作处理。再比如，混凝土现浇楼面的平整度偏差达到 10mm，但由于后续垫层和面层的施工可以弥补，所以也可不作处理。故选 D。

8.C [解析]本题考查的是工程质量问题和质量事故的分类。较大事故是指造成 3 人以上 10 人以下死亡，或者 10 人以上 50 人以下重伤，或者 1000 万元以上 5000 万元以下直接经济损失的事故。指导责任事故是指由于工程实施指导或领导失误而造成的质量事故。例如，由于工程负责人片面追求施工进度，放松或不按质量标准进行控制和检验，降低施工质量标准等。故选 C。

[核心总结]

事故类别	事故原因	举例
指导责任事故	工程实施指导或领导失误	工程负责人片面追求施工进度，放松或不按质量标准进行控制和检验，降低施工质量标准等
操作责任事故	实施操作者不按规程和标准操作	浇筑混凝土时随意加水，或振捣疏漏造成混凝土质量事故等
自然灾害事故	突发的严重自然灾害等不可抗力	地震、台风、暴雨、雷电、洪水等对工程造成破坏甚至倒塌

9.C [解析]本题考查的是工程质量问题和质量事故的分类。较大事故是指造成 3 人以上 10 人以下死

亡，或者 10 人以上 50 人以下重伤，或者 1000 万元以上 5000 万元以下直接经济损失的事故。故选 C。

[核心总结]

事故类别	死亡人数(x)/人	重伤人数(y)/人	直接经济损失(z)/万元
特别重大事故	$x \geqslant 30$	$y \geqslant 100$	$z \geqslant 10000$
重大事故	$10 \leqslant x < 30$	$50 \leqslant y < 100$	$5000 \leqslant z < 10000$
较大事故	$3 \leqslant x < 10$	$10 \leqslant y < 50$	$1000 \leqslant z < 5000$
一般事故	$x < 3$	$y < 10$	$100 \leqslant z < 1000$

10.C [解析]本题考查的是施工质量问题和质量事故的处理。对混凝土结构出现裂缝,经分析研究后如果不影响结构的安全和使用功能时,也可采取返修处理。当裂缝宽度不大于 0.2mm 时,可采用表面密封法;当裂缝宽度大于 0.3mm 时,采用嵌缝密闭法;当裂缝较深时,则应采取灌浆修补的方法。故选 C。

11.D [解析]本题考查的是施工质量问题和质量事故的处理。返工处理是当工程质量缺陷经过返修、加固处理后仍不能满足规定的质量标准要求,或不具备补救可能性,则必须采取重新制作、重新施工的返工处理措施。比如某高层住宅施工中,有几层的混凝土结构误用了安定性不合格的水泥,无法采用其他补救办法,不得不爆破拆除重新浇筑。故选 D。

12.D [解析]本题考查的是施工质量问题和质量事故的处理。当工程质量缺陷按修补方法处理后无法保证达到规定的使用要求和安全要求,而又无法返工处理的情况,不得已时可作出诸如结构卸荷或减荷以及限制使用的决定。故选 D。

二、多项选择题

1.CD [解析]本题考查的是施工质量事故的预防。选项 A 错误,材料质量检验不严属于管理原因。选项 B 错误,盲目抢工属于社会、经济原因。选项 E 错误,台风天气属于自然灾害。故选 CD。

2.BE [解析]本题考查的是施工质量问题和质量事故的处理。发生事故后,先事故报告,上报情况;成立调查组进行事故调查,并出事故调查报告;根据调查报告进行事故原因分析,并制定事故处理的技术方案,这个方案是针对实体的技术层面的处理。然后进行事故处理,这个处理包括两个层面,一是实体

的处理,二是主要责任人的处理。最后鉴定验收,提交事故处理报告、出结论。题目中给出经分析不需要处理,那事故处理就省略了,验收也省略了,只剩出报告、出结论了。故选 BE。

3.ABCE [解析]本题考查的是工程质量问题和质量事故的分类。按事故造成的损失程度,工程质量事故分为特别重大事故、重大事故、较大事故、一般事故。故选 ABCE。

4.ACE [解析]本题考查的是工程质量问题和质量事故的分类。按事故责任分类,工程质量事故可分为指导责任事故、操作责任事故、自然灾害事故。故选 ACE。

5.ACDE [解析]本题考查的是施工质量问题和质量事故的处理。选项 B 属于质量事故实况资料内容之一。施工质量事故处理的依据:①质量事故的实况资料;②有关合同及合同文件;③有关的技术文件和档案;④相关的建设法规。故选 ACDE。

6.ABD [解析]本题考查的是施工质量问题和质量事故的处理。该题系综合题。选项 A 正确,建设工程发生质量事故,有关单位应当在 24h 内向当地建设行政主管部门和其他有关部门报告。选项 B 正确,事故处理的内容包括:事故的技术处理,按经过论证的技术方案进行处理,解决事故造成的质量缺陷问题;事故的责任处罚,依据有关人民政府对事故调查报告的批复和有关法律法规的规定,对事故相关责任者实施行政处罚,负有事故责任的人员涉嫌犯罪的,依法追究刑事责任。选项 D 正确,该事故属于一般质量事故,当工程质量缺陷经过修补处理后仍不能满足规定的质量标准要求,或不具备补救可能性则必须采取重新制作、重新施工的返工处理措施。故选 ABD。

7.ABCE [解析]本题考查的是施工质量事故的预防。施工质量事故预防的具体措施:①严格按照基本建设程序办事;②认真做好工程地质勘察;③科学地加固处理好地基;④进行必要的设计审查复核;⑤严格把好建筑材料及制品的质量关;⑥对施工人员进行必要的技术培训;⑦依法进行施工组织管理;⑧做好应对不利施工条件和各种灾害的预案;⑨加强施工安全与环境管理。故只有选项 D 不属于施工质量事故预防。故选 ABCE。

8.BD [解析]本题考查的是施工质量问题和质量事故的处理。有关的技术文件和档案:主要是有关的设计文件(如施工图纸和技术说明)、与施工有关的技术文件、档案和资料(如施工方案、施工计划、施工记录、施工日志、有关建筑材料的质量证明资料、现场制备材料的质量证明资料、质量事故发生后对事故状况的观测记录、试验记录或试验报告等)。故选 BD。

9.BDE [解析]本题考查的是施工质量问题和质量事故的处理。事故处理报告的内容包括:①事故调查的原始资料、测试的数据。②事故原因分析和论证结果。③事故处理的依据。④事故处理的技术方案及措施。⑤实施技术处理过程中有关的数据、记录、资料、检查验收记录。⑥对事故相关责任者的处罚情况和事故处理的结论。故选 BDE。

10.ABCD [解析]本题考查的是施工质量事故的预防。施工质量事故预防的具体措施有:①严格按照基本建设程序办事;②认真做好工程地质勘察;③科学地加固处理好地基;④进行必要的设计审查复核;⑤严格把好建筑材料及制品的质量关;⑥对施工人员进行必要的技术培训;⑦依法进行施工组织管理;⑧做好应对不利施工条件和各种灾害的预案;⑨加强施工安全与环境管理。故选 ABCD。

刷提升

一、单项选择题

1.C [解析]本题考查的是施工质量问题和质量事故的处理。选项 A 错误,误用不合格的水泥必须进行返工处理。选项 B 错误,压实土的干密度未达到规定值应进行返工处理。选项 D 错误,混凝土表面裂缝大于 0.5mm,应采用水泥灌浆的方式进行处理。故选 C。

2.A [解析]本题考查的是施工质量问题和质量事故的处理。某些工程质量问题虽然达不到规定的要求或标准,但其情况不严重,对工程或结构的使用及安全影响很小,经过分析、论证、法定检测单位鉴定和设计单位认可后可不作专门处理。故选 A。

3.C [解析]本题考查的是施工质量事故的预防。进行必要的设计审查复核,要请具有合格专业资质的审图机构对施工图进行审查复核,防止因设计考虑不周、结构构造不合理、设计计算错误、沉降缝及伸缩缝设置不当、悬挑结构未通过抗倾覆验算等原因,导致质量事故的发生(针对的是建设单位,不是施工单位来审图)。故选 C。

4.D [解析]本题考查的是施工质量问题和质量事故的处理。事故处理的鉴定验收:质量事故的技术处理是否达到预期的目的,是否依然存在隐患,应当通过检查鉴定和验收作出确认。事故处理的质量检查鉴定,应严格按施工验收规范和相关质量标准的规定进行,必要时还应通过实际量测、试验和仪器检测等方法获取必要的数据,以便准确地对事故处理的结果作出鉴定,形成鉴定结论。故选 D。

二、多项选择题

1.ABC [解析]本题考查的是施工质量事故的预防。选项 D 属于管理原因。选项 E 属于社会、经济原因。故选 ABC。

2.BE [解析]本题考查的是施工质量事故的预防。选项 AD 属于技术原因。选项 C 属于管理原因。故选 BE。

3.BDE [解析]本题考查的是工程质量问题和质量事故的分类。操作责任事故是指在施工过程中,由于实施操作者不按规程和标准实施操作,而造成的质量事故。例如,浇筑混凝土时随意加水,或振捣疏漏造成混凝土质量事故等。故选 BDE。

专题 6 数理统计方法在工程质量管理中的应用

答案速查

刷基础							
单项	1.A	2.C	3.B	4.C	5.A	6.D	7.A
多项	1.DE	2.ACE	3.ABCE	4.AD	5.ACE	6.ABE	7.CD
刷提升							
单项	1.B	2.B	多项	1.ABCD	2.ACE	3.ABDE	

刷基础

一、单项选择题

1.A ［解析］本题考查的是分层法的应用。甲工人的不合格率＝2/10＝0.2；乙工人的不合格率＝4/40＝0.1；丙工人的不合格率＝10/20＝0.5；丁工人的不合格率＝8/30＝0.27。则焊接质量由好到差的排序为：乙→甲→丁→丙。故选A。

2.C ［解析］本题考查的是直方图法的应用。边界在质量标准的上下界限内，说明没有不合格产品；距边界有较大距离，说明质量高于标准，质量能力偏大，不经济。故选C。

3.B ［解析］本题考查的是因果分析图法的应用。选项A错误，不同类型质量问题必须使用不同的图进行分析。选项C错误，QC小组应集思广益，群策群力地分析原因。选项D错误，最终结果应该根据投票的方式确定。故选B。

4.C ［解析］本题考查的是排列图法的应用。排列图法根据表格的统计数据画排列图，并将其中累计频率在0~80%定为A类问题，即主要问题，进行重点管理；将累计频率在80%~90%的问题定为B类问题，即次要问题，作为次重点管理；将其余累计频率在90%~100%的问题定为C类问题，即一般问题，按照常规适当加强管理。此方法也称为ABC分类管理法。故选C。

5.A ［解析］本题考查的是直方图法的应用。选项B错误，质量特性数据的分布居中且边界与质量标准的上下界有较大的距离，说明其质量能力偏大，不经济。选项C错误，数据分布已出现超出质量标准的上下界限，这些数据说明生产过程存在质量不合格，需要分析原因，采取措施进行纠偏。选项D错误，质量特性数据的分布宽度边界达到质量标准的上下界限，其质量能力处于临界状态，易出现不合格，必须分析原因，采取措施。故选A。

6.D ［解析］本题考查的是直方图法的应用。质量特性数据的分布宽度边界达到质量标准的上下界限，其质量能力处于临界状态，易出现不合格，必须分析原因，采取措施。故选D。

7.A ［解析］本题考查的是直方图法的应用。质量特性数据的分布居中且边界与质量标准的上下界限有较大的距离，说明其质量能力偏大，不经济。故选A。

二、多项选择题

1.DE ［解析］本题考查的是分层法的应用。利用分层法时，对于层次的划分，有两个出发点，如将参会人员分成建设方、施工方、监理方，这是根据管理需要进行的划分；又如将产品分成合格品、优质品、特优品，这是根据统计目的进行的划分。所以，对于层次的划分可以根据管理需要，也可以根据统计目的。故选DE。

2.ACE ［解析］本题考查的是直方图法的应用。选项B错误，确定质量问题的主要原因是因果分析图法的主要用途。选项D错误，分门别类地分析质量问题是分层法的基本思想。故选ACE。

3.ABCE ［解析］本题考查的是分层法的应用。应用分层法的关键是调查分析的类别和层次划分，根据管理需要和统计目的，通常可按照以下分层方法取得原始数据：按施工时间；按地区部位；按产品材料；按检测方法；按作业组织；按工程类型；按合同结构。选项D错误，投资主体对于工程项目的质量统计分析没有直接影响，不能作为分层方法进行使用。故选ABCE。

4.AD [解析]本题考查的是直方图法的应用。直方图的分布形状及分布区间宽窄是由质量特性统计数据的平均值和标准偏差所决定的。故选AD。

5.ACE [解析]本题考查的是排列图法的应用。ABC分类管理法,累计频率0~80%定为A类问题,即主要问题,进行重点管理;将累计频率在80%~90%区间的问题定为B类问题,即次要问题,作为次重点管理;将其余累计频率在90%~100%区间的问题定为C类问题,即一般问题,按照常规适当加强管理。故选ACE。

6.ABE [解析]本题考查的是排列图法的应用。在质量管理过程中,通过抽样检查或检验试验所得到的关于质量问题、偏差、缺陷、不合格等方面的统计数据,以及造成质量问题的原因分析统计数据,均可采用排列图方法进行状况描述,它具有直观、主次分明的特点。选项CD属于直方图法的特点。故选ABE。

7.CD [解析]本题考查的是直方图法的应用。异常直方图呈偏态分布,常见的异常直方图有折齿型、缓坡型、孤岛型、双峰型、峭壁型,出现异常的原因可能是生产过程存在影响质量的系统因素,或收集整理数据制作直方图的方法不当所致,要具体分析。故选CD。

刷提升

一、单项选择题

1.B [解析]本题考查的是排列图法的应用。选项A属于分层法的特点。选项B属于排列图法的特点。选项C属于因果分析图法的特点。选项D属于直方图法的特点。故选B。

2.B [解析]本题考查的是因果分析图法的应用。选项A错误,因果分析图法中一个质量特性或一个质量问题使用一张图分析。选项B正确,因果分析图法通常采用QC小组活动的方式进行,集思广益,共同分析。选项C错误,排列图法具有直观、主次分明的特点。选项D错误,直方图法可以了解统计数据的分布特征。故选B。

二、多项选择题

1.ABCD [解析]本题考查的是直方图法的应用。选项E错误,图②显示质量特性数据分布偏下限,易出现不合格。故选ABCD。

2.ACE [解析]本题考查的是因果分析图法的应用。因果分析图法应用时的注意事项包括:①一个质量特性或一个质量问题使用一张图分析;②通常采用QC小组活动的方式进行,集思广益,共同分析;③必要时可以邀请小组以外的有关人员参与,广泛听取意见;④分析时要充分发表意见,层层深入,排出所有可能的原因;⑤在充分分析的基础上,由各参与人员采用投票或其他方式,从中选择1至5项多数人达成共识的最主要原因。故选ACE。

3.ABDE [解析]本题考查的是直方图法的应用。选项ABDE正确,直方图法的主要用途包括:①整理统计数据,了解统计数据的分布特征,即数据分布的集中或离散状况,从中掌握质量能力状态;②观察分析生产过程质量是否处于正常、稳定和受控状态以及质量水平是否保持在公差允许的范围内。选项C错误,直方图并不能找出影响质量问题的主要因素,采用分层法、因果分析图法、排列图法可找出影响质量问题的主要因素。故选ABDE。

专题7 建设工程项目质量的政府监督

答案速查

刷基础										
单项	1.A	2.A	3.C	4.D	5.C	6.B	7.C			
多项	1.BCD	2.AD	3.AE	4.ADE						
刷提升										
单项	1.C	2.B			多项	1.ABCE	2.BCE			

刷基础

一、单项选择题

1.A ［解析］本题考查的是政府对工程项目质量监督的职能与权限。选项 B 错误，监督人员应当占监督机构总人数的 75% 以上。选项 CD 错误，监督人员应当具备下列条件：①具有工程类专业大学专科以上学历或者工程类执业注册资格；②具有三年以上工程质量管理或者设计、施工、监理等工作经历；③熟悉掌握相关法律法规和工程建设强制性标准；④具有一定的组织协调能力和良好职业道德。监督人员符合上述条件经考核合格后，方可从事工程质量监督工作。故选 A。

2.A ［解析］本题考查的是政府对工程项目质量监督的职能与权限。选项 B 错误，建设工程政府监督机构对勘、设、施、监、建五方及检测单位都实施质量行为监督。选项 C 错误，查处施工质量事故属于政府质量监督机构的责任。选项 D 错误，建设工程政府监督从开工前一直到竣工验收阶段都有涉及。故选 A。

3.C ［解析］本题考查的是政府对工程项目质量监督的职能与权限。国务院经济贸易主管部门按照国务院规定的职责，对国家重大技术改造项目实施监督检查。国务院发展计划部门按照国务院规定的职责，组织稽查特派员，对国家出资的重大建设项目实施监督检查。故选 C。

4.D ［解析］本题考查的是政府对工程项目质量监督的内容与实施。项目工程质量监督档案按单位工程建立。故选 D。

5.C ［解析］本题考查的是政府对工程项目质量监督的职能与权限。监督机构按计划在施工现场对建筑材料、设备和工程实体进行监督抽样，委托符合法定资质的检测单位进行检测。监督抽样检测的重点是涉及结构安全和重要使用功能的项目，例如，在工程基础和主体结构分部工程质量验收前，要对地基基础和主体结构混凝土强度分别进行监督检测；对在施工过程中发生的质量问题、质量事故进行查处。故选 C。

6.B ［解析］本题考查的是政府对工程项目质量监督的职能与权限。省、自治区、直辖市人民政府建设主管部门每两年对监督人员进行一次岗位考核，每年进行一次法律法规、业务知识培训，并适时组织开展继续教育培训。故选 B。

7.C ［解析］本题考查的是政府对工程项目质量监督的职能与权限。具有符合规定条件的监督人员，人员数量由县级以上地方人民政府建设主管部门根据实际需要确定，监督人员应当占监督机构总人数的75% 以上。故选 C。

二、多项选择题

1.BCD ［解析］本题考查的是政府对工程项目质量监督的职能与权限。选项 A 错误，应为"具体工程类专业大学专科以上学历"。选项 E 错误，应为"具有一定的组织协调能力和良好职业道德"。故选 BCD。

2.AD ［解析］本题考查的是政府对工程项目质量监督的内容与实施。政府建设行政主管部门和其他有关部门的工程质量监督管理应包括的内容除选项 AD 外，还包括：①执行法律法规和工程建设强制性标准的情况；②抽查主要建筑材料、建筑构配件的质量；③对工程竣工验收进行监督；④组织或者参与工程质量事故的调查处理；⑤定期对本地区工程质量状况进行统计分析；⑥依法对违法违规行为实施处罚。故选 AD。

3.AE ［解析］本题考查的是政府对工程项目质量监督的内容与实施。在工程项目开工前，监督机构受理建设单位有关建设工程质量监督的申报手续，并对建设单位提供的有关文件进行审查，审查合格签发有关质量监督文件。工程质量监督手续可以与施工许可证或者开工报告合并办理。故选 AE。

4.ADE ［解析］本题考查的是政府对工程项目质量监督的内容与实施。对工程项目实施质量监督，应当依照下列程序进行：①受理建设单位办理质量监督手续；②制定工作计划并组织实施；③对工程实体质量和工程质量行为进行抽查、抽测；④监督工程竣工验收；⑤形成工程质量监督报告；⑥建立工程质量监督档案。故选 ADE。

刷提升

一、单项选择题

1.C ［解析］本题考查的是政府对工程项目质量监督的内容与实施。建设工程政府质量监督机构对工程竣工验收进行监督时，重点对竣工验收的组织形式、程序等是否符合有关规定进行监督，同时对质量监督检查中提出质量问题的整改情况进行复查,检查其整改情况。故选 C。

2.B [解析]本题考查的是政府对工程项目质量监督的内容与实施。对工程项目实施质量监督,应当依照下列程序进行:①受理建设单位办理质量监督手续;②制定工作计划并组织实施;③对工程实体质量和工程质量行为进行抽查、抽测;④监督工程竣工验收;⑤形成工程质量监督报告;⑥建立工程质量监督档案。故选 B。

二、多项选择题

1.ABCE [解析]本题考查的是政府对工程项目质量监督的内容与实施。对工程质量责任主体和质量检测等单位的质量行为进行检查。检查内容包括:参与工程项目建设各方的质量保证体系建立和运行情况;企业的工程经营资质证书和相关人员的资格证书;按建设程序规定的开工前必须办理的各项建设行政手续是否齐全完备;施工组织设计、监理规划等文件及其审批手续和实际执行情况;执行相关法律法规和工程建设强制性标准的情况;工程质量检查记录等。故选 ABCE。

2.BCE [解析]本题考查的是政府对工程项目质量监督的职能与权限。选项 A 错误,建筑业企业资质证书由国务院建设主管部门颁发。选项 D 错误,建设工程质量监督管理可以由建设行政主管部门或者其他有关部门委托的建设工程质量监督机构具体实施。鼓励采取政府购买服务的方式,委托具备条件的社会力量进行工程质量监督检查和抽测,探索工程监理企业参与监管模式,健全省、市、县监管体系。故选 BCE。

刷综合

答案速查

	1.B	2.C	3.A	4.D	5.B
单项	6.D	7.D	8.B	9.D	10.C
	11.D	12.A	13.B	14.D	
多项	1.ABCD	2.ABD	3.BDE	4.CE	5.BE
	6.ABE	7.BCD	8.BD	9.BD	10.CD

一、单项选择题

1.B [解析]本题考查的是数理统计方法在工程质量管理中的应用。选项 A 错误,直方图法可以整理统

计数据,了解统计数据的分布特征。选项 C 错误,在质量管理过程中,通过抽样检查或检验试验所得到的关于质量问题、偏差、缺陷、不合格等方面的统计数据,以及造成质量问题的原因分析统计数据,均可采用排列图方法进行状况描述,它具有直观、主次分明的特点。选项 D 错误,一个质量特性或一个质量问题使用一张因果分析图分析。故选 B。

2.C [解析]本题考查的是竣工质量验收。选项 A 错误,单位工程的分包工程完工后,分包单位应组织进行自检,总包单位参加。选项 B 错误,工程竣工验收应由建设单位组织实施,不能委托监理单位。选项 D 错误,工程竣工报告应由施工单位提交。故选 C。

3.A [解析]本题考查的是政府对工程项目质量监督的内容与实施。选项 B 错误,工程质量监督的申报手续应在开工前由建设单位提出,交由监督机构进行审查。选项 C 错误,监督机构的检查内容中包含企业的工程经营资质证书和人员的资格证书检查。选项 D 错误,监督机构应参与工程竣工验收并对发现的质量问题进行复查。故选 A。

4.D [解析]本题考查的是项目质量控制的目标、任务与责任。勘察、设计单位不得转包或者违法分包所承揽的工程,但经过建设单位同意,可以对外分包。故选 D。

5.B [解析]本题考查的是项目质量风险分析和控制。选项 A 错误,质量风险分为自然风险、技术风险、管理风险、环境风险。选项 C 错误,自身技术水平属于技术风险。选项 D 错误,风险识别步骤:画出质量风险结构层次图→分析每种风险的促发因素→将结果汇总成质量风险识别报告。故选 B。

6.D [解析]本题考查的是项目质量控制体系的建立和运行。选项 A 错误,项目质量控制系统的建立是为了项目层面进行服务的,企业的质量管理系统才是为企业层面进行服务的。选项 B 错误,项目质量控制系统的目标针对的就是项目。选项 C 错误,项目质量控制系统服务于项目。故选 D。

7.D [解析]本题考查的是项目质量控制体系的建立和运行。选项 A 错误,项目质量控制体系的有效性不需进行第三方认证。选项 B 错误,项目质量控制体系是一个一次性的质量工作体系,并非永久性的

质量管理体系,其作用的时效不同。选项C错误,项目质量控制体系只用于特定的项目质量控制,而不适用于建筑业企业或组织的质量管理。选项D正确,项目质量控制体系涉及项目实施过程所有的质量责任主体,而不只是针对某一个承包企业或组织机构,其服务的范围不同。故选D。

8.B [解析]本题考查的是全面质量管理思想和方法的应用。选项A错误,质量管理的计划职能,包括确定质量目标和制定实现质量目标的行动方案两方面。选项C错误,检查包含两大方面:一是检查是否严格执行了计划的行动方案,实际条件是否发生了变化,没有按计划执行的原因;二是检查计划执行的结果,即产出的质量是否达到标准的要求,对此进行确认和评价。选项D错误,处置分纠偏和预防改进两个方面。前者是采取有效措施,解决当前的质量偏差、问题或事故;后者是将目前质量状况信息反馈到管理部门,反思问题症结或计划时的不周,确定改进目标和措施,为今后类似质量问题的预防提供借鉴。故选B。

9.D [解析]本题考查的是施工质量控制的依据与基本环节。施工质量的自控和监控是相辅相成的系统过程。自控主体的质量意识和能力是关键,是施工质量的决定因素;各监控主体所进行的施工质量监控是对自控行为的推动和约束。因此,自控主体必须正确处理自控和监控的关系,在致力于施工质量自控的同时,还必须接受来自业主、监理等方面对其质量行为和结果所进行的监督管理,包括质量检查、评价和验收。自控主体不能因为监控主体的存在和监控职能的实施而减轻或推脱其质量责任。故选D。

[核心总结]

施工项目竣工质量验收程序示意如下图所示。

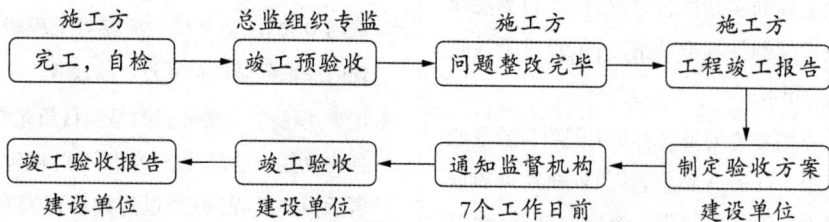

10.C [解析]本题考查的是施工过程的质量验收。检验批质量不合格可能是由于使用的材料不合格,或施工作业质量不合格,或质量控制资料不完整等原因所致,其处理方法有:①在检验批验收时,发现存在严重缺陷的应推倒重做,有一般的缺陷可通过返修或更换器具、设备消除缺陷后重新进行验收;②个别检验批发现某些项目或指标(如试块强度等)不满足要求难以确定是否验收时,应请有资质检测单位检测鉴定,当鉴定结果能够达到设计要求时,应予以验收;③当检测鉴定到设计要求,但经原设计单位核算认可能满足结构安全和使用功能的检验批,可予以验收;④严重质量缺陷或超过检验批范围内的缺陷,经法定检测单位检测鉴定以后,认为不能满足最低限度的安全储备和使用功能,则必须进行加固处理,虽然改变外形尺寸,但能满足安全使用要求,可按技术处理方案和协商文件进行验收,责任方应承担经济责任;⑤通过返修或加固处理后仍不能满足安全或重要使用要求的分部工程严禁验收。故选C。

11.D [解析]本题考查的是施工质量问题和质量事故的处理。未造成人员伤亡的一般事故,县级人民政府也可以委托事故发生单位组织事故调查组进行调查。一般事故是指造成3人以下死亡,或者10人以下重伤,或者100万元以上1000万元以下直接经济损失的事故。故选D。

12.A [解析]本题考查的是施工质量事故的预防。人为事故和自然灾害原因是指造成质量事故是由于人为的设备事故、安全事故,导致连带发生质量事故,以及严重的自然灾害等不可抗力造成质量事故。故选A。

13.B [解析]本题考查的是因果分析图法的应用。因果分析图法的基本原理是对每一个质量特性或问题,逐层深入排查可能原因,然后确定其中最主要原因,进行有的放矢的处置和管理。故选B。

14.D [解析]本题考查的是分层法的应用。由于项目质量的影响因素众多,对工程质量状况的调查和质量问题的分析,必须分门别类地进行,以便准确有效地找出问题及其原因所在,这就是分层法的基本思想。故选 D。

二、多项选择题

1.ABCD [解析]本题考查的是施工质量问题和质量事故的处理。选项 E 错误,在制定事故处理的技术方案时,应做到安全可靠、技术可行、不留隐患、经济合理、具有可操作性、满足项目的安全和使用功能要求。故选 ABCD。

2.ABD [解析]本题考查的是项目质量控制的目标、任务与责任。选项 C 错误,总承包单位依法将建设工程分包给其他单位的,对分包工程的施工质量,总包单位与分包单位承担连带责任。选项 E 错误,隐蔽工程在隐蔽前,施工单位应当通知建设单位和建设工程质量监督机构。故选 ABD。

3.BDE [解析]本题考查的是项目质量控制体系的建立和运行。选项 A 错误,项目质量控制体系建立的目的是为了特定项目的质量控制。选项 C 错误,项目质量控制体系涉及项目实施过程所有的质量责任主体,而不只是针对某一个企业或组织机构。故选 BDE。

4.CE [解析]本题考查的是全面质量管理思想和方法的应用。选项 A 错误,建设工程项目的全面质量管理是指项目参与各方所进行的工程项目质量管理的总称,其中包括工程(产品)质量和工作质量的全面管理。选项 B 错误,全过程质量管理要控制的主要过程有:项目策划与决策过程;勘察设计过程;设备材料采购过程;施工组织与实施过程;检测设施控制与计量过程;施工生产的检验试验过程;工程质量的评定过程;工程竣工验收与交付过程;工程回访维修服务过程等。选项 D 错误,工程竣工验收通过并交付后,还有工程回访维修服务过程等。故选 CE。

5.BE [解析]本题考查的是项目质量控制体系的建立和运行。选项 A 错误,建设工程合同是联系建设工程项目各参与方的纽带。选项 C 错误,项目质量

控制体系内部的各项管理制度和程序性文件的建立,是系统有序运行的基本保证。选项 D 错误,动力机制是项目质量控制体系运行的核心机制。故选 BE。

6.ABE [解析]本题考查的是施工企业质量管理体系的建立与认证。选项 C 错误,认证机构对认证合格单位质量管理体系维持情况进行监督性现场检查,包括定期和不定期的监督检查。定期检查通常是每年一次,不定期检查视需要临时安排。选项 D 错误,注销是企业的自愿行为。故选 ABE。

7.BCD [解析]本题考查的是施工质量控制的依据与基本环节。选项 A 错误,施工质量要达到的最基本要求是:通过施工形成的项目工程实体质量经检查验收合格。选项 E 错误,施工质量要求符合《建筑工程施工质量验收统一标准》,属于"国家法律、法规"的要求。故选 BCD。

8.BD [解析]本题考查的是施工过程的质量验收。由专业监理工程师组织验收的有检验批、分项工程;由总监理工程师组织验收的是分部工程;由建设单位组织验收的有单位工程、单项工程。故选 BD。

9.BD [解析]本题考查的是数理统计方法在工程质量管理中的应用。选项 A 错误,应用分层法的关键是调查分析的类别和层次划分,根据管理需要和统计目的来进行类别分析和层次划分。选项 C 错误,直方图法整理统计数据,了解统计数据的分布特征,即数据分布的集中或离散状况,从中掌握质量能力状态。选项 E 错误,在质量管理过程中,通过抽样检查或检验试验所得到的关于质量问题、偏差、缺陷、不合格等方面的统计数据,以及造成质量问题的原因分析统计数据,均可采用排列图方法进行状况描述,它具有直观、主次分明的特点。故选 BD。

10.CD [解析]本题考查的是政府对工程项目质量监督的内容与实施。选项 A 错误,建设单位应在项目开工前向监督机构申报质量监督手续。选项 B 错误,政府质量监督的性质属于行政执法行为。选项 E 错误,监督人员需要符合条件,经考核合格后,方可从事工程质量监督工作。故选 CD。

第 5 章 建设工程职业健康安全与环境管理

专题 1 职业健康安全管理体系与环境管理体系

答案速查

	刷基础								
单项	1.A	2.C	3.B	4.A	5.C	6.B	7.B	8.D	9.A
多项	1.ABCD	2.ACD	3.ABCE	4.BC	5.ABCD	6.AC			

	刷提升					
单项	1.D	2.B	3.B	多项	1.ABC	2.DE

刷基础

一、单项选择题

1.A [解析]本题考查的是职业健康安全管理体系与环境管理体系标准。环境:组织运行活动的外部存在,包括空气、水、自然资源、动物、人以及它(他)们之间的相互关系,影响人类生存的各种自然因素及其相互关系。故选 A。

2.C [解析]本题考查的是职业健康安全管理体系与环境管理体系标准。PDCA 分别为策划、支持和运行、绩效评价、改进。故选 C。

3.B [解析]本题考查的是职业健康安全与环境管理的特点和要求。对于依法批准开工报告的建设工程,建设单位应当自开工报告批准之日起 15 日内,将保证安全施工的措施报送建设工程所在地的县级以上人民政府建设行政主管部门或者其他有关部门备案。故选 B。

4.A [解析]本题考查的是职业健康安全管理体系与环境管理体系的建立和运行。职业健康安全管理体系与环境管理体系的步骤:领导决策→成立工作组→人员培训→初始状态评审→制定方针、目标、指标和管理方案→管理体系策划与设计→体系文件编写→文件的审查、审批和发布。故选 A。

5.C [解析]本题考查的是职业健康安全管理体系与环境管理体系的建立和运行。正确顺序为:①→④→②→⑤→③→⑦→⑥→⑧,①领导决策之后是要④成立工作组的,可以排除其他选项。故选 C。

6.B [解析]本题考查的是职业健康安全与环境管理的特点和要求。施工企业在其经营生产的活动中必须对本企业的安全生产负全面责任。企业的法定代表人是安全生产的第一负责人,项目负责人是施工项目生产的主要负责人。故选 B。

7.B [解析]本题考查的是职业健康安全管理体系与环境管理体系的建立和运行。管理手册是对组织整个管理体系的整体性描述,为体系的进一步展开以及后续程序文件的制定提供了框架要求和原则规定,是管理体系的纲领性文件。故选 B。

8.D [解析]本题考查的是职业健康安全与环境管理的特点和要求。对于需要试生产的建设工程项目,建设单位应当在项目投入试生产之日起 3 个月内向环保行政主管部门申请对其项目配套的环保设施进行竣工验收。故选 D。

9.A [解析]本题考查的是职业健康安全与环境管理的特点和要求。选项 A 正确,建设工程实行总承包的,由总承包单位对施工现场的安全生产负总责并自行完成工程主体结构的施工。选项 B 错误,企业的法定代表人是安全生产的第一负责人,项目负责人是施工项目生产的主要负责人。选项 C 错误,分包单位应当接受总承包单位的安全生产管理。选项 D 错误,分包单位不服从管理导致生产安全事故的,由分包单位承担主要责任,总承包和分包单位对分包工程的安全生产承担连带责任。故选 A。

二、多项选择题

1.ABCD [解析]本题考查的是职业健康安全管理体系与环境管理体系标准。《职业健康安全管理体系要求及使用指南》(GB/T 45001—2020)由"范围""规范性引用文件""术语和定义""组织所处的环境""领导作用和工作人员参与""策划""支持""运行""绩效评价"和"改进"十部分组成。故选 ABCD。

2.ACD [解析]本题考查的是职业健康安全与环境管理的特点和要求。选项 B 错误,有关安全的各种审批手续由建设单位在决策阶段办理。选项 E 错误,保证安全施工的措施由建设单位在施工阶段进行备案。故选 ACD。

3.ABCE [解析]本题考查的是职业健康安全与环境管理的特点和要求。对于采用新结构、新材料、新工艺的建设工程和特殊结构的建设工程,设计单位应在设计中提出保障施工作业人员安全和预防生产安全事故的措施建议。故选 ABCE。

4.BC [解析]本题考查的是职业健康安全与环境管理的特点和要求。建设单位应按照有关建设工程法律法规的规定和强制性标准的要求,办理各种有关安全与环境保护方面的审批手续。选项 AD 属于设计单位在建设工程设计阶段工作内容之一。选项 E 属于建设单位在建设工程施工阶段的工作内容之一。故选 BC。

5.ABCD [解析]本题考查的是职业健康安全管理体系与环境管理体系的建立和运行。作业文件是指管理手册、程序文件之外的文件,一般包括作业指导书(操作规程)、管理规定、监测活动准则及程序文件引用的表格。故选 ABCD。

6.AC [解析]本题考查的是职业健康安全管理体系与环境管理体系标准。对于建设工程项目,施工职业健康安全管理的目的是防止和减少生产安全事故、保护产品生产者的健康与安全、保障人民群众的生命和财产免受损失;控制影响工作场所内员工、临时工作人员、合同方人员、访问者和其他有关部门人员健康和安全的条件和因素;考虑和避免因管理不当对员工健康和安全造成的危害。选项 BDE 均属于施工职业健康安全管理基本要求中的内容。故

选 AC。

刷提升

一、单项选择题

1.D [解析]本题考查的是职业健康安全管理体系与环境管理体系的建立和运行。内部审核是组织对其自身的管理体系进行的审核,是对体系是否正常运行以及是否达到了规定的目标所作的独立的检查和评价,是管理体系自我保证和自我监督的一种机制。故选 D。

2.B [解析]本题考查的是职业健康安全管理体系与环境管理体系的建立和运行。选项 B 错误,管理评审是由组织的最高管理者对管理体系的系统评价。故选 B。

3.B [解析]本题考查的是职业健康安全管理体系与环境管理体系的建立和运行。管理评审是由组织的最高管理者对管理体系的系统评价,要判断组织的管理体系面对内部情况和外部环境的变化是否充分适应有效,由此决定是否对管理体系做出调整,包括方针、目标、机构和程序等。故选 B。

二、多项选择题

1.ABC [解析]本题考查的是职业健康安全管理体系与环境管理体系的建立和运行。体系运行是指按照已建立体系的要求实施,其实施的重点包括培训意识和能力,信息交流,文件管理,执行控制程序,监测,不符合、纠正和预防措施,记录等。故选 ABC。

2.DE [解析]本题考查的是职业健康安全与环境管理的特点和要求。选项 A 错误,企业的代表人是安全生产的第一负责人,项目经理是施工项目生产的主要负责人。选项 B 错误,对于依法批准开工报告的建设工程,建设单位应当自开工报告批准之日起15 日内,将保证安全施工的措施报送至建设工程所在地的县级以上人民政府建设行政主管部门或者其他有关部门备案。选项 C 错误,建设工程设计阶段,在工程总概算中,应明确工程安全环保设施费用、安全施工和环境保护措施费等。故选 DE。

专题2 建设工程安全生产管理

答案速查

						刷基础					
单项	1.B	2.A	3.B	4.B	5.B	6.B	7.C	8.C	9.C	10.C	11.B
	12.B	13.A	14.B	15.B	16.D	17.C	18.C	19.B	20.B	21.C	22.B
	23.B										
多项	1.BCE	2.ABD	3.ACE	4.BE	5.ABC	6.ACD	7.ACD	8.ABCE	9.ABCE	10.ACDE	11.CE

			刷提升						
单项	1.D	2.A	3.B	4.C	5.D	多项	1.AC	2.BD	3.ABDE

刷基础

一、单项选择题

1.B [解析]本题考查的是安全生产管理预警体系的建立和运行。Ⅰ级预警,表示安全状况特别严重,用红色表示。Ⅱ级预警,表示受到事故的严重威胁,用橙色表示。Ⅲ级预警,表示处于事故的上升阶段,用黄色表示。Ⅳ级预警,表示生产活动处于正常状态,用蓝色表示。故选B。

[核心总结]

级别	颜色	程度
Ⅰ级预警	红色	特别严重
Ⅱ级预警	橙色	严重威胁
Ⅲ级预警	黄色	上升阶段
Ⅳ级预警	蓝色	正常状态

2.A [解析]本题考查的是安全生产管理制度。选项B错误,施工企业针对不同项目或不同工序应编制具有针对性的施工安全技术措施。选项C错误,安全先行,施工安全技术措施应在开工前编制完成。选项D错误,专项安全施工技术方案不是施工组织设计必须包含的内容,只有对于专业性较强的,达到一定规模的危险性较大的分部分项工程,如基坑支护与降水工程、土方开挖工程、模板工程、起重吊装工程、脚手架工程、拆除、爆破工程才必须编制专项安全施工技术方案。故选A。

3.B [解析]本题考查的是安全生产检查监督的类型和内容。要害部门重点安全检查:为了确保安全,对

设备的运转和零件的状况要定时进行检查,发现损伤立刻更换,决不能"带病"作业;一过有效年限即使没有故障,也应该予以更新,不能因小失大。故选B。

4.B [解析]本题考查的是安全生产管理制度。只有明确安全责任,分工到人,明确分工,各尽其责,协调一致,才可能实现安全生产。因此,安全生产责任制是安全生产规章制度中最基本、最核心的制度。故选B。

5.B [解析]本题考查的是安全隐患的处理。不仅设置了防护栏,还设置了照明灯及夜间警示灯,这是设置了多道安全防护措施,体现了隐患治理的冗余安全度治理原则。故选B。

6.B [解析]本题考查的是安全生产管理制度。工程项目部专职安全人员的配备应按住房和城乡建设部的规定,1万 m^2 以下的工程1人;1万 m^2 ~5万 m^2 的工程不少于2人;5万 m^2 以上的工程不少于3人,且按专业配备专职安全生产管理人员。故选B。

7.C [解析]本题考查的是安全生产管理制度。施工单位应当自施工起重机械和整体提升脚手架、模板等自升式架设设施验收合格之日起30日内,向建设行政主管部门或者其他有关部门登记。故选C。

8.C [解析]本题考查的是安全生产管理制度。工伤保险是属于法定的强制性保险。故选C。

9.C [解析]本题考查的是安全生产管理预警体系的建立和运行。监测是预警活动的前提,预警信息档案中的信息是整个预警系统共享的,它将监测信息

及时、准确地输入下一预警环节。故选C。

10.C [解析]本题考查的是施工安全技术措施和安全技术交底。选项A错误,施工安全技术措施必须在工程开工前制定。选项B错误,安全技术措施中不需要抄录制度性规定,但必须严格执行。选项D错误,安全技术措施中必须包含施工总平面图。故选C。

11.B [解析]本题考查的是安全生产检查监督的类型和内容。工程项目安全检查的目的是为了清除隐患、防止事故、改善劳动条件及提高员工安全生产意识,是安全控制工作的一项重要内容。通过安全检查可以发现工程中的危险因素,以便有计划地采取措施,保证安全生产。施工项目的安全检查应由项目经理组织,定期进行。故选B。

12.B [解析]本题考查的是安全隐患的处理。单项隐患综合治理原则:从4M1E五者匹配的角度考虑。例如:发生触电事故,要进行人的安全用电操作教育,同时要设置漏电开关,对配电箱、用电线路进行防护改造等。故选B。

13.A [解析]本题考查的是安全生产管理制度。选项B错误,企业的法定代表人是安全生产的第一负责人,项目负责人是施工项目生产的主要负责人。选项C错误,业主指定的分包单位必须要服从总承包单位的安全生产管理。选项D错误,分包单位不服从管理导致安全生产事故的,分包单位负主要责任,总承包和分包单位对分包工程的安全生产承担连带责任。故选A。

14.B [解析]本题考查的是安全生产管理制度。选项A错误,安全生产许可证的有效期为3年。选项B正确,企业在安全生产许可证有效期内,严格遵守有关安全生产的法律法规,未发生死亡事故的,安全生产许可证有效期届满时,经原安全生产许可证颁发管理机关同意,不再审查,安全生产许可证有效期延期3年。选项C错误,并没有要求企业获得职业健康安全管理体系认证。选项D错误,安全生产许可证有效期满需要延期的,企业应当于期满前3个月向原安全生产许可证颁发管理机关办理延期手续。故选B。

[核心总结]

类别	办理单位	对象	有效期
安全生产许可证	施工企业	企业	3年
施工许可证	建设单位	项目	3个月(一共9个月)

15.B [解析]本题考查的是安全生产管理制度。当组织内部员工发生从一个岗位调到另一个岗位,或从某工种改变为另一工种,或因放长假离岗一年以上重新上岗的情况,企业必须进行相应的安全技术培训和教育。故选B。

16.D [解析]本题考查的是安全生产管理制度。施工单位应当在施工组织设计中编制安全技术措施和施工现场临时用电方案,对下列达到一定规模的危险性较大的分部分项工程编制专项施工方案,并附具安全验算结果,经施工单位技术负责人、总监理工程师签字后实施。故选D。

17.C [解析]本题考查的是安全生产管理预警体系的建立和运行。Ⅰ级预警,表示安全状况特别严重,用红色表示;Ⅱ级预警,表示受到事故的严重威胁,用橙色表示;Ⅲ级预警,表示处于事故的上升阶

段,用黄色表示;Ⅳ级预警,表示生产活动处于正常状态,用蓝色表示。故选C。

18.C [解析]本题考查的是施工安全技术措施和安全技术交底。施工安全控制程序包括:①确定每项具体建设工程项目的安全目标;②编制建设工程项目安全技术措施计划;③安全技术措施计划的落实和实施;④安全技术措施计划的验证;⑤持续改进根据安全技术措施计划的验证结果,对不适宜的安全技术措施计划进行修改、补充和完善。故选C。

19.B [解析]本题考查的是安全生产检查监督的类型和内容。经常性安全检查:工作人员必须在工作前,对所用的机械设备和工作进行仔细的检查,发现问题立即上报。下班前,还必须进行班后检查,做好设备的维修保养和清整场地等工作,保证交接安全。故选B。

20.B [解析]本题考查的是安全隐患的处理。在对人、机、环境进行安全治理的同时,还需治理安全管理措施体现的是直接隐患与间接隐患并治原则。故选B。

21.C [解析]本题考查的是安全生产管理制度。安全生产许可证颁发管理机关应当自收到申请之日起45天内审查完毕,经审查符合该条例规定的安全生产条件的,颁发安全生产许可证;不符合该条例规定的安全生产条件的,不予颁发安全生产许可证,书面通知企业并说明理由。故选C。

22.B [解析]本题考查的是安全生产管理制度。生产经营单位新建、改建、扩建工程的劳动安全卫生设施必须与主体工程同时设计、同时施工、同时投入生产和使用。故选B。

23.B [解析]本题考查的是安全生产管理制度。施工单位应当自施工起重机械和整体提升脚手架、模板等自升式架设设施验收合格之日起30日内,向建设行政主管部门或者其他有关部门登记。故选B。

二、多项选择题

1.BCE [解析]本题考查的是施工安全技术措施和安全技术交底。选项A错误,应优先采用新的安全技术措施,而不是必须采用。选项D错误,只有对于涉及"四新"项目或技术含量高、技术难度大的单项技术设计,必须经过两阶段技术交底。一般项目是不需要两阶段技术交底的。故选BCE。

2.ABD [解析]本题考查的是安全生产管理制度。企业员工的安全教育主要有新员工上岗前的三级安全教育、改变工艺和变换岗位安全教育、经常性安全教育三种形式。其中,经常性安全教育的形式有:每天的班前班后会上说明安全注意事项;安全活动日;安全生产会议;事故现场会;张贴安全生产招贴画、宣传标语及标志等。故选ABD。

3.ACE [解析]本题考查的是安全生产管理制度。"三同时"制度是指凡是我国境内新建、改建、扩建的基本建设项目(工程),技术改建项目(工程)和引进的建设项目,其安全生产设施必须符合国家规定的标准,必须与主体工程同时设计、同时施工、同时投入生产和使用。故选ACE。

4.BE [解析]本题考查的是安全生产管理预警体系的建立和运行。内部管理不良预警系统包括:质量管理预警;设备管理预警;人的行为活动管理预警。选项ACD属于外部环境预警系统。故选BE。

5.ABC [解析]本题考查的是施工安全技术措施和安全技术交底。安全控制的目标是减少和消除生产过程中的事故,保证人员健康安全和财产免受损失。具体应包括:①减少或消除人的不安全行为的目标;②减少或消除设备、材料的不安全状态的目标;③改善生产环境和保护自然环境的目标。故选ABC。

6.ACD [解析]本题考查的是安全隐患的处理。选项B属于人的不安全行为的类型。选项E属于组织管理上的不安全因素。故选ACD。

7.ACD [解析]本题考查的是安全隐患的处理。选项BE是指安全生产事故发生后的处理方法。故选ACD。

8.ABCE [解析]本题考查的是安全生产管理预警体系的建立和运行。一个完整的预警体系应由外部环境预警系统、内部管理不良的预警系统、预警信息管理系统和事故预警系统四部分构成。故选ABCE。

[核心总结]

预警体系基本框架如下图所示。

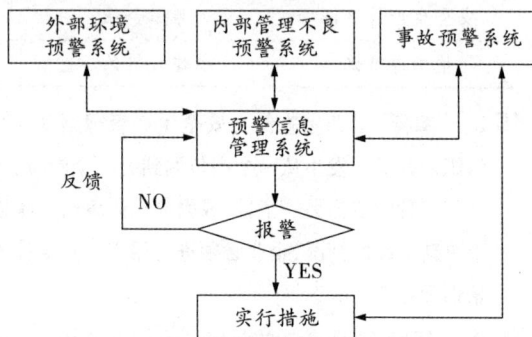

9.ABCE [解析]本题考查的是施工安全技术措施和安全技术交底。选项D错误,定期向由两个以上作业队和多工种进行交叉施工的作业队伍进行书面交底。故选ABCE。

10.ACDE [解析]本题考查的是施工安全技术措施和安全技术交底。安全技术交底主要内容如下:①工程项目和分部分项工程的概况;②本施工项目的施工作业特点和危险点;③针对危险点的具体预防措施;④作业中应遵守的安全操作规程以及应注意的安全事项;⑤作业人员发现事故隐患应采取的措施;⑥发生事故后应及时采取的避难和急救措施。故选 ACDE。

11.CE [解析]本题考查的是安全生产管理制度。选项 A 错误,企业新员工须按规定通过三级安全教育和实际操作训练,并经考核合格后方可上岗。选项 B 错误,对建设工程来说,三级安全教育指企业(公司)、项目(或工区、工程处、施工队)、班组三级。选项 D 错误,班组级安全教育由班组长组织实施。故选 CE。

刷提升

一、单项选择题

1.D [解析]本题考查的是安全生产管理制度。选项 A 错误,企业新员工通过三级安全教育和实际操作训练后还需考核合格,方可上岗。选项 B 错误,项目级安全教育由项目负责人组织实施。选项 C 错误,班组级安全教育由班组长组织实施。故选 D。

2.A [解析]本题考查的是施工安全技术措施和安全技术交底。选项 B 错误,施工安全技术措施重点针对的是现场施工安全的问题,而不是施工现场环境保护的问题,所以不是必须包括固体废弃物的处理措施。选项 C 错误,施工安全技术措施是为了尽可能地消除生产过程中的不安全因素,所以要包括自然灾害的应急预案。选项 D 错误,施工安全技术措施是施工组织设计重要的一部分,必须在工程开工前制定完成。故选 A。

3.B [解析]本题考查的是安全生产管理预警体系的建立和运行。预警评价包括确定评价的对象、内容

和方法,建立相应的预测系统,确定预警级别和预警信号标准等工作。故选 B。

4.C [解析]本题考查的是安全生产管理制度。特种作业操作证在全国范围内有效,离开特种作业岗位 6 个月以上的特种作业人员,应当重新进行实际操作考试,经确认合格后方可上岗作业。故选 C。

5.D [解析]本题考查的是施工安全技术措施和安全技术交底。工程施工安全技术措施计划是对生产过程中的不安全因素,用技术手段加以消除和控制的文件,是落实"预防为主"方针的具体体现,是进行工程项目安全控制的指导性文件。故选 D。

二、多项选择题

1.AC [解析]本题考查的是安全生产管理制度。选项 B 错误,特种作业操作证在全国范围内有效。选项 D 错误,离开特种作业岗位 6 个月以上的特种作业人员,应当重新进行实际操作考试,经确认合格后方可上岗作业。选项 E 错误,跨省、自治区、直辖市从业的特种作业人员,可以在户籍所在地或者从业所在地参加培训。故选 AC。

2.BD [解析]本题考查的是安全生产管理制度。选项 A 错误,应经施工单位技术负责人、总监理工程师签字后实施。选项 CE 错误,均应由施工单位组织专家进行论证、审查。故选 BD。

3.ABDE [解析]本题考查的是安全生产管理制度。选项 C 错误,离开特种作业岗位 6 个月以上的特种作业人员,应当重新进行实际操作考试,经确认合格后方可上岗作业。故选 ABDE。

专题3 建设工程生产安全事故应急预案和事故处理

答案速查

刷基础											
单项	1.B	2.B	3.C	4.D	5.A	6.A	7.A	8.B	9.D	10.B	11.D
	12.A	13.A	14.C	15.D							
多项	1.CE	2.CDE	3.ACE	4.BCE	5.ABDE	6.BCE	7.BCDE				

刷提升									
单项	1.C	2.D	3.B	4.B		多项	1.ABD	2.ACE	3.BDE

刷基础

一、单项选择题

1.B [解析]本题考查的是职业健康安全事故的分类和处理。选项 A 错误,各个行业的建设施工中出现了安全事故,都应当向建设行政主管部门报告。选项 C 错误,事故发生后,事故现场有关人员应当立即向本单位负责人报告;单位负责人接到报告后,应当于 1h 内向事故发生地县级以上人民政府应急管理部门和负有安全生产监督管理职责的有关部门报告。选项 D 错误,情况紧急时,事故现场有关人员可以直接向事故发生地县级以上人民政府应急管理部门和负有安全生产监督管理职责的有关部门报告。故选 B。

2.B [解析]本题考查的是生产安全事故应急预案的管理。生产经营单位应当制定本单位的应急预案演练计划,根据本单位的事故风险特点,每年至少组织一次综合应急预案演练或者专项应急预案演练,每半年至少组织一次现场处置方案演练。选项 A 错误,每年至少组织一次专项应急预案演练。选项 C 错误,每半年至少组织一次现场处置方案演练。选项 D 错误,周围环境发生变化,并形成新的重大危险源时应及时修订生产安全事故应急预案。故选 B。

3.C [解析]本题考查的是生产安全事故应急预案的内容。应急预案体系的构成包括综合应急预案、专项应急预案、现场处置方案。题干内容属于专项应急预案。故选 C。

4.D [解析]本题考查的是生产安全事故应急预案的内容。选项 ABC 属于综合应急预案编制的主要内容。故选 D。

5.A [解析]本题考查的是生产安全事故应急预案的管理。应急预案的管理包括:应急预案的评审、应急预案的备案、应急预案的实施和奖惩。故选 A。

6.A [解析]本题考查的是职业健康安全事故的分类和处理。职业伤害事故可按事故发生的原因分类、按事故严重程度分类、按事故造成的人员伤亡或者直接经济损失分类。其中职业伤害事故按事故严重程度分类,事故分为轻伤事故、重伤事故和死亡事故。其中死亡事故中的特大伤亡事故,指的是一次事故中死亡 3 人以上(含 3 人)的事故。故选 A。

7.A [解析]本题考查的是职业健康安全事故的分类和处理。较大事故,是指造成 3 人以上 10 人以下死亡,或者 10 人以上 50 人以下重伤,或者 1000 万元以上 5000 万元以下直接经济损失的事故。故选 A。

8.B [解析]本题考查的是职业健康安全事故的分类和处理。重大事故、较大事故、一般事故分别由事故发生地省级人民政府、设区的市级人民政府、县级人民政府负责调查。故选 B。

9.D [解析]本题考查的是职业健康安全事故的分类和处理。建设工程安全事故处理的程序为:按规定向有关部门报告事故情况、组织调查组开展事故调查、现场勘查、分析事故原因、制定预防措施、提交事故调查报告、事故的审理和结案。故选 D。

10.B [解析]本题考查的是职业健康安全事故的分类和处理。根据我国《生产安全事故统计报表制度》,经查实的瞒报、漏报的生产安全事故,应在接到生产安全事故信息通报后 24h 内,在“安全生产综合统计信息直报系统”中进行填报。故选 B。

11.D [解析]本题考查的是职业健康安全事故的分类和处理。事故调查组应当自事故发生之日起 60 日内提交事故调查报告;特殊情况下,经负责事故调查的人民政府批准,提交事故调查报告的期限可以适当延长,但延长的期限最长不超过 60 日。故选 D。

12.A [解析]本题考查的是生产安全事故应急预案的内容。应急预案体系包括综合应急预案、专项应急预案和现场处置方案。综合应急预案是从总体上阐述事故的应急方针、政策,应急组织结构及相关应急职责,应急行动、措施和保障等基本要求和程序,是应对各类事故的综合性文件。故选 A。

13.A [解析]本题考查的是职业健康安全事故的分类和处理。重大事故,是指造成 10 人以上 30 人以下死亡,或者 50 人以上 100 人以下重伤,或者 5000 万元以上 1 亿元以下直接经济损失的事故。所称的“以上”包括本数,所称的“以下”不包括本数。故选 A。

14.C [解析]本题考查的是生产安全事故应急预案的管理。地方各级人民政府应急管理部门应当组织有关专家对本部门编制的应急预案进行审定。故选 C。

15. D [解析]本题考查的是职业健康安全事故的分类和处理。事故调查组应当自事故发生之日起60日内提交事故调查报告;特殊情况下,经负责事故调查的人民政府批准,提交事故调查报告的期限可以适当延长,但延长的期限最长不超过60日。故选D。

二、多项选择题

1. CE [解析]本题考查的是职业健康安全事故的分类和处理。重大事故、较大事故、一般事故,负责事故调查的人民政府应当自收到事故调查报告之日起15日内作出批复;特别重大事故,30日内作出批复,特殊情况下,批复时间可以适当延长,但延长的时间最长不超过30日。特别重大事故由国务院或者国务院授权有关部门组织事故调查组进行调查。重大事故、较大事故、一般事故分别由事故发生地省级人民政府、设区的市级人民政府、县级人民政府负责调查。故选CE。

2. CDE [解析]本题考查的是职业健康安全事故的分类和处理。"四不放过"是针对出现的安全事故进行处理的原则,即事故原因未查清不放过,防范措施未落实不放过,相关人员未受到教育不放过,事故责任人未受到处理不放过。故选CDE。

3. ACE [解析]本题考查的是生产安全事故应急预案的内容。选项B属于专项应急预案和现场处置方案的内容。选项D属于现场处置方案的主要内容。故选ACE。

4. BCE [解析]本题考查的是生产安全事故应急预案的管理。生产单位应急预案应当及时修订的情形:①依据的法律、法规、规章、标准及上位预案中的有关规定发生重大变化的;②应急指挥机构及其职责发生调整的;③面临的事故风险发生重大变化的;④重要应急资源发生重大变化的;⑤预案中的其他重要信息发生变化的;⑥在应急演练和事故应急救援中发现问题需要修订的;⑦编制单位认为应当修订的其他情况。故选BCE。

5. ABDE [解析]本题考查的是职业健康安全事故的分类和处理。事故调查报告应当包括下列内容:①事故发生单位概况;②事故发生经过和事故救援情况;③事故造成的人员伤亡和直接经济损失;④事故发生的原因和事故性质;⑤事故责任的认定以及对事故责任者的处理建议;⑥事故防范和整改措施。故选ABDE。

6. BCE [解析]本题考查的是生产安全事故应急预案的内容。应急预案体系按其构成划分为综合应急预案、专项应急预案、现场处置方案。故选BCE。

7. BCDE [解析]本题考查的是生产安全事故应急预案的内容。综合应急预案的主要内容包括:①总则;②施工单位的危险性分析;③组织机构及职责;④预防与预警;⑤应急响应;⑥信息发布;⑦后期处置;⑧保障措施;⑨培训与演练;⑩奖惩;⑪附则。故选BCDE。

刷提升

一、单项选择题

1. C [解析]本题考查的是职业健康安全事故的分类和处理。选项A错误,事故发生后,事故现场有关人员应当立即向本单位负责人报告。选项B错误,对于专业工程的施工中出现生产安全事故的,由于有关的专业主管部门也承担着对建设安全生产的监督管理职能,因此,专业工程出现安全事故,还需要向有关行业主管部门报告。选项D错误,应急管理部门和负有安全生产监督管理职责的有关部门逐级上报事故情况,每级上报的时间不得超过2h。故选C。

2. D [解析]本题考查的是职业健康安全事故的分类和处理。直接经济损失500万元以下的属于一般事故,未造成人员伤亡的一般事故,县级人民政府也可以委托事故发生单位组织事故调查组进行调查。故选D。

3. B [解析]本题考查的是职业健康安全事故的分类和处理。"有关人员未受到教育不放过"原则的主要内容是:使事故责任者和广大群众了解事故发生的原因及所造成的危害,并深刻认识到搞好安全生产的重要性,从事故中吸取教训,提高安全意识,改进安全管理工作。故选B。

4. B [解析]本题考查的是职业健康安全事故的分类和处理。选项A错误,情况紧急时,事故现场有关人员可以直接向事故发生地县级以上人民政府应急管理部门和负有安全生产监督管理职责的有关部门报告。选项 B 正确,特别重大事故、重大事故逐级上报至国务院应急管理部门和负有安全生产监督管理职责的有关部门。选项 C 错误,一般事故上报至设区的市级人民政府应急管理部门和负有安全生产监督管理职责的有关部门。选项 D 错误,应急管理部门和负有安全生产监督管理职责的有关部门逐级上报事故情况,每级上报的时间不得超过 2h。故选 B。

二、多项选择题

1.ABD [解析]本题考查的是生产安全事故应急预案的内容。选项 C 错误,应急预案的管理包括应急预案的评审、备案、实施和奖惩。选项 E 错误,生产经营单位应每半年至少组织一次现场处置方案演练。故选 ABD。

2.ACE [解析]本题考查的是职业健康安全事故的分类和处理。本题事故属于特别重大事故。选项 B 错误,应当逐级上报至国务院应急管理部门和负有安全生产监督管理职责的有关部门。选项 D 错误,施工单位不可以自行组织事故调查组进行调查。故选 ACE。

3.BDE [解析]本题考查的是职业健康安全事故的分类和处理。选项 A 错误,施工单位负责人接到报告后,应当在 1h 内向事故发生地县级以上人民政府建设主管部门和有关部门报告。选项 C 错误,特别重大事故、重大事故逐级上报至国务院应急管理部门和负有安全生产监督管理职责的有关部门。故选 BDE。

专题4　建设工程施工现场职业健康安全与环境管理的要求

答案速查

刷基础											
单项	1.A	2.D	3.C	4.B	5.B	6.D	7.B	8.C	9.B	10.A	11.D
多项	1.AC	2.ABCD	3.BCD	4.BCD	5.ACDE	6.ACDE	7.CDE	8.ACD	9.CD	10.ABCE	11.BDE
	12.CE	13.ABD									

刷提升									
单项	1.C	2.D	3.B	4.A	5.C	多项	1.ACE	2.CDE	3.AB	4.ACD

刷基础

一、单项选择题

1.A [解析]本题考查的是施工现场职业健康安全卫生的要求。选项 A 正确,食堂制作间灶台及周边瓷砖高度不小于 1.5m。选项 B 错误,食堂必须要办理卫生许可证。选项 C 错误,现场管理人员不得随意进入制作间。选项 D 错误,食堂外泔水桶应设置密闭桶盖,并定期进行清理。故选 A。

2.D [解析]本题考查的是施工现场环境保护的要求。噪声控制技术可从声源、传播途径、接收者防护等方面来考虑。声源上降低噪声,这是防止噪声污染最根本的措施。故选 D。

3.C [解析]本题考查的是施工现场环境保护的要求。建设工程项目中防治污染的设施,必须与主体工程同时设计、同时施工、同时投产使用。防治污染的设施必须经原审批环境影响报告书的环境保护行政主管部门验收合格后,该建设工程项目方可投入生产或者使用。故选 C。

4.B [解析]本题考查的是施工现场环境保护的要求。施工现场 100 人以上的临时食堂,污水排放时可设置简易有效的隔油池,定期清理,防止污染。故选 B。

5.B [解析]本题考查的是施工现场环境保护的要求。建筑施工场界噪声排放限值:昼间 70dB(A),夜间 55dB(A)。故选 B。

6.D [解析]本题考查的是施工现场环境保护的要

求。凡在人口稠密区进行强噪声作业时,须严格控制作业时间,一般晚10点到次日早6点之间停止强噪声作业。故选D。

7.B [解析]本题考查的是施工现场环境保护的要求。焚烧用于不适合再利用且不宜直接予以填埋处置的废物,除有符合规定的装置外,不得在施工现场熔化沥青和焚烧油毡、油漆,亦不得焚烧其他可产生有毒有害和恶臭气体的废弃物。故选B。

8.C [解析]本题考查的是施工现场文明施工的要求。在建立文明施工的组织管理过程中,应确立项目经理为现场文明施工的第一责任人。故选C。

9.B [解析]本题考查的是施工现场环境保护的要求。回收利用是对固体废物进行资源化的重要手段之一。故选B。

10.A [解析]本题考查的是施工现场职业健康安全卫生的要求。选项A正确、选项BC错误,宿舍内应保证有必要的生活空间,室内净高不得小于2.4m,通道宽度不得小于0.9m,每间宿舍居住人员不得超过16人。选项D错误,施工现场宿舍必须设置可开启式窗户,宿舍内的床铺不得超过2层,严禁使用通铺。故选A。

11.D [解析]本题考查的是施工现场环境保护的要求。稳定和固化处理是利用水泥、沥青等胶结材料,将松散的废物胶结包裹起来,减少有害物质从废物中向外迁移、扩散,使得废物对环境的污染减少。故选D。

二、多项选择题

1.AC [解析]本题考查的是施工现场环境保护的要求。选项B错误,使用耳塞、耳罩等防护用品属于接收者的防护。选项D错误,限制高音喇叭的使用属于声源控制。选项E错误,进行强噪声作业时严格控制作业时间属于声源控制。故选AC。

2.ABCD [解析]本题考查的是施工现场环境保护的要求。选项E属于水污染的防治。故选ABCD。

3.BCD [解析]本题考查的是施工现场职业健康安全卫生的要求。选项A错误,每间宿舍居住人员不得超过16人。选项E错误,生活区应设置开水炉、电热水器或饮用水保温桶;施工区应配备流动保温水

桶。故选BCD。

4.BCD [解析]本题考查的是施工现场环境保护的要求。选项A错误,施工现场不得甩打模板属于噪声污染防治措施。选项E错误,化学药品应在库内存放属于水污染防治措施。故选BCD。

5.ACDE [解析]本题考查的是施工现场环境保护的要求。选项B错误,对环境可能造成重大影响,应当编制环境影响报告书的建设工程项目,可能严重影响项目所在地居民生活环境质量的建设工程项目,以及存在重大意见分歧的建设工程项目,环保部门可以举行听证会,听取有关单位、专家和公众的意见,并公开听证结果,说明对有关意见采纳或不采纳的理由。故选ACDE。

6.ACDE [解析]本题考查的是施工现场环境保护的要求。选项B错误,施工现场搅拌站废水,必须经沉淀池沉淀合格后再排放,最好将沉淀水用于工地洒水降尘或采取措施回收利用。故选ACDE。

7.CDE [解析]本题考查的是施工现场职业健康安全卫生的要求。选项A错误,生活区应设密闭式垃圾容器。选项B错误,食堂外应设置密闭式泔水桶,并应及时清运。故选CDE。

8.ACD [解析]本题考查的是施工现场职业健康安全卫生的要求。选项B错误,食堂应设置独立的制作间、储藏间,门扇下方应设不低于0.2m的防鼠挡板。选项E错误,食堂制作间灶台及其周边应贴瓷砖,所贴瓷砖高度不宜小于1.5m。故选ACD。

9.CD [解析]本题考查的是施工现场职业健康安全卫生的要求。现场宿舍室内净高不得小于2.4m,通道宽度不得小于0.9m;床铺不得超过2层,严禁使用通铺。每间宿舍居住人员不得超过16人。故选CD。

10.ABCE [解析]本题考查的是施工现场环境保护的要求。选项D错误,施工现场搅拌站废水,现制水磨石的污水,电石(碳化钙)的污水必须经沉淀池沉淀合格后再排放,最好将沉淀水用于工地洒水降尘或采取措施回收利用。故选ABCE。

11.BDE [解析]本题考查的是施工现场职业健康安全卫生的要求。选项B错误,食堂应设置独立的制

作间、储藏间,门扇下方应设不低于0.2m的防鼠挡板。选项D错误,厕所蹲位隔板高度不宜低于0.9m。选项E错误,高层建筑施工超过8层以后,每隔4层宜设置临时厕所。故选BDE。

12.CE [解析]本题考查的是施工现场职业健康安全卫生的要求。选项A错误,宿舍内应保证有必要的生活空间,室内净高不得小于2.4m,通道宽度不得小于0.9m。选项B错误,每间宿舍居住人员不得超过16人。选项D错误,食堂门窗下方应设不低于0.2m的防鼠挡板。故选CE。

13.ABD [解析]本题考查的是施工现场环境保护的要求。选项C错误,施工现场100人以上的临时食堂,污水排放时可设置简易有效的隔油池,定期清理,防止污染。选项E错误,禁止将有毒有害废弃物作土方回填。故选ABD。

刷提升

一、单项选择题

1.C [解析]本题考查的是施工现场环境保护的要求。施工现场垃圾渣土要及时清理出现场;高大建筑物清理施工垃圾时,要使用封闭式的容器或者采取其他措施处理高空废弃物,严禁凌空随意抛撒。故选C。

2.D [解析]本题考查的是施工现场环境保护的要求。传播途径的控制包括:吸声;隔声;消声;减振降噪。减振降噪:对来自振动引起的噪声,通过降低机械振动减小噪声,如将阻尼材料涂在振动源上,或改变振动源与其他刚性结构的连接方式等。故选D。

3.B [解析]本题考查的是施工现场环境保护的要求。选项AC属于施工过程中水污染的防治措施。选项D属于噪声污染的防治。故选B。

4.A [解析]本题考查的是施工现场环境保护的要求。对于细颗粒散体材料的运输、储存要注意遮盖、密封,防止和减少飞扬。故选A。

5.C [解析]本题考查的是施工现场文明施工的要求。选项A错误,施工现场必须实行封闭管理,设置进出口大门,制定门卫制度,严格执行外来人员进场登记制度。选项B错误,沿工地四周连续设置围挡,市区主要路段和其他涉及市容景观路段的工地设置

围挡的高度不低于2.5m,其他工地的围挡高度不低于1.8m,围挡材料要求坚固、稳定、统一、整洁、美观。选项C正确,严禁泥浆、污水、废水外流或未经允许排入河道,严禁堵塞下水道和排水河道。选项D错误,应确立项目经理为现场文明施工的第一责任人。故选C。

二、多项选择题

1.ACE [解析]本题考查的是施工现场文明施工的要求。选项B错误,沿工地四周连续设置围挡,市区主要道路和其他涉及市容景观路段的工地围挡的高度不得低于2.5m。选项D错误,施工现场设置排水系统,严禁泥浆、污水、废水外流或未经允许排入河道,严禁堵塞下水道和排水河道。故选ACE。

2.CDE [解析]本题考查的是施工现场文明施工的要求。选项A错误,作业区、生活区主干道地面必须用一定厚度的混凝土硬化,场内其他道路地面也应硬化处理。选项B错误,施工场地内的建筑材料必须按施工现场总平面布置图堆放,布置合理。故选CDE。

3.AB [解析]本题考查的是施工现场文明施工的要求。选项C错误,市区主要路段和其他涉及市容景观路段的工地设置围挡的高度不低于2.5m,其他工地的围挡高度不低于1.8m,围挡材料要求坚固、稳定、统一、整洁、美观。选项D错误,严禁泥浆、污水、废水外流或未经允许排入河道,严禁堵塞下水道和排水河道。选项E错误,应确立项目经理为现场文明施工的第一责任人。故选AB。

4.ACD [解析]本题考查的是施工现场职业健康安全卫生的要求。选项A错误,制作间灶台及其周边应贴瓷砖,所贴瓷砖高度不宜小于1.5m,地面应做硬化和防滑处理。选项B正确,食堂必须有卫生许可证,炊事人员必须持身体健康证上岗。选项C错误,施工现场作业人员发生法定传染病、食物中毒或急性职业中毒时,必须在2h内向施工现场所在地建设行政主管部门和有关部门报告,并应积极配合调查处理。选项D错误,高层建筑施工超过8层以后,每隔4层宜设置临时厕所。选项E正确,食堂应设置在远离厕所、垃圾站、有毒有害场所等污染源的地方。故选ACD。

刷综合

答案速查

单项	1.A	2.A	3.C	4.B	5.D
	6.C	7.D	8.B	9.C	
多项	1.ABCE	2.AC	3.DE	4.AE	5.BD
	6.ABC	7.ACE	8.ABDE		

一、单项选择题

1.A [解析]本题考查的是安全隐患的处理。预防与减灾并重治理原则:治理安全事故隐患时,需尽可能减少发生事故的可能性,如果不能安全控制事故的发生,也要设法将事故减低。但是不论预防措施如何完善,都不能保证事故绝对不会发生,还必须对事故减灾作好充分准备,研究应急技术操作规范。如应及时切断供料及切断能源的操作方法,应及时降压、降温、降速以及停止运行的方法,应及时排放毒物的方法,应及时疏散及抢救的方法,应及时请求救援的方法等。还应定期组织训练和演习,使该生产环境中每名干部及工人都真正掌握这些减灾技术。故选A。

2.A [解析]本题考查的是职业健康安全与环境管理的特点和要求。选项A错误,对于依法批准开工报告的建设工程,建设单位应当自开工报告批准之日起15日内,将保证安全施工的措施报送建设工程所在地的县级以上人民政府建设行政主管部门或者其他有关部门备案。故选A。

3.C [解析]本题考查的是职业健康安全管理体系与环境管理体系的建立和运行。管理评审是由组织的最高管理者对管理体系的系统评价,判断组织的管理体系面对内部情况和外部环境的变化是否充分适应有效,由此决定是否对管理体系做出调整,包括方针、目标、机构和程序等。故选C。

4.B [解析]本题考查的是安全隐患的处理。某工地发生触电事故,一方面进行人员的安全用电操作教育,同时现场也要设置漏电开关,对配电箱、用电线路进行防护改造,也要严禁非专业电工乱接乱拉电线。这体现了安全事故隐患处理单项隐患综合治理原则。故选B。

5.D [解析]本题考查的是安全隐患的处理。治理安全事故隐患时,需尽可能减少发生事故的可能性,如果不能安全控制事故的发生,也要设法将事故等级减低,属于预防与减灾并重治理原则。故选D。

6.C [解析]本题考查的是生产安全事故应急预案的管理。选项A错误,评审人员与所评审预案的生产经营单位有利害关系的,应当回避。选项B错误,地方各级人民政府应急管理部门的应急预案,应报同级人民政府备案,同时抄送上一级人民政府应急管理部门,并依法向社会公布;地方各级人民政府其他负有安全生产监督管理职责的部门的应急预案,应当抄送同级人民政府应急管理部门。选项D错误,生产经营单位应每年至少组织一次综合应急预案演练或者专项应急预案演练。故选C。

7.D [解析]本题考查的是生产安全事故应急预案的管理。选项A错误,地方各级人民政府应急管理部门应当组织有关专家对本部门编制的应急预案进行审定,必要时可以召开听证会,听取社会有关方面的意见。选项B错误,地方各级人民政府应急管理部门的应急预案,应报同级人民政府备案,同时抄送上一级人民政府应急管理部门,并依法向社会公布。选项C错误,生产经营单位应每半年组织一次现场处置方案演练。故选D。

8.B [解析]本题考查的是施工现场环境保护的要求。固体废物的主要处理方法如下:回收利用;减量化处理;焚烧;稳定和固化;填埋。题干中的做法属于固体废物稳定和固化处理方法。故选B。

9.C [解析]本题考查的是施工现场环境保护的要求。选项ABD均属于传播途径的控制。故选C。

二、多项选择题

1.ABCE [解析]本题考查的是施工安全技术措施和安全技术交底。选项D错误,对于交叉作业的施工班组,必须定期进行书面交底。故选ABCE。

2.AC [解析]本题考查的是生产安全事故应急预案的内容。选项B错误,编制生产安全事故应急预案是为了在发生紧急状况时能够进行合理的安排与救援措施,是响应突发事故的行动指南。选项D错误,现场处置方案针对的是具体装置、场所、设施或岗位。选项E错误,专项应急预案针对的是具体的事故类别。故选AC。

3.DE [解析]本题考查的是施工现场文明施工的要求。选项A错误,项目经理是现场文明施工的第一负责人。选项B错误,市区主要路段围挡高度不得低于2.5m,市郊不低于1.8m。选项C错误,严禁泥浆、污水、废水外流或未经允许排入河道。故选DE。

4.AE [解析]本题考查的是职业健康安全与环境管理的特点和要求。选项B错误,企业的法定代表人是安全生产的第一负责人。选项C错误,项目负责人是施工项目生产的主要负责人。选项D错误,环保行政主管部门应在收到申请环保设施竣工验收之日起30日内完成验收。故选AE。

5.BD [解析]本题考查的是职业健康安全管理体系与环境管理体系的建立和运行。选项A错误,合规性评价分公司级和项目组级评价两个层次进行。选项C错误,公司级评价每年进行一次。选项E错误,项目组级合规性评价,由项目经理组织进行一次合规性评价。当某个阶段施工时间超过半年时,合规性评价不少于一次。项目工程结束时应针对整个项目工程进行系统的合规性评价。故选BD。

6.ABC [解析]本题考查的是职业健康安全事故的分类和处理。选项D错误,事故调查组应当自事故发生之日起60日内提交事故调查报告。选项E错误,必要时,应急管理部门和负有安全生产监督管理职责的有关部门可以越级上报事故情况。故选ABC。

7.ACE [解析]本题考查的是职业健康安全事故的分类和处理。根据题干,此事故造成的直接经济损失低于1000万元,属于一般事故。选项A正确,各个行业的建设施工中出现了安全事故,都应当向建设行政主管部门报告,专业工程出现安全事故,还需要向有关行业主管部门报告。选项B错误,重大事故、较大事故、一般事故,负责事故调查的人民政府应当自收到事故调查报告之日起15日内作出批复;特别重大事故,30日内作出批复。选项C正确,一般事故上报至设区的市级人民政府应急管理部门和负有安全生产监督管理职责的有关部门。选项D错误,"自行组织"错误。一般事故应由县级人民政府组成调查组,未造成人员伤亡的一般事故,县级人民政府也可以委托事故发生单位组织事故调查组进行调查。选项E正确,分析事故原因时,通过直接和间接地分析,确定事故的直接责任者、间接责任者和主要责任者。故选ACE。

[核心总结]

事故类别	调查部门	审理结案时间
一般事故	县级人民政府	自收到事故调查报告之日起15日内作出批复
较大事故	设区的市级人民政府	
重大事故	事故发生地省级人民政府	
特别重大事故	国务院或者国务院授权有关部门组织事故调查组	30日内作出批复,特殊情况下时间可以延长,最长时间不超过30日

8.ABDE [解析]本题考查的是施工现场环境保护的要求。选项A错误,高大建筑物清理施工垃圾时,要使用封闭式的容器或者采取其他措施处理高空废弃物,严禁凌空随意抛撒。选项B错误,施工现场100人以上的临时食堂,污水排放时可设置简易有效的隔油池,定期清理,防止污染。选项D错误,利用消声器阻止声音传播属于消声。选项E错误,焚烧用于不适合再利用且不宜直接予以填埋处置的废物,不得在施工现场熔化沥青和焚烧油毡、油漆,亦不得焚烧其他可产生有毒有害和恶臭气体的废弃物。故选ABDE。

第6章 建设工程合同与合同管理

专题1 建设工程施工招标与投标

答案速查

	刷基础										
单项	1.C	2.B	3.D	4.D	5.D	6.C	7.D	8.A	9.C	10.C	11.C
	12.D										
多项	1.BCD	2.CDE	3.BCE	4.AC	5.ABCE	6.DE	7.ABCD	8.ABCD	9.CDE	10.ABE	11.ACE
	刷提升										
单项	1.D	2.D	3.A		多项	1.DE	2.ABCE	3.AB			

刷基础

一、单项选择题

1.C [解析]本题考查的是施工招标。选项 A 错误,工程施工招标发布信息时,必须采用公开的方式。选项 B 错误,除了中国招投标公共服务平台,还可以在项目所在地省级电子招投标公共服务平台发布。选项 D 错误,未中标,购买费用不予退还。故选 C。

2.B [解析]本题考查的是合同谈判与签约。选项 A 错误,发布招标公告为要约邀请。选项 C 错误,提交投标文件为要约。选项 D 错误,发出中标通知书为承诺。故选 B。

3.D [解析]本题考查的是施工招标。招标人可以对已发出的资格预审文件或者招标文件进行必要的澄清或者修改。澄清或者修改的内容可能影响资格预审申请文件或者投标文件编制的,招标人应当在提交资格预审申请文件截止时间至少 3 日前,或者投标截止时间至少 15 日前,以书面形式通知所有获取资格预审文件或者招标文件的潜在投标人;不足 3 日或者 15 日的,招标人应当顺延提交资格预审申请文件或者投标文件的截止时间。故选 D。

[核心总结]

招标文件与资格预审文件四个阶段的对比,如下表所示。

阶段	资格预审文件	招标文件
发售期	发售日期不得少于 5 日	发售日期不得少于 5 日

（续表）

阶段	资格预审文件	招标文件
准备期	自停售之日起至截止之日不少于 5 日	自发售之日起至截止之日不少于 20 日
修改期	自修改之日至截止之日不少于 3 日	自修改之日至截止之日不少于 15 日
异议期	距截止之日提前 2 日提出	距截止之日提前 10 日提出

4.D [解析]本题考查的是施工招标。对于有些特殊项目,采用邀请招标方式确实更加有利。根据《中华人民共和国招标投标法实施条例》,有下列情形之一的,经批准可以采用邀请招标:①技术复杂、有特殊要求或者受自然环境限制,只有少量潜在投标人可供选择;②采用公开招标方式的费用占项目合同金额的比例过大。故选 D。

5.D [解析]本题考查的是施工投标。施工方案是报价的基础和前提,也是招标人评标时要考虑的重要因素之一。施工方案应由投标人的技术负责人主持制定。故选 D。

6.C [解析]本题考查的是施工投标。选项 A 错误,在该期间,投标人不能替换已提交的投标文件。选项 B 错误,在该期间,投标人不能补充或修改已提交的投标文件。选项 D 错误,投标文件在该期间送达的,应被视为无效投标。故选 C。

7.D [解析]本题考查的是合同谈判与签约。对于工期较长的建设工程,容易遭受货币贬值或通货膨胀等因素的影响,可能给承包人造成较大损失。价格调整条款可以比较公正地解决这一承包人无法控制的风险损失。故选 D。

8.A [解析]本题考查的是合同谈判与签约。建设工程施工合同的付款分四个阶段进行,即预付款、工程进度款、最终付款和退还质量保证金。关于支付时间、支付方式、支付条件和支付审批程序等有很多种可能的选择,并且可能对承包人的成本、进度等产生比较大的影响。故选 A。

9.C [解析]本题考查的是施工投标。关于工程量的复核,有的招标文件中提供了工程量清单,尽管如此,投标者还是需要进行复核,因为这直接影响到投标报价以及中标的机会。对于单价合同,尽管是以实测工程量结算工程款,但投标人仍应根据图纸仔细核算工程量,当发现相差较大时,投标人应向招标人要求澄清。故选 C。

10.C [解析]本题考查的是合同谈判与签约。招标人通过媒体发布招标公告,或向符合条件的投标人发出招标文件为要约邀请;投标人根据招标文件内容在约定的期限内向招标人提交投标文件,为要约;招标人通过评标确定中标人,发出中标通知书,为承诺;招标人和中标人按照中标通知书、招标文件和中标人的投标文件等订立书面合同时,合同成立并生效。故选 C。

11.C [解析]本题考查的是施工招标。选项 A 正确,招标文件或者资格预审文件售出后,不予退还。选项 B 正确,招标人应当按招标公告或者投标邀请书规定的时间、地点出售招标文件或资格预审文件。选项 C 错误,对于所附的设计文件,招标人可以向投标人酌收押金;对于开标后投标人退还设计文件的,招标人应当向投标人退还押金。选项 D 正确,自招标文件或者资格预审文件出售之日起至停止出售之日止,最短不得少于 5 日。故选 C。

12.D [解析]本题考查的是施工投标。选项 A 错误,投标人在招标文件要求提交投标文件的截止时间后送达的投标文件,招标人可以拒收。选项 B 错误,投标人在招标范围以外提出新的要求,均被视

为对于招标文件的否定,不会被招标人所接受。选项 C 错误,不平衡报价是投标报价策略之一。选项 D 正确,标书的提交要有固定的要求,基本内容是签章、密封。如果不密封或密封不满足要求,投标是无效的。投标书还需要按照要求签章,投标书需要盖有投标企业公章以及企业法人的名章(或签字)。故选 D。

二、多项选择题

1.BCD [解析]本题考查的是施工招标。选项 A 属于可以邀请招标的范围。选项 E 缺少"大型"这个前提条件。故选 BCD。

2.CDE [解析]本题考查的是施工招标。建设工程施工招标应具备的条件,简单来说就是有人、有钱、有图纸、有手续。依法必须招标的工程建设项目,应当具备下列条件才能进行施工招标:①招标人已经依法成立;②初步设计及概算应当履行审批手续的,已经批准;③招标范围、招标方式和招标组织形式等应当履行核准手续的,已经核准;④有相应资金或资金来源已经落实。⑤有招标所需的设计图纸及技术资料。故选 CDE。

3.BCE [解析]本题考查的是施工投标。投标人须知是基础信息文件。选项 A 错误,招标人的责权利是法律赋予的。选项 D 错误,施工技术说明针对的不是招投标活动。故选 BCE。

4.AC [解析]本题考查的是合同谈判与签约。施工单位中标后即与招标人展开合同讨论,对于达成一致的内容应以"合同补遗"或"会议纪要"的形式保存下来,并形成书面资料。故选 AC。

5.ABCE [解析]本题考查的是施工招标。初步评审阶段要对报价计算的正确性进行审查,详细评审对于商务评审主要是对投标书的报价高低、报价构成、计价方式、计算方法、支付条件、取费标准、价格调整、税费、保险及优惠条件等进行评审。故选 ABCE。

6.DE [解析]本题考查的是合同谈判与签约。选项 A 错误,在合同谈判阶段双方谈判的结果一般以"合同补遗"形式,有时也可以以"合同谈判纪要"形式,形成书面文件。选项 B 错误,因为建设工程施工承包合同必须遵守法律,对于违反法律的条款,即使由

合同双方达成协议并签了字,也不受法律保护。选项 C 错误,因为双方在合同谈判结束后,应按要求形成一个完整的合同文本草案,经双方代表认可后形成正式文件,双方核对无误后,由双方代表草签,至此合同谈判阶段即告结束。此时,承包人应及时准备和递交履约保函,准备正式签署施工承包合同。故选 DE。

7. ABCD [解析]本题考查的是施工招标。以下项目宜采用招标的方式确定承包人:①大型基础设施、公用事业等关系社会公共利益、公众安全的项目;②全部或者部分使用国有资金投资或者国家融资的项目;③使用国际组织或者外国政府贷款、援助资金的项目。故选 ABCD。

8. ABCD [解析]本题考查的是施工招标。属于以不合理条件限制、排斥潜在投标人或者投标人的行为有:①就同一招标项目向潜在投标人或者投标人提供有差别的项目信息;②设定的资格、技术、商务条件与招标项目的具体特点和实际需要不相适应或者与合同履行无关;③依法必须进行招标的项目以特定行政区域或者特定行业的业绩、奖项作为加分条件或者中标条件;④对潜在投标人或者投标人采取不同的资格审查或者评标标准;⑤限定或者指定特定的专利、商标、品牌、原产地或者供应商;⑥依法必须进行招标的项目非法限定潜在投标人或者投标人的所有制形式或者组织形式;⑦以其他不合理条件限制、排斥潜在投标人或者投标人。故选 ABCD。

9. CDE [解析]本题考查的是施工招标。详细评审是评标的核心,是对标书进行实质性审查,包括技术评审和商务评审。技术评审主要是对投标书的技术方案、技术措施、技术手段、技术装备、人员配备、组织结构、进度计划等的先进性、合理性、可靠性、安全性、经济性等进行分析评价。商务评审主要是对投标书的报价高低、报价构成、计价方式、计算方法、支付条件、取费标准、价格调整、税费、保险及优惠条件等进行评审。故选 CDE。

10. ABE [解析]本题考查的是施工招标。评标方法可以采用评议法、综合评分法或评标价法等,可根据不同的招标内容选择确定相应的方法。故

选 ABE。

11. ACE [解析]本题考查的是施工招标。选项 B 错误,招标人对问题的答复函件不需要注明问题来源。选项 D 错误,会议纪要和答复函件形成招标文件的补充文件,都是招标文件的有效组成部分,与招标文件具有同等法律效力。当补充文件与招标文件内容不一致时,应以补充文件为准。故选 ACE。

刷提升

一、单项选择题

1. D [解析]本题考查的是施工招标。初步评审主要是进行符合性审查:一是主要审查投标书是否实质响应招标文件,二是审查报价计算的正确性。故选 D。

2. D [解析]本题考查的是合同谈判与签约。选项 A 错误,谈判中就双方达成一致,并且落实在书面上,并明确它是构成合同一部分的文件才是合同文件的组成部分。选项 B 错误,合同制定前提是遵守我国现行法律法规,涉及违反法律的条款,不受法律保护。选项 C 错误,合同谈判结束后,先形成合同文本草案,经双方确认后,形成正式合同文件。故选 D。

3. A [解析]本题考查的是施工招标。选项 A 正确,招标人在发布招标公告、发出投标邀请书后或者售出招标文件或资格预审文件后不得擅自终止招标。选项 B 错误,投标人必须自费购买相关招标文件或资格预审文件。选项 C 错误,自招标文件或者资格预审文件出售之日起至停止出售之日止,最短不得少于 5 日。选项 D 错误,招标人对已发出的招标文件进行必要的澄清或者修改,应当在招标文件要求提交投标文件截止时间至少 15 日前发出。故选 A。

二、多项选择题

1. DE [解析]本题考查的是施工投标。选项 A 错误,标书密封不满足要求,投标无效。选项 B 错误,项目经理部组织投标时需要企业法人对投标项目经理的授权委托书。选项 C 错误,通常情况下投标需要提交投标担保。故选 DE。

2. ABCE [解析]本题考查的是合同谈判与签约。选项 D 错误,承包人应努力争取用维修保函来代替业

主扣留的保留金,承包人提前将保留金取回提交维修保函,保函到期时自动作废,这对承包人而言风险较小;而业主也可以凭维修保函向银行索要维修款项,对业主来讲风险并没有增加,相对公平。故选ABCE。

3.AB [解析]本题考查的是施工招标。选项A错误,

在指定的时间、地点开始出售资格预审文件,并同时公布对资格预审文件的答疑的具体时间。选项B错误,招标人对申请参加投标的潜在投标人进行资质条件、业绩、信誉、技术、资金等多方面的情况进行资格审查;经认定合格的潜在投标人,才可以参加投标。故选AB。

专题2　建设工程合同的内容

答案速查

刷基础

单项	1.A	2.A	3.A	4.A	5.B	6.A	7.D	8.D	9.B	10.B	11.B
	12.B	13.A	14.B	15.B							

多项	1.ABCE	2.ABC	3.BC	4.ACE	5.ABD	6.ABCE	7.BE	8.BE	9.ACD	10.ABCD	11.ACDE
	12.BD	13.ABCD	14.ABCD	15.ABC	16.ABCD	17.CDE	18.ADE				

刷提升

单项	1.B	2.B	3.C	4.C		多项	1.ABD	2.BCD	3.BCD	4.BCDE

刷基础

一、单项选择题

1.A [解析]本题考查的是施工专业分包合同的内容。选项B错误,分包人不得直接接受发包人或工程师的指令。选项C错误,分包人应遵守政府有关主管部门的管理规定,并按规定办理有关手续。选项D错误,未经承包人允许,分包人不得以任何理由与发包人或工程师发生直接工作联系。故选A。

2.A [解析]本题考查的是施工承包合同的内容。工程竣工验收合格的,实际竣工日按提交竣工验收申请之日起算,保修期自竣工验收合格之日起算;故本题的实际竣工日为6月15日,保修期起算日为7月10日。故选A。

3.A [解析]本题考查的是物资采购合同的内容。选项B错误,供货方负责送货的,以采购方收货戳记的日期为准。选项C错误,采购方提货的,以供货方按合同规定通知的提货日期为准。选项D错误,凡委托运输单位代运的产品,以供货方发运产品时承运单位签发的日期为准。故选A。

4.A [解析]本题考查的是施工承包合同的内容。对

于不合格工程的处理,因承包人原因造成工程不合格的,发包人有权随时要求承包人采取补救措施,直至达到合同要求的质量标准,由此增加的费用和(或)延误的工期由承包人承担。故选A。

5.B [解析]本题考查的是施工承包合同的内容。工程未经竣工验收,发包人擅自使用的,以转移占有工程之日为实际竣工日期。故选B。

6.A [解析]本题考查的是施工劳务分包合同的内容。根据建设工程施工专业分包合同,承包人应提供总包合同供分包人查阅,但可以不包括其中有关承包工程的价格内容。故选A。

7.D [解析]本题考查的是施工劳务分包合同的内容。在合同中可以约定,下列情况下,固定劳务报酬或单价可以调整:①以本合同约定价格为基准,市场人工价格的变化幅度超过一定百分比时,按变化前后价格的差额予以调整;②后续法律及政策变化,导致劳务价格变化的,按变化前后价格的差额予以调整;③双方约定的其他情形。故选D。

8.D [解析]本题考查的是施工承包合同的内容。建设工程合同签订以后,施工开始之前,发包人会向承

包人支付第一笔钱——工程预付款。在施工过程中,发包人按合同约定对付款周期内承包人完成的合同价款给予支付的款项——工程进度款。工程建设完成后,经验收质量合格,根据承包人的申请由发包人支付的款项——最终付款。保修期满后经检查合格,业主将保留的最后一笔钱支付给承包商——退还保证金。因此,合同签订后到完成合同全部内容后,支付工程合同款共 4 个阶段,即工程预付款、工程进度款、最终付款和退还保留金。故选 D。

9.B [解析]本题考查的是施工劳务分包合同的内容。承包人收到劳务分包人递交的结算资料后 14 天内进行核实,给予确认或者提出修改意见,承包人确认结算资料后 14 天内向劳务分包人支付劳务报酬尾款。故选 B。

10.B [解析]本题考查的是工程总承包合同的内容。建设工程项目总承包与施工承包的最大不同之处在于总承包商要负责全部或部分的设计,并负责物资设备的采购。故选 B。

11.B [解析]本题考查的是施工承包合同的内容。合同通用条款规定的优先顺序为:①合同协议书;②中标通知书(如果有);③投标函及其附件(如果有);④专用合同条款及其附件;⑤通用合同条款;⑥技术标准和要求;⑦图纸;⑧已标价工程量清单或预算书;⑨其他合同文件。故选 B。

12.B [解析]本题考查的是施工承包合同的内容。缺陷责任期从工程通过竣工验收之日起计算。本题缺陷责任期为 5 月 15 日。工程保修期从工程竣工验收合格之日起算,故本题中的保修期为 6 月 10 日。故选 B。

13.A [解析]本题考查的是施工专业分包合同的内容。选项 B 错误,承包人向分包人提供具备施工条件的施工场地。选项 C 错误,未经承包人允许,分包人不得以任何理由与发包人或工程师发生直接工作联系,分包人不得直接致函发包人或工程师,也不得直接接受发包人或工程师的指令。选项 D 错误,分包合同价款与总包合同相应部分价款无任何连带关系。故选 A。

14.B [解析]本题考查的是工程总承包合同的内容。

工程总承包的任务应该明确规定。从时间范围上,一般可包括从工程立项到交付使用的工程建设全过程,具体可包括勘察设计、设备采购、施工、试车(或交付使用)等内容。从具体的工程承包范围看,可包括所有的主体和附属工程、工艺、设备等。故选 B。

15.B [解析]本题考查的是施工专业分包合同的内容。选项 A 错误,分包工程合同价款可以采用以下三种中的一种:①固定价格;②可调价格;③成本加酬金。选项 B 正确,分包工程合同价款与总包合同相应部分价款无任何连带关系。选项 C 错误,分包人遵守政府有关主管部门对施工场地交通、施工噪音以及环境保护和安全文明生产等的管理规定,按规定办理有关手续,并以书面形式通知承包人,承包人承担由此发生的费用,因分包人责任造成的罚款除外。选项 D 错误,分包人应允许承包人、发包人、工程师(监理人)及其三方中任何一方授权的人员在工作时间内,合理进入分包工程施工场地或材料存放的地点,以及施工场地以外与分包合同有关的分包人的任何工作或准备的地点,分包人应提供方便。故选 B。

二、多项选择题

1.ABCE [解析]本题考查的是物资采购合同的内容。选项 D 错误,采购方不能按期提货,除支付违约金以外,还应承担逾期提货给供货方造成的代为保管费、保养费等。故选 ABCE。

2.AB [解析]本题考查的是施工承包合同的内容。选项 D 错误,办理工伤保险属于承包人的责任。工伤保险是劳动者在工作中受到意外伤害时从国家或社会获得物质帮助的一种保险,是承包人按国家标准为自有职工强制缴纳的。选项 E 错误,施工场地周边的环境保护属于承包人的责任。承包人在施工过程中不可避免地会对周边环境产生影响,在合同履行期间,承包人应采取合理措施保护施工场地周边环境。故选 ABC。

3.BC [解析]本题考查的是施工承包合同的内容。选项 A 错误,支付施工现场邻近的古树保护费用属于发包人的义务。施工现场临近的古树是项目建开始之前客观存在的,也属于项目周边环境的一部分,承包人应采取合理措施保护施工场地周边环境,但涉及地下管线和邻近建筑物、构筑物(包括文物保护建筑)、古树名木的费用由发包人承担。选项 D 错误,办理施工许可证属于发包人的义务。选项 E 错误,办理施工现场爆破作业申请属于发包人的义务。故选 BC。

4.ACE [解析]本题考查的是物资采购合同的内容。题干中给出供货方提前交货、采购方自提货物的情况,因此采购方可按合同规定的 7 月 10 日交付货款总额,只提取约定数量的货物。对多交货部分可代为保管,但保管费应由供货方承担。故选 ACE。

5.ABD [解析]本题考查的是施工承包合同的内容。各种施工合同示范文本一般都由以下 3 部分组成:①协议书;②通用条款;③专用条款。故选 ABD。

6.ABCE [解析]本题考查的是施工承包合同的内容。合同通用条款规定的优先顺序为:①合同协议书;②中标通知书(如果有);③投标函及其附录(如果有);④专用合同条款及其附件;⑤通用合同条款;⑥技术标准和要求;⑦图纸;⑧已标价工程量清单或预算书;⑨其他合同文件。故选 ABCE。

7.BE [解析]本题考查的是施工承包合同的内容。选项 A 错误,发包人和监理人对承包人提交的施工进度计划的确认,不能减轻或免除承包人根据法律规定和合同约定应承担的任何责任或义务。选项 C 错误,工期自监理人发出的开工通知中载明的开工日期起算。选项 D 错误,监理人认为有必要时,并经发包人批准后,可向承包人作出暂停施工的指示。故选 BE。

8.BE [解析]本题考查的是施工劳务分包合同的内容。选项 ACD 属于承包人的主要义务。故选 BE。

9.ACD [解析]本题考查的是施工专业分包合同的内容。选项 B 错误,如分包人与发包人或工程师发生直接工作联系,将被视为违约,并承担违约责任。选项 E 错误,分包人应遵守政府有关主管部门对施工场地交通、施工噪声以及环境保护和安全文明生产等的管理规定,按规定办理有关手续,并以书面形式通知承包人,承包人承担由此发生的费用。故

选 ACD。

10.ABCD [解析]本题考查的是工程总承包合同的内容。选项 E 错误,承包人负责编制项目进度计划,项目进度计划中的施工期限(含竣工试验),应符合合同协议书的约定。故选 ABCD。

11.ACDE [解析]本题考查的是工程咨询合同的内容。选项 B 错误,在客户和第三方之间提供证明、行使决定权或处理权时,不是作为仲裁人,而是作为独立的专业人员,根据自己的专业技能和判断进行工作。故选 ACDE。

12.BD [解析]本题考查的是施工承包合同的内容。选项 A 错误,承包人应在订立合同前查勘施工现场,并根据工程规模及技术参数合理预见工程施工所需的进出施工现场的方式、手段、路径等,因承包人未合理预见所增加的费用和(或)延误的工期由承包人自己承担。选项 C 错误,因承包人原因造成的场内道路或交通设施损坏的,承包人负责修复并承担由此增加的费用。选项 E 错误,由承包人负责运输的超大件或超重件,应由承包人负责向交通管理部门办理申请手续,发包人给予协助。运输超大件或超重件所需的道路和桥梁临时加固改造费用和其他有关费用,由承包人承担,但专用合同条款另有约定除外。故选 BD。

13.ABCD [解析]本题考查的是施工承包合同的内容。选项 E 错误,发包人应最迟于开工日期 7 天前向承包人移交施工现场。故选 ABCD。

14.ABCD [解析]本题考查的是施工承包合同的内容。选项 E 属于发包人的权利和义务。故选 ABCD。

15.ABC [解析]本题考查的是工程监理合同的内容。选项 D 错误,经委托人同意,签发工程暂停令和复工令。选项 E 错误,该项工作应由项目监理机构组织,而不仅仅是参与。故选 ABC。

16.ABCD [解析]本题考查的是物资采购合同的内容。验收方式有驻厂验收、提运验收、接运验收和入库验收等方式。故选 ABCD。

17.CDE [解析]本题考查的是工程监理合同的内容。选项 A 属于承包人的义务。选项 B 属于发包人的义务。故选 CDE。

18.ADE [解析]本题考查的是施工劳务分包合同的内容。选项 A 正确,承包人向劳务分包人提供生产、生活临时设施。选项 B 错误,劳务分包人必须为从事危险作业的职工办理意外伤害保险,并为施工场地内自有人员生命财产和施工机械设备办理保险,支付保险费用。选项 C 错误,承包人组织编制物资需用量计划表。选项 D 正确,承包人必须为租赁或提供给劳务分包人使用的施工机械设备办理保险,并支付保险费用。选项 E 正确,承包人负责工程测量定位、沉降观测、技术交底,组织图纸会审,统一安排技术档案资料的收集整理及交工验收。故选 ADE。

[核心总结]

特殊情况	缺陷责任期的起算时间
单位工程先于全部工程进行验收	单位工程验收合格之日
承包人原因导致工程无法按合同约定期限进行竣工验收的	实际通过竣工验收之日
发包人原因导致工程无法按约定竣工验收的	承包人提交竣工验收申请报告90天后
发包人未经竣工验收擅自使用工程	工程转移占有之日起计算

2.B [解析]本题考查的是施工承包合同的内容。工程经竣工验收合格的,以承包人提交竣工验收申请报告之日为实际竣工日期,并在工程接收证书中载明;因发包人原因,未在监理人收到承包人提交的竣工验收申请报告42天内完成竣工验收,或完成竣工验收不予签发工程接收证书的,以提交竣工验收申请报告的日期为实际竣工日期;工程未经竣工验收,发包人擅自使用的,以转移占有工程之日为实际竣工日期。故选 B。

3.C [解析]本题考查的是施工劳务分包合同的内容。劳务分包人必须为从事危险作业的职工办理意外伤害保险,并为施工场地内自有人员生命财产和施工机械设备办理保险,支付保险费用。故选 C。

4.C [解析]本题考查的是施工专业分包合同的内容。选项 A 错误,分包人不得直接致函发包人或工程师,也不得直接接受发包人或工程师的指令。选项 B 错误,按照合同约定的时间,完成规定的设计内容,报承包人确认后在分包工程中使用。承包人承担由此发生的费用。选项 D 错误,在合同约定的时间内,向承包人提交详细的施工组织设计,承包人应

刷提升

一、单项选择题

1.B [解析]本题考查的是施工承包合同的内容。选项 A 错误,缺陷责任期从工程通过竣工验收之日起计算,合同当事人应在专用合同条款约定缺陷责任期的具体期限,但该期限最长不超过24个月。选项 C 错误,因发包人原因导致工程无法按合同约定期限进行竣工验收的,在承包人提交竣工验收报告90天后,工程自动进入缺陷责任期。选项 D 错误,未经竣工验收擅自使用工程的,缺陷责任期自工程转移占有之日起开始计算。故选 B。

在专用条款约定的时间内批准,分包人方可执行。故选 C。

二、多项选择题

1.ABD [解析]本题考查的是施工承包合同的内容。选项 CE 属于承包人的义务。故选 ABD。

2.BCD [解析]本题考查的是施工承包合同的内容。选项 A 错误,缺陷责任期最长期限不超过24个月。选项 E 错误,监理人的检查和检验影响施工正常进行的,且经检查检验不合格的,影响正常施工的费用由承包人承担,工期不予顺延。故选 BCD。

3.BCD [解析]本题考查的是工程监理合同的内容。选项 A 错误,当委托人与承包人之间的合同争议提交仲裁机构仲裁时,监理人应提供必要的证明资料。选项 E 错误,在紧急情况下,为了保护财产和人身安全,监理人所发出的指令未能事先报委托人批准时,应在发出指令后的24h内以书面形式报委托人。故选 BCD。

4.BCDE [解析]本题考查的是施工承包合同的内

容。在合同履行过程中,因下列情况导致工期延误和(或)费用增加的,由发包人承担此延误的工期和(或)增加的费用,且发包人应支付承包人合理的利润:①发包人未能按合同约定提供图纸或所提供图纸不符合合同约定的。②发包人未能按合同约定提供施工现场、施工条件、基础资料、许可、批准等开工条件的。③发包人提供的测量基准点、基准线和水准点及其书面资料存在错误或疏漏的。④发包人未能在计划开工日期之日起7天内同意下达开工通知的。⑤发包人未能按合同约定日期支付工程预付款、进度款或竣工结算款的。⑥监理人未按合同约定发出指示、批准等文件的。⑦专用合同条款中约定的其他情形。故选BCDE。

专题 3 合同计价方式

答案速查

刷基础

单项	1.A	2.A	3.B	4.A	5.C	6.A	7.A	8.D	9.A	10.D	11.D
	12.A	13.C									
多项	1.BCD	2.ACE	3.DE	4.BDE	5.ABE	6.BCD	7.CE	8.ABCD	9.ADE	10.DE	11.ACDE

刷提升

单项	1.B	2.B	3.C	4.B	多项	1.ABE	2.BDE	

刷基础

一、单项选择题

1.A [解析]本题考查的是工程咨询合同计价方式。人月费单价法是咨询服务中最常用、最基本的以服务时间为基础的计费方法。它通常是按每人每月所需费用(即人月费率)乘以相应的人月数,再加上其他非工资性开支(即可报销费用)计算。这种计算方法广泛用于一般性的项目规划和可行性研究、工程设计、项目管理和施工监理以及技术援助任务。需要说明的是,这种方法中的"人月费"并不仅仅是咨询人员的月工资。故选A。

2.A [解析]本题考查的是工程咨询合同计价方式。工程咨询合同咨询费的计价方式有三种:人月费单价法、按日计价法和工程建设费用百分比。选项A的工程进度百分比属于付款方式,不是费用计算的方法。故选A。

3.B [解析]本题考查的是成本加酬金合同。选项A错误,前半句说固定费用,后半句却说一定比例,前后说法有矛盾。选项C错误,确定固定数目的报酬金额是成本加固定费用合同。选项D错误,奖金是按照成本估算指标来确定,而不是按照成本估算指标的底点来确定。故选B。

4.A [解析]本题考查的是单价合同。因为合同约定工程量变化不调整单价。最终工程量为20000m^3,所以不考虑人工费调整时,结算价应为60万元。然后通过调值公式进行调值,人工费占比30%,平均上涨15%,所以最终的结算价为60×(0.7+0.3×115/100)=62.7(万元)。故选A。

5.C [解析]本题考查的是成本加酬金合同。当实行施工总承包管理模式或CM模式时,业主与施工总承包管理单位或CM单位的合同一般采用成本加酬金合同。故选C。

6.A [解析]本题考查的是成本加酬金合同。选项B错误,成本加固定费用的合同,有时也可在固定费用之外根据工程质量、工期和节约成本等因素,给承包商另加奖金,以鼓励承包商积极工作。选项C错误,成本加固定比例费用的合同,这种方式的报酬费用总额随成本加大而增加,不利于缩短工期和降低成本。选项D错误,当设计深度达到可以报总价的深度,应当采用最大成本加费用合同。故选A。

7.A [解析]本题考查的是工程咨询合同计价方式。采用人月费单价法计算咨询服务费用时，人月费率中包含的社会福利费一般为基本工资的20%~60%，公司管理费一般为基本工资的65%~150%，利润通常为基本工资、社会福利费、公司管理费之和的10%~20%。故选A。

8.D [解析]本题考查的是单价合同。虽然在投标报价、评标以及签订合同中，人们常常注重总价格，但在工程款结算中单价优先，对于投标书中明显的数字计算错误，业主有权力先作修改再评标，当总价和单价的计算结果不一致时，以单价为准调整总价。故选D。

9.A [解析]本题考查的是单价合同。石方结算款＝2500×100＝250000(元)＝25(万元)。合计：14+25＝39(万元)。故选A。

10.D [解析]本题考查的是总价合同。承包商的风险主要有两个方面：一是价格风险，二是工作量风险。价格风险有报价计算错误、漏报项目、物价和人工费上涨等；工作量风险有工程量计算错误、工程范围不确定、工程变更或者由于设计深度不够所造成的误差等。故选D。

11.D [解析]本题考查的是成本加酬金合同。最大成本加费用合同是指在工程成本总价合同基础上加固定酬金费用的方式，即当设计深度达到可以报总价的深度，投标人报一个工程成本总价和一个固定的酬金(包括各项管理费、风险费和利润)。故选D。

12.A [解析]本题考查的是单价合同。由于单价合同允许随工程量变化而调整工程总价，业主和承包商都不存在工程量方面的风险，因此对合同双方都比较公平。故选A。

13.C [解析]本题考查的是单价合同。选项A错误，对于投标书中明显的数字计算错误，业主有权力先作修改再评标，当总价和单价的计算结果不一致时，以单价为准调整总价。选项B错误，单价合同又分为固定单价合同和变动单价合同。选项D错误，当采用变动单价合同时，合同双方可以约定一个估计的工程量，当实际工程量发生较大变化时可以对单价进行调整，承包商的风险相对较小。故选C。

二、多项选择题

1.BCD [解析]本题考查的是总价合同。对业主而言，在合同签订时就可以基本确定项目的总投资额，对投资控制有利；在双方都无法预测的风险条件下和可能有工程变更的情况下，承包商承担了较大的风险，业主的风险较小；在固定总价合同中还可以约定，在发生重大工程变更、累计工程变更超过一定幅度或者其他特殊条件下可以对合同价格进行调整；在国际上，这种合同被广泛接受和采用，因为有比较成熟的法规和先例的经验。故选BCD。

2.ACE [解析]本题考查的是单价合同。对于变动单价合同，当国家相关政策发生变化时，相应的价格肯定需要调整；建设工程项目有些项目建设周期较长，如果不能约定调价的情况，当通货膨胀达到一定水平时，承包商可能会面临巨大的亏损，难以保证履约的正常进行，所以双方应对通货膨胀状态下价格如何调整进行约定；当实际工程量超出原计划工程量较多时，双方也可以对单价进行调整。故选ACE。

3.DE [解析]本题考查的是单价合同。选项ABC属于总价合同的特点。故选DE。

4.BDE [解析]本题考查的是总价合同。选项A错误，总价合同下，承包商承担全部工程量和价格的风险。选项C错误，漏报项目属于承包商承担的价格风险。故选BDE。

5.ABE [解析]本题考查的是总价合同。价格风险有报价计算错误、漏报项目、物价和人工费上涨等；工作量风险有工程量计算错误、工程范围不确定、工程变更或者由于设计深度不够所造成的误差等。故选ABE。

6.BCD [解析]本题考查的是总价合同。对建设周期一年半以上的工程项目，则应考虑下列因素引起的价格变化问题：劳务工资以及材料费用的上涨；其他影响工程造价的因素，如运输费、燃料费、电力等价格的变化；外汇汇率的不稳定；国家或者省、市立法的改变引起的工程费用的上涨。故选BCD。

7.CE [解析]本题考查的是成本加酬金合同。成本加酬金合同适用条件:①工程特别复杂,工程技术、结构方案不能预先确定,或者尽管可以确定工程技术和结构方案,但是不可能进行竞争性的招标活动并以总价合同或单价合同的形式确定承包商,如研究开发性质的工程项目;②时间特别紧迫,如抢险、救灾工程,来不及进行详细的计划和商谈。故选 CE。

8.ABCD [解析]本题考查的是成本加酬金合同。在施工承包合同中采用成本加酬金计价方式时,业主与承包商应该注意以下问题:①必须有一个明确的如何向承包商支付酬金的条款。包括支付时间和金额百分比。如果发生变更和其他变化,酬金支付如何调整;②应该列出工程费用清单,要规定一套详细的工程现场有关的数据记录、信息存储甚至记账的格式和方法,以便对工地实际发生的人工、机械和材料消耗等数据认真而及时地记录。应该保留有关工程实际成本的发票或付款的账单、表明款额已经支付的记录或证明等,以便业主进行审核和结算。故选 ABCD。

9.ADE [解析]本题考查的是成本加酬金合同。在工程成本总价合同基础上加固定酬金费用的方式,即当设计深度达到可以报总价的深度,投标人报一个工程成本总价和一个固定的酬金(包括各项管理费、风险费和利润)。故选 ADE。

10.DE [解析]本题考查的是总价合同。建设工程施工承包合同的计价方式主要有总价合同、单价合同、成本补偿合同。选项 A 错误,总价合同包括固定总价合同、变动总价合同,在总价合同中尚可约定某些合同价格调整因素来调整合同价格。选项 B 错误,在固定总价合同中,承包商需要承担价格风险、工作量风险,承担了较大的风险,而在单价合同中,承包商仅需要承担价格风险,所以与单价合同相比,总价合同对施工单位更不利。选项 C 错误,单价合同不利于业主的投资控制。故选 DE。

11.ACDE [解析]本题考查的是工程咨询合同计价方式。人月费单价法计算咨询服务费用时,人月费率除包括选项 ACDE 外,还包括津贴。故选 ACDE。

刷提升

一、单项选择题

1.B [解析]本题考查的是成本加酬金合同。成本加固定比例费用合同,工程成本中直接费加一定比例的报酬费,报酬部分的比例在签订合同时由双方确定。这种方式的报酬费用总额随成本加大而增加,不利于缩短工期和降低成本。一般在工程初期很难描述工作范围和性质,或工期紧迫,无法按常规编制招标文件招标时采用。故选 B。

2.B [解析]本题考查的是单价合同。选项 A 错误,单价合同中对于总价的计算采用实际量乘以单价的方式,双方都不存在工程量方面的风险。选项 C 错误,单价合同中对于总价的计算采用实际量乘以单价的方式,不存在总价过低的风险。选项 D 错误,变动单价合同,一般约定当通货膨胀到达一定程度,双方可以对单价进行调整,所以承包商不存在通货膨胀带来的单价上涨的风险。故选 B。

3.C [解析]本题考查的是总价合同。选项 A 错误,总价合同适用于投标期相对宽裕,工程量小、工期短,工程条件稳定并合理;工程设计详细,图纸完整清楚,工程任务和范围明确,工程结构和技术简单,风险小的项目。选项 B 错误,工程施工承包招标时,施工期限一年半以上的项目一般采用变动总价合同。选项 D 错误,变动总价合同中,通货膨胀等不可预见因素的风险由发包人承担。故选 C。

4.B [解析]本题考查的是工程咨询合同计价方式。工程建设费用百分比法一般适用于工程规模较小、工期较短(一般不超过一年)的建筑工程项目。故选 B。

二、多项选择题

1.ABE [解析]本题考查的是总价合同。选项 C 错误,总价合同中承包商风险较大,业主风险较小。选项 D 错误,举反例说明,如固定总价合同,所有工程量风险由承包商承担,设计变更将不能调整合同总价,除非是重大工程变更方可约定调整。故选 ABE。

2.BDE [解析]本题考查的是成本加酬金合同。对业主而言,成本加酬金的合同形成具有以下几个特点:①不必等图纸全部出来,可以分段施工,进度快;

②承包商风险较小,可以减少承包商的对立情绪,出现问题及时处理;③可以利用承包商的施工技术专家,对设计中的不足之处提出改进;④因为不能预先

确定合同总价,业主需要更深入地介入工程管理和控制;⑤为了防止突破投资,可以限定最大保证价格,转移一部分风险。故选BDE。

专题4　建设工程施工合同风险管理、工程保险和工程担保

答案速查

刷基础											
单项	1.C	2.D	3.C	4.B	5.C	6.A	7.B	8.D	9.A	10.D	11.B
	12.A										
多项	1.BCE	2.ABE	3.ACD	4.ACDE	5.ACDE	6.ABD	7.ACD	8.ABDE	9.AD	10.AE	
刷提升											
单项	1.D	2.A			多项	1.BC	2.ACD	3.ACDE			

刷基础

一、单项选择题

1.C ［解析］本题考查的是工程保险。选项A错误,一般责任险属于CIP保险的内容。反过来说,如果一揽子保险不包括一般责任险,怎么能称之为"一揽子"。选项B错误,CIP保险能实施有效的风险管理,这是它的优点。选项D错误,避免诉讼、便于索赔是CIP保险的优点。故选C。

2.D ［解析］本题考查的是工程保险。解答此题需要抓住关键词"我国"二字,题目指的是国内工程,应由项目法人办理保险。如果是国际项目,一般要求承包人去办理。故选D。

3.C ［解析］本题考查的是工程担保。投标有效期从提交投标文件的截止之日起算。故选C。

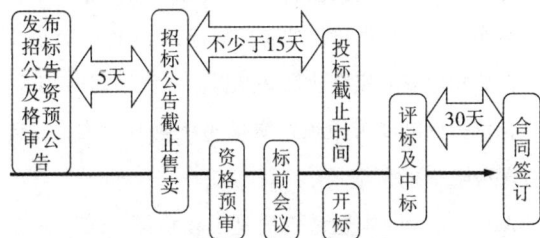

4.B ［解析］本题考查的是施工合同风险管理。选项A错误,业主改变设计方案属于项目组织成员资信和能力风险。选项B正确,对环境调查和预测的风险属于管理风险。选项C错误,自然环境的变化属于项目外界环境风险。选项D错误,合同所依据环

境的变化属于项目外界环境风险。故选B。

5.C ［解析］本题考查的是工程保险。选项A错误,第三者责任险的被保险人是项目法人和承包人。选项B错误,第三者责任险的赔偿范围是由于施工原因导致除项目法人和承包人以外的第三人受到财产损失或人身伤害,承包商在工地的财产损失属于工程一切险的范围。选项D错误,承包商在现场从事与工作有关的职工伤亡属于人身意外伤害险的范畴。故选C。

6.A ［解析］本题考查的是工程保险。选项A正确,已支付进度款的工程部分属于项目法人财产,未支付进度款但已经建设完成的工程部分属于承包人财产,故建设工程一切险应以双方名义共同投保。选项B错误,一般来讲,国内工程由项目法人投保,国际工程由承包商进行投保。选项C错误,工程一切险是针对财产的保险,职业责任险是针对人员工作疏忽的保险,两者并不相同且没有从属关系。选项D错误,人身意外伤害险针对的是参建的人员,与建设工程一切险没有从属关系。故选A。

7.B ［解析］本题考查的是工程担保。根据《中华人民共和国招标投标法实施条例》规定,投标保证金不得超过招标项目估算价的2%。根据《工程建设项目施工招投标办法》规定,施工投标保证金的数额一般不得超过总价的2%,但最高不得超过80万元人民币。注意两者的区别。故选B。

8.D [解析]本题考查的是工程担保。履约担保的有效期始于工程开工之日,终止日期则可以约定为工程竣工交付之日或者保修期满之日。故选D。

9.A [解析]本题考查的是工程担保。选项BCD的三种担保金额在担保有效期内是不变的。预付款一般逐月从工程付款中扣除,预付款担保的担保金额也相应逐月减少。故选A。

10.D [解析]本题考查的是工程保险。按照我国保险制度,工程险包括建筑工程一切险、安装工程一切险两类。为了保证保险的有效性和连贯性,国内工程通常由项目法人办理保险,国际工程一般要求承包人办理保险。故选D。

11.B [解析]本题考查的是工程担保。预付款担保是指承包人与发包人签订合同后领取预付款之前,为保证正确、合理使用发包人支付的预付款而提供的担保。故选B。

12.A [解析]本题考查的是工程担保。根据《工程建设项目勘察设计招标投标办法》规定,招标文件要求投标人提交投标保证金的,保证金数额一般不超过勘察设计费投标报价的2%,最多不超过10万元人民币。故选A。

二、多项选择题

1.BCE [解析]本题考查的是施工合同风险管理。选项A错误,政府工作人员干预,属于项目组织成员资信和能力风险。选项D错误,汇率调整,属于项目外界环境风险。故选BCE。

2.ABE [解析]本题考查的是施工合同风险管理。选项CD属于合同工程风险,客观原因和非主观故意导致的。故选ABE。

3.ACD [解析]本题考查的是工程保险。各类保险合同由于标的差异,除外责任不尽相同,但比较一致的有以下几项:投保人故意行为所造成的损失;因被保险人不忠实履行约定义务所造成的损失;战争或军事行为所造成的损失;保险责任范围以外,其他原因。选项B属于人身意外伤害险的范围。选项E属于第三者责任险的保险范围。故选ACD。

4.ACDE [解析]本题考查的是工程担保。选项B错误,支付担保是以保护承包人合法权益为目的的担

保。故选ACDE。

5.ACDE [解析]本题考查的是工程担保。投标担保方式:银行保函;担保公司担保书;同业担保书;投标保证金担保。具体方式由招标人在招标文件中规定。主要表现形式有银行保函和投标保证金担保。故选ACDE。

6.ABD [解析]本题考查的是工程担保。履约担保可以采用银行保函、履约担保书和履约保证金的形式,也可以采用同业担保的方式。在保修期内,工程保修担保可以采用预留保留金的方式。故选ABD。

7.ACD [解析]本题考查的是工程担保。选项A正确,根据FIDIC《土木工程施工合同条件》,对履约担保的规定有:如果合同要求承包人为其正确履行合同取得担保时,承包人应在收到中标函之后28天内,按投标书附件中注明的金额取得担保,并将此保函提交给业主。该保函应与投标书附件中规定的货币种类及其比例相一致。选项B错误,银行保函应与投标书附件中规定的货币种类及其比例相一致。选项C正确,提供担保的机构必须经业主同意。选项D正确,在缺陷责任证书发出后14天内将该保函退还给承包人。选项E错误,除非合同另有规定,因提供履约担保所发生的费用应由承包人负担。故选ACD。

8.ABDE [解析]本题考查的是工程担保。履约担保可以采用银行保函、履约担保书和履约保证金的形式,也可以采用同业担保的方式,即由实力强、信誉好的承包商为其提供履约担保,但应当遵守国家有关企业之间提供担保的有关规定,不允许两家企业互相担保或多家企业交叉互保。在保修期内,工程保修担保可以采用预留质量保证金的方式。故选ABDE。

9.AD [解析]本题考查的是工程担保。选项A错误,抵押是指债务人或者第三人不转移对所拥有财产的占有,将该财产作为债权的担保。选项D错误,招标文件要求中标人提交履约保证金的,中标人应当按照招标文件的要求提交。履约保证金不得超过中标合同金额10%。故选AD。

10.AE ［解析］本题考查的是施工合同风险管理。按合同风险产生的原因,可以分为合同工程风险和合同信用风险。合同工程风险是指客观原因和非主观故意导致的,如工程进展过程中发生不利的地质条件变化,工程变更、物价上涨、不可抗力等。合同信用风险是指主观故意原因导致的,表现为合同双方的机会主义行为,如业主拖欠工程款、承包商层层转包、非法分包、偷工减料、以次充好、知假买假等。故选AE。

刷提升

一、单项选择题

1.D ［解析］本题考查的是工程担保。在合同履行过程中,如果承包人违约,开出担保书的担保公司用履约担保书规定的担保金去完成施工任务或向发包人支付完成该项目所实际花费的金额,但该金额必须在保证金的担保金额之内。故选D。

2.A ［解析］本题考查的是工程担保。选项A正确,预付款担保由承包人提供,主要作用在于保证承包人能够按合同规定进行施工,偿还发包人已支付的全部预付金额。选项B错误,履约担保使承包商履行合同约定,保护业主的合法权益。选项C错误,投标担保是承包人提供,保护招标人,不因中标人不签约而蒙受经济损失。选项D错误,支付担保是中标

人要求招标人提供的保证履行合同中约定的工程款支付义务的担保。故选A。

二、多项选择题

1.BC ［解析］本题考查的是工程担保。选项A错误,前半句是履约担保,后半句却是预付款,很明显错误。关于预付款使用的担保是预付款担保。选项D错误,累计扣留的质量保证金一般限制在工程价款结算总额的3%不是合同总价款的3%。选项E错误,履约担保书由担保公司或保险公司开具,银行开具的担保叫银行保函。故选BC。

2.ACD ［解析］本题考查的是施工合同风险管理。选项B错误,如果业主不承担风险,也缺乏工程控制的积极性和内在动力,工程也不能顺利进行,可见,在施工合同中,承发包双方要合理分配风险。选项E错误,工程风险分配的原则符合工程惯例,即符合通常的工程处理方法。故选ACD。

3.ACDE ［解析］本题考查的是工程担保。支付担保的形式有银行保函、履约保证金、担保公司担保,具体由合同当事人在专用合同条款中约定。发包人的支付担保实行分段滚动担保,支付担保的额度为工程合同价总额的20%~25%。支付担保的作用之一是确保工程费用及时支付到位。故选ACDE。

专题5 建设工程施工合同实施

答案速查

刷基础										
单项	1.A	2.B	3.B	4.B	5.C	6.C	7.C	8.A	9.B	10.C
多项	1.BDE	2.ABCD	3.BCDE	4.ABCE	5.ABDE	6.ACDE	7.BCD	8.ABDE	9.ACD	10.ACD	11.ABDE

刷提升					
单项	1.C	2.B	3.D		多项	1.ACD	2.AE

刷基础

一、单项选择题

1.A ［解析］本题考查的是施工合同分析。选项B错误,补偿范围越大,承包人风险越大。选项C错误,

有前提,该指令必须是合同约定范围内的。选项D错误,索赔有效期越长,对承包人越有利。故选A。

2.B ［解析］本题考查的是施工合同实施控制。选项A错误,变更技术方案属于技术措施。选项C错误,调整工作流程属于组织措施。选项D错误,增加经

济投入属于经济措施。故选B。

[核心总结]

措施	关键词	实例
组织措施	组织论、与人有关	增加人员投入,调整人员安排,调整工作流程和工作计划等
技术措施	设计、方案、材料、机械	变更技术方案,采用新的高效率的施工方案等
经济措施	钱	增加投入、采取经济激励措施等
合同措施	合同、索赔	合同变更、附加协议、采取索赔手段等

3.B [解析]本题考查的是施工合同实施控制。选项A错误,施工方案的变更要经过工程师的批准。选项C错误,承包人应该无条件执行工程变更的指示,即使工程变更价款没有确定。选项D错误,政府部门要求导致的设计修改,由业主承担责任。故选B。

4.B [解析]本题考查的是施工合同实施控制。选项AC属于对自己的跟踪,即跟踪的是"承包的任务"。选项D属于对下家的跟踪。即跟踪的是"工程小组或分包人的工程和工作"。故选B。

5.C [解析]本题考查的是施工合同分析。工程竣工验收合格并办理了移交手续,表明承包人工程施工任务完成,但后续的保修工作仍然要继续,这也是合同的一部分,所以并没有解除承包人的所有责任,其保证金也没有退还。故选C。

6.C [解析]本题考查的是施工合同分析。建设工程施工合同发包人责任分析,主要分析发包人(业主)的合作责任。故选C。

7.C [解析]本题考查的是施工合同交底。项目经理或合同管理人员应将各种任务或事件的责任分解,落实到具体的工作小组、人员或分包单位。这种方式叫合同交底。故选C。

8.A [解析]本题考查的是施工合同履行过程中的诚信自律。不良行为记录是指建筑市场各方主体在工程建设过程中违反有关工程建设的法律、法规、规章或强制性标准和执业行为规范,经县级以上建设行

政主管部门或其委托的执法监督机构查实和行政处罚,形成的不良行为记录。故选A。

9.B [解析]本题考查的是施工合同履行过程中的诚信自律。不良行为记录信息的公布时间为行政处罚决定作出后7日内,公布期限一般为6个月至3年;良好行为记录信息公布期限一般为3年,法律、法规另有规定的从其规定。故选B。

10.C [解析]本题考查的是施工合同实施控制。产生偏差的原因分析:通过对合同执行实际情况与实施计划的对比分析,不仅可以发现合同实施的偏差,而且可以探索引起差异的原因。原因分析可以采用鱼刺图、因果关系分析图(表)、成本量差、价差、效率差分析等方法定性或定量地进行。故选C。

二、多项选择题

1.BDE [解析]本题考查的是施工合同实施控制。选项A错误,为了避免耽误工程,工程师和承包人就变更价格和工期补偿达成一致意见之前有必要先行发布变更指示,先执行工程变更工作,然后再就变更价格和工期补偿进行协商和确定。选项C错误,业主向承包人授标前(或签订合同前),可以要求承包人对施工方案进行补充、修改或作出说明,以便符合业主的要求。在授标后(或签订合同后)业主为了加快工期、提高质量等要求变更施工方案,由此所引起的费用增加可以向业主索赔。故选BDE。

2.ABCD [解析]本题考查的是施工合同实施控制。只有承包人原因导致的设计修改才由承包人承担责任,非承包人原因导致的设计修改都由业主方承担责任,如业主要求、政府部门要求、环境变化、不可抗力、原设计错误等。故选ABCD。

3.BCDE [解析]本题考查的是施工合同分析。施工合同发包人责任分析主要是分析发包人的工作责任。选项A错误,施工现场的管理,给发包人的管理人员提供生活和工作条件不属于发包人的合作责任。故选BCDE。

4.ABCE [解析]本题考查的是施工合同交底。合同交底的目的和任务:①对合同的主要内容达成一致理解;②将各种合同事件的责任分解落实到各工程小组或分包人;③将工程项目和任务分解,明确其质

量和技术要求以及实施的注意要点等;④明确各项工作或各个工程的工期要求;⑤明确成本目标和消耗标准;⑥明确相关事件之间的逻辑关系;⑦明确各个工程小组(分包人)之间的责任界限;⑧明确完不成任务的影响和法律后果;⑨明确合同有关各方(如业主、监理工程师)的责任和义务。故选 ABCE。

5. ABDE [解析]本题考查的是施工合同实施控制。合同跟踪的对象包括:承包的任务;工程小组或分包人的工程和工作;业主和其委托的工程师的工作。故选 ABDE。

6. ACDE [解析]本题考查的是施工合同实施控制。我国设计变更的范围:①增加或减少合同中任何工作,或追加额外的工作;②取消合同中任何工作,但转由他人实施的工作除外;③改变合同中任何工作的质量标准或其他特性;④改变工程的基线、标高、位置和尺寸;⑤改变工程的时间安排或实施顺序。故选 ACDE。

7. BCD [解析]本题考查的是施工合同实施控制。根据合同实施偏差分析的结果,承包商应该采取相应的调整措施,调整措施可以分为:①组织措施;②技术措施;③经济措施;④合同措施。故选 BCD。

8. ABDE [解析]本题考查的是施工合同实施控制。选项 C 错误,由设计方提出的工程变更,应该与业主协商或经业主审查并批准。故选 ABDE。

[核心总结]

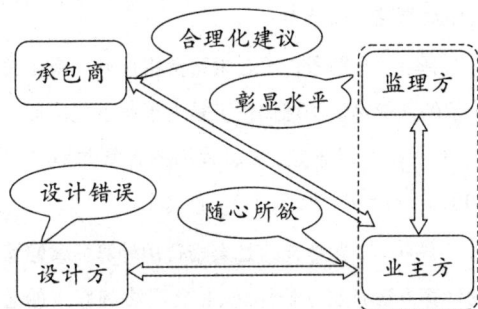

9. ACD [解析]本题考查的是施工合同实施控制。根据工程实施的实际情况,以下单位都可以根据需要提出工程变更:①承包商。②业主方。③设计方。故选 ACD。

10. ACD [解析]本题考查的是施工合同实施控制。承包商在进行合同实施趋势分析时,主要分析最终

的工程状况、承包商将承担的后果以及最终工程经济效益三个大的方面。选项 BE 都不属于合同执行的结果与趋势分析。故选 ACD。

11. ABDE [解析]本题考查的是施工合同实施控制。可以进行工程变更的情形有:①增加或减少合同中任何工作,或追加额外的工作;②取消合同中任何工作,但转由他人实施的工作除外;③改变合同中任何工作的质量标准或其他特性;④改变工程的基线、标高、位置和尺寸;⑤改变工程的时间安排或实施顺序。故选 ABDE。

刷提升

一、单项选择题

1. C [解析]本题考查的是施工合同实施控制。选项 A 错误,承包人接到变更指令后应先进行变更工作的实施。选项 B 错误,变更索赔的有效期一般为 28 天,具体情况看合同。选项 D 错误,工程变更索赔期越长,对承包人越有利。故选 C。

2. B [解析]本题考查的是施工分包管理方法。对于业主指定分包,如果不是由业主直接向分包支付工程款,则一定要在收到业主的工程款之后才能支付,并应扣除管理费、配合费和质量保证金等。故选 B。

3. D [解析]本题考查的是施工合同实施控制。施工合同跟踪有两个方面的含义:一是承包单位的合同管理职能部门对合同执行者(项目经理部或项目参与人)的履行情况进行的跟踪、监督和检查。二是合同执行者(项目经理部或项目参与人)本身对合同计划的执行情况进行的跟踪、检查与对比。在合同实施过程中二者缺一不可。可以将工程施工任务分解交由不同的工程小组或发包给专业分包完成,工程承包人必须对这些工程小组或分包人及其所负责的工程进行跟踪检查、协调关系,提出意见、建议或警告,保证工程总体质量和进度。故选 D。

二、多项选择题

1. ACD [解析]本题考查的是施工合同分析。选项 B 错误,合同分析由企业的合同管理部门或项目中的合同管理人员负责。选项 E 错误,合同分析不同于招标投标过程中对招标文件的分析,其目的和侧重点都不同。故选 ACD。

2. AE [解析]本题考查的是施工分包管理的方法。

选项 B 错误,一般情况下,无论是业主指定的分包单位还是施工总承包或者施工总承包管理单位选定的分包单位,其分包合同都是与施工总承包或者施工总承包管理单位签订。对分包单位的管理责任,也是由施工总承包或者施工总承包管理单位承担。选

项 C 错误,由施工总承包或者施工总承包管理单位向业主承担分包单位负责施工的工程质量、工程进度、安全等的责任。选项 D 错误,对施工分包单位进行管理的第一责任主体是施工总承包单位或施工总承包管理单位。故选 AE。

专题6　建设工程索赔

答案速查

				刷基础						
单项	1.D	2.C	3.A	4.A	5.D	6.D	7.C	8.C	9.C	10.C	11.C
	12.B	13.B	14.C								
多项	1.ABE	2.ABCD	3.ABDE	4.ABCD	5.ABE	6.ABE	7.CDE	8.ADE			

					刷提升				
单项	1.B	2.B	3.D	4.A		多项	1.ACD	2.AC	3.AD

刷基础

一、单项选择题

1.D　[解析]本题考查的是工期索赔计算。合同价为 3000 万元,合同总工期为 30 个月,额外工程 600 万元,承包商可索赔工期 600/(3000/30) = 6(个月)。故选 D。

2.C　[解析]本题考查的是工期索赔计算。第一笔费用 3 万元,是完成业主要求的合同外工作,业主方责任而且不在合同范围之内,可以索赔。第二笔费用 3 万元,是业主方原因导致施工工效降低所增加的人工费,业主方责任,可以索赔。第三笔费用 1 万元,是施工机械故障造成人员误工损失,施工方责任,不能索赔。故选 C。

3.A　[解析]本题考查的是索赔依据。施工过程中,工程师有权下令暂停全部或任何部分工程,只要这种暂停命令并非承包人违约或其他意外风险造成的,承包人不仅可以得到要求工期延长的权利,而且可以就其停工损失获得合理的额外费用补偿。故选 A。

4.A　[解析]本题考查的是索赔费用计算。因发包人原因造成承包人自有施工机械窝工可以索赔,但由于是自有机械,窝工费标准只能按照折旧费标准计

算,即 10×160 = 1600(元)。计划每天工作 1 台班,共使用 40 天,计划即是合同范围之内的,费用合同价格已经包括,故不能索赔。故选 A。

5.D　[解析]本题考查的是工期索赔计算。区分单一延误、共同延误、交叉延误的依据就是看延误事件的开始和结束时间是否存在联系。故选 D。

6.D　[解析]本题考查的是索赔依据。索赔是双向的,合同双方均可向对方提出索赔要求,双方也有权反驳和反击对方提出的索赔要求,这种反击和反驳就是反索赔。故选 D。

7.C　[解析]本题考查的是索赔费用计算。施工总包单位的人员窝工和增加用工是由于非承包商原因造成的,所以可以索赔,索赔费用的计算过程为 75×50×70% + 8×50 = 3025(元)。故选 C。

8.C　[解析]本题考查的是索赔费用计算。索赔费用的计算方法有实际费用法、总费用法和修正的总费用法,其中,实际费用法是计算工程索赔时最常用的一种方法。这种方法的计算原则是以承包人为某项索赔工作所支付的实际开支为根据,向业主要求费用补偿。故选 C。

9.C　[解析]本题考查的是工期索赔计算。本题规定工程量增减超过 15% 时,承包商可提出变更,则

(4800-3200)/3200 = 50% > 15%,承包商可提出变更。可以索赔的天数为 60×(4800-3200×1.15)/3200 = 21(天)。故选 C。

10.C [解析]本题考查的是工期索赔计算。当两个或两个以上的延误事件从发生到终止只有部分时间重合时,称为交叉延误。选项 A 错误,单一延误有时属于不可索赔延误。选项 B 错误,共同延误有时是可索赔延误。选项 D 错误,要区分非关键线路延误的责任方,才能确定属于哪种延误类型。属于可索赔延误或不可索赔延误,关键是要看延误是由哪方引起的。故选 C。

11.C [解析]本题考查的是索赔费用计算。施工机械使用费的索赔包括:由于完成额外工作增加的机械使用费;非承包商责任工效降低增加的机械使用费;由于业主或监理工程师原因导致机械停工的窝工费。故选 C。

12.B [解析]本题考查的是工期索赔计算。工期索赔值=原合同工期×附加或新增工程造价/原合同总价 = 24×200/2400 = 2(个月)。故选 B。

13.B [解析]本题考查的是索赔方法。索赔文件的主要内容包括以下几个方面:①总述部分。概要论述索赔事项发生的日期和过程。承包人为该索赔事项付出的努力和附加开支。承包人的具体索赔要求。②论证部分。论证部分是索赔报告的关键部分,其目的是说明自己有索赔权,是索赔能否成立的关键。③索赔款项(或工期)计算部分。如果说索赔报告论证部分的任务是解决索赔权能否成立,则款项计算是为解决能得多少款项。前者定性,后者定量。④证据部分。要注意引用的每个证据的效力或可信程度,对重要的证据资料最好附以文字说明,或附以确认件。故选 B。

14.C [解析]本题考查的是索赔方法。在工程实施过程中发生索赔事件以后,或者承包人发现索赔机会,首先要提出索赔意向,即在合同规定时间内将索赔意向用书面形式及时通知发包人或者工程师,向对方表明索赔愿望、要求或者声明保留索赔权利,这是索赔工作程序的第一步。故选 C。

二、多项选择题

1.ABE [解析]本题考查的是索赔依据。选项 A 属于业主应负的行为责任,承包人可以要求合理延长工期。选项 B 属于业主应负的行为责任,是否可以索赔工期取决于是甲方供材还是乙方供材。选项 C 属于供货方应负的行为责任,承包人不可以要求合理延长工期。选项 D 属于承包人应负的行为责任,承包人不可以要求合理延长工期。选项 E 属于业主应负的行为责任,承包人可以要求合理延长工期。故选 ABE。

2.ABCD [解析]本题考查的是工期索赔计算。选项 E 属于承包方的原因,不能索赔工期。故选 ABCD。

3.ABDE [解析]本题考查的是索赔费用计算。选项 C 错误,对于工程暂停和延长工期的索赔,由于利润通常是包括在每项实施工程内容的价格之内的,而工程暂停或延长工期并未削减某些项目的实施,也未导致利润减少。所以一般情况下,监理工程师不会同意在工程暂停或延长工期的费用索赔中加进利润损失。对于非承包商原因造成的工程暂停或延长工期的情况,可以申请工期索赔和费用索赔。故选 ABDE。

4.ABCD [解析]本题考查的是索赔方法。索赔文件的主要内容包括以下几个方面:总述部分;论证部分;索赔款项(和/或工期)计算部分;证据部分。选项 E 错误,索赔意向通知应在提交索赔文件之前报送给对方。故选 ABCD。

5.ABE [解析]本题考查的是索赔费用计算。选项 CD 错误,其损失应由承包人自行承担。故选 ABE。

6.ABE [解析]本题考查的是索赔费用计算。承包人应该建立健全物资管理制度,为了证明材料单价的上涨,承包人应提供可靠的订货单、采购单,或官方公布的材料价格调整指数。故选 ABE。

7.CDE [解析]本题考查的是索赔费用计算。索赔款中的总部管理费,主要指的是工程延期期间所增加的管理费,包括总部职工工资、办公大楼、办公用品、财务管理、通信设施以及总部领导人员赴工地检查指导工作等开支。故选 CDE。

8.ADE [解析]本题考查的是索赔费用计算。索赔费用的计算方法有实际费用法、总费用法和修正的总费用法。故选ADE。

刷提升

一、单项选择题

1.B [解析]本题考查的是工期索赔计算。运用比例分析法，项目总价值1000万元，合同工期为18个月，增加500万元，合同工期就应该增加9个月，所以承包方可以提出9个月的工期索赔。故选B。

2.B [解析]本题考查的是索赔费用计算。对于总部管理费的计算可以根据同期内公司的总管理费按比例计算。该承包商同期合同总额为5亿元，同期内公司总管理费为1500万元，那么该工程合同额为5000万元，应收取管理费150万元，合同实施天数300天，因业主原因承包商要求工期延期30天，则可索赔总部管理费15万元。故选B。

3.D [解析]本题考查的是工期索赔计算。按照延误工作所在的工程网络计划的线路性质，工程延误划分为关键线路延误和非关键线路延误。非关键线路上的工作一般都存在机动时间，其延误是否会影响到总工期的推迟取决于其总时差的大小和延误时间的长短。如果延误时间少于该工作的总时差，业主一般不会给予工期顺延，但可能给予费用补偿；如果延误时间大于该工作的总时差，非关键线路的工作就会转化为关键工作，从而成为可索赔延误。故选D。

4.A [解析]本题考查的是工期索赔计算。原图所示关键线路为①→②→③→⑤→⑦→⑧，计划工期为32周。

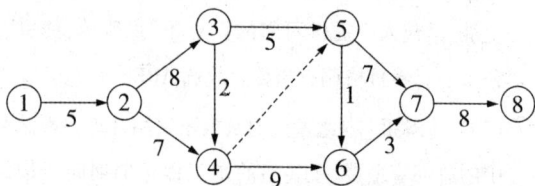

如上图所示，由于工期延误，造成关键线路改变，为①→②→③→④→⑥→⑦→⑧，实际工期为5+8+2+9+3+8＝35（周）。实际总工期延长了3周，由于②→④是因承包商原因延误造成，为非关键线路上的工作，即不会影响总工期。关键线路上非承包商原因造成关键线路延误才是可索赔延误，即承包商可以向业主索赔的工期为35-32＝3（周）。故选A。

二、多项选择题

1.ACD [解析]本题考查的是索赔费用计算。施工机具使用费的索赔包括：由于完成额外工作增加的机械使用费；非承包人责任工效降低增加的机械使用费；由于业主或监理工程师原因导致机械停工的窝工费。选项BE应由承包人自行承担损失。故选ACD。

2.AC [解析]本题考查的是索赔依据。反索赔是指一方提出索赔时，反驳、反击或者防止对方提出的索赔，不让对方索赔成功或者全部成功。一般认为，索赔是双向的，业主和承包商都可以向对方提出索赔要求，任何一方也可以对对方提出的索赔要求进行反驳和反击，这种反击和反驳就称为反索赔。选项B错误，工程师对索赔文件只有审核权，没有反索赔权，且反索赔包括防止对方提出的索赔和反击对方的索赔两方面工作。选项DE错误，反索赔工作有两层含义，一是反击对方的索赔，二是防止对方的索赔。故选AC。

3.AD [解析]本题考查的是索赔依据。选项AD正确，施工的地质情况与勘察报告不符导致的索赔属于不可预见的外部障碍或条件索赔，承包人可以据此向发包人提出索赔；而施工工期拖延属于工期延期索赔，分包人可以据此向承包人提出索赔。选项B错误，承包人与勘察单位无合同关系，之间不存在索赔事宜。选项C错误，分包人与发包人之间无合同关系，之间不存在索赔事宜。选项E错误，此事件与监理人没有关系。故选AD。

专题 7　国际建设工程施工承包合同

答案速查

刷基础										
单项	1.C	2.B	3.B	4.A	5.C	6.B	7.A	8.C	9.D	10.C
多项	1.ABCE	2.ABD								

刷提升						
单项	1.A	2.A	3.B	多项	1.BCDE	2.BDE

━━ 刷基础 ━━

一、单项选择题

1.C　[解析]本题考查的是施工承包合同争议的解决方式。选项 A 错误,在国际上仲裁的效力由双方合同约定,我们国家才是一裁终局制。选项 B 错误,争议解决首选方案是协商。选项 D 错误,DAB 提出的裁决不是强制性的。故选 C。

2.B　[解析]本题考查的是国际常用的施工承包合同条件。选项 A 错误,应适用于承包人负责绝大部分设计的工程项目。选项 C 错误,合同计价应采用总价合同方式。选项 D 错误,承包商还负责绝大部分的设计。故选 B。

3.B　[解析]本题考查的是施工承包合同争议的解决方式。只在发生争端时任命的是特聘争端裁决委员会,争端结束,任命期也同时结束。故选 B。

4.A　[解析]本题考查的是国际常用的施工承包合同条件。美国建筑师学会(AIA)合同条件主要用于私营的房屋建筑工程,在美洲地区具有较高的权威性,应用广泛。故选 A。

5.C　[解析]本题考查的是国际常用的施工承包合同条件。根据文件的不同性质,AIA 文件分为 A、B、C、D、F、G、INT 系列。其中,A 系列是关于业主与承包人之间的合同文件;B 系列是关于业主与建筑师之间的合同文件;C 系列是关于建筑师与提供专业服务的咨询机构之间的合同文件;D 系列是建筑师行业所用的有关文件;F 系列是财务管理报表;G 系列是合同和办公管理中使用的文件和表格;INT 系列用于国际工程项目的合同文件(为 B 系列的一部分)。故选 C。

6.B　[解析]本题考查的是国际常用的施工承包合同条件。《EPC 交钥匙项目合同条件》适用于在交钥匙的基础上进行的工程项目的设计和施工,承包商要负责所有的设计、采购和建造工作,在交钥匙时,要提供一个设施配备完整、可以投产运行的项目。合同计价采用固定总价方式,只有在某些特定风险出现时才调整价格。故选 B。

7.A　[解析]本题考查的是国际常用的施工承包合同条件。《永久设备和设计—建造合同条件》适用于由承包商做绝大部分设计的工程项目,承包商要按照业主的要求进行设计、提供设备以及建造其他工程。合同计价采用总价合同方式,如果发生法规规定的变化或物价波动,合同价格可随之调整。其合同管理与《施工合同条件》下由工程师负责合同管理的模式基本类似。故选 A。

[核心总结]

合同文件	模式	适用范围
施工合同条件	常单/偶包	发包人设计的或由咨询工程师设计的房屋建筑/土木工程
永久设备和设计—建造	总价	按照业主的要求进行设计、提供设备以及建造其他工程
EPC 交钥匙项目合同条件	总价	EPC,设计—施工—采购
简明合同格式	看情况	投资额较低、简单、周期短的建筑工程或设施

8.C [解析]本题考查的是施工承包合同争议的解决方式。选项 A 错误,特聘争端裁决委员,由只在发生争端时任命的一名或三名成员组成,他们的任期通常在 DAB 对该争端发出其最终决定时期满。选项 B 错误,业主和承包商应该按照支付条件各自支付 DAB 报酬的 50%。选项 D 错误,DAB 提出的裁决不具有强制性,不具有终局性,合同双方或一方对裁决不满意,仍然可以提请仲裁或诉讼。故选 C。

9.D [解析]本题考查的是国际常用的施工承包合同条件。《简明合同格式》该合同条件主要适用于投资额较低的一般不需要分包的建筑工程或设施,或尽管投资额较高,但工作内容简单、重复,或建设周期短。合同计价可以采用单价合同、总价合同或者其他方式。故选 D。

10.C [解析]本题考查的是国际常用的施工承包合同条件。《EPC 交钥匙项目合同条件》采用固定总价方式,某些特定风险出现时才调整价格,承包商风险较大。故选 C。

二、多项选择题

1.ABCE [解析]本题考查的是施工承包合同争议的解决方式。与诉讼相比,仲裁的方式具有效率高、周期短、费用少、保密性好、专业化的特点。故选 ABCE。

[核心总结]

名称	适应范围	合同计价方式	备注
施工合同条件	发包人或咨询工程师设计的项目	单价合同,某些子项可采用包干价格	业主委派工程师管理合同
永久设备和设计—建造合同条件	承包商做绝大部分设计的项目	总价合同	
EPC 交钥匙项目合同条件	承包商负责所有设计、采购和建造工作	固定总价	无业主委派工程师角色
简明合同格式	投资额较低且不需分包的建筑工程和设施	均可	——

二、多项选择题

1.BCDE [解析]本题考查的是国际常用的施工承包合同条件。选项 A 错误,合同计价方式属于单价合同,但也有某些子项采用包干价格。故选 BCDE。

2.BDE [解析]本题考查的是施工承包合同争议的解

2.ABD [解析]本题考查的是国际常用的施工承包合同条件。选项 C 错误,大型项目,合同总金额高,工期较长,至少一年以上。选项 E 错误,违约和质量缺陷的风险主要由承包商承担,但工期延误风险由业主和承包商承担。故选 ABD。

刷提升

一、单项选择题

1.A [解析]本题考查的是国际常用的施工承包合同条件。选项 B 错误,业主委派工程师管理合同。选项 C 错误,"新红皮书"的应用范围比原"红皮书"更大。选项 D 错误,"新红皮书"适用于由发包人设计的或由咨询工程师设计的项目。故选 A。

2.A [解析]本题考查的是施工承包合同争议的解决方式。选项 B 错误,国际上 DAB 提出的裁决不具有强制性,也不具有终局性。选项 C 错误,特聘争端裁决委员会的任期至争端结束时结束。选项 D 错误,DAB 由合同双方当事人经协商确定。故选 A。

3.B [解析]本题考查的是国际常用的施工承包合同条件。选项 A 错误,承包商要负责所有的设计、采购和建造工作。选项 C 错误,该合同模式下没有业主委派的工程师管理合同。选项 D 错误,采用固定总价合同,承包商承担的风险较大。故选 B。

决方式。选项 A 错误,DAB 委员是发包人和承包人自己选择的,裁决具有公正性、中立性。选项 C 错误,DAB 提出的裁决不是强制性的,不具有终局性。故选 BDE。

刷综合

答案速查

单项	1.D	2.A	3.C	4.C	5.D
	6.B	7.B	8.B	9.C	
多项	1.CDE	2.BE	3.BCE	4.BC	5.ABE
	6.CE	7.ACDE	8.CD	9.CDE	10.DE
	11.ABCD	12.ABCE			

一、单项选择题

1.D [解析]本题考查的是成本加酬金合同。在招标时,当图纸、规范等准备不充分,不能据以确定合同价格,而仅能制定一个估算指标时可采用成本加奖金合同。故选 D。

2.A [解析]本题考查的是施工合同风险管理。选项 A 正确,风险对应收益,高风险对应高收益。所以风险是给有能力承担它的人承担的。选项 A 是对的,那么 C 显然就是错的。选项 B 错误,在合同风险中起主导作用的一定是业主方。选项 D 错误,不可预见费不是对损失的补偿,而是对风险的补偿。所以即便风险没有发生,这笔钱也该给施工方,成为施工单位的超额利润。故选 A。

3.C [解析]本题考查的是施工招标。选项 AB 错误,初步评审中还要对报价计算的正确性进行审查,如果计算有误,通常的处理方法是:大小写不一致的以大写为准;单价与数量的乘积之和与所报的总价不一致的应以单价为准;标书正本和副本不一致的,则以正本为准。这些修改一般应由投标人代表签字确认。选项 D 错误,初步评审主要是进行符合性审查,即重点审查投标书是否实质上响应了招标文件的要求。详细评审是评标的核心,是对标书进行实质性审查,包括技术评审和商务评审。故选 C。

4.C [解析]本题考查的是施工承包合同的内容。发包人应根据施工需要,负责取得出入施工现场所需的批准手续和全部权利,以及取得因施工所需修建道路、桥梁以及其他基础设施的权利,并承担相关手续费用和建设费用。故选 C。

5.D [解析]本题考查的是施工承包合同的内容。选项 A 错误,劳务分包人施工开始前,承包人应获得发包人为施工场地内的自有人员及第三人人员生命财产办理的保险,且不需劳务分包人支付保险费用。

选项 B 错误,承包人必须为租赁或提供劳务分包人使用的施工机械设备办理保险并支付保险费用。选项 C 错误,劳务分包人必须为从事危险作业的职工办理意外伤害保险,并为施工场地内自有人员生命财产和施工机械设备办理保险,支付保险费用。选项 D 正确,运至施工场地用于劳务施工的材料和待安装设备,由承包人办理或获得保险,且不需劳务分包支付保险费用。故选 D。

6.B [解析]本题考查的是单价合同。建设工程施工承包合同的计价方式主要有三种,即总价合同、单价合同和成本补偿合同。采用单价合同时,最后工程结算的总价是根据实际完成的工程量和合同中确定的单价计算确定的。故选 B。

7.B [解析]本题考查的是工程咨询合同计价方式。选项 B 错误,当需要咨询人员在详细的工作范围尚未确定之前就开始工作的,也可以采用成本加固定酬金计费方法,并大多采用费率固定。故选 B。

8.B [解析]本题考查的是成本加酬金合同。成本加酬金合同也称为成本补偿合同,采用这种合同,承包商不承担任何价格变化或工程量变化的风险。这些风险主要由业主承担,对业主的投资控制很不利。故选 B。

9.C [解析]本题考查的是施工合同实施控制。业主向承包人授标前(或签订合同前),可以要求承包人对施工方案进行补充、修改或做出说明,以便符合业主的要求。在授标后(或签订合同后)业主为了加快工期、提高质量等要求变更施工方案,由此所引起的费用增加可以向业主索赔。故选 C。

二、多项选择题

1.CDE [解析]本题考查的是施工合同履行过程中的诚信自律。选项 A 错误,建议不选,教材明确说明必须是省级建设行政主管部门统一公布,但选项中用的是地方建设行政主管部门,"地方"二字是有争议的。选项 B 错误,不良行为记录信息的公布期限一般为 6 个月至 3 年。故选 CDE。

2.BE [解析]本题考查的是工程担保。选项 A 错误,建筑业通常倾向于采用有条件银行保函作为履约担保,有条件保函需要发包人出具说明情况并由担保人鉴定,经确认后才能获得款项,而无条件保函只要发包人发现承包人违约,就能去银行收兑款项。选项 C 错误,履约担保书通常是由担保公司和保险公司开具。选项 D 错误,担保书和银行保函的金额是一致的。故选 BE。

3. BCE [解析]本题考查的是施工招标。选项 B 错误,招标人采用邀请招标方式,应当向三个以上具备承担招标项目的能力、资信良好的特定的法人或者其他组织发出投标邀请书。选项 C 错误,《中华人民共和国招标投标法》规定,招标分公开招标和邀请招标两种方式。选项 E 错误,评标分为评标的准备、初步评审、详细评审、编写评标报告等过程,其中详细评审是评标的核心。故选 BCE。

4. BC [解析]本题考查的是施工承包合同的内容。选项 ADE 属于发包人的责任与义务。发包人应遵守法律,并办理法律规定由其办理的许可、批准或备案,包括但不限于建设用地规划许可证、建设工程规划许可证、建设工程施工许可证、施工所需临时用水、临时用电、中断道路交通、临时占用土地等许可和批准。发包人应协助承包人办理法律规定的有关施工证件和批件。故选 BC。

5. ABE [解析]本题考查的是物资采购合同的内容。选项 CD 错误,供货方按照交货顺序在规定的时间内将货物送达交货地点,采购方支付该批设备价的 80%,剩余的 10% 作为设备保证金,待保证期满,采购方签发最终验收证书后支付。故选 ABE。

6. CE [解析]本题考查的是工程咨询合同计价方式。选项 A 错误,咨询服务费用应由酬金、可报销费用、不可预见费用三部分组成。选项 B 错误,人月费单价法广泛用于一般性的项目规划和可行性研究、工程设计、项目管理和施工监理以及技术援助任务。选项 D 错误,工程建设费用百分比法应用范围:①有明显的相对独立阶段的连续性咨询服务,如可行性研究、工程设计、施工监理等;②对于项目管理和工程监理等性质的咨询类服务,适用于工程规模较小、工期较短(一般不超过1年)的建设项目。故选 CE。

7. ACDE [解析]本题考查的是工程保险。国际工程一般要求承包人办理。故选 ACDE。

8. CD [解析]本题考查的是工程保险。选项 A 错误,国内建筑安装工程一切险由项目法人以双方名义办理。选项 B 错误,第三者责任险的被保险人是项目法人和承包人。选项 E 错误,第三者责任险赔偿范围是项目法人和承包人以外的第三人受到财产损失或人身伤害。故选 CD。

[核心总结]

担保	数额	特征	备注
投标担保	2%,80 万	投标人向招标人提交	防整盘
履约担保	≤10%	中标人向招标人提交	押身份证
预付款担保	10%	承包商向发包人提交	防承包商跑路
支付担保	20%~25%	招标人向中标人提交	验资
质量保证金	3%	发包人扣留	防烂尾

9. CDE [解析]本题考查的是施工分包管理方法。选项 A 错误,对业主指定分包单位进行管理的第一责任主体是施工总承包单位或施工总承包管理单位。选项 B 错误,分包工程在分包人自检合格的基础上不可以直接提请业主或监理工程师验收,应由总承包单位提请监理工程师验收。故选 CDE。

10. DE [解析]本题考查的是施工合同交底。合同交底,即由合同管理人员在对合同的主要内容进行分析、解释和说明的基础上,通过组织项目管理人员和各个工程小组学习合同条文和合同总体分析结果,使大家熟悉合同中的主要内容、规定、管理程序,了解合同双方的合同责任和工作范围,各种行为的法律后果等,使大家都树立全局观念,使各工作协调一致,避免执行中的违约行为。故选 DE。

11. ABCD [解析]本题考查的是施工合同履行过程中的诚信自律。选项 E 错误,整改结果应列于相应不良行为记录后,供有关部门和社会公众查询。故选 ABCD。

12. ABCE [解析]本题考查的是索赔费用计算。对于索赔费用中的人工费部分而言,人工费是指完成合同之外的额外工作所花费的人工费用;由于非承包人责任的工效降低所增加的人工费用;超过法定工作时间加班劳动;法定人工费增长以及非承包人责任工程延期导致的人员窝工费和工资上涨费等。故选 ABCE。

第7章 建设工程项目信息管理

专题 1 建设工程项目信息管理的目的和任务

答案速查

		刷基础				
单项	1.B	2.B		多项	1.ABCD	2.ABCD
		刷提升				
单项	1.B	2.A		多项	1.ABCE	2.BCDE

刷基础

一、单项选择题

1.B [解析]本题考查的是项目信息管理的目的。信息管理指的是信息传输的合理的组织和控制。项目的信息管理的目的旨在通过有效的项目信息传输的组织和控制为项目建设的增值服务。故选 B。

2.B [解析]本题考查的是项目信息管理的任务。信息管理不是一个封闭的管理任务,是要处理多种信息的平台,所以信息管理是基于互联网的信息处理平台。故选 B。

二、多项选择题

1.ABCD [解析]本题考查的是项目信息的分类。建设工程项目信息包括项目的组织类信息、管理类信息、经济类信息、技术类信息和法规类信息。故选 ABCD。

2.ABCD [解析]本题考查的是项目信息管理的任务。建设工程项目信息管理手册的主要内容包括:信息管理的任务;信息管理的任务分工表和管理职能分工表;信息的分类;信息的编码体系和编码;信息输入输出模型;各项信息管理工作的工作流程图;信息流程图;信息处理的工作平台及其使用规定;各种报表和报告的格式,以及报告周期;项目进展的月度报告、季度报告、年度报告和工程总报告的内容及其编制;工程档案管理制度;信息管理的保密制度等制度。故选 ABCD。

刷提升

一、单项选择题

1.B [解析]本题考查的是项目信息管理的任务。各参与方的项目管理目标各有不同,也就没有办法制定统一的信息管理制度。故选 B。

2.A [解析]本题考查的是项目信息管理的任务。选项 A 错误,应为“负责编制信息管理手册”。故选 A。

二、多项选择题

1.ABCE [解析]本题考查的是项目信息管理的任务。选项 D 错误,各方应编制各方自己的信息管理手册。故选 ABCE。

2.BCDE [解析]本题考查的是项目信息管理的任务。选项 A 错误,信息管理部门负责编制信息管理手册。故选 BCDE。

专题 2 建设工程项目信息的分类、编码和处理方法

答案速查

			刷基础				
单项	1.C	2.B	3.B	4.D	多项	1.BCDE	2.ABCD
			刷提升				
单项	1.A	2.B			多项	1.BCD	2.AE

刷基础

一、单项选择题

1.C [解析]本题考查的是项目信息编码的方法。选项 A 错误,投资项编码应为综合考虑概算、预算、标底、合同价和工程款等支付因素统一建立的编码。选项 B 错误,项目实施工作编码应覆盖项目实施工作目录的全部内容,包括对施工和设备安装工作上的编码,但不仅仅是对施工和设备安装工作上的编码。选项 D 错误,进度项编码应考虑不同层次、不同深度、不同用途进度计划工作的需要,建立统一的编码。故选 C。

2.B [解析]本题考查的是项目信息的分类。组织类信息包括编码信息、单位组织信息、项目组织信息、项目管理组织信息。故选 B。

3.B [解析]本题考查的是项目信息编码的方法。项目的结构编码,依据项目结构图对项目结构的每一层的每一个组成部分进行编码。项目结构图、项目结构的编码是编制用于投资控制、进度控制等管理工作的编码的基础。故选 B。

4.D [解析]本题考查的是项目信息的分类。为满足项目管理工作的要求,往往需要对建设工程项目信息进行综合分类,即按多维进行分类,如:①第一维:按项目的分解结构。②第二维:按项目实施的工作过程。③第三维:按项目管理工作的任务。故选 D。

二、多项选择题

1.BCDE [解析]本题考查的是项目信息的分类。建设工程项目信息按内容属性可分为组织类信息、管理类信息、经济类信息、技术类信息和法规类信息。故选 BCDE。

2.ABCD [解析]本题考查的是项目信息编码的方法。项目实施的工作项编码(项目实施的工作过程的编码)应覆盖项目实施的工作任务目录的全部内容,包括:①设计准备阶段的工作项。②设计阶段的工作项。③招标投标工作项。④施工和设备安装工作项。⑤项目动用前的准备工作项等。故选 ABCD。

刷提升

一、单项选择题

1.A [解析]本题考查的是项目信息的分类。选项 B 属于管理类信息。选项 C 属于技术类信息。选项 D 属于管理类信息。故选 A。

2.B [解析]本题考查的是项目信息的分类。质量控制信息属于技术类信息。故选 B。

二、多项选择题

1.BCD [解析]本题考查的是项目信息的分类。选项 A 错误,进度计划属于管理类信息。选项 E 错误,工程量清单属于经济类信息。故选 BCD。

2.AE [解析]本题考查的是项目信息的分类。选项 B 属于组织类信息。选项 C 属于技术类信息。选项 D 属于管理类信息。故选 AE。

专题3 建设工程管理信息化及建设工程项目管理信息系统的功能

答案速查

刷基础										
单项	1.B	2.A	3.C	4.C	5.B		多项	1.ABCE	2.ABE	
刷提升										
单项	1.D	2.C					多项	1.ACE	2.BCE	

刷基础

一、单项选择题

1.B [解析]本题考查的是工程项目管理信息系统的功能。选项 A 错误,抓关键词"合同"二字,属于合同管理的功能。选项 C 错误,抓关键词"投资"二字,属于投资控制的功能。选项 D 错误,抓关键词

"成本"二字,属于成本控制的功能。故选 B。

2.A [解析]本题考查的是工程管理信息化。对一个建设工程项目而言,业主方往往是建设工程的总组织者和总集成者,一般而言,它自然就是项目信息门户的主持者。故选 A。

3.C [解析]本题考查的是工程项目管理信息系统的

功能。建设工程项目管理信息系统的应用,主要是用计算机进行项目管理有关数据的收集、记录、存储、过滤和把数据处理的结果提供给项目管理班子的成员,它是项目进展的跟踪和控制系统,也是信息流的跟踪系统。故选 C。

4.C [解析]本题考查的是工程管理信息化。远程学中的一个核心问题是远程合作,其主要任务是研究和处理分散的各系统和网络服务的组织关系。应认识到项目信息门户的建立和运行的理论基础是远程合作理论。故选 C。

5.B [解析]本题考查的是工程管理信息化。工程管理信息化有利于提高建设工程项目的经济效益和社会效益,以达到为项目建设增值的目的。故选 B。

二、多项选择题

1.ABCE [解析]本题考查的是工程项目管理信息系统的功能。成本控制的功能:①投标估算的数据计算和分析;②计划施工成本;③计算实际成本;④计划成本与实际成本的比较分析;⑤根据工程的进展进行施工成本预测等。故选 ABCE。

2.ABE [解析]本题考查的是工程项目管理信息系统的功能。合同管理的功能有:合同基本数据查询;合同执行情况的查询和统计分析;标准合同文本查询和合同辅助起草等。故选 ABE。

刷提升

一、单项选择题

1.D [解析]本题考查的是工程管理信息化。选项AB 错误,项目信息门户既不同于项目管理信息系统,也不同于管理信息系统。选项 C 错误,管理信息系统主要用于企业的人、财、物、产、供、销的管理。故选 D。

2.C [解析]本题考查的是工程管理信息化。工程管理信息化有利于提高建设工程项目的经济效益和社会效益,以达到为项目建设增值的目的。故选 C。

二、多项选择题

1.ACE [解析]本题考查的是工程项目管理信息系统的功能。工程项目管理信息系统进度控制的功能:计算工程网络计划的时间参数,并确定关键工作和关键路线;绘制网络图和计划横道图;编制资源需求量计划;进度计划执行情况的比较分析;根据工程的进展进行工程进度预测。故选 ACE。

2.BCE [解析]本题考查的是工程管理信息化。项目信息门户的核心功能:①项目各参与方的信息交流。②项目文档管理。③项目各参与方的共同工作。故选 BCE。

刷综合

答案速查

单项	1.C	2.A		
多项	1.BE	2.ABD		

一、单项选择题

1.C [解析]本题考查的是项目信息编码的方法。选项 A 错误,项目的投资项编码,它并不是概预算定额确定的分部分项工程的编码,它应综合考虑概算、预算、标底、合同价和工程款支付等因素,建立统一的编码,以服务于项目投资目标的动态控制。选项 B 错误,项目实施的工作项编码应覆盖项目实施的工作任务目录的全部内容。选项 D 错误,项目的进度项编码,应综合考虑不同层次、不同深度和不同用途的进度计划工作项的需要,建立统一的编码,服务于项目进度目标的动态控制。故选 C。

2.A [解析]本题考查的是工程管理信息化。工程管理信息化指的是工程管理信息资源的开发和利用,以及信息技术在工程管理中的开发和应用。工程管理信息化属于领域信息化的范畴,它和企业信息化也有联系。故选 A。

二、多项选择题

1.BE [解析]本题考查的是工程管理信息化。选项 A 错误,管理信息系统仅适用于企业,后半句却说实现项目各参与方的信息交流。选项 C 错误,项目管理信息系统仅适用于项目,后半句却说用于企业。选项 D 错误,项目管理信息系统服务于一个企业的一个项目,即只用于项目某一方,后半句却说项目各参与方,明显错误。故选 BE。

2.ABD [解析]本题考查的是建设工程项目信息管理的目的和任务。选项 C 错误,项目信息管理手册包括信息的编码体系和编码等 12 项内容。选项 E 错误,建设工程项目的信息包括在项目决策过程、实施过程(设计准备、设计、施工和物资采购过程等)和运行过程中产生的信息,以及其他与项目建设有关的信息。故选 ABD。